民國建築工程期刊匯編

MINGUO JIANZHU GONGCHENG QIKAN HUIBIAN

22

《民國建築工程期刊匯編》編寫組 編

广西师范大学出版社
GUANGXI NORMAL UNIVERSITY PRESS
·桂林·

第二十二册目録

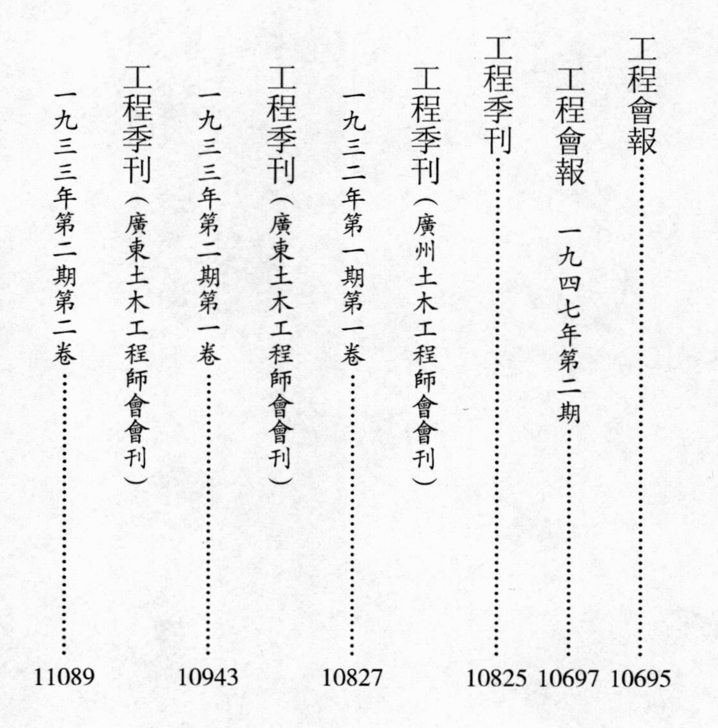

工程會報

工程會報

第二期

三十六年六月六日

中國工程師學會長沙分會

本刊已申請長沙市政府登記　中華郵政特准認爲新聞紙類

中國工程師信條

一、遵從國家之國防經濟建設政策實現　國父之實業計劃

二、認識國家民族之利益高於一切願犧牲自由貢獻能力

三、促進國家工業化力謀主要物資之自給

四、推行工業標準化配合國防民生之需求

五、不慕虛名不為物誘維持職業尊嚴遵守服務道德

六、實事求是精益求精努力獨力創造注重集體成就

七、勇於任事忠於職守更須有互切互磋親愛精誠之合作精神

八、嚴以律己恕以待人並養成整潔樸素迅速確實之生活習慣

湖南第一紡織廠

主要出品

1 紗

- 十支紗
- 十六支紗
- 十四支紗
- 二十支紗

2 白布

- 十四磅布
- 十六磅布
- 漂白粗平布

3 色布

- 天青灰藍
- 天青灰斜
- 斜藍
- 藍平
- 黃平
- 黃斜

接洽處　湖南安江第一紡織廠

資源委員會

永邵煤礦局：產品

烟煤

塊煤

統煤

特點

1 煤質純淨
2 接火快易
3 交貨迅速
4 價格低廉

局址

暫設：長沙南大路白馬廟九號

電報掛號：大七三零

鑛廠

祁零鑛廠 零陵易家橋

邵陽鑛廠 邵陽保和堂

鑛廠 牛馬司

復中企業股份有限公司

1.	2.	3.	4.	5.
營造部	技術部	材料部	國際貿易部	運輸部

業務•提要

營造建築	設計監工	建築材料	進口材料	出辦報關
土木工程	繪圖測量	五金器材	出口土產	承運貨物

確守信用　價格公道

地址：長沙市上營盤街

電報掛號：長沙四四四一

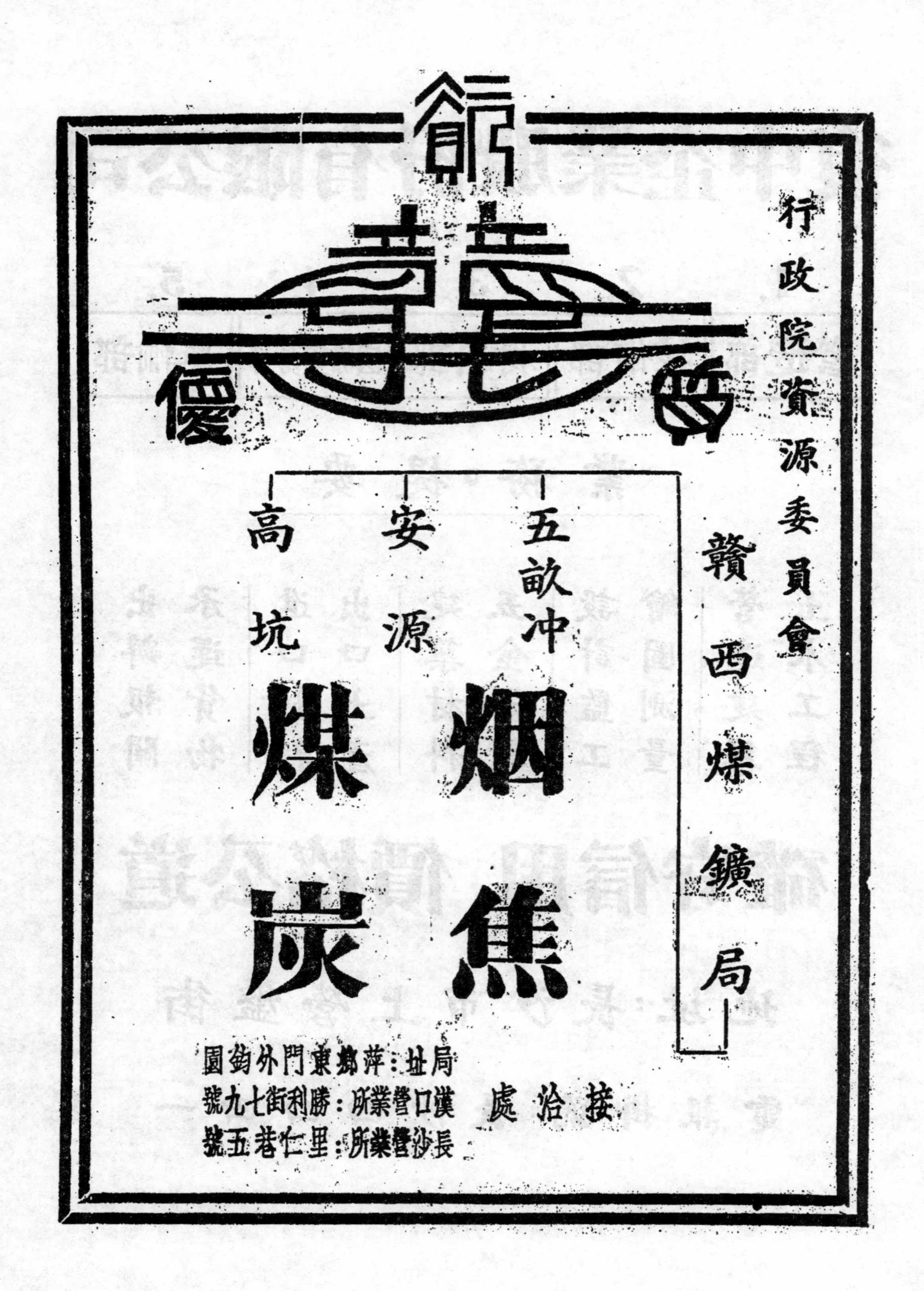
行政院資源委員會
贛西煤鑛局
優
五畝冲
安源
高坑
烟焦
煤炭
接洽處
局址：萍鄉東門外鈎圓
漢口營業所：勝利街七九號
長沙營業所：里仁巷五號

資源委員會第二區特種鑛產管理處

銻品製造廠

註冊商標

國內首創各色銻質顏料

專家精製錫鉛銻類合金

出品要目

銻白
性質：潔白，細膩，無毒，耐光，耐水，耐熱，遮蓋力強，着色力大。
用途：製造油漆，油墨，搪瓷，玻璃，橡膠，火柴花裝品等工業之優良原料。

銻紅
性質：細膩，遮蓋力強，着色力大，對於日光，空氣，熱硫磺，皆不生作用。
用途：製造橡膠，油漆，油墨，等工業之優良原料。

銻黃
性質：耐高温，遮蓋力愳，對於日光空氣皆具抵抗力
用途：製造搪瓷，陶瓷，玻璃等工業之優良原料。

承軸合金
性質：視錫鉛配合成份性質各異備有詳細說明函索即寄。
用途：適合飛機，鐵路，汽車，輪船，機器等業製造各種軸襯之用。

銲錫
性質：視錫鉛成份各異，備有詳細說明書，函索即寄
用途：適於銅，鐵，白鐵等器具接之用。

附設 機械場業務

翻砂……各式大小鋼鐵鑄件
製造……工礦用具機械配件
電銲……生熟鐵件馬達電銲
設計……工礦化工機器圖樣

廠址：長沙南門外下六舖街十八號
漢口辦事處：勝利街六十六號
重慶辦事處：中華路一八五號
電報掛號：〇七五六長沙〇七五六漢口
電話：長沙三十五號

工 程 會 報

目 錄

鴻章印刷廠

長沙市富雅村四號

HONG JEN PRINTING FACTORY
FU YA TSEN 4, CHANGSHA, HUNAN

鉛石印刷　美術設計　傳單廣告　機關表册　譜牒證劵　照相銅版　應有盡有

中西書籍　圖案商標　雜誌期刊　西裝簿記　信筒信箋　鑄字雕刻　精益求精

標語特輯

係由新月藝苑汪仲瓊先生設計繪製精美圖案用頂上漂白夾貢紙精印選輯精華裝飾美化各中小學校黨政機關公法團體均皆適用定價低廉！

本市各大書紙店均有經售

經售「噱頭世界」

本書爲現代作家曾英士先生以犀利筆鋒編成一部短篇小集內容豐富幽默諷刺文字新穎章句雋秀居家遊歷極豁心胸茶餘酒後雨夕燈窗人手一篇允稱良友！

湖南省水利概況

謝志安

一、前言

水利建設，乃國計民生要圖。惟經緯萬端，必須兼籌並顧，始宏效益。本省水利，如以天然環境而言，則洞庭湖位於北部，內有湘資沅澧四水之匯注，外受揚子江流之倒灌，境內土地肥沃，適於耕種；礦產亦甚豐富，均賴開發水利，以助其發展，故本省水利建設目標：約可舉爲左列各端：

1.修護堤防，減免水患，以安民居。

2.整理河道，發展航運，以利民行。

3.振興農田水利，增加生產，以足民食。

4.利用水力，發展工礦，以裕民用。

至若歷年已舉辦之水利工作，則有治理洞庭湖，整理各河航道，舉辦農田水利工程，勘測水力資源，觀測水文雨量諸端，玆分別撮述於後：

二、機構

民國二十年，本省大水爲災，省府爲謀救濟計，曾組湖南省水災救濟委員會，翌年改組爲水災善後委員會，辦理賑濟及修復垸堤事宜，二十七年遵照 中央抗戰建國綱領中發展水利事業之規定，改組爲水利委員會，由建設廳長兼主任委員，辦理全省水利事業之計劃與實施事宜，三十年七月爲增進工作效率計，改組爲水利局，仍由建設廳長兼任局長，隸屬於建設廳，三十一年六月局長改爲專任，三十二年二月以省級行政機構緊縮，水利局亦在裁倂之列，其業務改由建設廳增設專科辦理，以迄於今。

三、工作概述

甲、治理洞庭湖

(1) 濱湖水災善後事宜　民國二十年，本省水災奇重，濱湖各縣垸堤潰決殆盡，餓莩載途，瘡痍滿目，爰組救濟水災委員會，由中央配發美麥四萬餘噸，辦理賑濟，並以工賑方式，放款各垸，限期修復垸堤，俾維生產。至二十一年夏汛前，各垸堤工一律告竣。二十二年復遭水患，堤垸又多潰決，翌年春，再貸穀萬餘石，始克修復，詎二十四年水災更爲奇重，並生秋汛，顆粒不收，除另組水災救濟總會，負責統籌救濟外，並由水災善後委員會，撥款辦理急賑，且貸放各垸爲臨時堵塞潰口之用，關於全部堤工之修復，則由中央及本省撥款辦理，至二十五年春季，全部完成。

(2) 洞庭湖水利查勘　據本省濱湖洲土視察團三十六年三月之統計，洞庭湖現有洪水位時之湖面約為三千一百五十四萬餘平方公里，為湘資沅澧四水所匯瀦，又北受松滋太平藕池調弦四口江流之倒灌，本為調劑江洪之最優場所，惟受江流倒灌影響，湖身日漸淤塞，容量大減，每遇洪漲，輙生水患，前增聘請中國水利工程學會李故會長儀祉先生來省查勘，經決定治理原則如下：子、限制各口倒灌水量，防工泥砂入湖。丑、劃定湖界，在界線內，不准圍墾。嗣由揚子江水利委員會與本省派員會勘，決定整理原則四項：

子、劃定湖界，保持現有湖面。

丑、規定四水及四口之洪道，使得暢流，而免壅塞，並整理濱湖航道。

寅、分區放淤（濱湖低窪之舊垸，得以逐漸墳高，以減水患。）

卯、四口應予以攔砂洩洪之設備，減少淤量，關於湖界路線，計有天然湖界八段，全長八七五公里，湖堤界線共有七段，全長八一〇公里，其中須修新堤之段，共長八一八公尺，現已由揚子江水利委員會組設洞庭湖工程處，負責辦理。

(3) 測量洞庭湖區域　洞庭湖港汊縱橫，堤垸繁多，地形極為複雜，為求明瞭該湖區域地勢及水道情況，俾作研究治理之根据起見，爰於二十一年組水道測量隊，前往施測，二十四年十月完成其施測，項目分起點，三角水準，地形等四項，起點測量係於二十一年九月在該湖沙咀選量基線，計算緯度至經度，則暫由原有輿圖量算，以應急需，三角測量，自二十一年十月開始，至二十四年十月完畢，共測三角網，長約六百公里，埋設永久標誌四百一十餘座，水準測量分幹線支線兩種，幹線由岳陽北汴河園起，繞洞庭北岸，經華容南縣漢壽沅江益陽湘陰而仍至岳陽，全長四二四五一公里，埋設永久標誌一三二座，此外倘有次等幹線兩條，一由華容城經梅田湖津市安鄉白蚌口而至草尾，計程二百餘公里，一由磊石渡湖經南大繕陽羅州而至草尾，計程六十餘公里，又支線水準測量計程一千四百餘公里，地形測量自二十一年十一月起，至二十四年十月完畢，共測一萬分之一地形圖二百六十餘幅，計面積一萬餘平方公里，嗣按五萬分之一比例縮製，印刷裝訂成冊。

(4) 注滋口引河工程　為避免藕池河水繞過西湖淤墊湖身計，特於注滋口開一引河，使其逕入東湖，全長二五公里，於二十七年完成，效用頗著。

(5) 雞公咀引河工程　澧水下游，因宣洩不暢，每易發生水患，因於雞公咀開引河一道，計長二二七公里，於二十七年春完成宣洩，因以暢通，災害為之大減。

(6) 展寬臨資口　臨資口為資水入湖之河口，因口岸窄狹，水流不暢，常釀成水災，且於航行亦多有礙，乃將該口長約千公尺之一段，予以展寬，完工後，航運及洩洪，皆得改進。

(7) 展寬濠河口　濠河口為湘水入湖之河口，因口岸窄狹，易成災害，乃將該口展寬，計長四百公尺，完成後，效用頗著。

(8) 督察修防堤垸　本省濱湖之岳陽臨湘湘陰沅江益陽漢壽常德華容安鄉澧縣南縣等十一縣堤垸，自民國十年以後，常有潰決之患，尤以二十年及二十四年水災最為奇重，堤垸倒潰至三分之二以上，考其原因，雖緣水勢浩大，非人力所能抵抗，然堤塍不固，實為成災之主要原因，蓋各垸每年修培堤塍，或以負堤工責任之員司缺乏學識經驗，辦理未善，或以各垸垸首經理督修等，每於秋冬土緊泥堅之時，放棄職責，延至春初始行放棚，甚至夏季水發，倘未竣工，敷衍塞責，貽誤匪淺，或以垸首經理督修等經手開支，多不正當，積弊叢生，漠視垸務，至失業民信仰，遂亦欠費不繳，甚或構訟不休，影響堤工尤巨，爲調整計，乃於二十四年秋在長沙召集濱湖各縣長會議，將各垸堤工改爲官督民修制，訂定濱湖各縣堤垸修防章程，及堤務局整理規則，通飭遵照，並分區設修防督察員，選派富於堤工學識及經驗之人員充任，實地督察各堤修堤防汎等事項，並制訂服務規則，俾資遵循，此後修防效率，因之大增，潰堤情事，很少發生，詎近年各垸堤塍，以淪陷期中，被敵人破壞或構築工事損壞甚多，勝利後修復垸堤，乃爲刻不容緩之工作，曾擬具計劃，定期實施，並先派員實地查勘，以其結果，呈奉行政院核撥搶修費一億元，經於三十五年春季配發各該縣監放搶修，並派員督導工程，得於大汛前將各垸損毀之險堤，全部修復，至全部培修工作，則仍繼續籌劃進行，本年度又奉行政院續撥補助費三億元，現正將其分配應用，並派員督察進行中。

乙、整理各河航道

(1) 長常航道　長沙常德間之航道，爲溝通西南各省之交通要道，惟以劉家壩甘溪港新椗口圍堤湖等處淤洲，每屆秋冬水淺，阻礙航行，乃於三十年五月派隊施測，至同年八月，測量完竣，並擬具整理計劃，經省府委員會議決，分爲兩期舉辦，第一期自三十年九月起舉辦劉家壩甘溪港新椗口三處工程，第二期於三十一年度舉辦圍堤湖工程，第一期工程正設處招標，忽因戰事影響，奉令停止，至三十一年十一月始再成立工務所，整理工程較小之曹家渡灘，於三十二年整理完竣，勝利後，擬會同善後救濟署湖南分署舉辦工賑實施，乃先派測量隊三隊，將該航道內長沙至沅江段詳測完竣，但以救濟物資有限，迄今未能施工辦理。

(2) 沅資流域規劃發展　資水源出桂境，資源縣經新寧武岡邵陽新化安化益陽等縣流入洞庭湖，在常水位時期，淺水汽輪可達益陽桃花江，載重二三百石之帆船，可以上溯武岡，惟因灘多流急，船隻上行，索挽費力，下行又易觸礁，該水流域，物產富饒，水道交通，亟應整理，以利開發，曾於二十八年九月組隊施測，該水自益陽甘溪港至邵陽桃花坪一段航道，至三十年二月完竣，計長五百四十九公里，應加整理之灘險一百八十餘處。

沅水源出黔東自會同入湘境，經黔陽辰谿瀘溪沅陵桃源常德迄漢壽入洞庭湖，全長五百三十九公里，並可由沅陵轉酉水，上溯四川，其航運在政治上經濟上軍事上均極有價值，惟因灘多流急，航行不便，二十八年，准經濟部咨請，組沅水工程處，負責整理，至三十年八月，完成全部測量工作，並擬具灘險整理計劃，計沅漢間應整理之最大灘險共五處，沅黔間應整理之最大灘險共九處，其整理方法爲炸除礁礁，開闢航道，展鑿河身、建築攔砂壩，導水壩，及修建縴路等項，現沅漢間九磯甕子洞兩灘縴路整理工程，及九磯清浪猪楷甕子洞橫石各灘航道疏濬工程，均先後完成，又浦市附近姚家冲縴道工程，改善清浪灘縴道，絞攪裝置，以及球花與窰頭灘建築竹籠攔沙壩等工程，亦早完竣。

惟近年以來，各國新興水利事業，恒爲多目標者，以其能兼籌並顧，事半功倍，合乎經濟原則也，故本省對於沅資兩水流域之各項水利事業，已倣美國 T. V. A. 開展流域水利之辦法，擬定整理計劃，以整理航道爲首，兼顧灌溉防洪排水水土保持及水力發電等事宜，進而求全區域內農林工鑛之配合前進，並經於三十五年七月成立沅資流域規劃發展委員會，負責進行，聘請水利專家須愷孫輔世邢丕緒陳克誠王恢先何之泰等爲委員，其工程設計費已由水利委員會先撥三億七千五百萬元，並由省建設廳調撥兩水道測量隊，積極進行測量工作，以爲詳細設計實施之依據。

(3) 酉水　酉水爲沅江之主要支流，有南北二源，南源自四川之酉陽縣境南流，經龍潭妙泉折而向東，至石堤與北源匯合，北源自鄂省來鳳縣境，沿湘鄂邊界南流，經百戶司而至石堤北源源遠流旺，實爲酉水之正幹，惟沿河灘險棋布，人煙稀少，舟楫不多，南源爲川鹽運湘之要津，而龍潭妙泉兩地，又與川湘公路相銜接，得有水陸聯運之利，惟源流所經均屬崗巒起伏之區，水道陡峻，灘險密接，船隻上下，至爲困難，尤以龍潭至妙泉一段爲甚，低水時期，流量僅二三秒立方公尺，淺處水深二三公寸，載重二三噸之船，即須扛與推進，妙泉以下，水量與航深雖稍增加，但低水時期，載重五噸以上之船，須待雨後水漲，方能通航，而觸礁覆舟之事，亦數見不鮮，運輸量甚爲有限。

國都西遷，西南水道日見重要，沙宜撤守，以後大江交通，完全阻斷，川湘貨物之吐納，大部經酉水轉運，故運量陡增，而原來航道之運輸量，又如是有限，加工整理，洵爲刻不容緩之舉，二十八年經經濟部咨請整理，以利航運，乃於是年六月由沅水工程處派隊測量，二十九年四月改組沅水工程處，爲沅酉工程處加隊趕測，至同年八月，已將酉水全部測竣，計應加整理之灘險三十處，業經擬定整理計劃，籌備實施，旋准經濟部咨，移交揚子江水利委員會辦理，二十九年十二月正式成立酉水工程處，自興工以來，共計整理航道三十八處；（浚渫炸礁及築堤者十五處；浚渫及炸礁者二處；炸礁及築堰者二處；浚渫及築堰者二處；浚渫者十五處；炸礁者二處）闢修縴道完成三九、六八公里，及建造碼頭工程一座，尚有數處險灘及其他之零星補充工程，限於經費及時間之關係，須待以後辦理。

(4) 澧水　澧水源出桑植經大庸慈利石門澧縣迄安鄉入洞庭湖沿流，物產豐富，亟待開發，惟因水急多灘，航行不便，曾於二十九年六月組隊施測，由澧縣劉家河至大庸一段，計長二百公里，已於三十年五月測竣，又由澧縣至新洲一段，計長三十公里，亦已測竣，以上灘險，應加整理者，計二十三處，又該水大庸桑植間毛岩檳榔孔灘險，爲便利軍運計，第六戰區長官部曾代電請爲疏濬，乃於三十一年組設澧水工程處，負責辦理，至三十三年，因工欵無着，始中止進行。

(5) 其他業經查勘並擬具整理意見之水道，尚有左列各處，但均以經費無着，未能付諸實施。

a. 攸水洣水　攸水源出江西流經攸縣迄衡山攸縣交界處，與洣水合至衡山入湘江，其航運關係湘贛水陸聯運頗爲重要，三十一年四月，曾派員查勘，擬具意見，咨請行政院水利委員會核辦。

b. 資興瀘水三瀧十二涙　瀘水居耒河上流，上達汝城桂東，下通郴縣耒陽，爲湘東南開發富源之重要水道，資汝桂三縣鎢煤蘊量之富，與木材產量之豐，可爲全省冠，祇以該段河流有三瀧十二浪之艱險，梗塞航道，妨礙物資運輸，前由資興公民呈請疏濬，以利交通，經於二十九年八月派員測量，並擬具整理計劃，待款實施。

c. 瀏陽七溪埠河道　七溪埠河發源於瀏陽東北部，經陳家坊平安洲至雙江口注入瀏水，該河流域，物產豐富，惟因灘險及灘淺甚多，亟應疏濬，以利航運，三十年六月，派員查勘，擬具整理意見，旋以經費無着緩辦。

d. 鍾水十八灘　鍾水爲春陵水上游發源於藍山南風坳，經嘉禾新田桂陽常寧而入湘江，全長約三四五公里，該水流域，物產豐富，惟因灘險櫛比水流曲陡，阻礙航運，亟需整理，三十年八月，派員查勘，擬具整理意見，待款興辦。

e. 關門洲　關門洲位於衡陽北，湘水蒸水交會之處，面積約二萬平方公尺，爲砂泥沉積而成，平時旣妨礙航行，大水時復阻礙洪流，釀成水災，二十八年十一月派員查勘，擬具整理意見，待款舉辦。

f. 肥田水道　肥田位於耒陽衡陽之間，耒河在此灣曲成葫蘆形，長約四十三公里，倘於灣曲處開一長約三百公尺之引河，若將此處挖開航道，可縮短三十華里，而舊有河身涸出，可得沃田六千畝，對於生產交通，兩有裨益，二十八年十一月派員查勘，擬具整理意見，待款舉辦。

g. 㵲水　㵲水源出貴州自晃縣入省境，經芷江至黔陽入沅水，長約一百九十九公里，二十八年四月派員查勘，並擬具意見，咨請經濟部核辦。

h. 渠水　渠水源出廣西自綏寧入省境，經通道靖縣，會同黔陽入沅水上游，經綏寧至廣西龍勝，可轉西溪河下桂江，其交通對開發富源，頗有幫助，二十八年四月派員查勘，並擬具意見，咨請經濟部核辦。

i. 溆水　溆水爲沅水之支流，沿岸物產豐富，水利最盛，二十八年派員查勘，並擬具意見，咨請經濟部核辦。

丙、舉辦農田水利工程

(1) 修建塘壩　本省山鄉各縣，常因雨量不足，而致旱荒，爲防止災害起見，歷經制頒修建塘壩各項章則，通飭各縣遵照辦理，三十年度更由前水利局調派技術人員二十人，分區督導耒陽等五十二縣塘壩工程，自三十年十一月開始，至三十一年四月結束，計修建完成之塘一六八三四口，壩五四八一座，增加灌溉面積一〇二九九、四七二市畝，三十一年度規定修建塘壩爲各縣中心工作之一，經擬定計劃，將督導縣份增至六十一縣，仍由前水利局調派技術人員二十人，分區督導自三十一年十月開始，督導期間，定爲五個月，並商准中國農民銀行貸款三百二十六萬元，再由水利基金項下貸款四十萬元，貸與修建塘壩業戶作爲工程費用，根據各縣政府報告統計修建完成塘三〇九〇六口，壩一〇八〇三座，增加灌溉面積二二五二七〇二市畝，三十二年度將督導縣份增至六十五縣，調派專員三十五人，分區督導，自三十二年十月開始，督導期間爲八個月，並由中國農民銀行貸款三百二十九萬元，協助辦理，該年度修建塘壩成果，因省府及戰事影響南遷，交通阻塞，各縣報告，多已散失，無法統計，現正通飭補報，以憑彙編，又三十三年度因戰事關係，僅將湘南十八縣分爲七區，每區派專員二人督修塘壩，自三十三年十月開始，到三十四年四月結束，其他各縣，則責成各行署分別派員督導所轄縣份辦理，其修建塘壩成果，迄今已據呈報者，僅十七縣，合計修建塘三二九八處，壩一一三五處，灌溉面積一八〇九六〇市畝，又各縣市原有塘壩，受寇旱兩失影響，損壞甚多，勝利後本省以修復小型農田水利工程工作重要，積極進行，曾電准四聯總處核定緊急農貸五億元，交中農行貸放，嗣准中農行規定，儘先配貸區域，為沿交通線受災最慘之長沙衡陽岳陽臨湘瀏陽平江湘陰醴陵湘潭湘鄉衡山邵陽等十二縣，又長沙衡陽兩市。經與該長沙分行商定，各該縣市配貸數額，利用合作方式貸放，並由建設廳分區派員督導工程，現正積極施工中。

(2) 大型農田水利工程

a. 安仁永樂渠灌溉工程　安仁縣城南之橋南村田地約計萬畝，地勢高亢，水源缺乏，歷年災歉頻仍，損失綦重，清初當地人民，曾計劃由永樂江上游之苦株山攔河築壩，鑿渠引水，以資灌溉，因工程浩大，且無科學知識，屢作屢輟，迄無成就。三十一年派隊前往測量，並設計完竣，擬於苦株山攔永樂江建滾水壩一座，並開一長約七公里之渠道，引水灌溉田畝，又建各種閘門，以為進水冲刷，或減洪之用，三十三年四月成立永樂渠工程處，由中國農民銀行貸款舉辦，業經招標開工，旋以戰事影響停止。

勝利以後，省府以該項工程，亟應完成，乃商請救濟總署湖南分署撥發工賑食糧一千七百噸，並農民銀行貸款五千萬元，組設工程處，繼續辦理，迄今渠首工程已完成三分之二，渠道工程則可望於五月以內，全部完成。

b. 衡陽鄺湖排水工程　鄺湖工程區位於衡陽市之東南，距粵漢鐵路局衡陽東站約十五華里，西南靠山東北帶水轄地三萬六千餘畝，因地勢四周高亢，中央低下，每當山洪暴發或河水泛濫之後，水集境內低地，無法宣洩，淹沒農田，年達萬畝以上，損失至為慘重，曾由前水利局於二十七年十月及三十二年三月先後派隊測量，並擬具詳細計劃，商准中國農民銀行貸款，於三十三年四月設工程處舉辦，旋以戰爭影響停止，去年十月由省府商請善救總署湖南分署撥發工賑食糧四百五十噸，設處復工，全部工程包括開挖渠道，建築進水口節制閘，防洪洩水石閘，防洪洩水土壩，攔沙壩及其他附屬工事，現已全部完成。

c. 宜章平和鄉排水工程　平和鄉在宜章以北距縣城約三十公里，四圍皆山，耕地面積約計萬畝，東北稍高，西南凹下，沿西南山脚，有石洞數處，山洪均由洞內洩入，地下其最大者為龍門口，消水洞洪水大部由此洞洩出，其次為坦清洞平常山水即由此洞流行，其餘尚有小洞多處，然均為硼石及砂粒所阻塞，已失排水效用，二十九年曾派員測量，計劃將龍門口與附近各洞口崩石積砂清除，並將曾家灣河叉口至龍門口長約一千八百公尺之水道，加以疏濬，藉利消水，並擬於坦清洞旁開挖一長約四百三十公尺之隧道，引水至坳塘坪，以資灌溉，曾商准中國農民銀行貸款，於三十三年四月設工務所辦理，旋以戰事影響停止，現已商准善救總署湖南分署撥發工賑食糧二百噸，並由農民銀行貸款一千萬元，組處復工，預計可於今年冬季以前，趕工完成。

d. 桑植汆湖排水工程　汆湖位於桑植縣城東約六十公里，四圍壁立，夏季積水不能耕種，該湖面積約三千三百畝，曾於二十九年派員查勘，擬於慈利之竹葉坪街闢一明渠，俾資排水，而便墾植，詳細計劃，須俟測量後，再行決定。

e. 龍山水砂坪排水工程　水砂坪位於龍山縣城東南三十五公里，屬該縣下辰鄉，四圍高山峻嶺，綿亙環抱，每逢春夏之交，山洪下注，積水恒達數尺，雖坪之東南有數小洞可以洩水，然亦宣洩不及，非至秋後，積水不能盡消，是以良田盡成廢土，該坪面積約二千二百畝，土質肥沃，曾於三十一年一月派員測量，擬具計劃，係於該坪之東南開鑿石洞，長七百四十一公尺，引水洩至比沙灣，經洗車河而入酉水，須商請金融機關貸款後實施。

f. 祁陽十里坪灌溉工程　十里坪位於湘桂線黎家坪車站北十公里處文明舖附近，係一荒地，面積約四千畝，三十二年八月派隊施測，並擬具詳細計劃，計築攔水壩一道，及引水渠等，以便引河水灌溉，正籌款施工時，以戰事影響停止。

g. 芷江蘇纓塘坪灌溉工程　蘇纓塘坪在芷江忠合鄉，爲中下楊溪等小坪之總稱，面積約三萬餘畝，惟以常生旱災，損失綦重，經於三十三年三月派隊前往測量，並擬具計劃，係於白岩堰築壩，引水灌溉，正籌款實施時，以戰事影響中止。

h. 漵浦二都河四都河灌溉工程　二都河發源於漵浦屬龍潭芙蓉二鄉，北流經永和鄉辦和鄉注入漵水，流長百餘華里，水源豐富，兩岸農田廣袤，祇因雨量稀少，全賴築壩引水灌溉，當地民衆，攔河所築舊式堰壩雖多，或以地勢高亢，引水不易，或以建築簡陋，修理工費不貲，遂至影響生產，亟應舉辦堰壩渠道灌溉工程，以增收穫，前曾派員查勘，擬具意見，在桶溪河附近築壩開渠引灌，受益田畝，面積約二萬三千畝，又四都河發源於漵屬中正均平兩鄉，流經底莊花橋北達南通四鄉，注入漵水，兩岸農田，亦稱廣袤，其灌溉情形，略與二都河同，亦曾派員查勘，擬具意見，在高莊築壩開渠引水灌溉，受益田畝，面積二萬餘畝，以上兩項工程，均擬即由本省沅資流域規劃發展委會員派隊施測，以便設計實施。

i. 澧陽平原灌溉工程　澧陽平原包括石門屬二都易市二鄉，臨澧屬新安合口二鄉，澧縣屬大新澳彔潛南灣中新城等五鄉，總計田畝三十萬另九千市畝，均屬平原沃野，極適耕種，惟蓄水不足，一遇天旱，即成荒歉，亟待舉辦灌溉工程，以資供給水量，上項工程，曾於三十一年十一月派員查勘，須派隊前往測量後，方可計劃實施。

j. 藍山西門洞北門洞灌溉工程　藍山附郭西門洞北門洞田畝，約三千畝，以雨水失調，常成旱象，惟鐘形山脚小河河水可資引灌，業經派隊測量完竣，計劃完成，一俟工款籌足，即可施工。

(3) 籌鑿灌溉水井　山鄉各縣，常因雨量缺乏，而成旱災，擬鑿灌溉水井以補救之，前曾擬定鑿井備旱計劃，於可以利用井水灌溉地點，普鑿灌溉水井，其辦法係組織鑿井隊，分赴各縣開鑿模範水井，引起人民對於井水灌溉之認識，同時由各縣鄉公所選派民衆學習鑿井技術，並由政府籌款貸給人民，作爲鑿井經費，嗣以經費無着停止。

(4) 改良舊式水車　現時民間所用各項舊式水車，效力低微，爲求節省農村物力勞力，增加生產起見，曾就舊有水車中選擇數種，加以研究，設計改良，計改良完成者，有人力戽式水車，獸力戽式水車，筒車及風力喞筒起水機等，曾製造模型試驗，效力大增，擬予設法推廣。

丁、勘測水力資源

湘資沅澧四水，發源於西南山岳地帶注入東北平原上游，水力甚富，可利用爲工鑛事業之原動力，經派員查勘，有舉辦價值者，計有永綏之大龍洞小龍洞瀑布，沅水之柳林汊瀑布，龍山下辰鄉望上台瀑布，澧水之三瀧十二浪灘，資源資源河瀑布，以及瀏陽賜金灘，南岳螺絲潭瀑布等，其中螺絲潭瀑布，已於三十三年四月派員測量完竣，瀏陽賜金灘水電灌溉工程，則正由中國農村水力公司組處施工中預計完成後，可發電九十四馬力，灌田二萬二千餘畝。

戊、觀測水文雨量

水文測量，爲水利工程設計之重要資料，本省曾於二十八年九月，設衡陽沅陵黔陽零陵四水文站，測量湘沅二水之水位、流量、含砂量，及氣象按月報告成果，二十九年三月，組水文測量隊，辦理全省水文觀測事宜，三十年五月，增設保靖桃江兩水文站，分測資酉二水水文，三十一年七月，改組水文測量隊爲水文總站，並將衡陽零陵黔陽保靖四水文站分別遷往湘潭邵陽常德澧縣等地，連桃江沅陵兩站共計六站，並設立安鄉湘陰永興沅江慈利新化六水位站，觀測水位，嗣因戰事關係，原有各站，多被撤銷，僅留沅陵水文站，及沅江水位站，並增設嘉禾新化兩水文站，及東坪寧遠兩水位站，復員以來，幾經調整，現有各站，計常德大庸沅陵新化黔陽長沙湘潭邵陽衡陽零陵晃縣等十二個水文站，及東坪沅江寧遠嘉禾芷江四水位站，分別按期測報水文，至於各地雨量情形，自二十七年三月起，即督飭各縣政府設等立雨量站，觀測雨測，按月呈報。

四、結　　論

本省水利工作概況，已如上述，可知經歷年之努力，設計工作完成者雖屬不少，而付諸實施者尚不甚多，良以水利事業類多工巨費繁，難於舉辦，益以抗戰期中，易受戰事影響，每每功虧一簣，中止進行，殊屬可惜，惟水利實爲國計民生要圖，水利不興，國計民生均有困難，是以非完成水利建設，即無以完成建國大業，無以期主義之實現；現值復員時期，百廢待舉，更應排除萬難，遵照　總裁中國之命運所指示，對於水利工作，加緊推行，尚乞邦人君子，共起圖之。

專技重於博學
力行重於理論

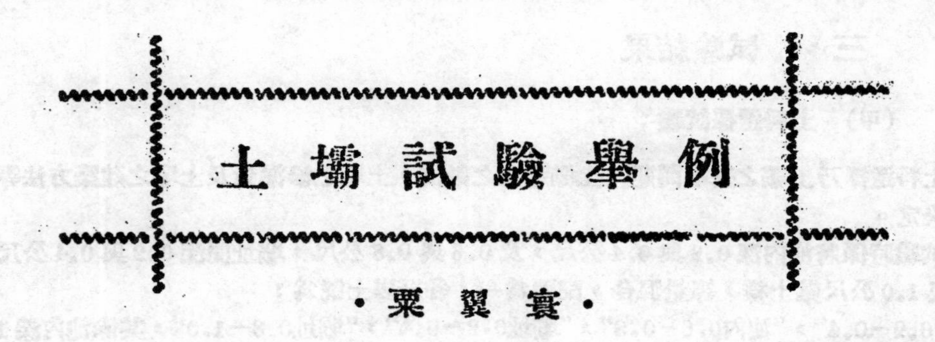

土壩試驗舉例

·粟翼寰·

一、導言

土壩的建築，因爲取材便利，施工簡易，在交通不方便又不容易購運其他建築材料的地方，修建水利工程的時候，採用土壩的計劃很多，但是遇到壩身較高的工程，壩身漏水成爲一個很嚴重的問題，爲了使工程能安全而經濟，必需設法得到不透水土料，因此對於土料成分的配合，需要事先加以試驗。

三十二年秋天，筆者以事赴渝，適同學許京騏兄在中央水利實驗處土工試驗室爲甘肅肅豐渠鴛鴦池蓄水庫土壩試驗不透水土料，因得從旁協助工作，除前後工作經過，已由許兄草具詳細報告外，玆將當時試驗情形及商討所得，寫成此文，貢諸 讀者：

二、試驗根據

先是，甘肅水利林牧公司於三十一年間計劃利用祁連山積雪溶瀉之水，灌溉甘肅酒泉金塔兩縣境內約十萬畝之地，設計中擬就臨水河之佳山峽口築堤蓄水，壩用土質，計劃之最先擬具者爲甘肅省政府技正楊廷玉氏，在本文中稱爲舊設計，其壩之高度爲18公尺，頂寬6公尺，底寬105公尺，臨水坡度爲3比1，背水坡度爲2.5比1，壩身在臨水部分三分之二處，用細礫石，粘土，冲積土等粗細料混合填築，並冠以土號爲“O-D-A”，其成分如下：

礫停留於4號篩者(孔徑5公厘)	60%
沙停留於100號篩者(孔徑0 15公厘)	25%
黏土或冲積土通過100號篩者(孔徑＜0.5公厘)	15%

至其背水部分，則純用較粗礫石填築，後甘肅水利林牧公司將壩高改爲27公尺，頂寬10公尺，底寬166公尺，壩之中部築壤土心牆，心牆邊坡爲6.55比1，在本文中稱爲新設計，詳第一圖。

試驗土樣，係掘自鴛鴦池內及土壩壩址間兩取土坑中，每坑各掘至1公尺，每20公分厚裝土一袋，共得土樣十袋，即池內取土坑及壩址取土坑0.2，0.4，0.6，0.8，1.0等公尺處各取土一袋，每袋約2公斤，全部土樣重20公斤左右。

三、　試驗結果

（甲）　土料選擇試驗：

土料選擇乃土壩之基本問題，土壩邊坡之數值，土壩之滲漏量及土壩之建築方法等，均由此決定。

試驗時係將池內深0.2與0.4公尺，及0.6與0.8公尺，壩址間深0.2與0.4公尺，及0.8與1.0公尺處土樣，等量混合，配而爲一，各冠以土號爲：
“池內0.2－0.4”，“池內0.6－0.8”，“壩址0.2－0.4”，“壩址0.8－1.0”，其餘池內深1.0公尺及壩址間0.6公尺處土樣亦各冠以土號爲：“池內1.0”，及“壩址0.6”，如是則十種土樣合而爲六，作此六種土樣之顆粒分析，其結果經繪製顆粒分析曲線如第二圖。

各單獨土樣應如何配合，方能得最佳之築壩土料，須視其組成土樣之級配情形而定，Chorles. H. Lee 氏以爲 Telbot 氏選擇混凝土材料之公式：

$$P=\left(\frac{d}{D}\right)^n \qquad (1)$$

仍可適用於土壩不透水材料，其中

P 爲通過一定孔徑之百分率，以重量計。

d 爲篩之孔徑.

D 爲最大顆粒直徑

n 爲一常數，約爲0.24至1.20，乃視土料顆粒各種不均勻程度而定。

如　n=1,　(1)式爲一直線，代表一極粗之級配。

n=0.5，(1)式爲一拋物線，代表一粗細料適中之級配，能產生最大顆粒直徑中爲¼"至½"間之最大密度。

n=0.33，(1)式爲一橢圓，代表一細勻級配，能產生最大顆粒直徑爲1"至2"之最大密度。

n=0.25，(1)式仍爲一橢圓，能產生最大顆粒直徑爲4"至6"間之最大密度。

（以上均指自然比例）

普通土壩均勻斷面之不透水土料，n可採用0.33，若爲複式斷面，則心部土料，以用n=0.5爲宜。（註一）

在作本試驗時，除舊設計中土料“O-D-A”外，更配有心部土料二，不透水粗細料級配土料三，使其顆粒分析曲線，儘量與理想線相合，然後再作各種試驗，比較其結果之優劣，以爲取捨之標準。

根據美國公路局 U.S.Beaurea of Publie Roacls 之規定，路面細料(即所謂 Soil Mortar，指通過10號篩者而言)之配合，應如第三圖B線所示，又路面粗細料級配土料之配合，應如第四圖A線所示，(註二)鶩鷥池土壩，因當地細料缺乏，心部土料，以用細料級配土料較爲經濟，故試驗時係以B線及 Telbot 氏理想線 $P=\left(\frac{d}{1.168}\right)^{0.5}$ 爲標準（假定最大顆粒直徑爲通過14號篩者，即 D=1.168公厘，則 n=0.5）取"池內0.2—0.4""壩址0.2—0.4""壩址0.6"之通過14號篩者（即第一表中之"池內0.2—0.4—B""壩址0.2—0.4—B"及"壩址0.6—B"及"壩址0.6"按表中之成份以爲配合，得心部土料"C—M—A"及"C—M—B"。至不透水土料則以A線及 Telbot 氏理想線 $P=\left(\frac{d}{25}\right)^{0.33}$（假定最大顆粒直徑爲1"即 D=25公厘，則 n=0.33）爲標準，用"池內0.2—0.4""壩址0.2—0.4"及"壩址0.8—1.0"，配成"I—M—A"；用"池內0.2—0.4""壩址0.8—1.0"，並"壩址0.2—0.4"及"壩址0.6"之留於14號篩者，（即第一表中之"壩址0.2—0.4—A"及壩址0.6—A）配成 I—M—B；更用壩址土樣深至1.8公尺之等量混合土與"池內0.2—0.4"配成"O—D—b"，按土之愈深者，料愈粗，故壩址土料之在1公尺以下者，必較0.8至1.0公尺者爲粗，但1.0至1.8公尺之土樣既未經送淪，當時爲便於計算計，乃假定兩者相等；第一表中壩址0.8—1.0取用55.4%者，即壩址0.8至1.8公尺之混合土料取用55.4%之謂也。各組合土料成分之配合見第一表，心部土料之計算顆粒分析曲綫，見第三圖，不透水土料之計算顆粒分析曲線見第四圖。

第一表：　各組合土樣配合成分之百分率

單獨土樣 / 組合土樣	池內 0.2-0.4-B	池內 0.2-0.4	壩址 0.2-0.4-B	壩址 0.2-0.4	壩址 0.6-B	壩址 0.6-A	壩址 0.6	壩址 0.2-0.4-A	壩址 0.8-1.0
C—M—A	25%	——	25%	——	——	——	50%	——	——
C—M—B	30%	——	30%	——	40%	——	——	——	——
I—M—A	——	20%	——	20%	——	——	——	——	60%
I—M—B	——	26.7%	——	——	——	33.3%	——	6.67%	33.3%
O—D—B	——	16.7%	——	18.5%	——	——	9.30%	——	55.4%

試驗時又以上表之比例，實際配成各組合土樣而作其顆粒分析，唯"C—M—B"因土樣不敷，祗能從略，而"O—D—A"及"O—D—B"則因土樣在配合"I—M—A"及"I—M—B"時用罄，配合時均係俟其餘土樣全部試驗完成後，將其中不同直徑之顆粒用篩析分離，再按計算綫配合；故無顆粒分析曲線。其餘各土樣之實際顆粒分析曲線見第五圖。

縱觀各組合土樣之顆粒分析曲線，知其均位於Telbot氏理想線及美國公路局規定線之附近，故就級配情形而論，各土樣實均堪稱上選。

（乙）剪力試驗：

剪力係凝聚力與內摩擦力之和，即

$$\tau = C_0 + p\tan\phi \quad \cdots\cdots\cdots\cdots (2)$$

式中τ爲剪力，Co爲荷重等於零時之凝聚力，p爲垂直荷重，φ爲內磨擦角，然事實上凝聚力乃一變數，隨垂直荷重之大小而增減，因荷重增大後，土粒空隙減少，土粒周圍之水膜變薄，則凝聚力自將增大也。

由試驗知 $C = Co + p\tan\phi_c$ ……………………(3)（註三）

故由第六圖剪力公式(2)亦可寫爲

$$\tau = Co + p\tan\phi_c + p\frac{\sin(\phi - \phi_c)}{\cos\phi\cos\phi_c} \cdots\cdots(4)$$

築壩土料經壓實後，即等於先施一相當之直荷重而後移去之，此可稱爲初步固結（Preliminary Consolidation）按(3)式，凝聚力自將增大，設該相當之直荷重爲P_1則

$C_1 = Co + P_1\tan\phi_c$ ……………………(5)

即剪力不復由B沿一直線至C，而沿一曲線由A至C矣。迨垂直荷重超過P_1後，剪力線由C至D，恢復直線關係，即與土料未受壓實前剪力線BD段中之CD部分相合，如第六圖。

土壩蓄水，其大部分土料恆浸於水中，即含水量常達於飽和程度，故本試驗即在剪力箱之兩側加水，使箱內土樣之含水量常達於飽和程度，然後加直荷重，俟土樣全部固結後，即開始試驗。至初步固結一項，因受設備限制，不能在夯實筒中舉行，當於實際情形未能盡相符合，且壓縮試驗之加重設備不敷應用，竟不能產生土樣夯實後之相當空隙率，亦即P_1不能求得，因之由(5)式C_1亦不能求得，是以凝聚力之數值，僅能以Co權代C_1，然據此設計之邊坡數值當更較爲安全。

各土樣之抗剪強度與垂直壓力之關係曲線，據試驗結果，繪製如第七圖。

觀第七圖，知各土料之內磨擦角φ值甚大，而凝聚力C值則均甚小，其中不透水土料較心部土料爲粗，故φ值又較大，同時在同一最大顆粒直徑之土料中，級配愈佳者，其抗剪強度亦愈大，例如"I－M－B"幾與理想線 $P = \left(\frac{d}{25}\right)^{0.33}$ 相合。（指實際顆粒分析曲線見第五圖）故 $\phi_4 = 39.5°$ $C_4 = 0.12$ 公斤／平方公分爲最大，而舊設計土料"O－D－A"之級配最差，其 $\phi_1 = 36.5°$ $C_1 = 0.08$ 公斤／平方公分爲最小。

（丙） 夯實及貫入試驗

土料夯實之作用有三：

(1) 增加各單獨顆粒間之機械固結。

(2) 減少顆粒周圍之水膜厚度，土料之凝聚力可以激增。

(3) 產生最大密度，減少孔隙量，使能產生高度之不透水性。

如土料之成分已經選定，其壓實之程度(即乾密度)，視其含水量之多寡而定，其關係可分爲水化，潤滑，膨脹，飽和，等四期，見第八圖。土料含水量至潤滑極限時即能產生最大密度稱爲最優含水量 (Optium Moisture Content)

各土樣之試驗結果，經繪製壓實及貫入曲線，如第九圖所示，其結果之比較，又可列於第二表：——

第二表　壓實及貫入試驗結果

土樣	比重	最優含水量時				飽和含水量時		最優含水量時之空氣	
		乾密度 公分/立方公分	含水量 %以重量計	孔隙量 %以體積計	貫入阻力 公斤/平方公分	含水量 %以重量計	貫入阻力 公斤/平方公分	%以體積計	%以被水置換之重量計
O-D-A	2.72	2.06	9.90	24.6	48	12.2	18	4.3	2.1
C-M-A	2.72	2.20	7.95	18.6	119	8.7	110	1.02	0.50
I-M-A	2.74	2.19	8.65	20.0	156	9.4	63	1.10	0.52
I-M-B	2.74	2.20	8.20	19.7	156	9.0	90	1.60	0.74
O-D-B	2.73	2.16	9.08	20.9	58	9.8	38	1.30	0.62

各土料或爲壤質沙土，或爲沙質礫土，且級配甚佳，故極易壓至緊實，其空隙量除"O-D-A"外，均在20%左右，又各土樣飽和含水量時之貫入阻力按Proctor氏規定（註四）應超過300磅／平方吋＝21.2公斤／平方公分，觀上表知除"O-D-A"之貫入阻力＝18公斤／平方公分，與上述規定不符外，其除土料尙均能超過此數。

（丁）　透水性試驗

土壤之透水性係數K，A.Casagrande，C.Terzaghi及Slichter等氏均設有公式，根據土壤空隙率e及有效直徑d，以計算其值，唯事實上由此等公式所得之數值，較實際者往往相差甚遠，故普通須作試驗決定之，試驗時，係將土樣通過孔徑爲6公厘之篩，於最優含水量下在壓實筒（Compaction Cylinder）中將其壓實，再將其接於常水頭箱上試驗之，（Constant head tank）設常水頭高度爲h土樣長度爲l，斷面面積爲A，試驗10分鐘後滲漏總量爲Q則根據Darcy氏公式：

$$Q=k\frac{l}{h}A.t \qquad 或 \qquad k=\frac{Qh}{Alt}$$

各土樣之透水性係數，均經十數次之試驗；而取其平均值，並校正至溫度爲20°C時之數值，結果見第三表。

第三表　各土樣之透水性係數

土樣	O-D-A		e-M-A		I-M-A		I-M-B		O-D-B	
	公分/秒	呎/年	公分/秒	呎/年	公分/秒	呎/年	公分/秒	呎/年	公分/秒	呎/年
透水性係數	6.04×10^{-7}	0.634	2.68×10^{-7}	0.289	4.57×10^{-7}	0.457	2.85×10^{-7}	0.294	2.8×10^{-7}	0.?96

土壩用不透水材料k值之限制Charles,H.lee氏定為1.0加侖/平方呎/日(4.4×10^{-5}公分/秒)而T.T.knappen, Stanley, Dore等更有主張用十數倍於此數者(註五);又按A. Casagrande之意見土料之k值如在5×10^{-7}公分/秒以下,則可稱為幾不透水(Practically Imperilons)(註六)而本試驗各土樣k值均在10^{-6}至10^{-7}公分/秒之間,其可作為良好之不透水土料,是可以斷言者也。

四、 原設計之商榷

(甲) 不透水土料之選擇

觀察以上各土樣各項試驗之結果,雖因其級配情形之差異,略有出入;但均可作為土壩之良好不透水材料,本試驗初以為心部土料之最大顆粒直徑為1.168公厘,有效顆粒直徑亦遠小於其他配合土料,則透水性係數k,亦將比例減小,但根據試驗結果,知粗細料混合土料之k值,與心部土料者幾皆相等,級配細料之混合,或粗細料混合,既均足以產生高度之不透水性,則心部土料之選擇,不必以細料為限;"I－M－A""I－M－B""O－D－A""O－D－B"實均可用為心部土料,又"C－M－A","I－M－A","I－M－B",等雖經精細選擇,力求其近於理想線,而結果與舊設計土料O－D－A者相差亦無多,是土料選擇之過於苛刻所得無幾,而配合時則手續繁重,乃得不償失者也,即以舊設計土料而論,所用土料,需通過四號篩及一百號篩,施工多有不便,反之O－D－B僅取壩址取土坑內深至1.8公尺之等量混合土83.3%與"池內0.2－0.4"土料16.7%(⅙)配合而成,手續簡單經濟,且其他各項試驗結果,均較I－M－A及O－D－A者為優越,故可斷為該土壩最合實用與較為優良之不透水土料。

(乙) 邊坡穩定性之計術

邊坡穩定性之計算,以假定坍塌裂面為一圓弧,較為合理,普通用Swedish圖解法為之。嗣經Gelmon Gilboy及Arthur Casagrande建議,用中圓方法(φ－Circle Method),然計算複雜,難合實用,1937年此法又經Donald Taylor氏使之簡化,創Taylor氏數T,而將T與φ及坡度角i列成圖表(見第十圖)其中

$$T=\frac{C}{UweH} \qquad \phi_c=\frac{\phi}{U}$$

式中C為凝聚力,以磅/平方呎計。

U為安全係數,普通為1.2至1.5。

We為土料之有效密度,以磅/立方呎計。

H為壩址高,以呎計。

φ為內摩擦角。

故在某種土料情形下,吾人可計算其Taylor氏數T,及φ之值,然後在第十圖中查得其相當之i值,i即為其安全之坡度(註七)。

今原設計之壩高27.18公尺,頂寬為10公尺,臨水坡度為3:1,背水坡度為25:1,可用

Taylor氏計算方法，覆核如次；

(1) 該土壩臨水坡，洪水時完全沒於水中，如洪水驟退 Sudden Draw Down 則蓄水之橫壓力驟失，邊坡土壤必須有一凝聚力C，以抵抗土中水分之力距其中情形甚為複雜，Taylor氏以其可用一校正之內磨擦角 ϕ_{ω} 代替 ϕ 計算，其結果仍與實際情形極為相似，即：

$$\phi_{\omega}=\frac{\omega_s}{\omega_s+\omega_o}\phi=\frac{S-1}{S+e}\phi \qquad \text{(用註七)}$$

如臨水坡係用"O–D–B"築成，孔隙率 e＝54％(孔隙量＝35％見下節) C＝0.11公斤／平方公分＝224 磅/平方呎，$\phi=38°$ H＝27.18×3.18＝64 呎 S＝2.73

$$We_{(T)}=\frac{S+e}{1+e}\omega_o=\frac{2.73+0.54}{1+0.54}\times 62.4=132.5\text{磅/平方呎}$$

$$\phi_{\omega}=\frac{2.73-1}{2.73+0.54}\times 38=20.10$$

原設計之臨水坡度為 3:1，即 i＝18°26'，其安全係數 U 可用試算法 (Cut s try method) 計算如下：——

假定 U＝1.5

$$\phi_c=\frac{\phi_{\omega}}{1.5}=\frac{20.1}{1.5}=13.4° \text{ 查第十圖，當 } \phi_c=13.4°$$

而 i＝18°26' 時

$$T=\frac{e}{UWe_{(T)}H}=0.02=\frac{224}{1.5\times 132.5\times H}$$

H＝56.5呎

同理計算 U＝1.4, 1.3, 1.2, 時之 H 其結果可列成下表

U	1.5	1.4	1.3	1.35
H	56.5	75.5	103.5	88

本土壩之高度為 86.40 呎，故安全係數可認為等於 1.35，按蓄水驟退之機會發生甚少，故 U＝1.35，可認為安全。

(2) 背水坡係長較粗礫石填築，今假定 C＝O，U＝1.5 而 ϕ 仍為 38°，則：

$$T=\frac{e}{UWeH}=0, \qquad \varnothing_c=\frac{38}{1.5}=25.4°$$

當 $\varnothing_c=25.4°$ 而 T＝0 時，由第十圖查得 i＝25°，即邊坡為 2.14:1。查上述假定中，$\varnothing=38°$，按下游部分之較粗礫石，未必為級配者，內摩擦角事實上或小於此數，故原設計背水坡度用 2.5:1，可以仍舊。

（丙） 壩身之滲漏量及潤濕線之計算

1. 計算潤濕線位置之各項公式如次：

(a) Led Casagrande 公式（註十二），按 Darcy 氏公式滲漏量爲：

$Q = kiA = k\frac{dy}{ds}by$（見第十一圖）

單位寬度之滲漏量爲

$q = \frac{Q}{b} = k\frac{dy}{ds}y$

加以積分，則 $\frac{y}{k}S = \frac{y^2}{2} + C$

但 $k = d$，$y = b$，$s = s_0$ 時，$C = -s_0 - \frac{h^2}{2}$

$\therefore \frac{q}{k}(S_0 - s) = \frac{1}{2}(h^2 - y^2)$

在出水點 C 處，$s = a$，$y = a\sin d$ 代入上式得 $\frac{q}{k}(S_0 - a) = \frac{1}{2}(h^2 - a^2\sin^2 d$ ……(5)

又在 C 處 $\frac{dy}{ds} = \mathrm{Sin}d$

$\therefore q = k\frac{dy}{ds}y = k\sin d.a\sin d = ka\sin^2 d$ ……(6)

或 $\frac{q}{k} = a\sin^2 d$

代入(5)式則

$a\sin^2 d(s_0 - a) = \frac{1}{2}(h^2 - a^2\sin^2 d)$

或 $a = s_0 - \sqrt{S_0^2 - \frac{h^2}{\mathrm{Sin}^2 d}}$ ……(7)

式中 $S_0 = \sqrt{d^2 + h^2}$ 如圖所示

本公式之應用限於懸坡之小於 60° 者，60° ≤ ∝ ≤ 180° 者，須用 kozeny 氏公式加以校正始可。

(b) kozeny 氏基本拋物線 kozeny's Basic Parabola（同註八）

kozeny 氏於 1931 年在解懸坡 d = 180° 之潤濕線位置時，發現流線(Flow Lines)與等壓線(Equi－Patential Lines)爲二同焦點及共軛拋物線系(Equi－focus & Conjugate Parabole)在通過焦點 O 之鉛垂線上相交，流綫及等壓線既爲相互垂直者，則通過此鉛垂線各交點之切線其斜度必等於 1（見第十二圖）

又據 Darcy 氏定律

$Q = kiy = ky\frac{dy}{dx}$

積分之則 $\frac{q}{k}x=\frac{y^2+C}{2}$

當 $x=0$，$y=y_0$，$C=-y_0^2$ 以之代入上式

則 $\frac{q}{k}x=\frac{y^2-y_0^2}{2}$ (8)……

當 $x=0$，$y=y_0$；$\frac{dy}{dx}=\tan45°=1$ (見前)

故得 $q=ky_0$ 或 $\frac{q}{k}=y_0$

又 $y_0x=\frac{y^2-y_0^2}{2}$

或 $x=\frac{y^2-y_0^2}{2y_0}$ (kozeny氏拋物線)

當 $x=d$，$y=h$；$d=\frac{h^2-y_0^2}{2y_0}$

或 $y_0^2+2dy_0-h^2=0$

$y_0=-d\pm\sqrt{d^2+h^2}$

用正號則 $y_0=\sqrt{h^2+d^2}-d$

當$y=o$，$x=a_0$ 以各值代入koteny氏拋物線方程式中，得$a_0=-\frac{y_0}{2}$

koteny氏拋物線雖專指$d=180°$之潤濕線，然事實上$60°\leqq\alpha\leqq180°$者之位置亦略相似。

A.Casagnande氏曾用流網法解不同懸坡潤濕線之位置，以與k zeny氏拋物線相較，結果得一校正曲線，由此曲線可根據懸坡d而查得校正值$C=\frac{\triangle a}{a+\triangle a}$之值，故吾人祗須解kozeny氏拋物線及懸坡$y=-\tan d.x$兩方程式，即可得其交點，而$a+\triangle a$亦可求出矣。(見第十三圖) $\triangle a=C(a+\triangle a)$ 故由$a+\triangle a$減去求得之$\triangle a$即可得出水點(Discharge Point)距焦點O之距離a。

(c) A.Schoklitsch 公式(註九)

$q=kiy=k\frac{dy}{dx}y$ (見第十一圖)

積分之，則 $qx=-k\frac{y^2+c}{2}$

當　$x=0$，$y=b$；$c=-h^2$

故得　$qx=-k\frac{y^2-b^2}{2}$

或　$q=\frac{k}{2}\ \frac{h^2-y^2}{x}$ ……………………………………(8)

2.　土壩潤濕線位置之計算

土壩潤濕線之經過複式斷面(Composite Section)者，其形狀與壩身斷面各部分土料之透水性係數有關，故在解決本問題以前，必須先決定斷面各部分土料之透水性係數值，舊設計規定壩身上游部分三分之二處以上用不透水土料填築，其下游部分則純用較粗礫土，此項設計非爲不善，但實施於工地之時，如不透水土料採用"O－D－B"則上游部分100公尺之寬度均須夯壓緊實，使孔隙率減至 20.9 %，以吾國滾壓機械之缺乏，恐非易事，又按新設計上游部分用細沙土，中爲心牆以壤土填築，下游則用粗沙土；壤土之功用意在發生高度之不透水作用，故可用"O－D－B"土料替代，據此可建議土壩斷面仍採用新設計尺寸，但心牆用"O－D－B"，填築時夯壓務求嚴密，必使其孔隙量在 20.9 % 以下，則其透水性係數可確小於 2.83×10^{-7} 公分/秒，至心牆上游部分，亦不宜完全用透水土料，因漏水過多，必有損害水庫之功用，故仍建議用"O－D－B"，但夯壓可稍省工，使其孔隙量達 35 % 即可，此時之透水性係數如以與孔隙率之平方成正比計算。

則　$k_2=283\times10^{-7}\times\frac{(0.54)^2}{(0.264)^2}2=117\times10^{-7}$ 公分/秒

至下游部分則應純用壩址粗料填築，其 k 值假定爲 10^{-5} 公分/秒壩址處更設一透水帶(Perrious Blanket)使能發生良好之排水作用。

該土壩斷面，既由三種不同透水性之土料組成，若按上述之諸公式嚴格計算，其結果必甚複雜，而事實上亦無此需要，蓋普通潤濕線諸公式，皆係根據若干假定演得，而實際滲漏水流與假定之理想情形實頗有出入之處也，今試用近似法解該土壩之潤濕線如下：——

該土壩潤濕線經上游部份至心牆臨水坡時，水頭必有損耗，設爲△b△又潤濕線經心牆進抵壩身下游部分時，必有一出水點，設其距心牆背水坡址之距離爲 a，又有一進水點，其距壩底之垂直距離爲 h△，今爲便於計算計，試僅考慮心牆之滲漏 q 假定△h=0（見第十四圖）

查心牆背水坡度爲 6.55:1，$d=81°19'>60°$ 故須用 kozeny 氏公式計算：——

$h=26.18$　　$d=14$

$y_0=\sqrt{h^2+d^2}-d=\sqrt{(26.13)^2+(14)^2}-14=15.6$

$q_2=k\ y_0=2.83\times10^{-9}\times15.6=4.42\times10^{-8}$ 立方公尺/秒

但通過上游部份 $k_1=11.7\times10^{-7}$ 公分/秒之滲漏量以 Darcy 氏公式計算

$q_1=k_1iA=k\ \frac{\triangle h}{L}h1$ ……………………………(9)

式中 L_0 爲通過臨水部分之平均流線長度 $=13.09\times3+3-\frac{13.09}{6.55}=40.3$ 公尺

$\triangle h$ 爲水頭損耗，又通過心牆之滲漏量，與通過臨水部分者應相等

$$\therefore\quad q_1 = q_2$$

即 $11.7\times10^{-9}\dfrac{\triangle h}{40.3}\times26.18=4.42\times10^{-8}$

$$\triangle h=\frac{4.42\times10^{-8}\times40.3}{11.7\times10^{-9}\times26.18}=0.582\text{公尺}$$

今若以 $b=26.18-0.582=25.60$ 計算 q_2 則

$y_0=151\quad q_2=4.27\times10^{-8}$ 立方公尺/秒

將此値代入(9)式則 $\triangle h=0.575$ 與前此所得之 $\triangle h=0582$ 相近，無可庸再詳爲計算。

此時 kozeny 氏拋物線爲

$$x=\frac{y^2-y_0^2}{2y_0}=\frac{y^2-(15.1)^2}{2\times15.1}=\frac{y^2-228}{30.2}\cdots\cdots\cdots\cdots(10)$$

心牆背水坡度爲 6.55:1 其方程式爲

$$y=6.55x\cdots\cdots\cdots\cdots\cdots\cdots\cdots\cdots\cdots\cdots\cdots\cdots\cdots\cdots(11)$$

解 (10) (11) 兩式 $x=2.69$； $y=17.6$

$$\therefore\quad a+\triangle a=\sqrt{(17.6)^2+2.69)^2}=17.8$$

由第十三圖查得當 $d=81°19'$ 時 $C=\dfrac{\triangle a}{a+\triangle a}=0.275$

$$\triangle a=17.8\times275=4.90$$

$$a=17.8-4.90=12.9\text{公尺}$$

同理通過背水部分之滲漏量 $q_3=q_2=q_1$，查背水坡度爲 2.5:1 即

$d=21°47'<60°$ 故(6)式應可適用，即

$q_3=k_3\ a'\sin^2 d$，$427\times10^{-8}=10a'\sin^2 21°47'$

$$a^1=\frac{4.27\times10^{-8}}{10^{-6}\times\sin^2 21°47'}=0.37\text{公尺}$$

背水部分之進水點高度 h' 以用(8)式計算較爲簡捷即

$h=h'$，$y=a\sin21°47'=0.31\times\text{Sin}21°47'=0.115$

$$x=26.18\times2.5+6-(26.8-h')\frac{1}{6.55}=67.5+0.153h'$$

以上述諸値代入(8)式中　得 $4.27\times10^{-8}=\dfrac{10^{-6}}{2}\dfrac{h'^2-(0.115)^2}{67.5+0.153h'}$

簡化之，　$h'^2-0.013h'-5.76=0$

$h'=2.4$ 公尺

透水線之各點既能固定，即可作拋物線連接之，如第十四圖所示，該土壩因下游土料排水作用良好，潤濕線出心部後，即陡直向下，與石屑相交，無管湧(PiPing)及冲刷 Scouring

等現象發生，故流綱圖可從略。

(丁) 施工時應注意各點

土壩之施工，其困難甚於設計；設計時乃根據一定之假設而作建築物之佈置，苟此各項假定，於施工時不能使之滿足符合，則設計縱甚完善，工程亦有失敗之虞，故該土壩施工時，必須嚴格遵守以上試驗之規定，其應注意之處，約而言之有下列數點——

1. 試驗時分析之池內及壩址土樣，容或能未代表全部工地用土，所用土質如有變動，必須另作顆粒分析，決定其配合之比例，其中尤應注意心牆土料之顆粒分析曲線，不得劣於"O—D—B"所示。

2. 工地壓實土料之緊實度，如欲與試驗室者相當，則除其土料及含水量應其試驗室相同外，必須設計一相當滾輾(roller)，規定一定之壓實方法，然後施工時始有一定之規則可循，滾輾所需單位長度之重量，與滾輾及土料之相對硬度，土料之含水量及礫石之含量有關，普通較粗之土料，滾輾重量恒需1噸1呎以上(註十四)，但以吾國戰時機械之缺乏，施工時滾輾必以人力或獸力牽曳，則其重量將受一定之限制，此須在工地斟酌情形決定之。

3. 滾輾單位長度之重量既經決定，滾壓即可分層進行，每層鬆土之厚度大約為30公分，並在工地加以驗試，先決定與試驗室緊實度相當之滾壓次數，此時土料之含水量在最優含水量範圍內，土料如過乾，則灑水於土層表面，水分一時不能為底下乾土所吸收，滾輾過時，土粒必致粘於滾輾之上，故須於滾輾以後，始可灑水補救之。

4. 本試驗"O—D—B"之最優含水量為9.08%，其餘不透水土料亦恒在8—10%之間，此數值可認為工地用土之允許含水量範圍，含水量如超出此範圍，乾密度勢必減小，故施工之得當與否，可驗其壓實土料之含水量及濕密度是否與試驗室相同為斷。

土樣檢驗之方法，可用一特製之圓形取土筒貫入壓實土料中，採取土樣，而稱其重量，然後計算其濕密度。

$$\text{壓實土樣之濕密度 } D_w = \frac{\text{圓筒內土重}}{\text{圓筒容積}} (g./c.c.)$$

含水量之檢驗，則從圓筒內取出土樣一部分，先稱其重量，然後加酒精拌和，均勻燒之，則土樣內之水分蒸發消失，再稱其重量，則

$$\text{土樣含水量}W\% = \frac{\text{未燒前土重}-\text{燒後土重}}{\text{燒後土重}} \times 100\%$$

此時壓實土料之乾密度

$$Dd = \frac{D_w}{Hw\%}$$

以上值與試驗室者相比，即知工地料壓實之緊實度。

粒分析曲線（第二圖）

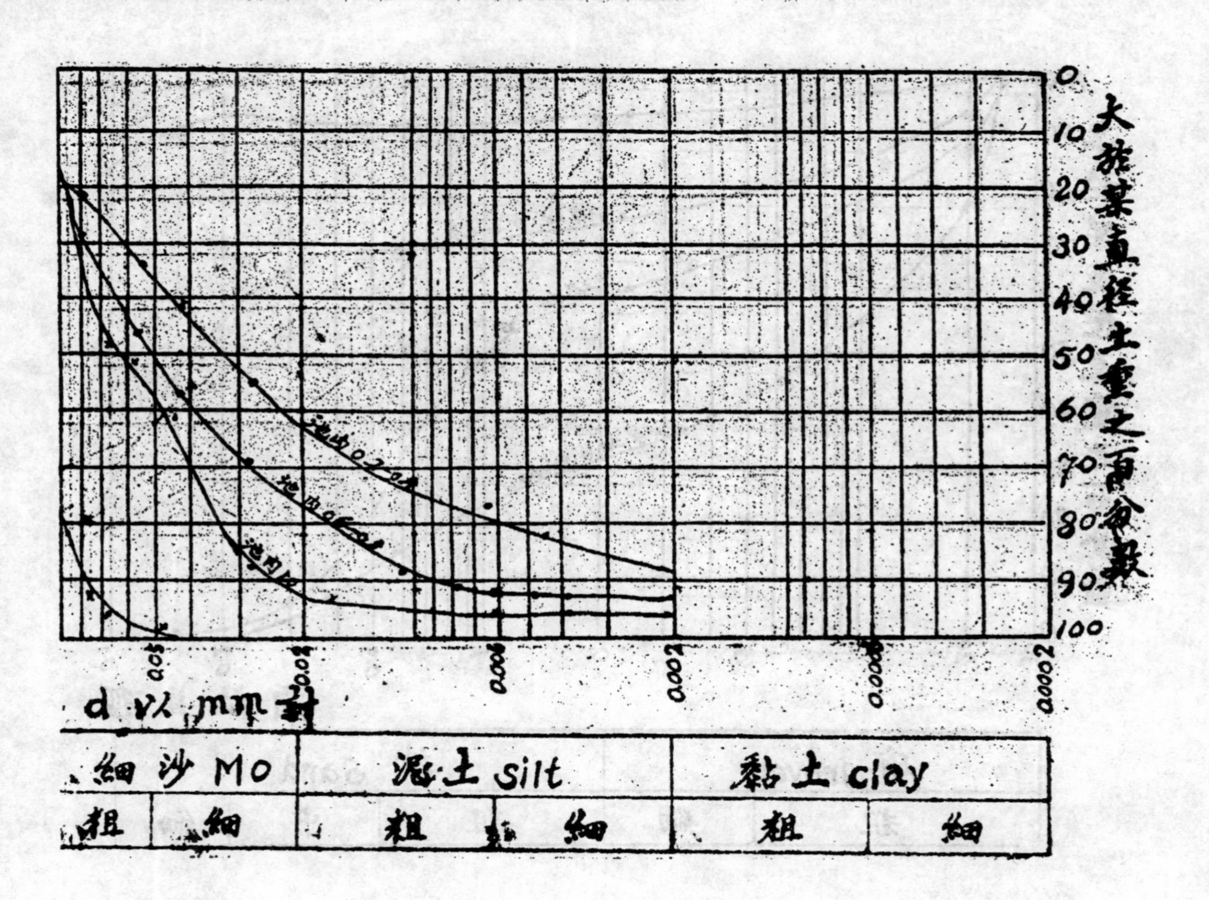

0
10
20
30
40
50
60
70
80
90
100
大於某直徑土重之百分數
0.05
0.02
0.006
0.002
0.0006
0.0002
d 以 mm 計
細沙 MO
泥土 silt
黏土 clay
粗
細
粗
細
粗
細

單獨土樣顆

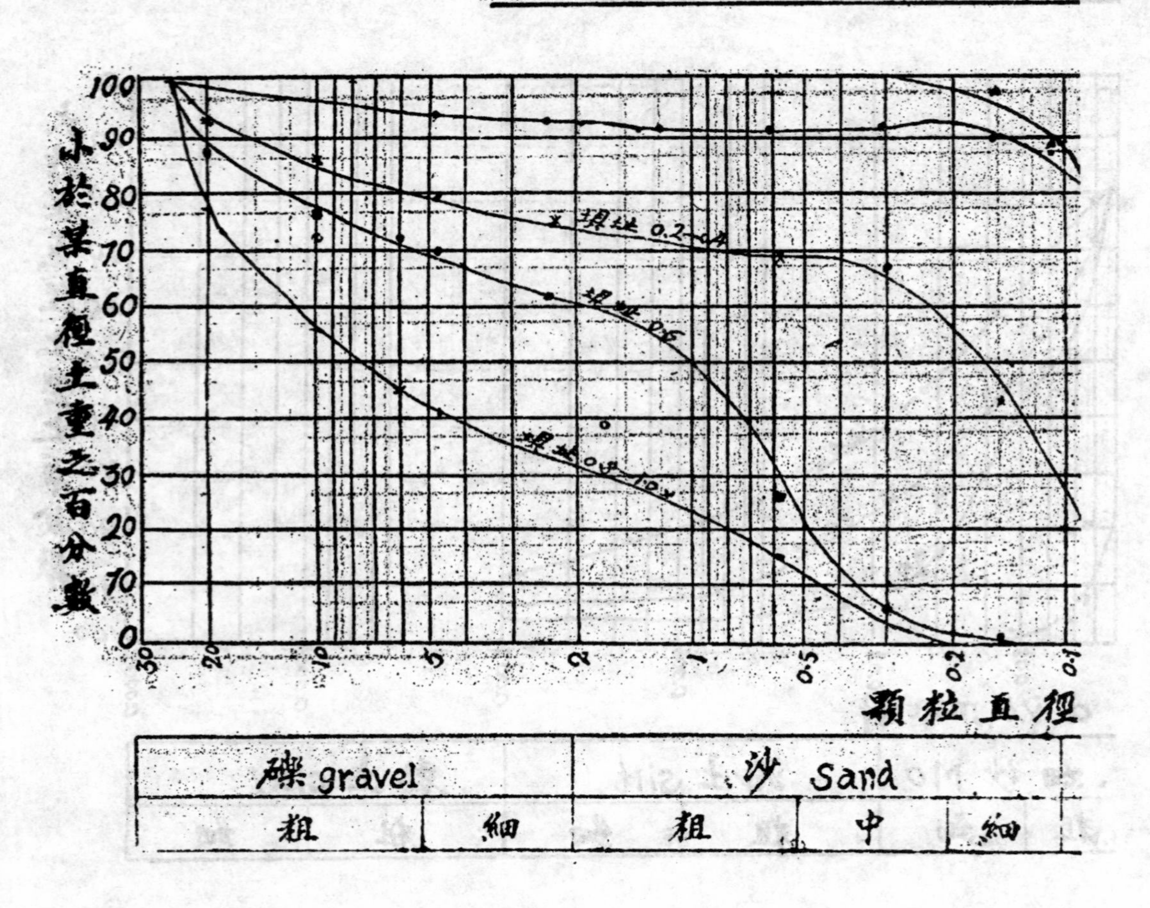

小於某直徑土重之百分數
100
90
80
70
60
50
40
30
20
10
0
30
20
10
5
2
1
0.5
0.2
0.1
顆粒直徑
0.2-0.4
0.6
礫 gravel
沙 Sand
粗
細
粗
中
細

顆粒分析曲線

想線之比較（第三圖）

大於某直徑土重之百分數

0 10 20 30 40 50 60 70 80 90 100

0.05 0.02 0.01 0.002 0.0006 0.0002

d 以 mm 計

細沙 Mo		泥土 silt		黏土 clay	
粗	細	粗	細	粗	細

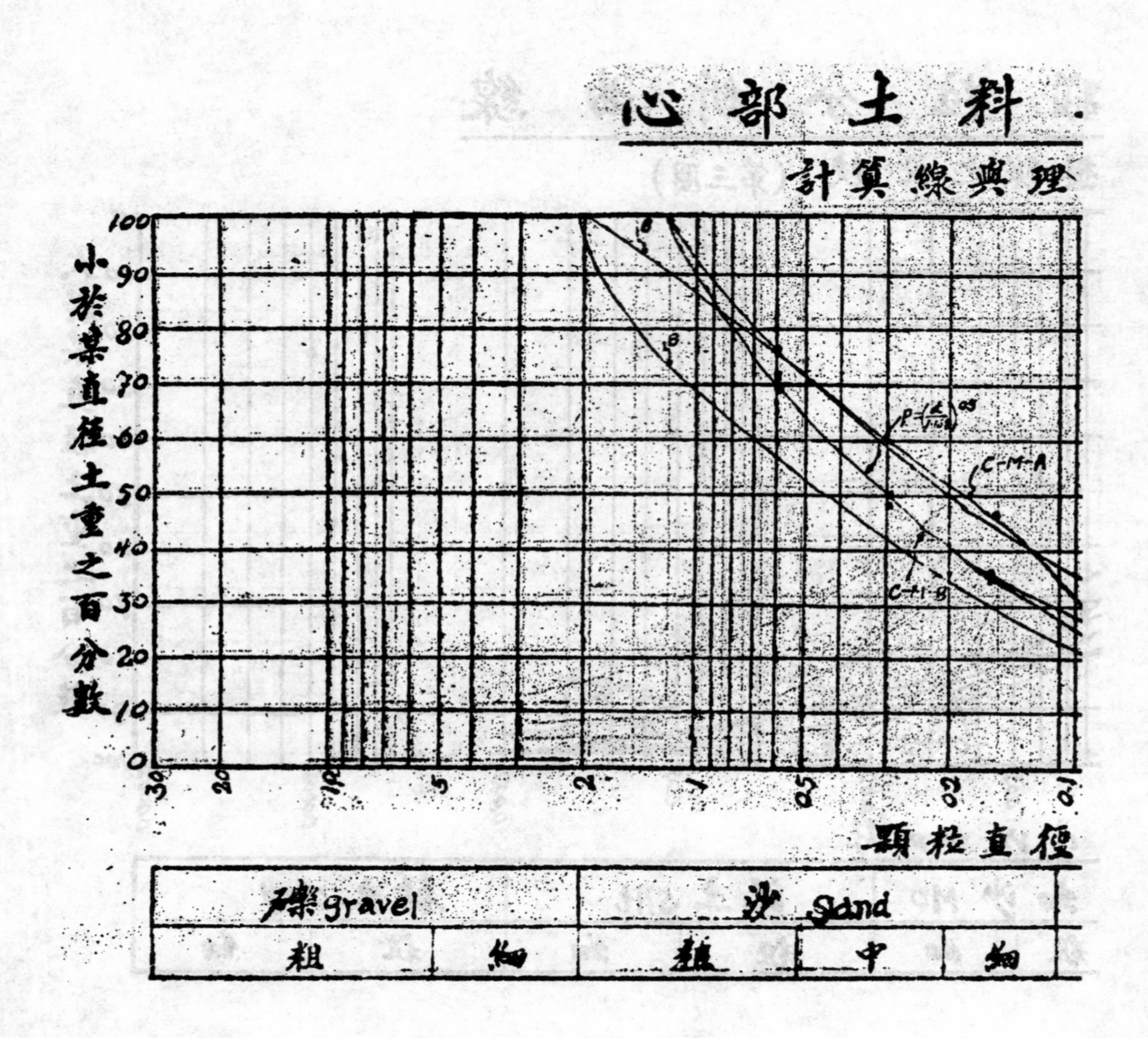

心部土料
計算線與理
小於某直徑土重之百分數
100
90
80
70
60
50
40
30
20
10
0
30
20
10
5
2
1
0.5
0.2
0.1
顆粒直徑
C-11-A
C-11-B
礫 gravel
沙 sand
粗
細
粗
中
細

粒分析曲線

想線之比較(第四圖)

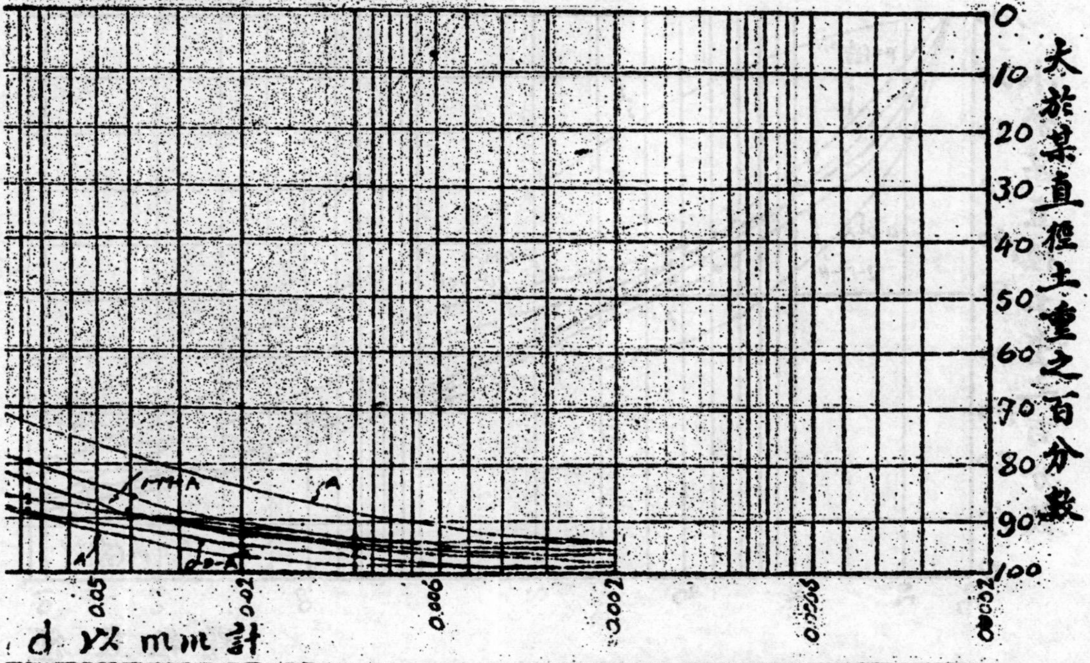

0
10
20
30
40
50
60
70
80
90
100

大於某直徑土重之百分數

0.05 0.02 0.006 0.002 0.0006 0.0002

d 以 mm 計

細沙 MO		泥土 Silt		黏土 clay	
粗	細	粗	細	粗	細

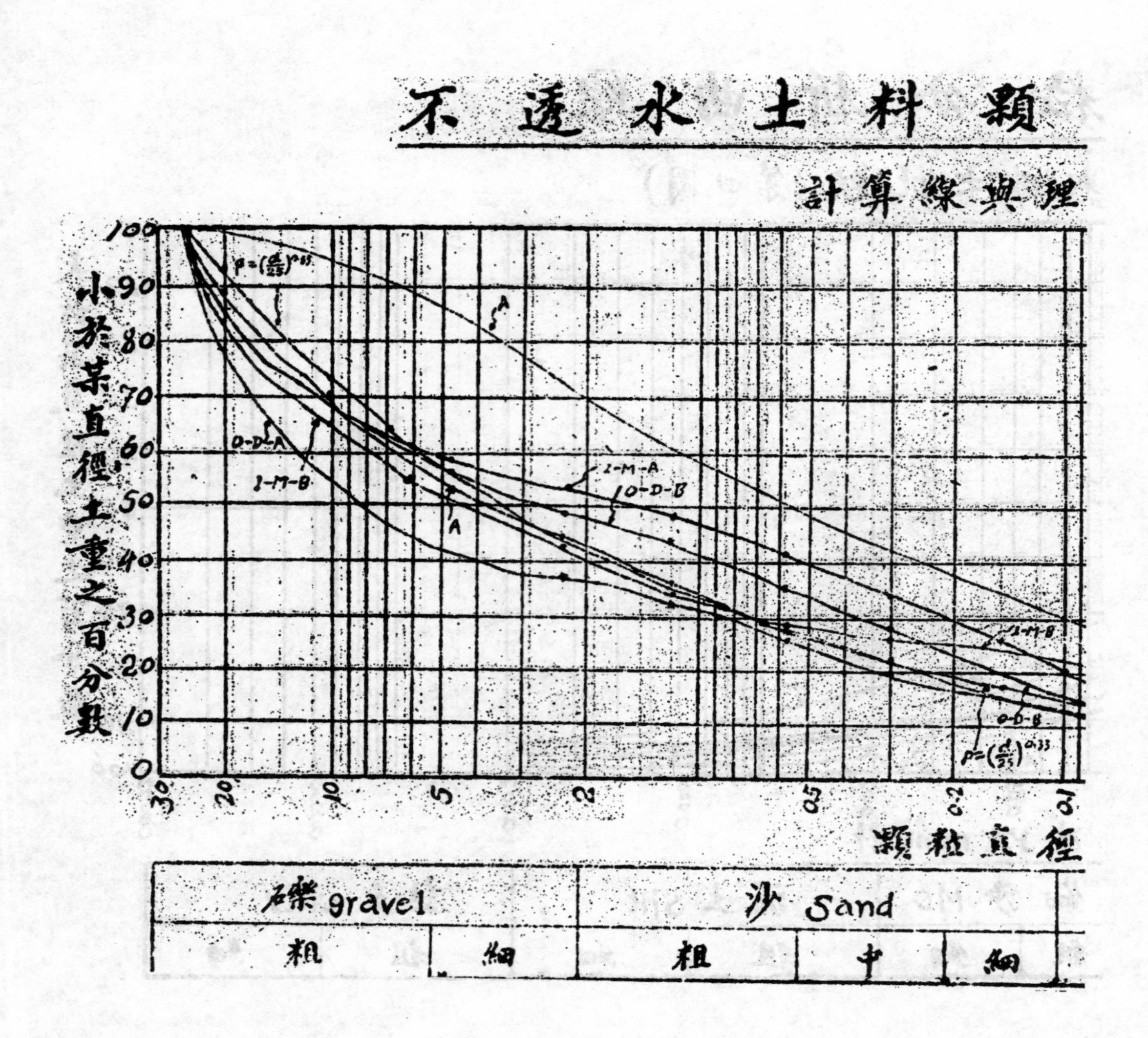
不透水土料顆
計算線與理
小於某直徑土重之百分數
顆粒直徑
2-M-A
10-D-B
0-D-A
3-M-B
A
0-D-B
礫 gravel
沙 Sand
粗
細
粗
中
細

粒分析曲線

想線之比較（第五圖）

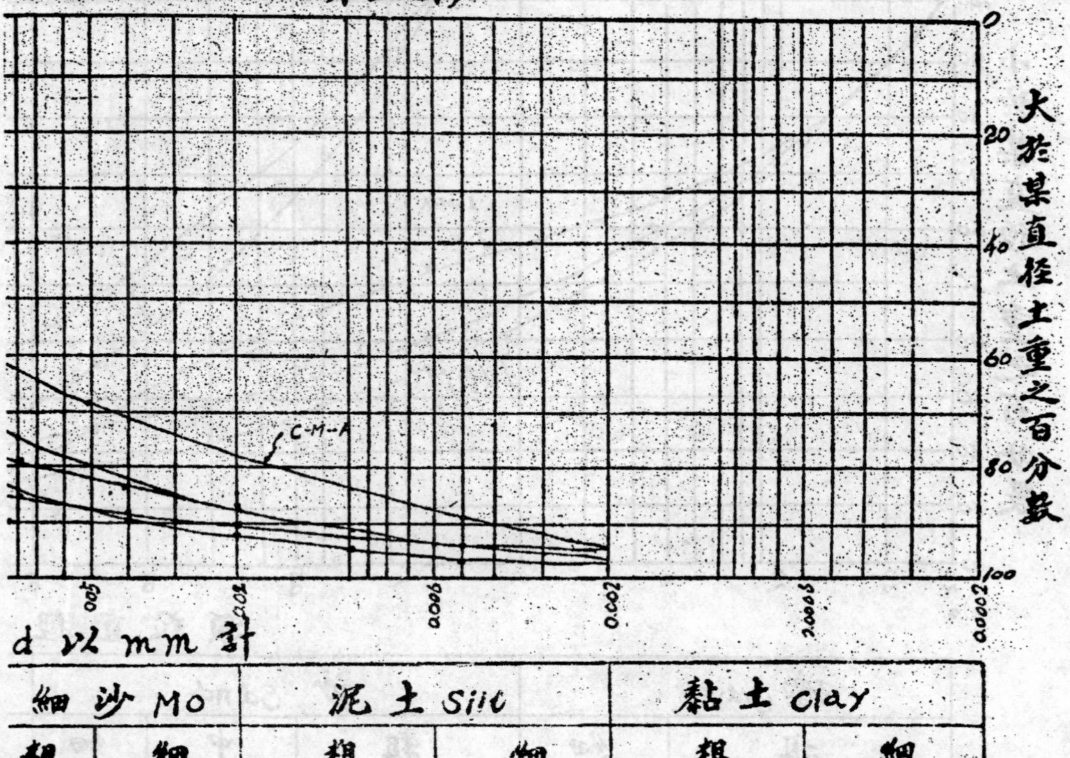

細沙 Mo		泥土 Silt		黏土 Clay	
粗	細	粗	細	粗	細

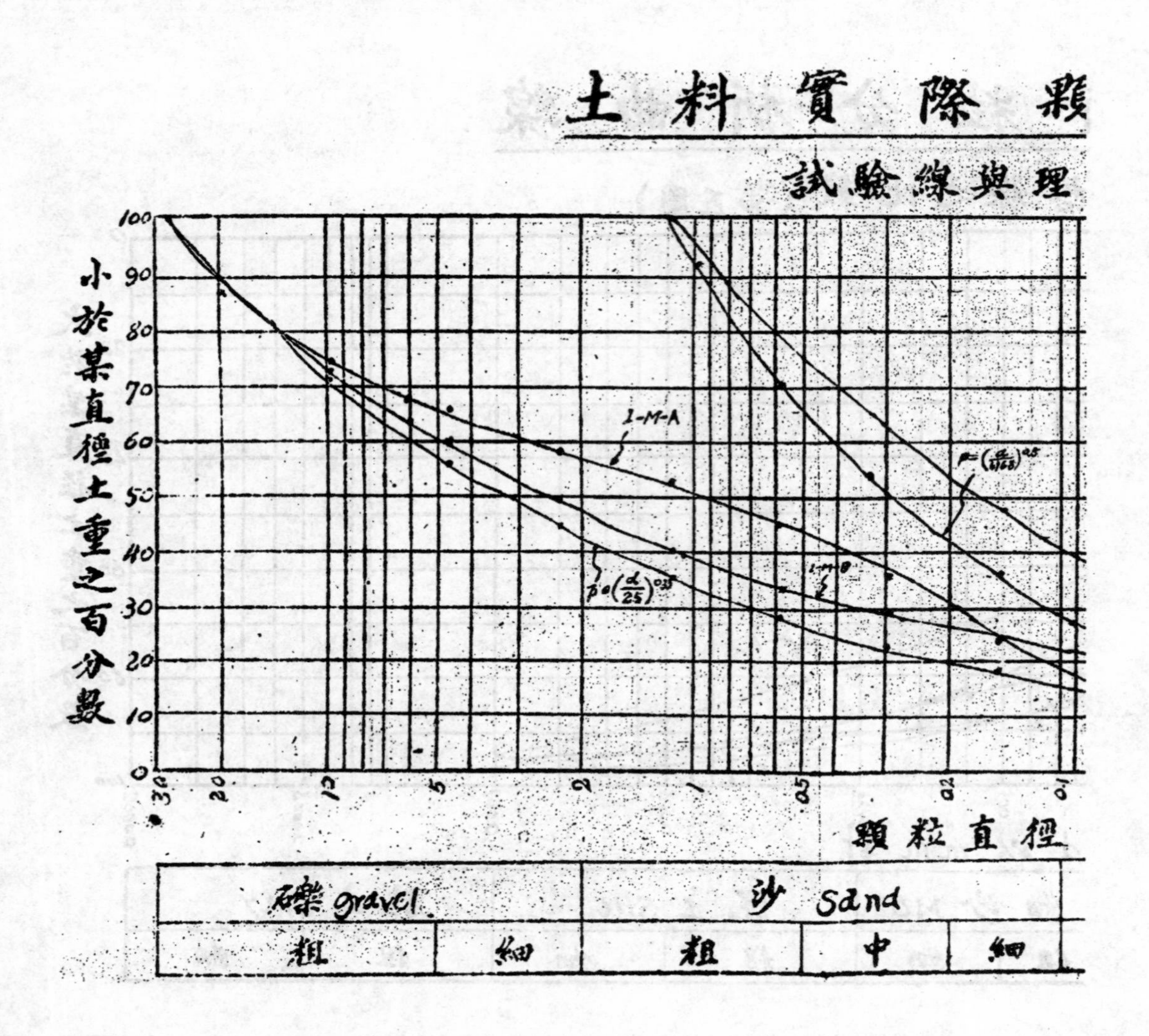
土料實際顆
試驗線與理
小於某直徑土重之百分數
100
90
80
70
60
50
40
30
20
10
0
30
20
10
5
2
1
0.5
0.2
0.1
1-M-A
1-M-B
顆粒直徑
礫 gravel
沙 Sand
粗
細
粗
中
細

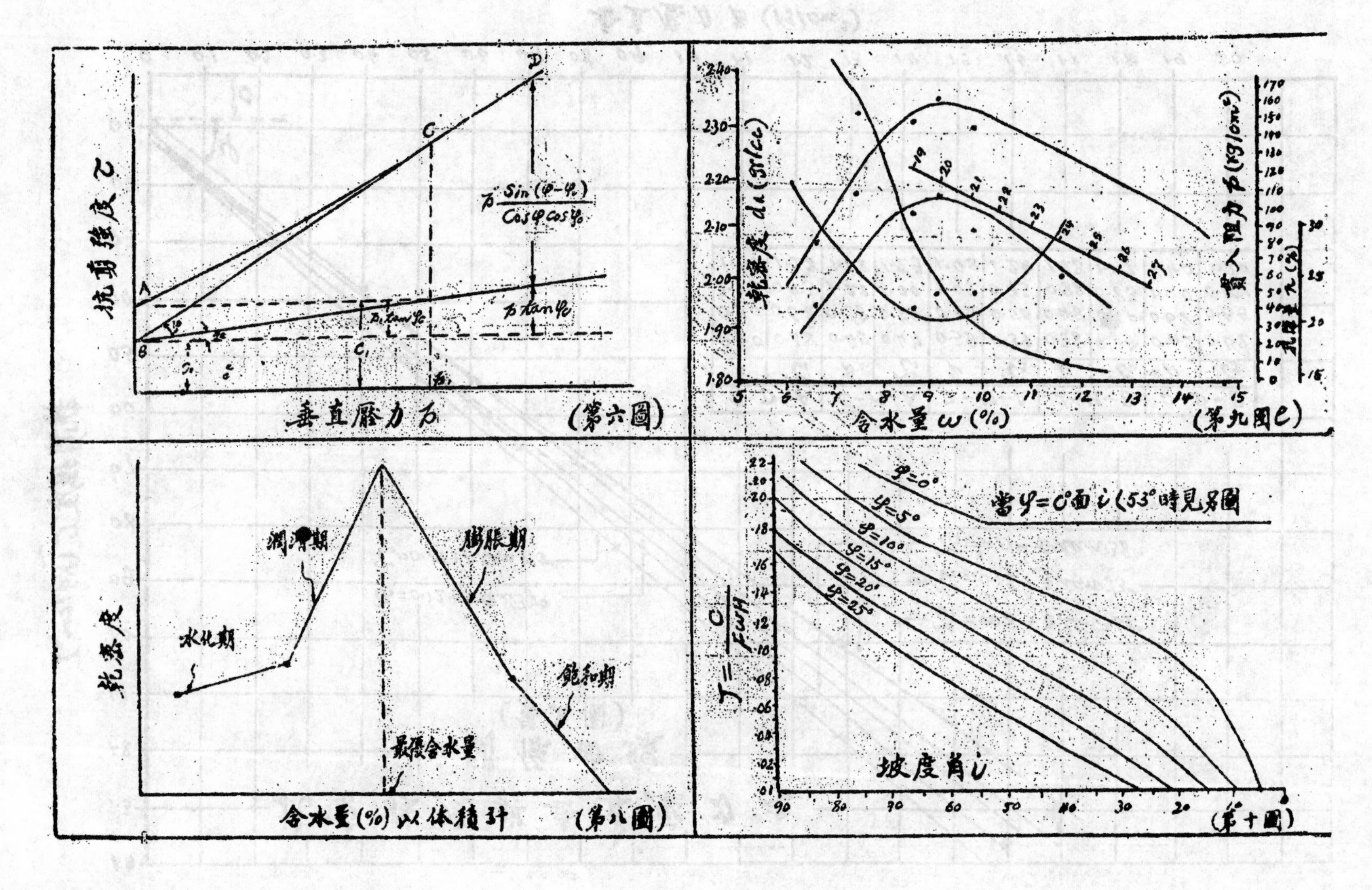
抗剪強度τ
垂直壓力p
(第六圖)
乾燥度 da(gr/cc)
含水量ω(%)
貫入阻力p(kg/cm²)
(第九圖e)
乾燥度
水化期
潤滑期
膨脹期
飽和期
最優含水量
含水量(%)以体積計
(第八圖)
當φ=0°而i<53°時見8圖
坡度角i
(第十圖)

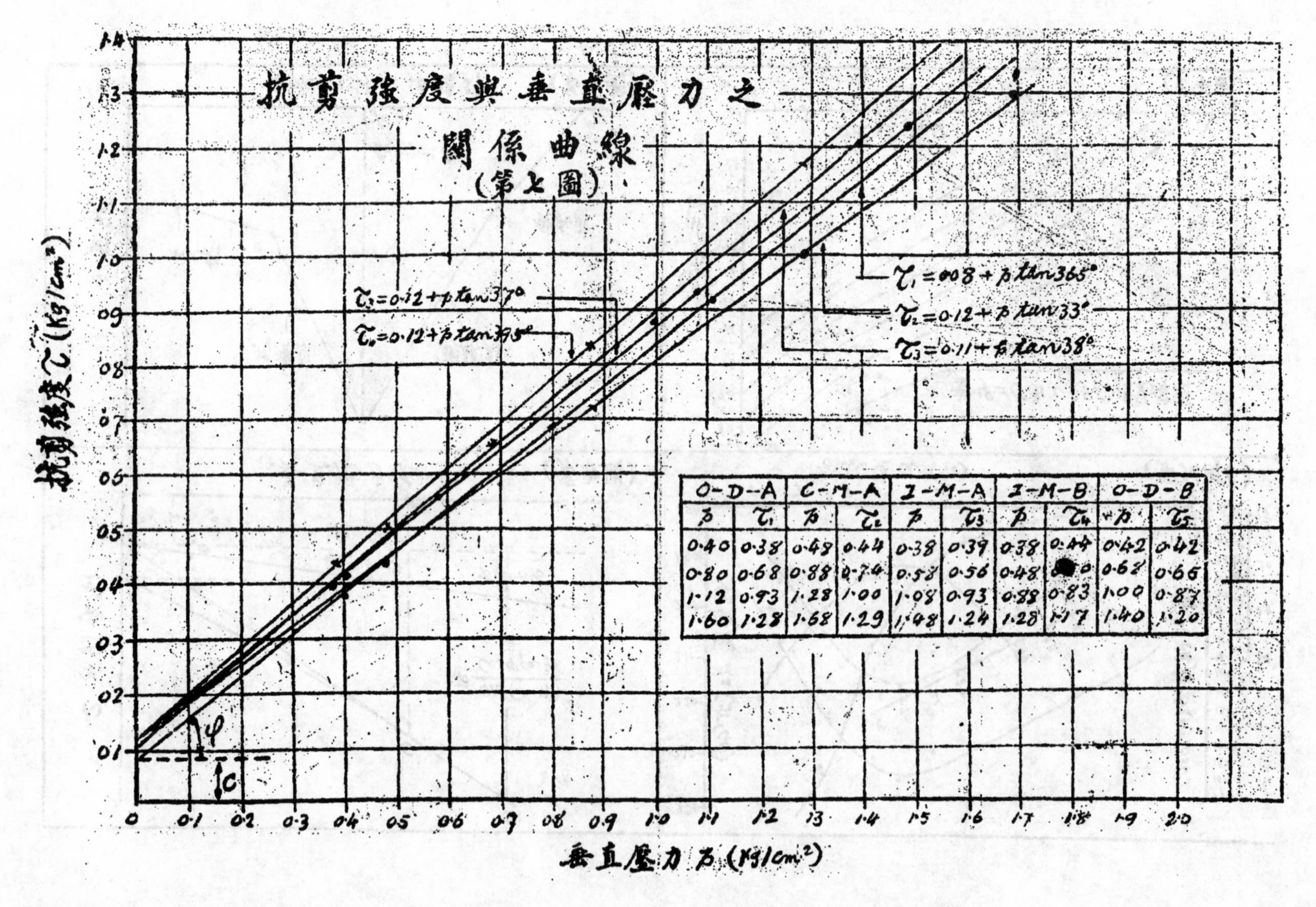

O-D-A		C-M-A		I-M-A		I-M-B		O-D-B	
p	τ_1	p	τ_2	p	τ_3	p	τ_4	p	τ_5
0.40	0.38	0.48	0.44	0.38	0.39	0.38	0.44	0.42	0.42
0.80	0.68	0.88	0.74	0.58	0.56	0.48	[illegible]	0.62	0.66
1.12	0.93	1.28	1.00	1.08	0.93	0.88	0.83	1.00	0.87
1.60	1.28	1.68	1.29	1.48	1.24	1.28	1.17	1.40	1.20

擊實及貫入試驗曲線(第九圖)

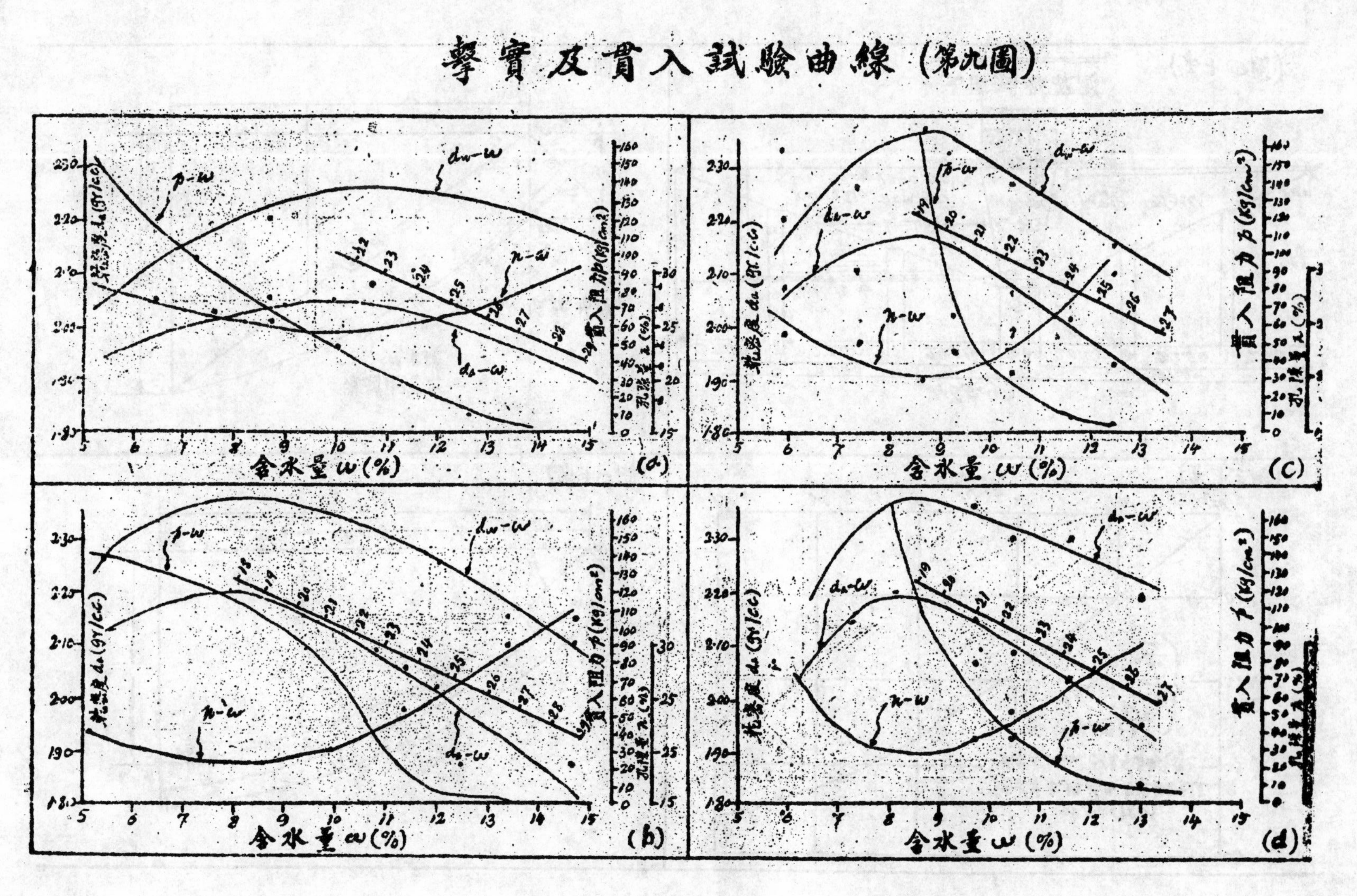

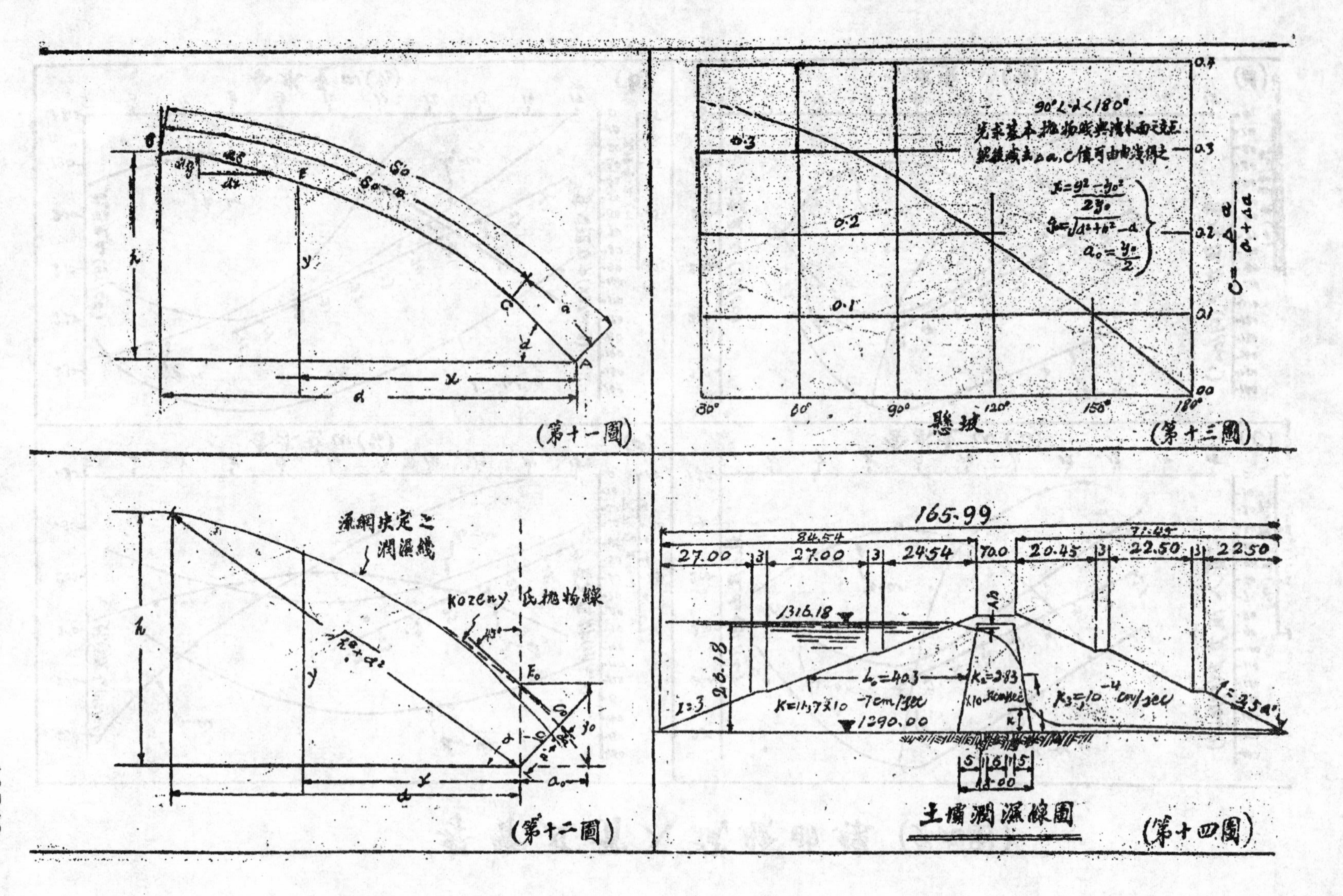

(第十一圖)

(第十二圖)

(第十三圖)

(第十四圖)

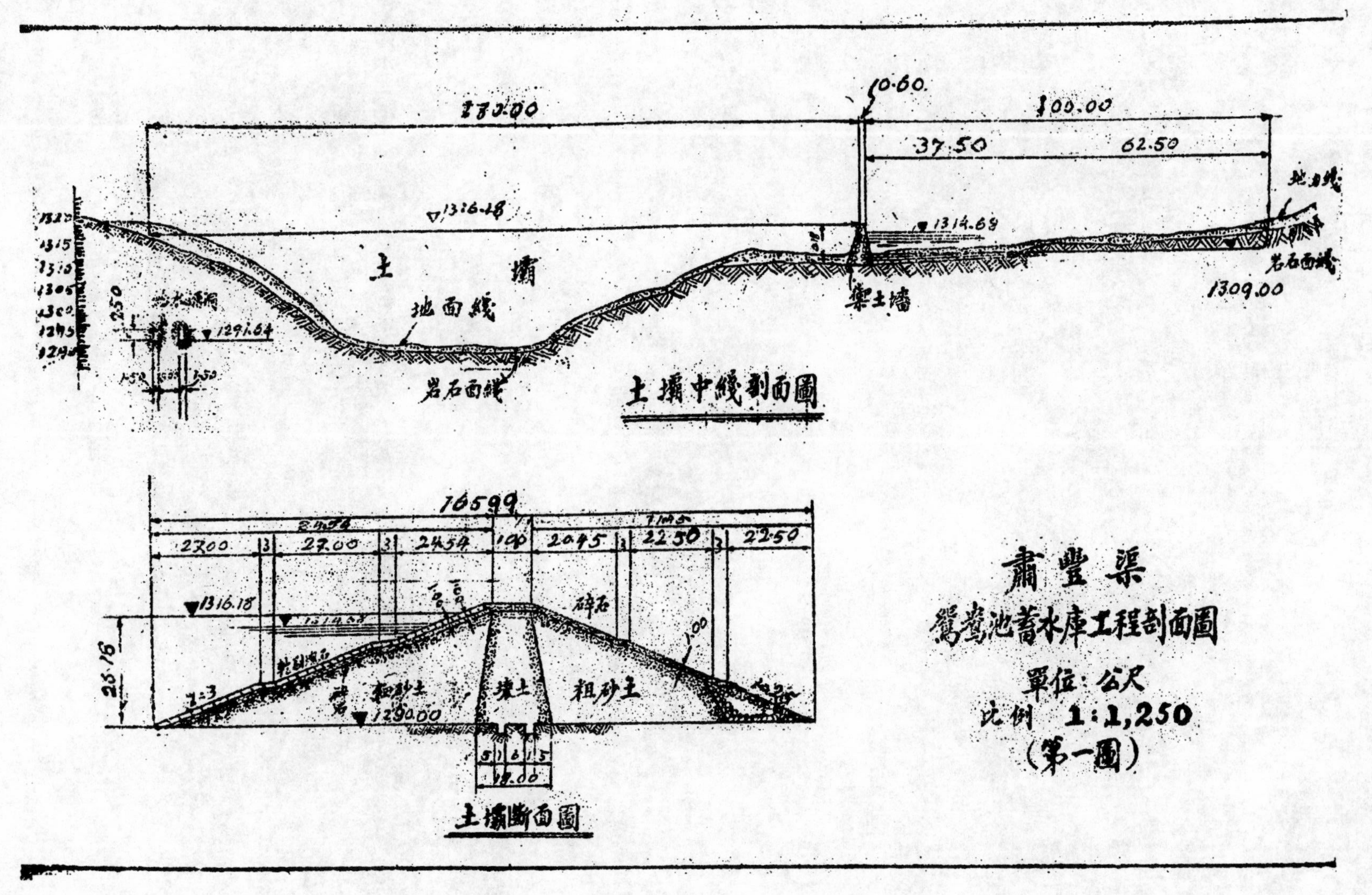

肅豐渠
鴛鴦池蓄水庫工程剖面圖
單位：公尺
比例 1:1,250
(第一圖)
土壩中綫剖面圖
土壩斷面圖
土壩
地面綫
岩石面綫
築土牆
1316.18
1314.68
1309.00
1291.64
10.60
100.00
37.50
62.50
2.50
165.99
27.00
24.54
10.0
20.45
22.50
25.16
1290.00
壩土
粗砂土
細砂土
碎石
1:3

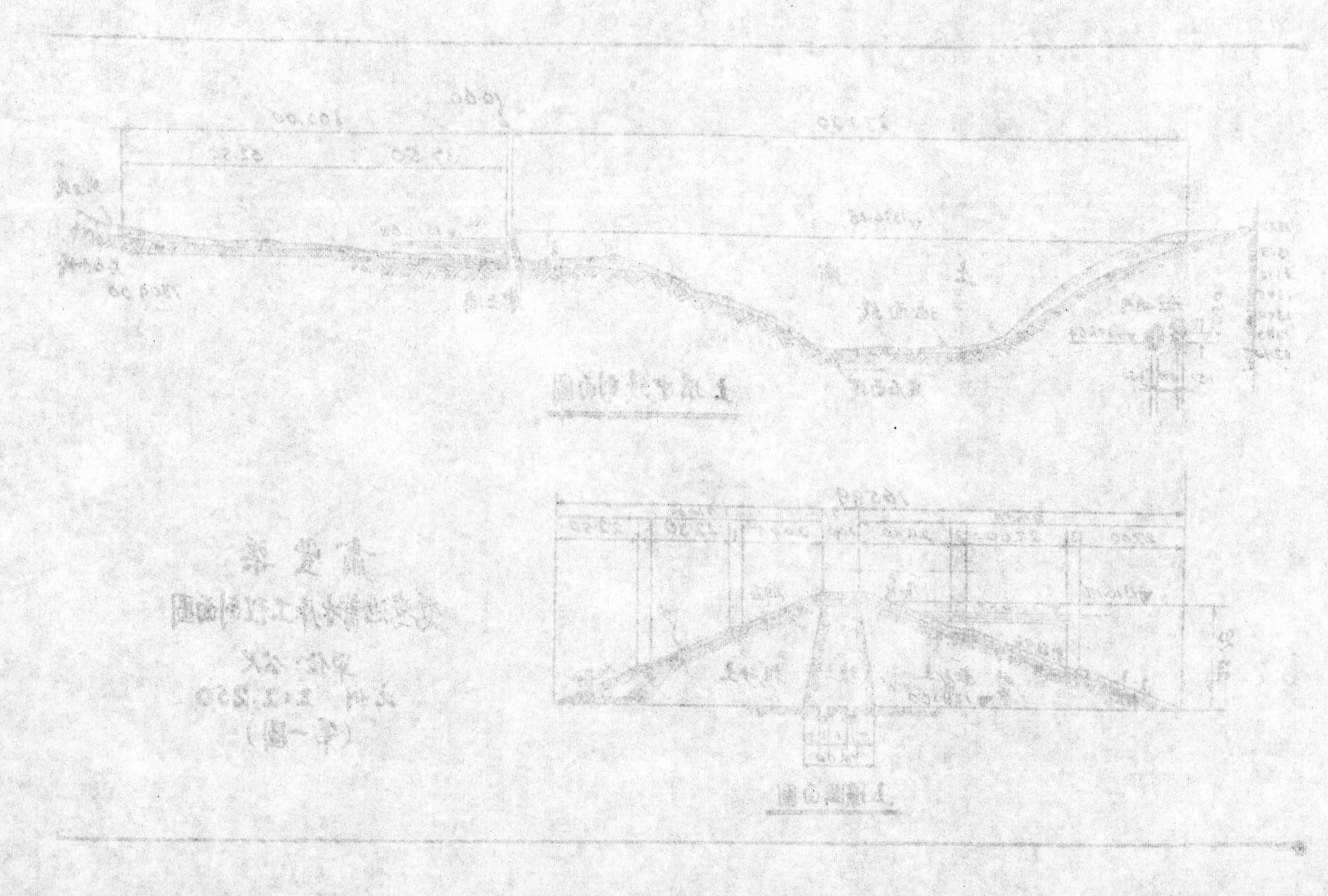

五、附　錄

篩號及孔徑關係對照表

篩　號	孔	徑	類別(留於篩上者)
	吋	公厘	
4	0.185	4.699	細 礫 (Fine Gravel)
8	0.093	2.232	
14	0.046	1.168	極粗沙 (Very Coarse Sand)
28	0.0232	0.569	粗 沙 (Coarse Sand)
48	0.0116	0.295	中 沙 (Medium Sand)
100	0.0058	0.147	細 沙 (Fine Sand)
200	0.0029	0.074	粗細沙 (Coarse Mo)

參考書目

註一、 Selection of Materials for Rolled-fill Earth Dams. by Charles H. Lee, Proc. A.S.C.E. Sept. 1936.

註二、 Public Roads, Feb. 1935.

註三、 中央水利實驗處：寶鷄黃土試驗報告。

註四、 Engineering News Records Aug 31, Sept. 7, 21, d 28, 1933.

註五、 Discussion, Sektion of Materials for rolled-fill Earth Dams. Transaction, A.S.C.E. 1936.

註六、 Ground Water d SeePage under Hydraulic Structures, by A. Casagrande, notes, Harvard University.

註七、 Stability of Earth Slope. Vol. 24, No3. Joural Boston, soc. of ciril Engineers, July, 1937.

註八、 Seepage through Dams, Joural of New English woter works Associabin, June, 1937.

註九、 A. Schoklitsch, Hydraulic structure Vol. 1. Poge, 193.

湖南安仁縣永樂渠灌溉工程

·永樂渠工程處·

緣　起

本灌區位於安仁縣城南郊，田畝約萬市畝，因地勢高亢，水源缺乏，歷年以來，災歉頻仍，損失綦重，清初，當地人民曾計劃由永樂江上游之苦株山，攔河築堨，鑿渠引水，以資灌溉，但因工程浩大，及無科學方法，雖數度籌款舉辦，屢作屢輟，終未成功。民國二十八年，本局及安仁縣政府，相繼派員查勘，認為有興辦之價值，三十一年八月，本局遂正式派遣本局設計測量隊，前往詳細測量，十月測量完畢，隨即開始設計，及繪製各項圖表，除支渠擬於工程實施時再行設計外，餘均已全部設計完竣，玆分述於后：

總　論

（甲）　地域情形：

（一）地勢：　本灌區屬安仁縣之熊峯鄉，與縣城一水之隔，南北長約三公里半，東西寬自二公里至三公里不等，東北臨永樂江，西與清溪村相接，南鄰與土嶺，地勢大體言之，東南高而西北低，全區首尾地面高差，約四公尺左右。

（二）現況：　全灌區內除東北沿江一帶之田地係沙土外，其餘均係黃土，宜於種植水稻，但因地勢高亢，除天雨外，別無水源，一遇旱年，收穫難期什一，當地人民，自築堨引水之計失敗後，間有鑿井蓄水以圖補救者；然水源有限，難以救災，且因井深達三四公尺，戽汲不易，日竭二十人之力，不能溉十畝之田，全部收入，損耗泰半，故當地人民，有三年兩不收之諺，其苦況殆難盡述。

（三）物產及交通：　本灌區水田，每年僅植稻一穫，秋收後多種大豆紅薯，旱田產玉蜀黍高粱棉花花生等，如遇豐年，亦有穀米運往衡陽等地。

本灌區地接近安仁縣城，湘贛（湖南耒陽至湘贛交界之界花壠）公路橫貫其間，將灌區分為東西二部，永樂江流經本灌區東北，上游木排，可浮水下運，下游可通載重六十担之民船，直達衡陽衡山等地，對於工程所需之洋灰，及其他必需材料，可利用水路運輸，當較便利。

（乙）　水源情形：

永樂江為湘江株河之支流，發源於永興之龍興山，流經安仁縣境，至衡山草市，與攸水匯為洣河，江之上游，兩岸石山綿亙，坡陡流急，至安仁縣城附近，河面始漸寬廣，枯水水面比降，在苦株山以上，約為五百分之一，至一千分之一，以下地勢漸平，約為八百分之一，至二千分之一，尋常洪水位，在苦株山附近，高出河底約五公尺，最近一次非常洪水，發生於光緒己亥年間(民國前十二年)，水位高出河底約八公尺，因河道上游，係山溪性質，故洪水之來也驟，其消也疾，漲落之時間，僅二三日而已，永樂江尋常流量約30秒立方公尺，最小流量在10秒立方公尺以上。

(丙) 設計資料：

(一)灌區： 本局設計測量隊，測有全灌區五千分之一地形圖，其等高線簡距爲一公尺。

(二)渠線： 本工程之引水渠線自渠首至4+500一段，係沿江傍山而行，在灌區範圍以外，曾另測千分之一地形圖，並於每五十公尺處，加測橫斷面一個。

(三)壩址： 攔河壩址，經依據地勢地質情形，詳細選定以後，其上下游八百公尺一段，測有五百分之一詳細地形圖，及河身横斷面十個，以之設計渠首工程，當足應用。

(四)壩址上游情形： 爲明瞭攔河壩築成以後，水位抬高，對於壩址上游田地所受之回水影響，測量時曾溯河向上勘測七公里，繪有壩址上游形勢圖及水面縱斷面圖，並隨時調查各地之洪水位，以便計算回水曲線，決定壩身高度

(五)水文資料： 永樂江向無水文站之設置，其流量之變化，無可稽考，測量時曾調查水位，測得尋常流量約爲30秒立方公尺，最小流量在10秒立方公尺以上，其最大流量，則根據沿河各處水位漲落之底跡，河身橫斷面及上游流域面積等推估約爲3500秒立方公尺。雨量則採用安仁縣政府之紀錄，在需水期內，每月平均雨量如下表：

安仁需水期內每月平均雨量表 (民國二十九年至民國三十一年)

月 份	三月	四月	五月	六月	七月	八月	九月	十月
平均雨量(公厘)	188.2	188.7	152.1	177.3	197.6	137.8	335	160.6

但水稻在八月收割，故需水期內，每月平均雨量，以八月之137.8公厘爲最小，設有效雨量爲90公厘(約爲平均雨量70%)。

(六)建築材料： 堰址上游四百公尺處有石山，爲青色石灰石，可供採用，砂則取於下游河底，白灰磚瓦可就地燒製，永樂江上游出產杉柏，順流而下，運輸亦便，惟需用少量鋼鐵洋灰，則需向衡陽設法採購。

計劃概要

本工程計分渠首工程，渠道土石方工程，渠道附屬工程，及工程管理所等項，茲分述於後：

(甲) 渠首工程：

(一)滾水壩： 滾水壩建於安仁縣城東約六公里之苦株山，壩長94.00公尺，高4.90公

尺，高出河床3.50公尺，底寬13.75公尺，壩形採用ogee式樣，壩面用 Ceager 試驗之甲型，流量係數爲3.90（英尺制用入換算）河底爲砂質岩石，不虞冲刷，壩之兩端，修築翼牆及護坡，以資保護，壩身及護牆露面部分，均用1:3洋灰砂漿砌料石勾縫，內部則用1:2:9洋灰白灰砂漿砌塊石，護坡亦用1:2:9洋灰白灰砂漿砌塊石（見渠首工程設計圖）

（二）進水閘：　進水閘設置於河之左岸，與壩身成120°之角度，閘孔底高出河床2.30公尺，閘前砌擋砂牆一道，高出河底1.20公尺，以防淤積進入渠道，閘孔採用半圓拱碳，孔寬1.60公尺，高1.10公尺，閘頂高出尋常洪水位一公尺，閘牆高4.90公尺，留閘板槽一道，寬22公分，閘門用手輪機啓閉，進水量爲1.30秒立方公尺，水深1.10公尺，水頭損失10公分，拱碳及閘牆閘底露面均用1:3洋灰砂漿膠砌料石勾縫，內部則用1:2:9洋灰白灰砂漿砌塊石（見渠首工程設計圖）

（三）冲刷閘：　冲刷閘二孔，每孔寬1.20公尺，設置於滾水壩之左端，閘墩寬1.50公尺，閘頂高出尋常洪水位一公尺，上架木板，作爲閘台，閘牆留閘板槽二道，寬22公分，閘門用手輪機啓閉，閘之上游砌引水牆一道，與壩頂等高，上游河底坡度百分之一，自閘門起以下十公尺，底坡爲百分之十四，藉以增加水流冲刷力量（見冲刷閘設計圖）其材料與進水閘同。

（乙）　渠道工程：

滾水壩高度，爲上游回水影響距離所限，致渠底不能儘量提高，切去石方最高之處，達八公尺。幹渠全長約七公里，自進水閘起沿河左岸東北行，至樁號0＋850處（自渠首0＋00計算）經減洪閘復沿河行，至1＋915樁號，進入猪婆冲，至2＋364樁號出冲，仍沿河岸行至4＋500樁號，進入灌區，此段渠道石渠底寬二公尺，側坡0:1.比降二千分之一水深1.10公尺，流速0.58秒公尺，流量1.30秒立方公尺，土渠底寬1.60公尺，側坡1:1.比降三千分二百分之一，水深0.96公尺，流速0.54秒公尺，流量1.30秒立方公尺，防洪土堤頂寬二公尺，內坡1:2，外坡1:1.5，鋪以塊石以防冲刷，其地勢狹窄之處，砌以1:3石灰砂漿塊石石碳，外用1:3洋灰砂漿勾縫，頂寬二公尺，內坡1:0.5，外坡垂直，砌碳塊石，可利用渠道開出之石，不必另行開採，由樁號4＋500至樁號5＋105之一段，全段土渠，其邊坡流量等與4＋500以上之土渠同，5＋105至5＋650之一段，亦係土渠，底寬1.45公尺，側坡1:1.比降三千二百分之一，水深0.87公尺，流速0.50秒公尺，流量1.00秒立方公尺，5＋650以下　亦係土渠，底寬1.20公尺，側坡1:1，比降三千二百分之一，水深0.71公尺，流速0.44秒公尺，流量2.60秒立方公尺，4＋500以下，渠道所經之地，在非常洪水位以上，渠道右岸，築土堤高出地面一公尺，頂寬二公尺，內外坡均爲1:1.5，以作鄉道之用，渠內多餘之流量，可在樁號7＋132處洩入清溪，將來灌區擴充時，可架一渡槽，將水引至彼岸，增灌地畝，頗爲便利（渠道縱橫斷面設計圖）。

（丙）　渠道附屬工程：

（一）減洪閘：　永樂江上游，係山溪性質，水位變化頗劇，其非常洪水，較尋常洪水高達三公尺有餘，且江之左岸，自渠首迄以下8.50公尺之一段，山勢陡峻，地形逼窄，若將所有建築物，一律置於非常洪水位以上，殊不經濟，故進水閘冲刷閘及由渠首至0＋850一段之堤頂，均僅高出尋常洪水位，另於0＋850之處，設置减洪閘一座，並將下段渠道堤頂加高，俾非常洪水時期，可以關閉閘門，使洪水不致冲毁下段渠道，至0＋850以上之一段渠道，則因多係石質，不虞冲毁，洪泛以後，稍加疏濬，淤積可除，經濟安全，似可兼顧，閘孔採用半圓拱碳，孔寬1.60公尺，閘頂高出非常洪水位0.56公尺，閘牆高7.03公尺，留閘板槽二道，寬21公分，閘門亦用手輪機啓閉，拱碳及閘牆閘底露面部份用1:3洋灰砂漿砌料石勾縫，內部則用1:2:9洋灰白灰砂漿砌塊石，附近土渠渠底及邊坡，鋪1:2:9洋灰白灰砂漿砌塊石各厚四公寸(見渠首工程設計圖)。

(二)溢水道： 渠道0＋750樁號設置溢水道一座，以資排洩渠內過量之水，溢孔寬1.80公尺，孔底高出渠內計劃水面線0.50公尺，護牆高2.92公尺，留閘板槽一道，洪水時期關閉閘門，以防河水倒灌入渠，孔底及護牆露面，用1:3洋灰砂漿砌料石勾縫，護牆內部及溢水道下游，均用1:2:9洋灰白灰砂漿砌塊石(見溢水道設計圖)

(三)節制閘： 爲抬高水位，增加灌地面積，修建節制閘二座，一號節制閘建於5＋105處，抬高水位1.20公尺，閘門高1.66公尺，當閘門關閉時，閘頂過水量爲1.00秒立方公尺，進入第一支渠流量爲0.03秒立方公尺，二號節制閘修建於樁號5＋650處，抬高水位1.23公尺，閘門高1.72公尺，當閘門關閉時，閘頂過水量爲0.60秒立方公尺，進入第二支渠流量爲0.40秒立方公尺，閘門均用10公分厚樟板併合，閘台露面部份用1:3洋灰砂漿砌料石，內部用1:2:9洋灰白灰砂漿砌塊石(見節制閘設計圖)。

(四)渡槽： 樁號6＋450處修建渡槽一座，跨度五公尺，槽長十五公尺，底寬1.42公尺，槽墩高三公尺，寬八公寸，兩岸修建槽台，頂寬1.20公尺，底寬2.40公尺，槽墩及槽台露面部分均用1:3洋灰砂漿砌料石，內部用1:2:9洋灰白灰砂漿砌塊石，槽底槽緣槽柱等均用杉木，加塗桐油(見渡槽設計圖)。

(五)人行木橋： 樁號3＋787及4＋450處各修建人行木橋一座，以利交通，橋長3.60公尺，寬1.20公尺，旁作欄杆，高0.80公尺，橋樑橋板等，均用杉木，加塗桐油，橋台用1:3白灰砂漿砌塊石(見人行木橋設計圖)。

(六)涵洞： 涵洞分甲乙丙三種標準涵洞，兹分述於下：

(1) 甲種標準涵洞 渠底計劃線低於山洪溝底時，適用此種涵洞，山洪流量小於21秒立方公尺時，則洩洪槽底寬爲3.00公尺，山洪流量小於33秒立方公尺，大於21秒立方公尺時，則洩洪槽底寬爲5.00公尺，渠道用半圓拱碳，寬1.60公尺，高1.00公尺，槽牆露面部份及渠道拱旋均用1:3洋灰砂漿砌料石，內部1:2:9洋白灰砂漿砌塊石，洩洪槽上下游，鋪以1:3白灰砂漿砌塊石，其長度視地形地質情形而異，山洪流量爲33秒立方公尺之甲種標準涵洞計一座，流量爲21秒立方公尺者計七座(見甲種標準涵洞設計圖)。

(2) 乙種標準涵洞 乙種標準涵洞，共計一座，渠道通過公路適用之，洞寬1.60公尺，高8公寸，流量1.31秒立方公尺，拱旋部分用1:3洋灰砂漿砌料石，拱座用1:2:9水泥白灰砂漿砌塊石(見乙種標準涵洞設計圖)。

(3) 丙種標準涵洞　丙種標準涵洞，共計四座，渠底計劃線高於山洪溝底時適用之，山洪估計爲 30 秒立方公尺，以策安全，涵洞採用半圓拱碳，洞寬 3.60 公尺，高 1.20 公尺，渠牆用 1:2:9 洋灰白灰砂漿砌塊石，拱碳部份用 1:3 洋灰砂漿砌料石，涵洞上下游鋪以 1:3 白灰砂漿砌塊石，長度視地勢地質而定（見丙種標準涵洞設計圖）。

（七）跌水：　渠尾(7＋132)設置跌水一座，俾渠內多量之水，由此洩入清溪，再由清溪引注永樂江，將來擴充灌區時，改建渡槽，可將渠水引至清溪以西之田地，跌水落差0.40公尺，水墊長度 2.00 公尺，水墊深 0.15 公尺，跌水口及水墊均用 1:3 洋灰砂漿砌塊石（見跌水設計圖）

（丁） 工程管理所：　爲養護及管理本灌區各項工程，特建管理所五大間於渠首附近，牆基爲 1:3 灰漿塊石，牆脚爲青磚，牆爲 30 公分厚土磚，外面以青灰勾抹（見工程管理所設計圖）。

工程利益

、本灌區灌田面積約計一萬市畝，灌區擴充後，面積共達一萬六千五百市畝，其中約有四千畝爲旱田，六千畝爲水田，茲以工程完成後，年植二糙水田，每畝增產一市石，旱田每畝增產二市石，計全區年可增產穀一萬四千市石，而秋冬所增收之雜糧及擴充灌區後之增益，地價因水利改進之增益，尙未計及，故其利甚宏。

永樂渠需水量之計算

1. 永樂渠灌溉區域內農作物及需水情形：　永樂渠灌溉區域內農作物水田以稻爲主，旱田以玉蜀黍高粱及豆類爲主，棉作物紅薯及花生等次之，各種農作物需水量以本區缺乏實驗結果無精確之統計，茲就贛桂等省水稻之需水量，假定水稻之需水量每日爲 10 公厘，由安仁縣雨量記載每年在需水期內（三月至十月），每日最小雨量爲 137.8 公厘左右，若有效雨量爲 90 公厘，則每日灌溉量約爲 7 公厘左右。

2. 永樂渠灌溉面積及總需水量：　永樂渠灌溉面積共約 8 平方公里，除去百分之二十五高地及村莊實在灌溉地畝總計爲 6 平方公里，但在清溪村石屋頭以西，尙有耕地面積約 5 平方公里，當地人民沿清溪堆石作壩鑿渠引水，暫時無缺水之虞，然舊式灌溉工事，費宏效小，難於養護，故爲將來供給整個耕地需水計，灌溉總面積應爲 11 平方公里，設輸水損失爲百分之四十，則全部稻田需水量爲：

$$Q=\frac{11\times1.4\times0.007\times10^{6}}{86400}=1.25\text{秒立方公尺}$$

需水量按 1.30 秒立方公尺計算。

永樂江最小流量無精確之紀載，但據調查水位及測量流量結果，約在 10 秒立方公尺以上，水源不虞缺少。

渠線設計

1. 各段渠道之流量坡度及邊坡之設計： 永樂渠灌溉區域地勢東南高，而西北低，公路以東，旱田最多，需水最切，渠線由渠首至灌區九四公里半，所有石渠，均在此段之內，石質係沙質頁岩間有青石，硬度頗大，渠道邊坡，採用垂直，不致崩塌，4＋500以下渠線，已達灌區之最南部份，地質盡屬粘性頗佳之黄土，渠道邊坡採用 1:1. 爲節省渠道土方在經過適宜地點時，即設置分水閘或退水閘，以減少渠中流量，計由4＋500至渠尾，渠道按灌地多少，分照三種流量設計，今將各段長短灌地面積，及擬定流量坡度邊坡等，列表如後：

渠道	起訖樁號	各段灌溉面積(平方公里)	應由本渠給水之灌溉面積	需要水量 c.m.s	擬定流量 c.m.s	擬定底坡	擬定邊坡
總幹渠	0＋000 4＋600	0	11.00	1.25	1.30	土渠 $\frac{1}{3200}$ 石渠 $\frac{1}{2000}$	1:1 0:1
第一段土渠	4＋500 5＋105	2.70	11.00	1.25	1.30	$\frac{1}{3200}$	1:1
第二段土渠	5＋105 5＋650	2.70	8.30	0.94	1.00	$\frac{1}{3200}$	1:1
第三段土渠	5＋650 7＋132	5.60	5.60	0.63	0.60	$\frac{1}{3200.}$	1:1

2. 渠道斷面設計： 渠道斷面根據下列各原則設計之；

(1) 流速最低不得小於不淤流速 $V_o=0.84d^{0.64}$ 呎/秒＝$0.546d^{0.64}$ 公尺/秒。

(2) 土渠流速最高不得超過冲刷泥土流速 3呎/秒＝0.91公尺/秒。

(3) 土渠水深以浸漏最小爲原則 $d=\sqrt{\frac{A\sin\theta}{4-3\cos\theta}}$ $b=4d\tan\frac{\theta}{2}$

(4) 石渠粗糙率 n＝0.025

(5) 土渠粗糙率 n＝0.0225

(6) 石渠儘量取窄，以減少切去石方。

(甲) 總幹渠斷面設計：

(一)石渠段： Q＝1.30 秒立方公尺 n＝0.025 邊坡0:1

A. 由 kennedy 公式計算不淤流速，及由 Neville 方法計算經濟斷面：

d_e＝3.50呎＝1.06公尺　　A_e＝24.5呎^2＝2.27公尺^2

V_o＝1.70呎/秒＝0.517公尺/秒　　$b_e=1.414\sqrt{2.27}$＝2.13公尺

$R_e=0.354\sqrt{24.5}$＝1.75呎

由 Buckley 灌溉工程設計手冊第 124 頁 G 圖得 $S=\frac{1}{2,600}$

B. 經濟斷面之底邊太寬，選用 $=S\frac{1}{2,000}$　$d=1.10$ 公尺　則

$V_o=0.58$ 公尺/秒　設 $V=0.60$ 公尺/秒　$A=\frac{1.30}{0.60}=2.17$ 公尺^2

$b=\frac{2.17}{1.7}=1.97$ 公尺　用 $b=2.00$ 公尺　$S=\frac{1}{2000}$　$d=1.10$ 公尺

校對：$A=2.00\times1.10=2.20$ 平方公尺　$R=0.525$ 公尺

$R^{2/3}=0.65$　$V=\frac{1}{0.025}\times0.0224\times0.65=0.58$ 公尺/秒

$Q=0.58\times2.20=1.28$ 秒立方公尺

(二)土渠段：$Q=1.30$ 秒立方公尺　$n=0.0225$　邊坡 1:1

A. 由 kennedy 公式計算不淤流速，及由Neville 方法計算經濟斷面：

$de=3.62$ 呎 $=1.10$ 公尺　$Ae=23.9$ 呎$^2=2.21$ 公尺^2

$V_o=1.91$ 呎/秒 $=0.58$ 公尺/秒　$be=0.613\sqrt{2.21}=0.91$ 公尺

$Re=0.37\sqrt{23.9}=1.81$ 呎

由 Buckley 灌溉工程手冊第 196 頁 J 圖查得 $S=\frac{1}{2,600}$

B. 由公式 $d=\sqrt{\frac{A\sin\theta}{4-3\cos\theta}}$ 求水深。

土渠最大流速 $V_m=0.91$ 公尺/秒　$A=\frac{1.30}{0.91}=1.43$ 平方公尺

最小水深 $d(\min)=\sqrt{\frac{1.430\times.707}{4-3\times0.707}}=0.73$ 公尺

選用 $S=\frac{1}{3200}$　$d=0.96$ 公尺　$V_o=0.535$ 公尺/秒

$A=\frac{1.30}{0.535}=2.43$ 平方公尺　$b=1.58$ 公尺

按浸漏最小設計　$b=4.d\tan\frac{\theta}{2}=4\times0.414d=1.59$ 公尺

用　$b=1.60$ 公尺　$S=\frac{1}{3200}$　$d=0.96$ 公尺

校對：$A=1.60\times0.96+0.96^2=2.46$ 平方公尺

$W.P.=1.60+2\sqrt{2}\times0.96=4.32$ 公尺

$R=\frac{2.46}{4.32}=0.57$ 公尺　$R^{2/3}=0.69$

$V=\frac{1}{0.0225}\times0.69\times0.0177=0.541$ 公尺/秒

$Q=VA=0.541\times2.46=1.33$ 秒立方公尺

(乙) 第一段土渠斷面設計： $Q=1.30$ 秒立方公尺　$n=0.0225$　邊坡 1:1

全段計劃與總幹渠土渠同　$b=1.60$ 公尺　$S=\frac{1}{3200}$　$d=0.96$ 公尺

(丙) 第二段土渠斷面設計： $Q=1.00$ 秒立方公尺　$n=0.0225$　邊坡 1:1

A. 由 kennedy 公式計算不淤流速，及由 Neville 方法計算經濟斷面：

$de=1.00$ 公尺 $=3.28$ 呎　　$Ae=19.60$ 平方呎 $=2.11$ 平方公尺

$V_o=1.80$ 呎/秒 $=0.55$ 公尺/秒　　$be=0.613\sqrt{2.11}=0.83$ 公尺

$Re=0.370\sqrt{19.60}=1.64$ 呎

由 Buckley 灌溉工程設計手冊第 196 頁 J 圖查得 $S=\frac{1}{2,400}$

B. 由公式 $d=\sqrt{\frac{A\sin\theta}{4-3\cos\theta}}$ 求最小浸漏水深

$V(max.)=0.91$ 公尺/秒　　$A=1.10$ 平方公尺

$d(min.)=\sqrt{\frac{1.10\times0.707}{1.88}}=0.641$ 公尺

按浸漏最小設計 $\frac{b}{d}=2\frac{be}{de}=2\times\frac{0.83\times3.28}{3.28}=1.66$

設 $V=0.50$ 公尺/秒　　$A=\frac{1.00}{0.50}=2.00$ 平方公尺

故 $d=0.87$ 公尺　　$V_o=0.502$ 公尺/秒

$b=1.66\times0.87=1.45$ 公尺

用 $b=1.45$ 公尺　$S=\frac{1}{3200}$　$d=0.87$ 公尺

校對： $A=1.45\times0.87+0.87^2=2.02$ 平方公尺

$W.P.=1.45+2\times\sqrt{2}\times0.87=3.91$ 公尺

$R=\frac{A}{W.P.}=0.515$ 公尺　$R^{\frac{2}{3}}=0.640$

$V=\frac{1}{0.0225}\times0.640\times0.0177=0.502$ 公尺/秒

$Q=A.V=0.502\times2.02=1.01$ 立方公尺秒

(丁) 第三段土渠斷面設計： $Q=0.60$ 立方公尺秒　$n=0.0225$　邊坡 1:1

A. 由 kennedy 公式計算不淤流速，及由 Neville 方法計算經濟斷面：

$de=2.70$ 呎 $=0.82$ 公尺　　$Ae=\frac{0.60}{0.435}=1.24$ 平方公尺

$V_o=1.59$ 呎/秒 $=0.485$ 公尺/秒　$be=0.613\sqrt{1.24}=0.683$ 公尺

$Re=0.370\sqrt{1.24}=0.412$ 公尺 $=1.35$ 呎

由 Buckley 灌溉工程手册第 196 頁 J 圖得 $S=\frac{1}{2,400}$

B. 由公式　$d=\sqrt{\frac{A\sin\theta}{4-3\cos\theta}}$ 求最小浸漏水深

$V(max)=0.91$ 公尺/秒　$A=\frac{0.60}{0.91}=0.66$ 平方公尺

$d(min)=\sqrt{\frac{0.66\times0.707}{1.88}}=0.50$ 公尺

按浸漏最小設計　$\frac{b}{d}=2\frac{be}{de}=2\times0.834=1.67$

設　$V=0.45$ 公尺/秒　$A=\frac{0.64}{0.45}=1.34$ 平方公尺

故　$d=0.708$ 公尺　$b=1.67\times0.708=1.18$ 公尺　$V_o=0.44$ 公尺/秒

用　$b=1.20$ 公尺　$S=\frac{1}{3,200}$　$d=0.71$ 公尺

校對：$A=1.20\times0.71+(0.71)^2=1.355$ 平方公尺

$W.P.=1.20+2\sqrt{2}\times0.71=3.21$ 公尺

$R=\frac{A}{W.P.}=0.419$ 公尺

$R^{2/3}=0.56$

$V=\frac{1}{0.0225}\times0.56\times0.0177=0.44$ 公尺/秒

$Q=V.A=0.44\times1.355=0.600$ 立方公尺/秒

滚水壩設計

1. 滚水壩位置：　滚水壩位於安仁縣城東永樂江上游約 6 公里之苦株山，兩岸石山環抱；小水時，江面寬度僅約一百公尺，水深平均不及一公尺，河床均爲頁岩，石層傾斜向上游約成 45° 之角度，頗合建壩條件。

2. 洪水量之估計：　永樂江流域面積由地圖上量得約爲 2522 平方公里(975平方哩)洪水流量估計如下：

(a) 由 kuichling 氏公式：　每平方英里流量 $q=\frac{127,000}{m+370}+7.4=101.8$ 秒立方呎。

$Q=101.8\times975=99,100$ 秒立方呎 $=2,810$ 秒立方公尺。

(b) 由胡伯氏表：　　$Q=0.285\times2522=720$ 秒立方公尺。

(c) 由荷夫曼氏公式：　$Q=3\times2522^{0.71}=780$ 秒立方公尺。

(d) 由上述三法估計之洪水流量，相差頗多，爲安全計，測量時曾將壩址上下游6公里之非常洪水位調查測量，得永樂江非常洪水位之水面比降爲 $\frac{1}{800}$ 即全段河床比降之平均值爲 $\frac{1}{800}$ 又根據調查之洪水位，求得壩址附近五個斷面之平均斷面，假定河床粗糙率爲 n＝0.040 則由 Manning 氏公式

$Q=A.V=A\times\frac{1}{n}R^{\frac{2}{3}}S^{\frac{1}{2}}$　　　$A=1020$ 平方公尺　　　$R=7.78$ 公尺

$Q=1020\times\frac{1}{0.040}\times7.78^{\frac{2}{3}}\times\left(\frac{1}{800}\right)^{\frac{1}{2}}=3.530$ 秒立方公尺。

今按以上各種情形假定洪水流量爲3600立方公尺秒＝127,000立方呎秒

3. 壩身高度及壩上流水曲線：

壩身長度　$lt=94$ 公尺＝308呎。

壩身高度　本工程灌區內最高之農田地面高程爲8.00公尺，設於灌區用節制閘抬高水位1.5公尺左右，根據渠道坡度及閘函所生之水頭損失，定壩頂高程爲9.30公尺，壩址河床高程平均爲5.80公尺，壩底深入河床1.40公尺，壩身自頂至底實高4.90公尺，壩頂高出河床約3.50公尺。(11.48呎)

壩面用 Creager 試驗之甲型流量係數爲3.90(英制)

上游河面寬約120公尺＝394呎＝lc

漸近流速　$Va=\frac{Qmax}{lc(hc+11.48)}=\frac{127,000}{394(hc+11.48)}=\frac{323}{hc+11.48}$

$ha=\frac{Va^2}{2g}=\frac{1}{64.4}\times\left(\frac{323}{hc+11.48}\right)^2=\frac{1620}{(hc+11.48)^2}$

壩身有效長度 $ln=lt-(0.1\times2)hc=308-0.2hc$

$Qmax=127,000=Cln(hc+ha)^{3/2}=3.9(308-0.2hc)\left(hc+\frac{1620}{(hc+11.48)^2}\right)^{3/2}$

試算得　　$hc=21$ 呎 ＝6.40公尺　　$Va=9.95$ 呎/秒 ＝3.03公尺/秒

$ha=1.54$ 呎 ＝0.47公尺

壩上水頭總和＝$hc+ha=21+1.54=22.54$ 呎 ＝6.87公尺

由 Creager 氏 masonry dom 第109頁求得下表.(ht＝22.54呎)

Y	X		
	壩面線	理論之流水線	
		上層	下層
0.00	2.84	18.75	2.84
2.25	0.81	18.12	0.81
4.51	0.16	17.40	0.16
6.76	0.00	16.69	00.0
9.02	0.16	15.82	0.16
13.53	1.35	13.97	1.42
18.05	3.20	11.51	3.45
22.54	5.80	8.57	6.02
27.05	8.95	4.94	9.25
31.60	12.75	0.68	13.30
38.37	19.62	6.88	20.72
45.08	27.53	15.62	29.55

（英　尺　制）

Y	X		
	壩面線	論理之流水線	
		上層	下層
0.00	0.87	5.72	0.87
0.68	0.25	5.52	0.25
1.37	0.05	5.31	0.05
2.06	0.00	5.10	0.00
2.75	0.05	4.83	0.05
4.12	0.42	4.27	0.433
5.51	0.98	3.52	1.05
6.87	1.77	2.61	1.83
8.26	2.73	1.51	2.82
9.65	3.89	0.21	4.06
11.70	5.98	2.10	6.32
13.75	8.40	4.77	9.01

（公　尺　制）

4. 壩身斷面：　壩身所受壓力如下：——

甲、當壩身前未落淤時

$$P_1=\frac{1}{2}w(h_2^2-h_1^2)=\frac{1}{2}\times(11.30^2-6.40^2)=\frac{1}{2}\times(127.69-40.96)\fallingdotseq 43.36\text{公噸}$$

$$Y_1=\frac{\frac{1}{2}\times6.4\times4.9^2+\frac{1}{2}\times4.9^2\times\frac{1}{3}\times4.9}{6.4\times4.9+\frac{1}{2}\times4.9^2}=\frac{76.9+19.61}{3\times4+12}=2.22\text{公尺}$$

乙、當壩身已淤滿時

$$P_2=\frac{1}{2}wh(h+2h_1)\frac{1-\sin\phi}{1+\sin\phi},\quad W=1.9\text{公噸/公尺}^3,\ \phi=30°,$$

$$h_1=\text{水壓力高相當之土壓力高}=\frac{6.4}{1.9}=3.37\text{公尺}$$

$$P_2=\frac{1}{2}\times1.9\times4.9(4.9+2\times3.37)\frac{1-\sin30°}{1+\sin30°}=18.06\text{公噸}$$

$$Y_2=\frac{h^2+3hh_1}{3(h+2h_1)}=\frac{4.9^2+3\times4.9\times3.37}{3(4.9+2\times3.37)}=2.11\text{公尺}$$

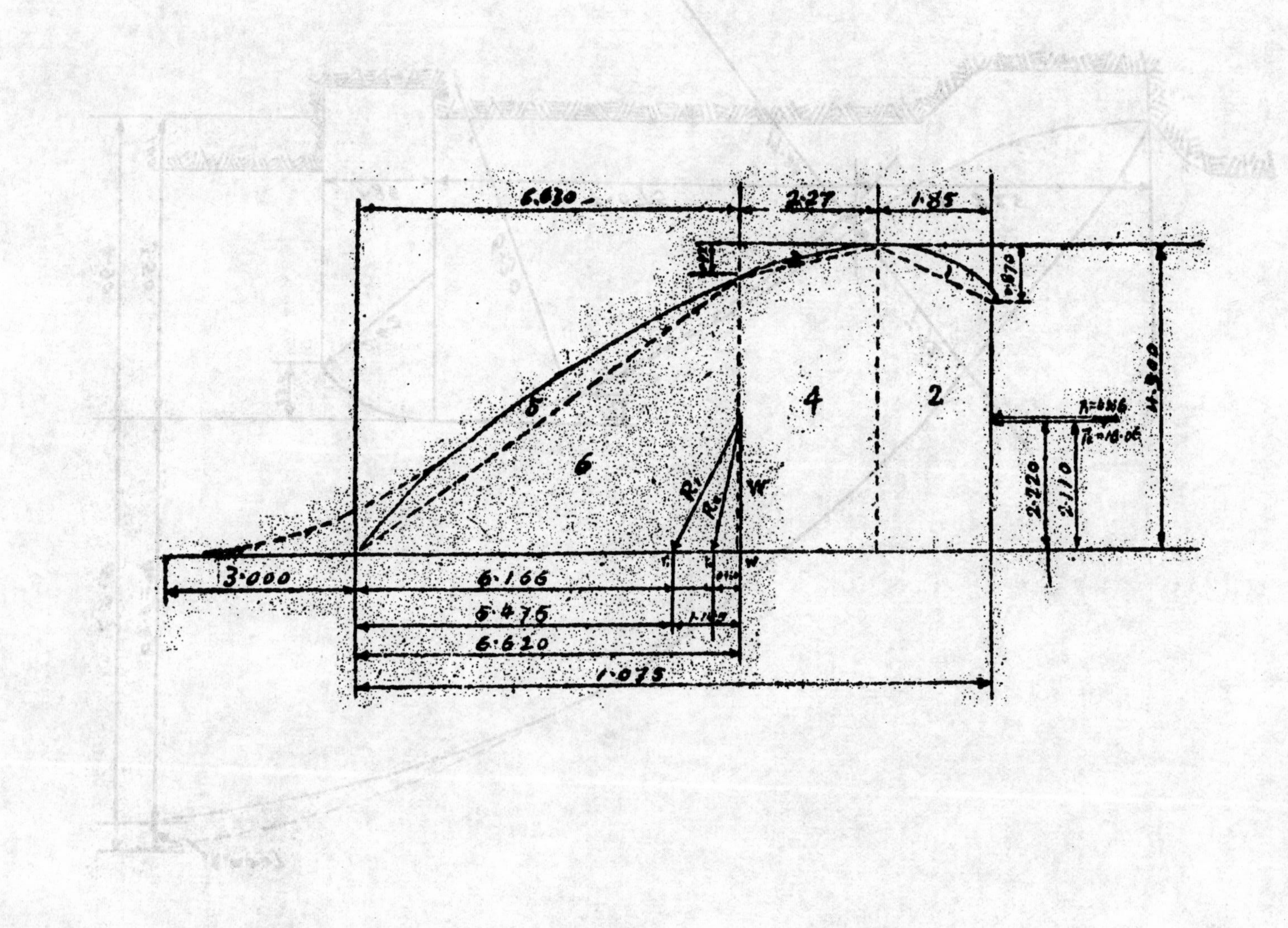

6.630
2.27
1.85
0.870
11.300
3.000
6.166
5.475
6.620
11.075
2.220
2.110
R1
R2
W
8
6
4
2

10757

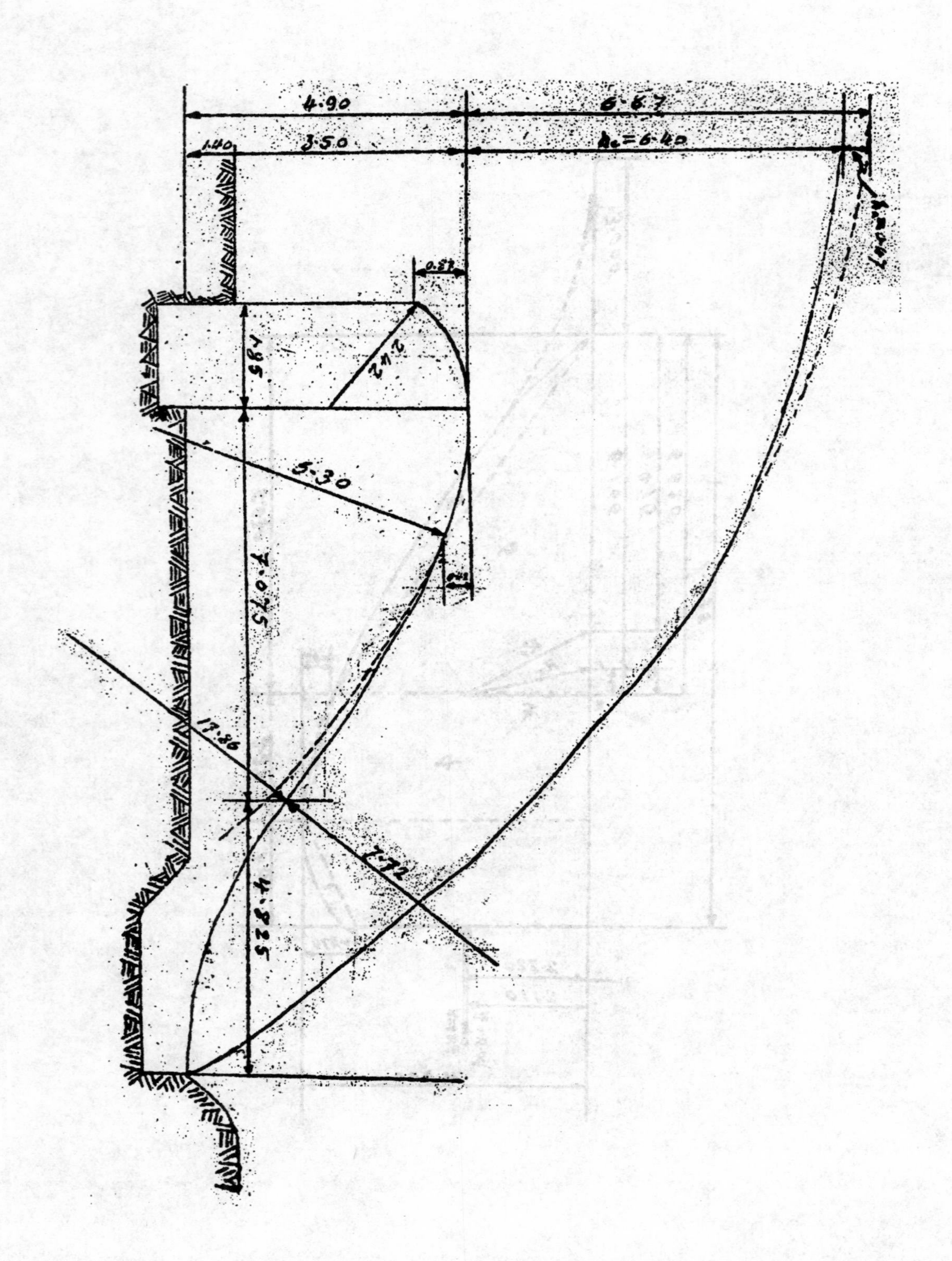

4.90
6.67
1.40
3.50
hc=6.40
0.57
5.84
2.42
5.30
7.075
17.86
7.72
4.825

壩身應力按圖計算如下：

重力(W)公噸	力距(以O點為原點)	力矩(M)
$W_1=\left(\frac{50.2}{360}\pi\times2.42^2-\frac{1}{2}\times2.05\times2.19\right)2.3$	$l_1=0.97+8.9$	7.30
$=0.74$	$=9.87$	
$W_2=\frac{1}{2}(4.9+4.03)\times1.85\times2.3=19.00$	$l_2=9.86$	187.20
$W_3=\left(\frac{21.2}{360}\pi\times6.3^2-\frac{1}{2}\times2.31\times6.18\right)2.3$	$l_3=1.13+6.63$	3.57
$=0.46$	$=7.78$	
$W_4=\frac{1}{2}(4.9+4.48)2.27\times2.3=24.50$	$l_4=7.78$	191.00
$W_5=\left(\frac{25.8}{360}\pi\times17.86^2-\frac{1}{2}\times8.00\times17.40\right)2.3$	$l_5=3.22$	16.30
$=5.06$	$l_6=\frac{2}{3}\times663$	
$W_6=\frac{1}{2}\times6.63\times4.48\times2.3=34.20$	$=4.42$	151.30

$\Sigma W=83.96$ 公噸， $l=\frac{\Sigma M}{\Sigma W}=6.64$ 公尺， $\Sigma M=556.67$ 公噸－公尺。

甲、當壩身前未落淤時

$$R_1=\sqrt{43.36^2+83.96^2}=\sqrt{8\times930}=94.50\text{公噸}$$

$$Wr_1=\frac{2.22\times43.36}{83.96}=1.145\text{公尺}$$

$$or_1=6.64-1.145=5.49\text{公尺}.>\frac{10.75}{3}$$ 未出壩底邊三分點之中段。

壩基所受壓力

$$P_1'=(4l-6a)\frac{W}{l^2}=(4\times10.75-6\times5.495)\frac{83.96}{10.75^2}=7.33\text{公噸/公尺}^2$$

$$P_2'=(6a-2l)\frac{W}{l^2}=(6\times5.495-2\times10.75)\frac{83.96}{10.75^2}=8.32\text{公噸/公尺}^2$$

乙、當壩身已淤平時

$$R_2=\sqrt{18.06^2+83.96^2}=\sqrt{7^37.55}=85.80\text{公噸}$$

$$Wr_2=\frac{2.11\times18.06}{83.96}=0.454\text{公尺}$$

$$or_2=6.64-0.454=6.19\text{公尺}>\frac{10.75}{3}$$ 未出壩底邊三分之中段。

壩基所受壓力

$$P_1''=(4l-6a)\frac{W}{l^2}=(4\times10.75-6\times6.19)\frac{83.96}{10.75^2}=4.29\text{公噸/公尺}^2$$

$$P_2''=(6a-2l)\frac{W}{l^2}=(6\times6.19-2\times10.75)\frac{83.96}{107.5^2}=11.37\text{公噸/公尺}^2$$

石基安全載重 $=80$ 公噸/公尺^2

5. 囘水影響之推算： 壩址上游，兩岸多山，河道彎曲，囘水淹沒之田畝甚少，茲按 Ruehlmann 教授公式計算囘水影響之距離及受影響之田畝數量如次：

$$\angle=\frac{D}{S}\left[f\left(\frac{H}{D}\right)-f\left(\frac{h}{D}\right)\right]$$

D＝15.20－5.80＝9.40 公尺

H＝9.90－9.40＝0.50 公尺

$S=\frac{1}{800}$（調查實測結果）

距離 ∠（公尺）	$\frac{D}{S}$	$\frac{H}{D}$	$f(\frac{H}{D})$	$f(\frac{h}{D})$	$\frac{h}{D}$	h(公尺)	受囘水影響田畝 $(km)^2$	備註
1,000橋老頭	7520	0.053	0.5911	0.4581	0.037	0.35	0.024	
2,000矮里頭	7520	0.053	0.5911	0.3251	0.052	0.24	0.048	
3,500船 頭	7520	0.053	0.5911	0.1256	0.0125	0.12	0.021	
4450	7520	0.053	0.5911	0	0	0	0.000	

由上表知壩址上游四公里半以內之田畝，均受囘水影響，其面積共約0.093平方公里。

進水閘設計

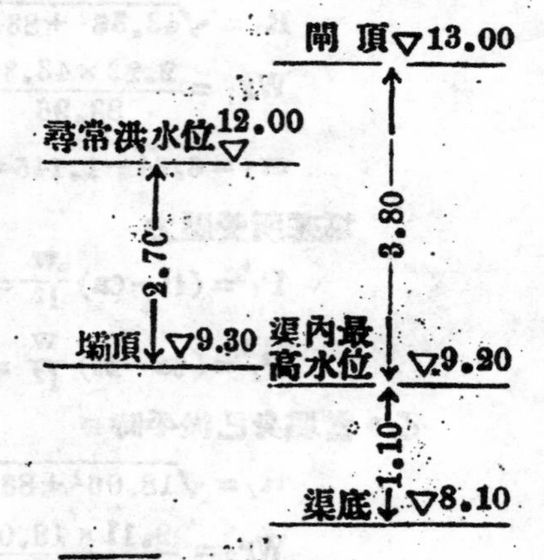

1. 閘孔設計： Q＝1.30 秒立方公尺

假設進水閘以外河水流速不計，並設進水閘，水頭跌落爲d＝0.10 公尺，則進水閘每公尺寬之流量爲：

$q=c\times1.0\times h\sqrt{2gd}$

設 c＝0.70

$q=0.70\times1.0\times1.1\sqrt{2g\times0.1}=1.08$秒立方公尺

進水閘需要淨寬＝$\frac{1.30}{1.08}=1.20$公尺。

用寬 1.60 公尺閘孔一個。

2. 石拱設計： 美國工程師學會規定之石拱公式 $t=\sqrt{\frac{r+s/2}{4}}+0.20$

r＝半徑＝0.80公尺＝2.624呎 S＝跨度＝1.60公尺＝5.248呎

石拱厚 $tc=\sqrt{\frac{2.624+2.624}{4}}+0.20=0.772$ 呎＝0.235 公尺

用0.30 公尺

3. 閘牆設計： 尋常洪水位爲 12.00 公尺，假定閘台高出尋常洪水位 1.00 公尺，則閘台高程爲 13.00 公尺。

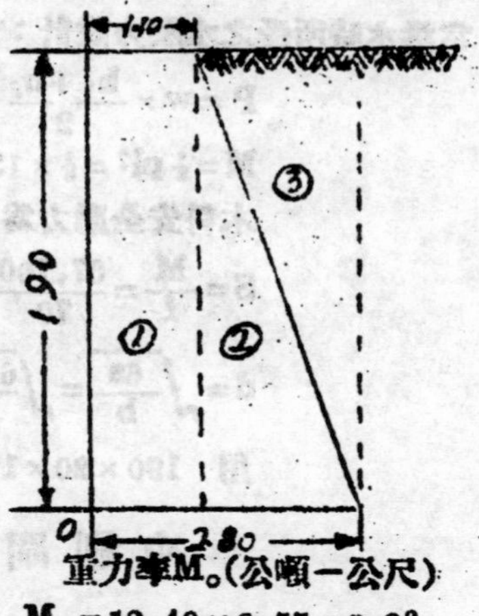

閘牆高$=13.00-8.10=4.90$公尺

土壤息角 $\phi=30°$ $\frac{1}{2}\times\frac{1-\sin\phi}{1+\sin\phi}=\frac{1}{2}\times\frac{1}{3}=0.167$

石圬工與土重之比 $r=\frac{2.30}{1.60}=1.44$

設閘牆頂寬為 1.10 公尺

$t_1/h=0.225$ 由Buckley 灌漑工程手冊第 311 頁查

得 $t^2/h=0.55$

故 $t_2=0.55\times4.90=2.70$公尺

用 $t_2=2.30$ 公尺

閘牆重力及重力率計算於下：

重力W(公噸)	至O點之力距 l (公尺)	重力率M_o(公噸—公尺)
$W_1=1.1\times4.90\times2.3=12.40$	$l_1=0.55$	$M_1=12.40\times0.55=6.8^2$
$W_2=\frac{1}{2}\times1.7\times4.9\times2.3=9.57$	$l_2=1.67$	$M_2=9.57\times1.67=16.00$
$W_3=\frac{1}{2}\times1.7\times4.9\times1.6=6.66$	$l_3=2.23$	$M_3=6.66\times2.23=14.86$
ΣW $=28.63$ 公噸		$\Sigma M=$ 37.68公噸公尺

$$X_0=\frac{\Sigma M}{\Sigma W}=\frac{37.68}{28.63}=1.316\text{ 公尺}$$

$$P_E=\frac{1}{2}Wh^2\frac{1-\sin\phi}{1+\sin\phi}=0.167\times1.60\times4.9^2=6.42\text{ 公噸}$$

$$Y=\frac{1}{3}\times4.9=1.633\text{ 公尺}$$

$$R=\sqrt{P_5{}^2+W^2}=\sqrt{6.42^2+28.63^2}=29.34\text{ 公噸}$$

$$e=\frac{1.633\times6.42}{28.63}=0.366\text{ 公尺}$$

$$a=1.316-0.366=0.95>\frac{2.8}{3}$$

$$P_1=(4l-6a)\frac{W}{l^2}=(4\times2.80-6\times.950)\frac{28.63}{2.80^2}=20.05\text{ 公噸/公尺}^2$$

$$P_2=(6a-2l)\frac{W}{l^2}=(6\times0.95-2\times2.80)\frac{28.63}{2.80^2}=0.365\text{ 公噸/公尺}^2$$

石圬土安全載重$=43$ 公噸/公尺^2

傾覆安全率$=\frac{37.68}{6.42\times1.633}=3.6>1.$

滑溜安全率$=\frac{28.63\times0.75}{6.42}=3.3>1.$

4. 閘門設計： 閘孔寬 1.60 公尺，孔高 1.10 公尺，石拱半徑$=0.80$ 公尺。用閘門寬 1.90 公尺，高 2.20 公尺，用 2 公寸寬木板，木板厚度，按最下一塊在非常洪水時所受之水壓力設計：

$$P = w \times \frac{h_1 + h_2}{2} \times b = 1{,}000 \times \frac{7.60 + 7.40}{2} \times 0.20 = 1500 \text{ 公斤/公尺}$$

$$M = \frac{1}{8} pl^2 = \frac{1}{8} \times 1500 \times 1.9^2 = 677 \text{ 公斤—公尺} = 67{,}700 \text{ 公斤—公分}$$

木料安全應力爲 70 公斤/公分²

$$S = \frac{M}{f} = \frac{67{,}700}{70} = 967 \text{ 公分}^3$$

$$d = \sqrt{\frac{6s}{b}} = \sqrt{\frac{6 \times 967}{20}} = 17 \text{ 公分}$$

用 190×20×17 松木板併合。

冲刷閘設計

冲刷閘設置於攔河壩左端，用以冲刷進水口附近之淤積修築攔河壩時，可利用排水閘之上游，砌引水牆一道，高與壩頂平，並作擋沙檻一道，高出河底 1.20 公尺。

1. 閘孔設計： 永樂江尋常流量約 30 秒立方公尺，由堰頂至冲刷閘底計高 3.50 公尺，假設閘前寬度爲 10 公尺，則漸近流速爲：

$$V_a = \frac{30}{3.5 \times 10} = 0.85 \text{ 公尺/秒}$$

閘下游跌落 = 5.80 − 440 = 1.40 公尺

故經閘流速 $V = \Psi\sqrt{2g\left(1.40 + \frac{0.85^2}{2g}\right)}$

設流量係數 $\Psi = 0.75$　　$V = 0.75\sqrt{2g\left(1.40 + \frac{0.85^2}{2g}\right)} = 3.97$ 公尺/秒

$$\text{閘孔需要淨寬} = \frac{80}{3.5 \times 3.97} = 2.16 \text{ 公尺}$$

用二孔每孔寬 1.20 公尺

則閘孔面積 = 3.5×2×1.2 = 8.40 平方公尺。(大於進水閘孔面積之二倍)

2. 閘墩設計： 冲刷閘頂高出尋常洪水位 1 公尺，則閘墩高 = 13.00 − 5.80 = 7.20 公尺。

設閘墩寬一公尺半，孔寬 1.20 公尺，則：

$$\text{閘墩所受水壓力 } P_1 = \frac{2.7 + 9.9}{2} \times 1.00 \times 7.20 \times 1.50 = 68.00 \text{ 公噸}$$

$$Y_1 = \frac{7.2}{3} \times \frac{2 \times 2.7 + 9.9}{2.7 + 9.9} = 2.92 \text{ 公尺}$$

$$\text{閘門所受水壓力 } P_2 = \frac{6.40 + 9.90}{2} \times 1.00 \times 3.50 \times 1.20 = 34.20 \text{ 公噸}$$

$$Y_2 = \frac{3.5}{3} \times \frac{2 \times 6.4 + 9.9}{6.4 + 9.9} = 1.63 \text{ 公尺}$$

非常洪水位 ▽ 15.70
閘頂 ▽ 13.00
壩頂 ▽ 9.30
河底 ▽ 5.80

閘墩所受水壓力總和 $= P = P_1 + P_2 = 102.20$ 公噸

$$Y = \frac{68.00 \times 2.92 + 34.20 \times 1.63}{102.20} = 2.49 \text{ 公尺}$$

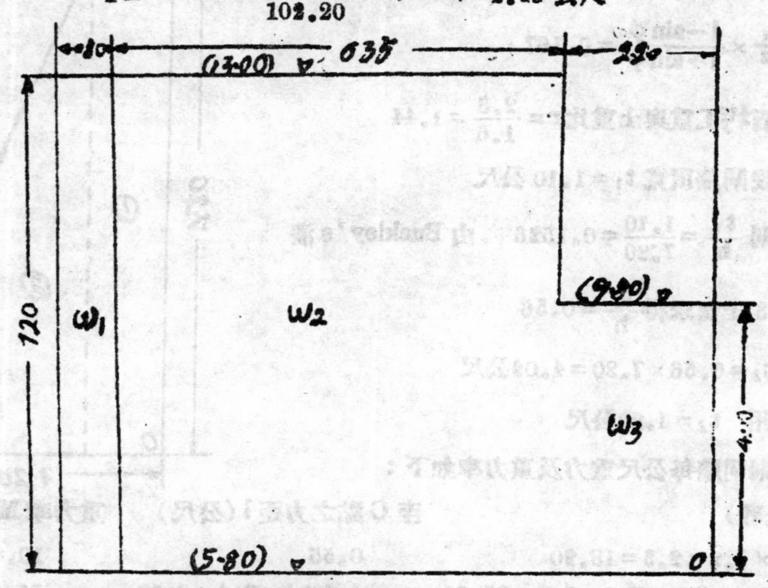

閘墩重力及重力率計算如下：

重力W(公噸)	至O點之力距l(公尺)	重力率M(公噸公尺)
$W_1 = \frac{1}{2} \times 0.8 \times 1.5 \times 7.20 \times 2.3 = 9.60$	$\frac{1}{3} \times 0.8 + 8.55 = 8.82$	87.70
$W_2 = 1.5 \times 6.35 \times 7.2 \times 2.3 = 157.80$	$3.18 + 2.20 = 5.38$	850.00
$W_3 = 2.2 \times 4.0 \times 1.5 \times 2.3 = 30.30$	1.10	33.30
$\Sigma W = 198.00$ 公噸		$\Sigma M = 971.00$ 公噸公尺

$$X_0 = \frac{971.00}{198.00} = 4.91 \text{ 公尺} \qquad e = \frac{102.20 \times 2.49}{198.00} = 1.29 \text{公尺}$$

$$a = x_0 - e = 4.91 - 1.29 = 3.62 \text{公尺} > \frac{9.35}{3}$$

$$R = \sqrt{102.20^2 + 198.00^2} = \sqrt{49640} = 223 \text{ 公噸}$$

$$P_1 = (4l - 6a)\frac{W}{l^2} = (4 \times 9.35 - 6 \times 3.62)\frac{198.0}{9.35^2} = 35.50 \text{公噸/公尺}^2$$

$$P^2 = (6a - 2l)\frac{W}{l^2} = (6 \times 3.62 - 2 \times 9.35)\frac{198.0}{9.35^2} = 6.80 \text{公噸/公尺}^2$$

頁岩安全載重 $= 80$ 公噸/公尺^2

傾覆安全率 $= \frac{971.00}{102.20 \times 2.49} = 3.82 > 1.$

滑溜安全率 $= \frac{198.0 \times 0.75}{102.20} = 1.45 > 1.$

3. 閘牆設計： 閘牆高 $=13.00-5.80=7.20$ 公尺

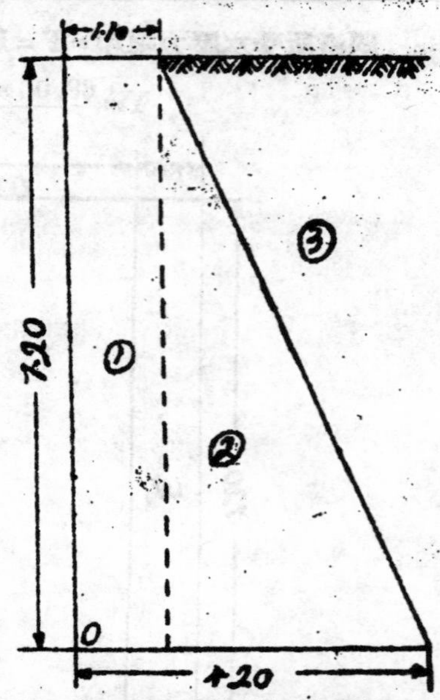

土壤息角 $\phi=30^\circ$ $\quad \sin\phi=0.50$

$$\frac{1}{2}\times\frac{1-\sin\phi}{1+\sin\phi}=0.167$$

石圬工重與土重比 $r=\frac{2.3}{1.6}=1.44$

設閘牆頂寬 $t_1=1.10$ 公尺

則 $\frac{t_1}{h}=\frac{1.10}{7.20}=0.1526$ 由 Buckley's 灌溉工程手冊第 311 頁求得 $\frac{t_2}{h}=0.56$

$t_2=0.56\times7.20=4.02$ 公尺

用 $t_2=4.20$ 公尺

則閘牆每公尺重力及重力率如下：

重力W(公噸)	至O點之力距 l (公尺)	重力率 M_o 公噸公尺
$W_1=1.1\times7.2\times2.3=18.20$	0.55	10.00
$W_2=\frac{1}{2}\times1.0\times3.1\times7.2\times2.3=25.60$	$1.1+\frac{1}{3}\times3.1=2.13$	54.50
$W_3=\frac{1}{2}\times1.0\times3.1\times7.2\times1.6=17.80$	$1.1+\frac{2}{3}\times3.1=3.17$	56.50
$\Sigma W=61.60$ 公噸		$\Sigma M_o=121.00$ 公噸公尺

$$X_o=\frac{121.00}{61.6}=1.96\text{ 公尺}$$

$$P_E=\frac{1}{2}wh^2\frac{1-\sin\phi}{1+\sin\phi}=0.167\times1.60\times7.20^2=13.80\text{ 公噸}$$

$$Y=\frac{1}{3}h=\frac{1}{3}\times7.20=2.40\text{ 公尺}$$

$$R=\sqrt{61.60^2+13.80^2}=63.0\text{ 公噸}$$

$$e=\frac{13.80\times2.40}{61.60}=0.538\text{ 公尺}$$

$$a=X_o-e=1.96-0.538=1.42\text{ 公尺}>\frac{4.20}{3}$$

$$P_1=(4l-6a)\frac{w}{l^2}=(4\times4.20-6\times1.42)\frac{61.60}{4.20^2}=28.90\text{ 公噸/公尺}^2$$

$$P_2=(6a-2l)\frac{w}{l^2}=(6\times1.42-2\times4.20)\frac{61.60}{4.20^2}=0.42\text{ 公噸/公尺}^2$$

頁岩安全載重 $=80$ 公噸/公尺^2

$$傾覆安全率=\frac{61.6\times1.96}{1380\times2.40}=3.65>1.$$

$$滑溜安全率=\frac{61.6\times0.60}{13.80}=2.68>1.$$

4. 閘門設計： 設閘門用二公寸寬樟木板併合，當非常洪水時，閘門最下二公寸所受之水壓力，爲上游水壓力與下游水壓力之差，惟以閘門下游或因跌落關係發生部份眞空，故仍按上游水壓力設計以求安全。

上游水壓力 $P=(15.70-5.80)\times0.2\times1,000=1980$ 公斤/公尺

閘門孔寬 1.20 公尺，用閘門寬 1.50 公尺。

$M=\frac{1}{8}Pl^2=\frac{1}{8}\times1980\times1.50^2=558$ 公斤－公尺＝5,800 公斤－公分

木村安全應力爲 70 公斤/公分^2

故 $S=\frac{M}{f}=\frac{55,800}{70}=797.14$ 公分^3

$d=\sqrt{\frac{6s}{b}}=\sqrt{\frac{6\times797.14}{20}}=15.4$ 公分

用 150×20×16 公分樟板併合。

減洪閘設計

攔河壩下游約 850 公尺之一段沿岸，地勢甚低，如沿江築堤高出非常洪水位，堤高須達四公尺以上，至爲困難，因於 0＋850 處建減洪閘一座，以免洪水浸入下段渠道。

1. 閘孔設計： $Q=1.30$ 秒立方公尺

假定經閘水頭跌落爲 $d=0.10$ 公尺

則閘孔每公尺寬之流量爲 $q=C\times1.00\times d\sqrt{2g(d+\frac{v^2}{2g})}$

設 $C=0.70$ 則因 $h=1.00$ 公尺 漸近流速不計

故 $q=0.70\times1.00\times1.00\sqrt{2g(0.10)}=0.98$ 公尺^3/秒

$閘孔需要淨寬=\frac{1.30}{0.98}=1.33$ 公尺

用寬 1.60 公尺閘孔一個。

2. 石拱設計： 由進水閘石拱設計 $t_c=0.235$ 公尺

用 0.35 公尺石拱厚。

3. 閘牆設計： 閘牆高＝14.70－7.67＝7.03 公尺

土壤息角 $\phi=30°$ $\frac{1}{2}\times\frac{1-\sin\phi}{1+\sin\phi}=0.167$

石圬工與土重之比 $r=1.44$ 設閘牆頂寬爲 1.10 公尺由 Buckley 灌溉工程手冊第 311 頁，定底寬爲 4.00 公尺。

閘牆重力及重力率計算於下：

重力W(公噸)	至O點之力距 l (公尺)	重力率M(公尺公噸)
$W_1=1.10\times7.03\times2.3=17.80$	0.55	9.79
$W_2=\frac{1}{2}\times2.90\times7.03\times2.3=23.41$	2.07	48.50
$W_3=\frac{1}{2}\times2.90\times7.03\times1.6=16.30$	3.03	49.30
$\Sigma W=57.51$ 公噸		$\Sigma M=107.59$ 公噸公尺

$P_E=\frac{1}{2}wh^2\frac{1-\sin\phi}{1+\sin\phi}=0.167\times1.6\times7.03^2=13.20$ 公噸

$Y=\frac{1}{3}\times7.03=2.34$ 公尺 $\quad X_0=\frac{107.59}{57.51}=1.866$ 公尺

$R=\sqrt{13.20^2+57.51^2}=59.0$ 公噸

$e=\frac{2.34\times13.20}{57.51}=0.532$ 公尺

$a=1.866-0.532=1.334$ 公尺 $>\frac{4}{3}$

$P_1=(4l-6a)\frac{W}{l^2}=(4\times4-6\times1.334)\times\frac{57.51}{16}=28.50$ 公噸/公尺^2

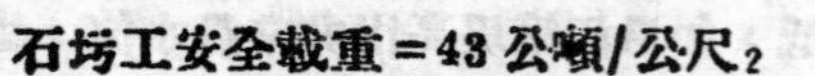

$P_2=(6a-2l)\frac{W}{l^2}=(6\times1.334-2\times4)\frac{57.51}{16}=0.18$ 公噸/公尺^2

石圬工安全載重=43 公噸/公尺$_2$

傾覆安全率$=\frac{107.59}{13.20\times2.34}=3.48>1.$

滑溜安全率$=\frac{57.51\times0.75}{13.20}=3.26>1.$

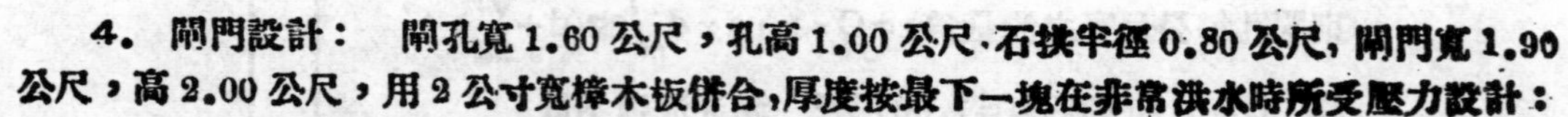

4. 閘門設計： 閘孔寬 1.60 公尺，孔高 1.00 公尺·石拱半徑 0.80 公尺，閘門寬 1.90 公尺，高 2.00 公尺，用 2 公寸寬樟木板併合，厚度按最下一塊在非常洪水時所受壓力設計：

$P=\frac{h_1+h_2}{2}\times Wh=1{,}000\times\frac{6.47+6.27}{2}\times0.2=1274$ 公斤/公尺

$M=\frac{1}{8}Pl^2=\frac{1}{8}\times1274\times1.9^2=575$ 公斤公尺$=57{,}500$ 公斤一公分

木材安全應力=70 公斤/公分^2 $\qquad S=\frac{M}{f}=\frac{57{,}500}{70}=821$ 公分^3

$d=\sqrt{\frac{6\times821}{20}}=15.70$ 公分

用 $190\times20\times16$ 公分樟板併合。

溢 水 道 設 計

永樂江上游多崇山峻嶺，每遇大雨，輒成洪潦，水位變化最烈，爲宣洩渠內過量之水計在 0+750 處，設置溢水道一座，俾渠內經常能維持正常水位。

1. 溢水孔設計：

椿號 0+750　　　　渠底高程 7.72

渠內計劃水面高程 8.82　　　　堤頂高程 12.25

設溢水道底高出渠內計劃水面 0.5 公尺，並設溢水道之最大流量等於渠內過量之最大流量。　$Q_{max}=A.V=2.00\times(12.25-8.82)\times0.78=5.33$ 秒立方公尺

由堤頂至溢水道底高差$=12.25-8.32=2.92$ 公尺。

設水頭跌落爲 0.10 公尺，漸近流速不計，則每公尺寬之流量爲：

$q=C_w\times\frac{2}{3}h\sqrt{2gh}+C_0h_2\sqrt{2gh_1}$　設　$C_w=C_0=0.75$ 則：

$q=\frac{2}{3}\times0.75\sqrt{2g\times0.1}\,(0.1+\frac{3}{2}\times2.82)=\frac{2}{3}\times0.75\times1.40\times4.33=3.03$ 秒立方公尺

溢水道寬 $=b=\frac{5.33}{3.03}=1.76$ 公尺　用 $b=1.80$ 公尺

2. 護墻設計：

墻高 $h=2.92$ 公尺　　　　$\phi=30^\circ$

$\frac{1}{2}\times\frac{1-\sin\phi}{1+\sin\phi}=0.167$　　　　$r=1.44$

$t_1=0.80$ 公尺　　　　$\frac{t_1}{h}=0.274$

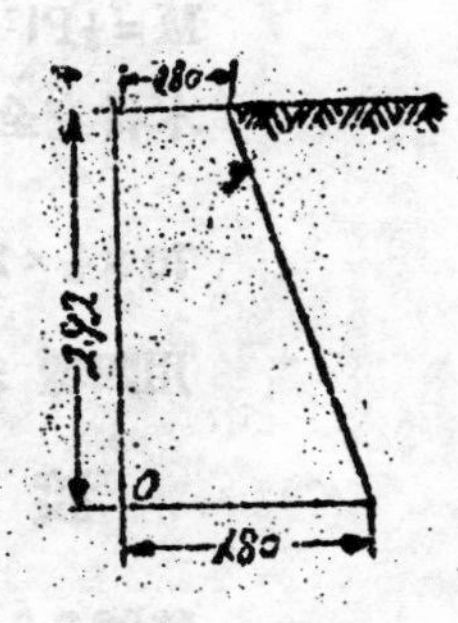

由 Buckley 灌溉工程手冊第 311 頁求得：

$\frac{t_2}{h}=0.55$　$t_2=2.92\times0.55=1.606$ 公尺　用 $t_2=1.80$ 公尺

護墻每公尺重力及重力率計算如次：

W（公噸）	l_0（公尺）	M_0（公尺一公噸）
$W_1=2.92\times0.80\times2.3=5.37$	0.40	2.15
$W_2=\frac{1}{2}\times1.0\times2.92\times2.3=3.36$	1.13	3.80
$W_3=\frac{1}{2}\times1.0\times2.92\times1.6=2.34$	1.47	3.44
$\Sigma W=11.07$（公噸）		$\Sigma M=9.39$（公噸公尺）

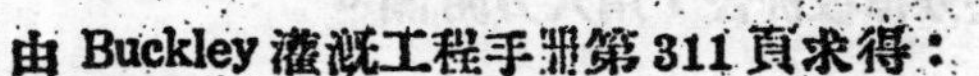

$X_0=\frac{9.39}{11.07}=0.85$ 公尺

$P_E=\frac{1}{2}wh^2\frac{1-\sin\phi}{1+\sin\phi}=0.167\times1.6\times2.92^2=2.28$ 公噸

$Y=1/3h=0.97$ 公尺

$R=\sqrt{11.07^2+2.28^2}=11.3$ 公噸　　　　$e=\frac{2.28\times0.97}{11.07}=0.20$ 公尺

$a=x_0-e=0.85-0.20=0.65$ 公尺 $>\frac{1.80}{3}$

$$P_1=(4l-6a)\frac{W}{l^2}(4\times1.80-6\times0.65)\times\frac{11.07}{1.8^2}=11.30\text{ 公噸/公尺}^2$$

$$P_2=(6a-2l)\frac{W}{l^2}=(6\times0.65-2\times1.80)\frac{11.07}{1.8^2}=0.99\text{ 公噸/公尺}^2$$

泥土安全載重為 20 公噸/公尺^2

$$\text{傾覆安全率}=\frac{9.39}{2.28\times0.97}=4.24>1.$$

$$\text{滑溜安全率}=\frac{11.07\times0.60}{2.28}=2.92>1.$$

3. 溢水道門設計：當河水高出溢水道底時，關閉溢水道門，以免河水倒灌。設門用二公尺寬木板併合，當堤外水平堤頂時，最下二公寸木板所受之水壓力為：

$$P=\frac{2.92+2.90}{2}\times0.20=0.582\text{公噸/公尺}$$

溢水孔寬 1.80 公尺　　　用 2.10 公尺寬木門

$$M=\tfrac{1}{8}Pl^2=\tfrac{1}{8}\times0.582\times2.10^2=0.321\text{ 公噸－公尺}=32,100\text{ 公斤－公分}$$

木材安全應力為 70 公斤/公分^2　　　由公式 $f=\frac{M}{s}$

$$70\times\tfrac{1}{6}\times20\times d^2=32,100\qquad d=\sqrt{\frac{6\times32,700}{1,400}}=11.7\text{ 公分}$$

用四塊 270×20×12 公分樟板併合，用人力開關。

渡槽設計

樁號　6+400　　　流量　Q=0.60 秒立方公尺　　　坡度 $S=\frac{1}{3200}$

跨度　5 公尺　　　槽長 15 公尺　　　n=0.014

1. 斷面設計：

設　d=0.70 公尺　　　$V_o=0.435$ 公尺/秒

設　V=0.60 公尺/秒　　　$A=\frac{0.60}{0.60}=1$ 平方公尺

$b=\frac{1.00}{0.70}=1.43$ 公尺　　　用 d=0.70 公尺　　　b=1.42 公尺

校對：　W.P.=1.42+2×0.70=2.82 公尺

A=0.70×1.42=.992 公尺^2

$R=\frac{0.992}{2.80}=0.353$ 公尺　　　$R^{2/3}=0.50$

實際流速　$V=\frac{1}{0.014}\times0.50\times\left(\frac{1}{3200}\right)^{\frac{1}{2}}=0.635$ 公尺/秒 $>V_o$

$Q=A.V=0.992\times0.635=0.63$ 秒立方公尺

2. 渠槽設計：　用 22 公分寬杉木板，其受力情形如下：

槽底：　　$P=0.7\times1,000\times0.22=154$ 公斤/公尺

$M_{max}=\frac{1}{8}pl^2=\frac{1}{8}\times154\times1.00^2=1925$ 公斤公分

木材安全應力 $f=70$ 公斤/公分^2

$M=fs$　　$S=\frac{bd^2}{6}$　　$1925=70\times\frac{22\times d^2}{6}$

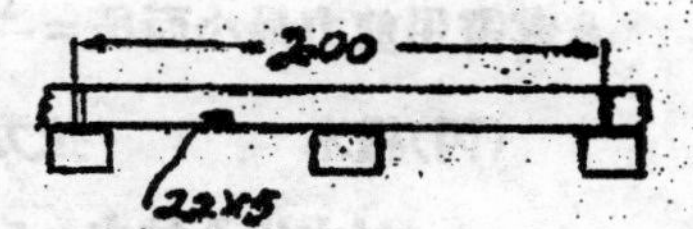

$d=\sqrt{\frac{6\times1925}{70\times22}}=2.74$ 公分　　用 200×22×5 杉木板

$V_{max}=\frac{5}{8}\times154\times1=96.3$ 公斤 $=0.875$ 公斤/公分^2 > 6 公斤/公分^2

槽緣：　設用 20 公分高杉板拼合，則最下一塊水壓力爲：

$P_W=\frac{0.5\times1000+0.7\times1,000}{2}\times0.2=6.0\times2=120$ 公斤/公尺

$M_{max}=\frac{1}{8}\times120\times1.00^2=15$ 公斤公尺 $=1500$ 公斤一公分

$d=\sqrt{\frac{6\times1500}{70\times20}}=\sqrt{6.43}=2.54$ 公分　用 200×20×5 杉木板

$V_{max}=\frac{\frac{5}{8}\times120\times1}{100}=0.75$ 公斤/公分^2 < 6 公斤/公分

槽架：　(甲)橫梁　　　水重＝700 公斤/公尺　　　設用 12 公分寬杉板

槽重約爲 50 公斤/公尺

靜荷重共計＝750 公斤/公分

$M_{max}=\frac{1}{8}\times750\times1.42^2\times100$

$=18,900$ 公斤一公分

$d=\sqrt{\frac{6\times18900}{70\times12}}=11.6$ 公分

用 240×12×12 公分杉板

$V_{mox}=\frac{\frac{1}{2}\times750\times1.42}{12\times12}$

$=3.70$ 公斤/公分^2 < 6.00 公斤/公分^2

(乙)槽柱　　水壓力 $P_W=\frac{0.7+0}{2}\times1,000=350$ 公斤

$M_A=350\times58.7-R_B\times94.0=0$；　$R_B=220$ 公斤

$R_A=350-220=130$ 公斤

$M_{max}=130\times58.7=7,630.0$ 公斤一公分

$d=\sqrt{\frac{6\times7630}{8\times70}}=\sqrt{81.6}=9.02$ 公分

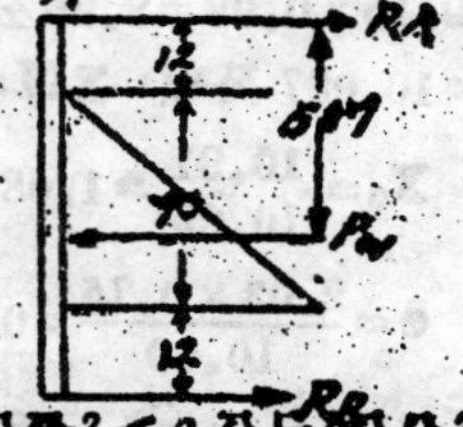

用 101×8×10 公分杉板　　$V_{max}=\frac{220}{80}=2.75$ 公斤/公分^2 < 6 公斤/公分^2

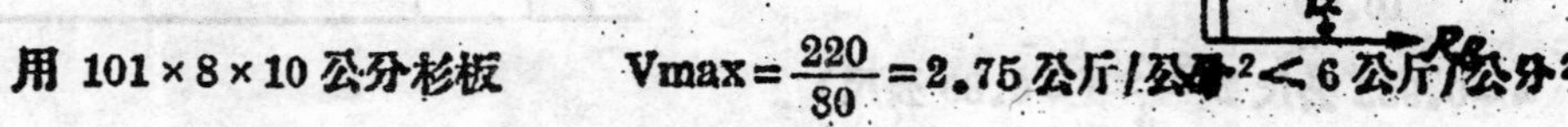

B處需用剪力最小面積 $=\frac{220}{7}=31.40$ 平方公分　用 10×4 接頭

A處需用剪力最小面積 $=\frac{130}{7}=18.60$ 平方公分　用 6×4 接頭

（丙）橫木　　　拉力 $=R_A=130$ 公斤

杉木安全拉力 $=55$ 公斤/公分²　　$A=\frac{130}{55}=2.36$ 公分²

用 $180\times8\times4$ 公分杉木條

550　1100　1100　1100　1100　550

B

5.00

主樑設計

水重 $=0.7\times1{,}000\times1.42=9.40$ 公斤/公尺

槽重 $=$ 　　　　160 公斤/公尺　　共重 $=1100$ 公斤/公尺

$R_A=5\times550=2{,}750$ 公斤

$M_{max}=2750\times200-550(200+200)=550{,}000-220{,}000=$

$=330{,}000$ 公斤—公分　設梁寬 20 公分　$f=70$ 公斤/公分²

則 $d=\sqrt{\frac{6\times330{,}000}{70\times20}}=\sqrt{1415}=37.5$ 公分

用 $2-500\times20\times25$ 公分梁木

槽墩設計

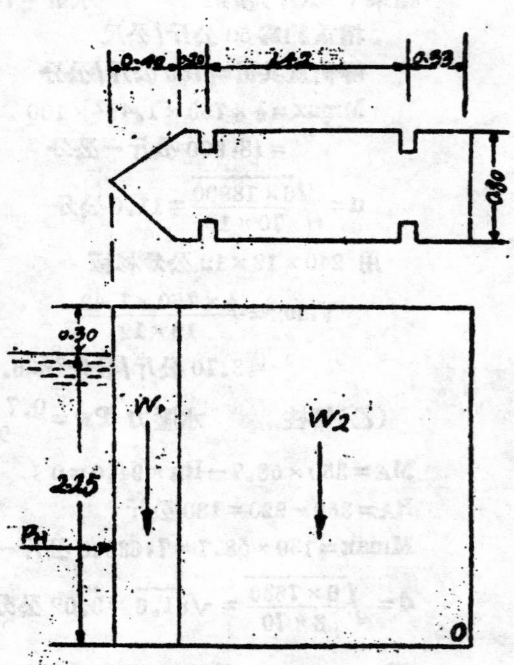

橋墩高度 $=2.55$ 公尺

$P_H=\frac{1}{2}\times1.0\times2.25^2\times0.8=2.03$ 公噸

$Y=\frac{1}{3}\times2.25=0.75$ 公尺

$W_1=\frac{1}{2}\times0.4\times0.8\times2.55\times2.3=0.937$ 公噸

$L_1=1.95+\frac{1}{3}\times0.4=1.95+0.13=2.08$ 公尺

$M_1=0.937\times2.08=1.95$ 公噸—公尺

$W_2=1.95\times0.80\times2.55\times2.3=9.150$ 公噸

$L_2=\frac{1}{2}\times1.95=0.98$ 公尺

$M_2=9.15\times0.98=8.96$ 公尺—公噸

$\Sigma W=10.087$ 公噸，$\Sigma M=10.91$ 公尺—公噸

$X_0=\frac{10.91}{10.09}=1.085$ 公尺

$e=\frac{2.03\times0.75}{10.09}=0.1515$ 公尺

$a=0.933$ 公尺 $>\frac{2.35}{3}$（$=0.80$ 公尺）

$$P_1=(4l-6a)\frac{W}{l^2}=4\times(2.35-6\times0.933)\times\frac{10.087}{2.35^2}=6.93\text{ 公噸/公尺}^2$$

$$P_2=(6a-2l)\frac{W}{l^2}=(6\times0.933-2\times2.35)\times\frac{10.087}{2.35^2}=1.64\text{ 公噸/公尺}^2$$

均小於泥土安全載重(20公斤/公尺²)固甚安全。

$$f_o=\frac{10.91}{2.03\times0.75}=7.17>1. \qquad f_s=\frac{10.09\times0.6}{2.03}=2.98>1.$$

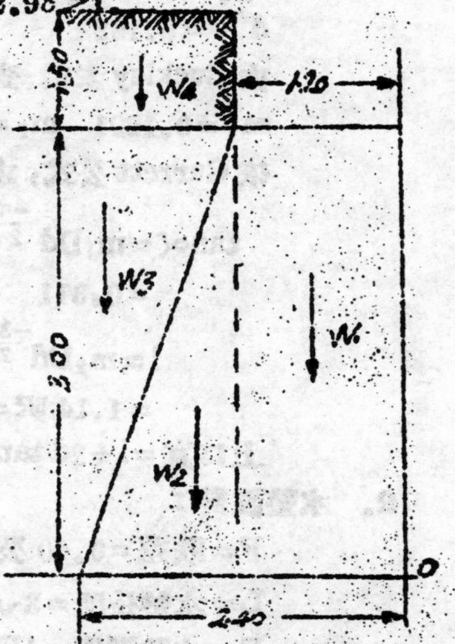

槽台設計

設槽內水重及槽重相當1.50公尺高土高，則每公尺受力情形如下：

$$P_E=\tfrac{1}{2}wh(h+2h_1)\frac{1-\sin\phi}{1+\sin\phi}$$

$$=\tfrac{1}{6}\times1.6\times3.0\times6.0=4.80\text{ 公噸}$$

$$Y=\frac{h^2+3hh_1}{3(h+2h_1)}=\frac{9+13.5}{3(3+3)}=1.25\text{ 公尺}$$

$$W_1=1.2\times1\times3\times2.3=8.27\text{ 公噸}$$

$$W_2=\tfrac{1}{2}\times1.2\times1.0\times3\times2.3=4.14\text{ 公噸}$$

$$W_3=\tfrac{1}{2}\times1.2\times1.0\times3\times1.6=2.88\text{ 公噸}$$

$$W_4=1.2\times1.5\times1.6=2.88\text{ 公噸}$$

$$\Sigma W=18.17\text{ 公噸}$$

$$x_o=\frac{8.27\times0.60+4.14\times1.60+2.88\times2.00+2.88\times1.8}{18.17}=1.22\text{ 公尺}$$

$$e=\frac{4.80\times1.25}{18.17}=0.33\text{ 公尺} \qquad a=0.89\text{ 公尺}>\frac{2.40}{3}(0.80\text{ 公尺})$$

$$P_1=(4\times2.4-6\times0.89)\frac{18.17}{2.4^2}=13.45\text{ 公噸/公尺}^2$$

$$P_2=(6\times0.89-2\times2.4)\frac{18.17}{2.4^2}=1.70\text{ 公噸/公尺}^2$$

泥土基安全載重爲20公噸/公尺²

$$f_o=\frac{18.17\times1.22}{4.80\times1.25}=3.7>1 \qquad f_s=\frac{18.17\times0.6}{4.80}=2.28>1$$

槽台，槽墩，須視基礎土質情形而定，必要時加60公分厚台墩基。

跌水設計

地點 7+132　　標高 $\frac{5.43}{5.03}$　　跌差 0.40公尺

1. 跌水口設計：

　　Q=0.60秒立方公尺=21.2秒立方呎(D)

$d=0.71$ 公尺 $=2.32$ 呎(上口水深)

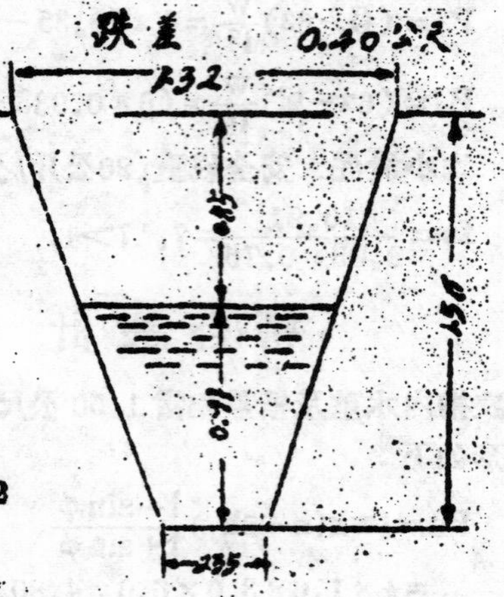

$E=0.71-0.40=0.31$ 公尺

$\frac{E}{d}=\frac{0.31}{0.71}=0.44$

由 Buckley 表1. 查得 $d=2.32$

$d^{\frac{-5}{2}}=0.122$　　　　$d^{\frac{-3}{2}}=0.283$

由 Buckley 表2. 查得 $E/d=0.44$

$m_1=0.1201$　$m_2=0.191$

依 Garrett 公式，求得：

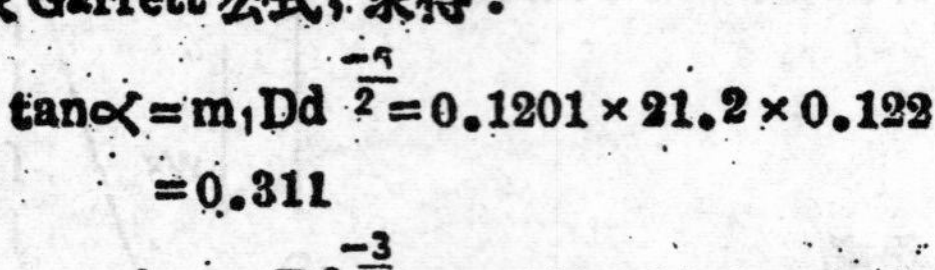

$\tan\alpha=m_1Dd^{\frac{-5}{2}}=0.1201\times21.2\times0.122$
$=0.311$

$l=m_2Dd^{\frac{-3}{2}}=0.191\times21.2\times0.283$
$=1.14$ 呎 $=0.35$ 公尺

上口寬 $=l+2d\tan\alpha=0.35+2\times1.56\times0.31=1.32$ 公尺。

2. 水墊設計：

$F=$ 跌差 $=0.40$ 公尺　　　　$H=$ 水深 $=0.71$ 公尺

$L=$ 水墊長度 $=3\sqrt{HF}=3\sqrt{0.40\times0.71}=3\sqrt{0.284}=1.61$ 公尺

$D=$ 水墊深度 $=\frac{1}{3}F=\frac{1}{3}\times0.4=0.13$ 公尺

水墊長用2公尺，水墊深用0.20公尺。

節制閘設計

1. 閘門高度：

流量 $Q=1.00$ 秒立方公尺　閘寬 $b=1.60$ 公尺

渠水深 $d=0.96$ 公尺　　抬高水深 $d'=1.20$ 公尺

$Q=c(b-0.2h)h^{\frac{3}{2}}$　　　設 $c=1.80$　$h=0.50$ 公尺

則 $1.00=1.80(1.60-0.2\times0.5)h^{\frac{3}{2}}=2.7h^{\frac{3}{2}}$

求出 $h=0.516$ 公尺　　用 $h=0.50$ 公尺

閘前漸近流速 $Va=\frac{Q}{A}=\frac{1.00}{2.45}=0.41$ 公尺/秒

閘頂過水量 $Q=1.80(1.60-0.2\times0.5)(0.5+\frac{0.41^2}{2g})^{3/2}=0.98$ 秒立方公尺

故閘門高度 $=0.96+1.20-0.50=2.16-0.50=1.66$ 公尺

2. 閘台設計：

$\phi=30°$　　　$\sin\phi=0.5$

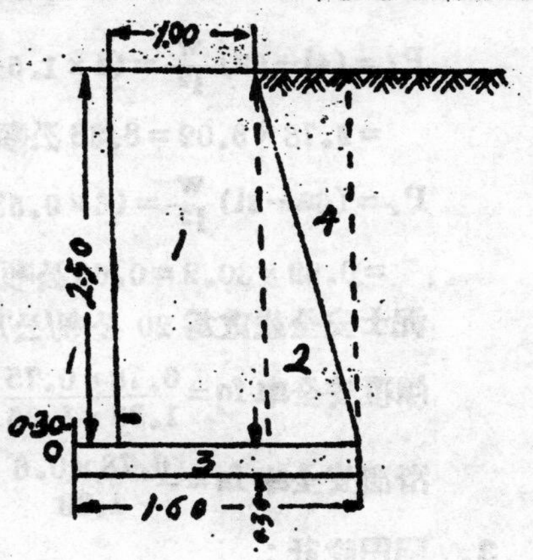

$\frac{1}{2}\times\frac{1-\sin\phi}{1+\sin\phi}=0.167$　　$P_E=\frac{1}{2}wh^2\frac{1-\sin\phi}{1+\sin\phi}$

$=0.167\times2.80^2\times1.6=2.10$ 公噸

$Y=\frac{1}{3}h=\frac{1}{3}\times2.80=0.93$ 公尺

閘台所受重力如下：

W重力公噸	l至O點之力距	重力率
$W_1=1\times2.5\times2.3=5.75$	0.80	4.60
$W_2=\frac{1}{2}\times2.5\times0.3\times2.3=0.86$	1.40	1.21
$W_3=0.3\times1.6\times2.3=1.11$	0.80	0.88
$W_4=\frac{1}{2}\times2.3\times0.3\times1.6=0.60$	1.50	0.90

$\Sigma W=8.32$ 公噸　　$\Sigma M=7.59$ 公噸公尺

$X=\frac{7.59}{8.32}=0.91$ 公尺　　　$e=\frac{2.10\times0.93}{8.32}=0.235$ 公尺

$a=x-e=0.91-0.235=0.675$ 公尺 $>\frac{1.60}{3}$ ($=0.533$ 公尺)

$R=\sqrt{(8.32)^2+(2.10)^2}=\sqrt{73.52}=8.57$ 公噸

$P_1=(4l-6a)\frac{W}{l^2}=(4\times1.60-6\times0.675)\frac{8.32}{1.60^2}=7.66$ 公噸/公尺^2

$P_2=(6a-2l)\frac{W}{l^2}=(6\times0.675-2\times1.60)\frac{8.32}{1.60}=2.77$ 公噸/公尺^2

泥土安全載重為 20 公噸/公尺^2

傾覆安全率 $fo=\frac{8.32\times0.91}{2.10\times0.93}=3.87>1.$

滑溜安全率 $fs=\frac{8.89\times0.6}{2.10}=2.12>1.$

閘台所受水壓力最大之一公尺計算如下：

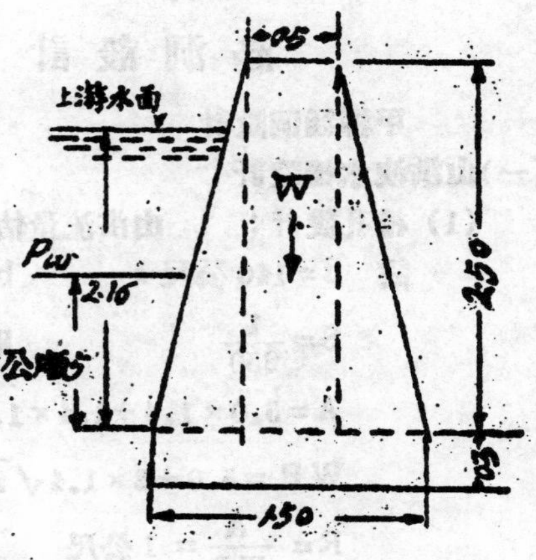

$P_W=\frac{1}{2}\times1.00\times\left(\frac{2.16+1.16}{2}\right)^2=1.38$ 公噸

$Y=1.05$ 公尺

$W=[\frac{1}{2}\times(0.5+1.5)\times2.5+0.3\times1.5]\times2.3=6.78$ 公噸

$x=0.75$ 公尺

$e=\frac{1.38\times1.05}{6.78}=0.214$ 公尺

$a=0.75-0.214=0.536$ 公尺 $>\frac{1.5}{3}$ ($=0.50$)

$R=\sqrt{6.78^2+1.38^2}=6.90$ 公噸

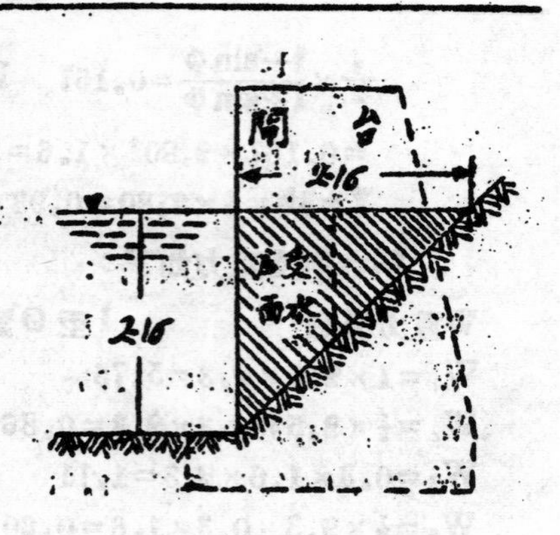

$$P_1=(4l-6a)\frac{W}{l^2}=(4\times1.5-6\times0.536)\frac{6.78}{(1.5)^2}$$

$$=2.78\times3.02=8.38 \text{公噸/公尺}^2$$

$$P_2=(6a-2l)\frac{W}{l^2}=(6\times0.536-2\times1.5)\frac{6.78}{(1.5)^2}$$

$$=0.22\times30.2=0.66 \text{公噸/公尺}^2$$

泥土安全載重爲 20 公噸/公尺^2

傾覆安全率 $fo=\frac{6.78\times0.75}{1.38\times1.05}=3.50>1.$

滑溜安全率 $fs=\frac{6.78\times0.6}{1.38}=2.92>1.$

3. 閘門設計：

閘孔寬 1.60 公尺，閘門寬 1.80 公尺，設用 2 公寸寬木板併合，則最下一塊木板受力情形如下：

$$P=\frac{2.16+1.96}{2}\times0.2\times1,000=2.06\times0.2\times1,000=412 \text{公斤/公尺}$$

$$M=\tfrac{1}{8}\times412\times1.80^2\times100=16,700 \text{公斤一公分}$$

木板安全應力爲 70 公斤/公分^2

$$S=\frac{M}{f}=\frac{16700}{70}=2.38\text{公分}^3 \qquad S=\frac{bd^2}{6}$$

$$\therefore\ d=\sqrt{\frac{6\times238}{20}}=\sqrt{72}=8.50 \text{公分}$$

用 10 公分厚閘板。

涵 洞 設 計

甲種涵洞設計

(一)山洪洩水槽設計

(1) 槽孔設計：　山洪流量估計爲 33 秒立方公尺。

設 $d=140$ 公尺，　$b=5.0$ 公尺，　$n=0.017$　邊坡 1:1.

$S=\frac{1}{250}$　　則 $V_o=0.68$ 公尺/秒

$$A=5.0\times1.4+1.4\times1.4=8.96 \text{平方公尺}$$

$$W.P.=5.0+2\times1.4\sqrt{2}=8.96 \text{公尺}$$

$$R=\frac{A}{w.p.}=1 \text{公尺} \qquad R^{2/3}=1 \text{公尺}$$

$$V=\frac{1}{0.017}\times1.00\times\left(\frac{1}{250}\right)^{\frac{1}{2}}=3.71 \text{公尺/秒(大于}V_o)$$

$Q = 8.96 \times 3.71 = 33.28$ 秒立方公尺

山洪流量估計爲 21 秒立方公尺

設 $d = 1.40$ 公尺 $b = 3.00$ 公尺 $n = 0.017$ 邊坡 1:1。

$S = \frac{1}{250}$ 則 $V_0 = 0.68$ 公尺/秒

$A = 3.00 \times 1.40 + 1.40 \times 1.40 = 6.16$ 平方公尺

$W.P. = 3.00 + 2 \times 1.4\sqrt{2} = 6.96$ 公尺

$R = \frac{A}{W.P.} = 0.885$ 公尺 $R^{2/3} = 0.921$

$V = \frac{1}{0.017} \times 0.921 \times \left(\frac{1}{250}\right)^{\frac{1}{2}} = 3.42$ 公尺/秒 （大于 V_0）

$Q = 6.16 \times 3.42 = 21.07$ 秒立方公尺。

(2) 槽壁設計：

水壓力 $P = \frac{1}{2} \times w \times h^2 = \frac{1}{2} \times 1.00 \times 1.4^2 = 0.98$ 公噸

$y = \frac{1}{3}h = \frac{1}{3} \times 1.40 = 0.47$ 公尺

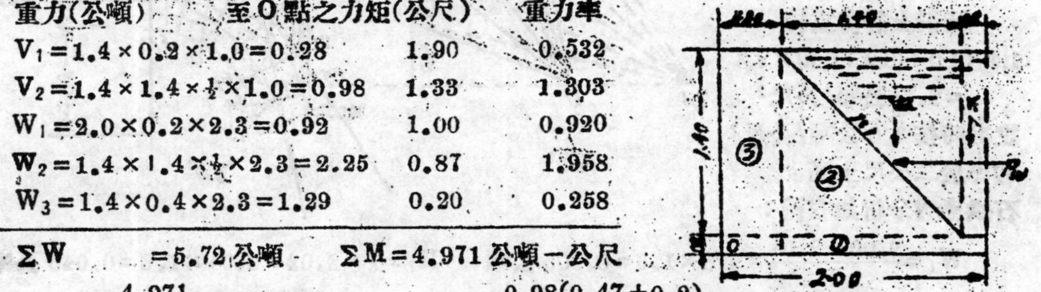

重力(公噸)	至O點之力矩(公尺)	重力率
$V_1 = 1.4 \times 0.2 \times 1.0 = 0.28$	1.90	0.532
$V_2 = 1.4 \times 1.4 \times \frac{1}{2} \times 1.0 = 0.98$	1.33	1.303
$W_1 = 2.0 \times 0.2 \times 2.3 = 0.92$	1.00	0.920
$W_2 = 1.4 \times 1.4 \times \frac{1}{2} \times 2.3 = 2.25$	0.87	1.958
$W_3 = 1.4 \times 0.4 \times 2.3 = 1.29$	0.20	0.258

$\Sigma W = 5.72$ 公噸 $\Sigma M = 4.971$ 公噸－公尺

$x_0 = \frac{4.971}{5.72} = 0.87$ 公尺 $e = \frac{0.98(0.47 + 0.2)}{5.72} = 0.115$ 公尺

$a = x_0 - e = 0.87 - 0.115 = 0.755$ 公尺 $> \frac{2.00}{3} (= 0.70)$

$P_1 = (4l - 6a)\frac{w}{l^2} = (4 \times 2.00 - 6 \times 0.755)\frac{5.72}{4.00} = 4.96$ 公噸/公尺²

$P_2 = (6a - 2l)\frac{w}{l^2} = (6 \times 0.755 - 2 \times 2.00)\frac{5.72}{4.00} = 0.757$ 公噸/公尺²

泥土安全載重爲 20 公噸/公尺² 故甚安全

(二)渠水涵洞設計：

(1) 斷面設計： 渠水流量 $Q = 1.30$ 秒立方公尺

設底寬 $= 1.60$ 公尺 高 $= 1.00$ 公尺 $S = \frac{1}{2000}$ $n = 0.017$

則 $A = \frac{1}{2}\pi \times 0.8^2 + 1.00 \times 1.60 = 2.61$ 平方公尺

$W.P. = 0.8\pi + 1.6 + 2 \times 1.0 = 6.11$ 公尺

$$R=\frac{A}{W.P.}=\frac{2.61}{6.11}=0.427\text{ 公尺}$$

$$V=\frac{1}{n}\times R^{2/3}S^{1/2}=\frac{1}{0.017}\times0.564\times\left(\frac{1}{2,000}\right)^{\frac{1}{2}}=0.744\text{ 公尺/秒}$$

$$Q=A.V=2.61\times0.744=1.94\text{ 秒立方尺公。}$$

(2) 石拱設計：

美國工程師學會石拱公式：

$$\text{拱厚}\ \ t=\sqrt{\frac{\text{半徑}+\frac{1}{2}(\text{跨度})}{4}}+0.2$$

半徑 = 0.80 公尺 = 2.624 呎

$\frac{1}{2}$(跨度) = 0.80 公尺 = 2.624 呎

$$\therefore\ t=\sqrt{\frac{2.624+2.624}{4}}+0.2$$

$$=0.772\text{ 呎}=0.235\text{ 公尺}$$

用 3 寸石拱厚。

涵洞上靜荷重約

$$1.4\times1.0+(0.2+0.3)\times2.3$$

$$=2.55\text{ 公噸/公尺}^2$$

設計時按 3.0 公噸/公尺² 約等於二公尺土高。

石拱應力分析如右圖：

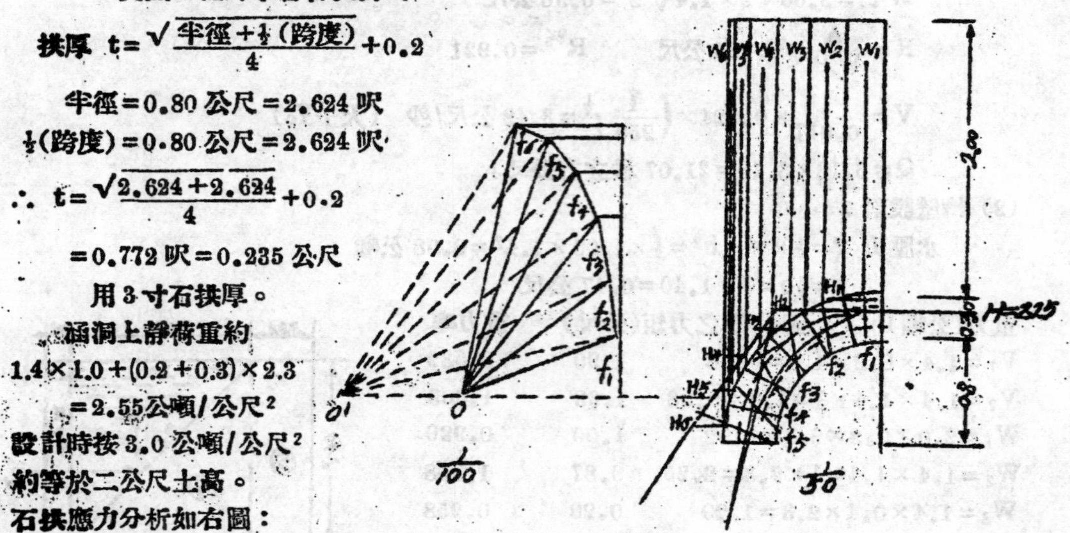

$$W_1=\frac{2.00+2.04}{2}\times2.8\times1.6=0.905\text{ 公噸}\qquad H_1=\tfrac{1}{2}\times2.02\times0.04\times1.6=0.043\text{ 公噸}$$

$$W_2=\frac{2.04+2.15}{2}\times0.26\times1.6=0.871\qquad H_2=\tfrac{1}{2}\times2.095\times0.11\times1.6=0.123$$

$$W_3=\frac{2.15+2.32}{2}\times0.24\times1.6=0.858\qquad H_3=\tfrac{1}{2}\times2.235\times0.17\times1.6=0.202$$

$$W_4=\frac{2.32+2.56}{2}\times0.17\times1.6=0.664\qquad H_4=\tfrac{1}{2}\times2.44\times0.24\times1.6=0.312$$

$$W_5=\frac{2.56+2.82}{2}\times0.11\times1.6=0.473\qquad H_5=\tfrac{1}{2}\times2.69\times0.26\times1.6=0.373$$

$$W_6=\frac{2.82+3.10}{2}\times0.04\times1.6=0.189\qquad H_5=\tfrac{1}{2}\times2.96\times0.28\times1.6=0.442$$

$$\Sigma W=3.960\text{ 公噸}\qquad\Sigma H=1.495\text{ 公噸}$$

用圖解法求得壓力線俱在三分中線內，故甚安全。

由圖解法求得：在拱頂處最大壓力 $=\frac{2.25}{0.3}\times2=15.00$ 公噸/公尺²。

$$在拱起始處最大壓力=\frac{4.02}{0.3}\times 2=26.80 公噸/公尺^2$$

所受壓力均小於43公噸/公尺²(石圬工安全載重)

(三)洞座設計

$H_1=0.74$ 公噸

$H_2=\frac{1}{3}\times\frac{3.1+4.1}{2}\times 1.60\times 1.60=1.92$ 公噸

$W=3.96$ 公噸

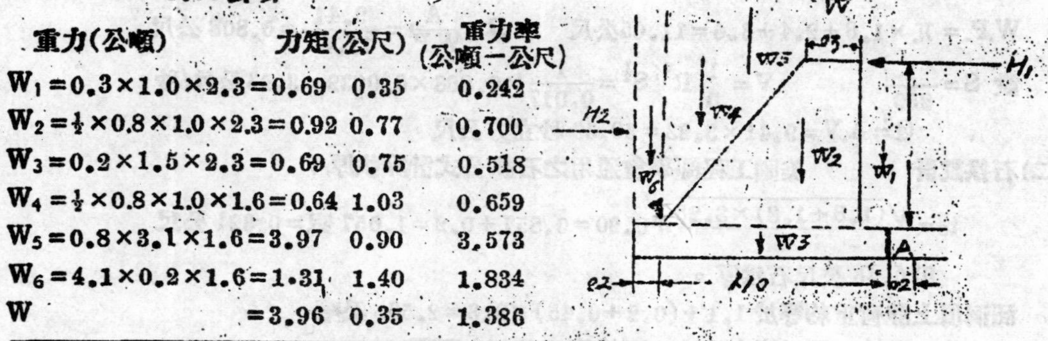

重力(公噸)	力矩(公尺)	重力率(公噸一公尺)
$W_1=0.3\times 1.0\times 2.3=0.69$	0.35	0.242
$W_2=\frac{1}{2}\times 0.8\times 1.0\times 2.3=0.92$	0.77	0.700
$W_3=0.2\times 1.5\times 2.3=0.69$	0.75	0.518
$W_4=\frac{1}{2}\times 0.8\times 1.0\times 1.6=0.64$	1.03	0.659
$W_5=0.8\times 3.1\times 1.6=3.97$	0.90	3.573
$W_6=4.1\times 0.2\times 1.6=1.31$	1.40	1.834
$W=3.96$	0.35	1.386
$\Sigma W=12.18$(公噸)		$\Sigma M=8.92$(公噸一公尺)

$M_A=8.92+0.74\times 1.2-1.92\times 0.7=8.92+.888-1.344=38.464$ 公噸公尺

$$a=\frac{8.464}{12.18}=0.695>\frac{1.5}{3}$$

$$P_1=(4l-6a)\frac{W}{l^2}=(4\times 1.5-6\times 0.695)\frac{12.18}{1.5^2}=9.90 公噸/公尺^2$$

$$P_2=(6a-2l)\frac{W}{l^2}=(6\times 0.695-2\times 1.5)\frac{12.18}{1.5^2}=6.32 公噸/公尺^2$$

土壤安全載重爲20公噸/公尺²

乙種涵洞設計

(一)斷面設計　　渠水流量　1.00秒立方公尺　　渠道底坡 $\frac{1}{3,200}$

設底寬1.60公尺，高0.80公尺，$n=0.017$，則 $A=\frac{1}{2}\pi\times 0.8^2+0.8\times 1.6=2.28$公尺²

$W.P.=0.8\pi+1.6+2\times 0.8=2.51+3.20=5.71$ 公尺

$$R=\frac{2.28}{5.71}=0.399 公尺 \qquad R^{2/3}=0.55$$

$$V=\frac{1}{n}R^{2/3}S^{\frac{1}{2}}=\frac{1}{0.017}\times 0.55\times 0.0178=0.576 公尺/秒$$

$Q=A.V=0.576\times 2.28=1.31$ 秒立方公尺

(二)石拱之設計　　美國工程師學會通用之石拱式計算拱厚：

$$t_c=\sqrt{\frac{(6.8+0.8)3.28}{4}}+0.20=0.772\text{呎}=0.235\text{公尺}$$

用0.36公尺石拱厚。

石拱各部尺寸根據交通部樂西公路工程處標準圖，不另計算。

丙種涵洞設計　　(I) 山洪洩水涵洞

(一)斷面設計　　山洪流量估計爲30秒立方公尺

設底寬3.60公尺，高1.20公尺，$n=0.017$，則 $A=\frac{1}{2}\pi(1.8)^2+1.2\times3.6=9.41$公尺^2

$W.P.=\pi\times1.8+2.4+3.6=11.65$公尺　　$R=\frac{A}{W.P.}=\frac{9.41}{11.65}=0.808$公尺

設 $S=\frac{1}{250}$　　$V=\frac{1}{n}R^{2/3}S^{\frac{1}{2}}=\frac{1}{0.017}\times0.868\times0.0632=3.23$公尺/秒

$Q=A.V=9.41\times3.23=30.39$ 秒立方公尺

(二)石拱設計　　美國工程師學會通用之石拱公式計算拱厚：

$$t_c=\sqrt{\frac{(1.8+1.8)\times3.28}{4}}+0.20=0.857+0.2=1.057\text{呎}=0.321\text{公尺}$$

用0.45公尺石拱厚。

涵洞頂上靜荷重約等於 $1.1+(0.2+0.45)\times2.3=2.595$ 公噸

約相當於2公尺高土重　　石拱應力分析如下圖：

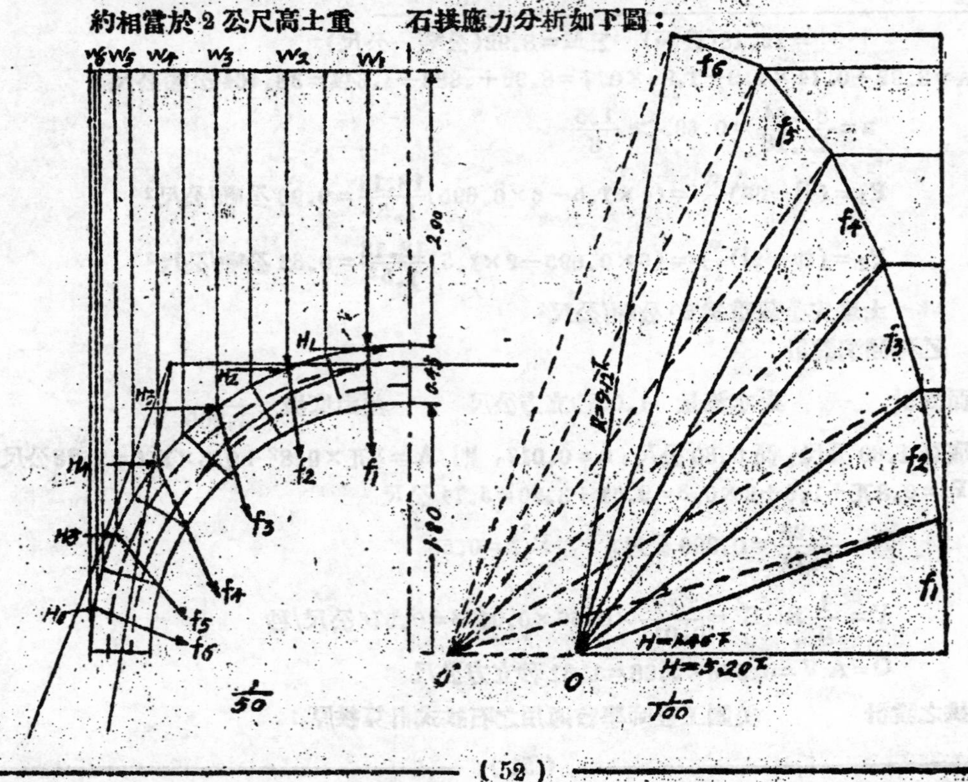

$W_1=\frac{2.00+2.08}{2}\times0.59\times1.6=1.926$公噸　　$H_1=\frac{1}{3}\times2.04\times0.08\times1.6=0.087$公噸

$W_2=\frac{2.08+2.31}{2}\times0.54\times1.6=1.895$　　$H_2=\frac{1}{2}\times2.195\times0.23\times1.6=0.269$

$W_3=\frac{2.31+2.66}{2}\times0.46\times1.6=1.830$　　$H_3=\frac{1}{2}\times2.485\times0.35\times1.6=0.464$

$W_4=\frac{2.66+3.12}{2}\times0.35\times1.6=1.620$　　$H_4=\frac{1}{3}\times2.89\times0.46\times1.6=0.709$

$W_5=\frac{3.12+3.66}{2}\times0.23\times1.6=1.249$　　$H_5=\frac{1}{2}\times3.39\times0.54\times1.6=0.976$

$W_6=\frac{3.66+4.25}{2}\times0.08\times1.6=0.506$　　$H_6=\frac{1}{3}\times3.95\times0.59\times1.6=1.245$

$\Sigma W=9.026$ 公噸　　$\Sigma H=3.75$ 公噸

用圖解法求得壓力線俱在三分中線內故甚安全。

用圖解法求得：　拱頂最大壓力$=\frac{5.20}{0.45}\times2=23.11$ 公噸/公尺²

拱起始處最大壓力$=\frac{9.12}{0.45}\times2=40.55$ 公噸/公尺²

所受壓力均小於石圬工安全載重故甚安全。

(三)洞座設計

$H_1=1.46$ 公噸

$H_2=\frac{1}{2}\times4.85\times1.2\times1.6$

$=3.11$ 公噸

$V=9.026$ 公噸

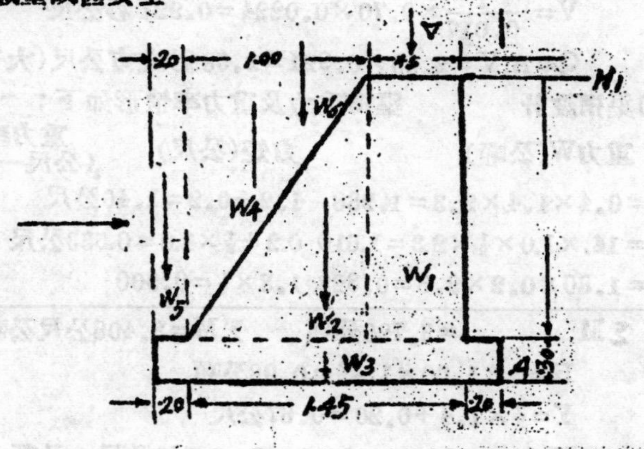

重力W(公噸)	至A點之力距(公尺)	重力率(公尺—公噸)
$W_1=0.45\times1.2\times2.3=1.242$	$0.2+\frac{1}{2}\times0.45=0.425$	0.528
$W_2=\frac{1}{2}\times1.2\times1.0\times2.3=1.380$	$0.65+\frac{1}{3}\times1.0=0.983$	1.357
$W_3=1.85\times0.3\times2.3=1.277$	$1.85\times\frac{1}{2}=0.925$	1.181
$W_4=\frac{1}{2}\times1.2\times1.0\times1.6=0.960$	$0.65+\frac{2}{3}\times1.0=1.317$	1.263
$W_5=5.45\times0.2\times1.6=1.744$	$1.65+\frac{1}{2}\times0.2=1.750$	3.052
$W_6=1.0\times4.25\times1.6=6.800$	$0.65+\frac{1}{2}\times1.0=1.150$	7.820
$V=9.026$	$0.2+\frac{1}{2}\times0.45=0.425$	3.836

ΣW $=22.429$ 公噸　　　　$\Sigma M=19.037$ 公尺一公噸

$M_A=19.037+1.46\times1.5-3.11\times0.9=18.428$ 公尺一公噸

$a=\frac{18.428}{22.429}=0.82$ 尺公 $>\frac{1.85}{3}$ ($=0.62$ 公尺)未出底部三分點中段

$P_1=(4l-6a)\frac{w}{l^2}=(4\times1.85-6\times0.82)\frac{22.429}{(1.85)^2}=16.25$ 公噸/公尺^2

$P_2=(6a-2l)\frac{w}{l^2}=(6\times0.82-2\times1.85)\frac{22.429}{(1.85)^2}=8.00$ 公噸/公尺^2

泥土安全載重爲 20 公噸/公尺^2 故甚安全。

(II)　渠道

渠水流量 $=1.30$ 秒立方公尺　　$S=\frac{1}{2,000}$　　$n=0.017$

(一)斷面設計

設底寬 $b=2.00$ 公尺　　槽深 $h=1.40$ 公尺　　邊坡 0:1.

$V_o=0.546d^{0.64}=0.546\times(1.4)^{0.64}=0.546\times1.24=0.677$ 公尺/秒

$A=2.00\times1.4=2.80$ 平方公尺　　$W.P.=1.4\times2+2.0=4.80$ 公尺

$R=\frac{A}{W.P.}=\frac{2.80}{4.80}=0.583$ 公尺　　$R^{2/3}=0.70$

$V=\frac{1}{0.017}\times0.70\times0.0224=0.921$ 秒公尺

$Q=A.V=2.80\times0.921=2.58$ 秒立方公尺(大于渠水流量)

(二)渠槽設計　　渠槽重力及重力率情形如下：

重力W(公噸)	力矩(公尺)	重力率M (公尺一公噸)
$W_1=0.4\times1.4\times2.3=1.288$	$1.2+0.2=1.40$ 公尺	1.803
$W_2=14.\times1.0\times\frac{1}{2}\times2.3=1.610$	$0.2+\frac{1}{3}\times1.0=0.533$ 公尺	0.858
$W_3=1.80\times0.2\times2.3=0.828$	$1.8\times\frac{1}{2}=0.900$	0.745

ΣM $=3.726$ 公噸　　$\Sigma M=3.406$ 公尺公噸

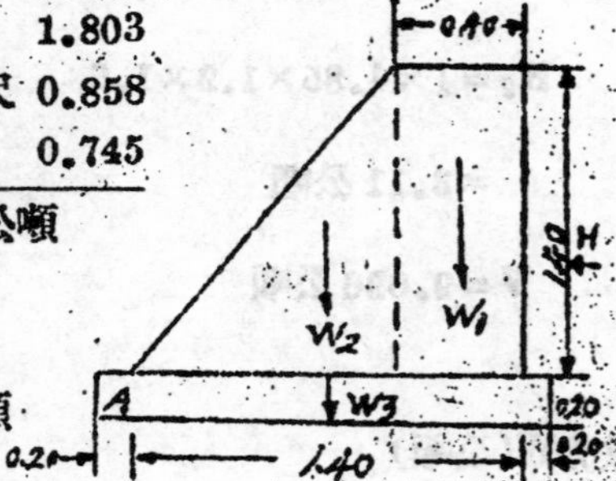

$H=\frac{1}{2}\times1.00\times1.4^2=0.98$ 公噸

$Y=\frac{1}{3}\times1.4+0.20=0.67$ 公尺

$M_A=3.406-0.98\times0.67=2.749$ 公尺一公噸

$a=\frac{2.749}{3.726}=.738$ 公尺 $>\frac{1.80}{3}$ 故安全

$P_1=(4l-6a)\frac{w}{l^2}=(4\times1.80-6\times0.738)\frac{3.726}{1.8^2}=3.19$ 公噸/公尺^2

$P_2=(6a-2l)\frac{w}{l^2}=(6\times0.738-6\times1.80)\frac{3.726}{1.8^2}=0.95$ 公噸/公尺^2

泥土安全載重爲 20 公噸/公尺^2

$X_A=\frac{3.406}{3.726}=0.915>\frac{1.80}{3}$ 故渠內無水時仍甚安全

附圖一

總幹渠石渠段流量流速及不淤流速與渠水深之關係

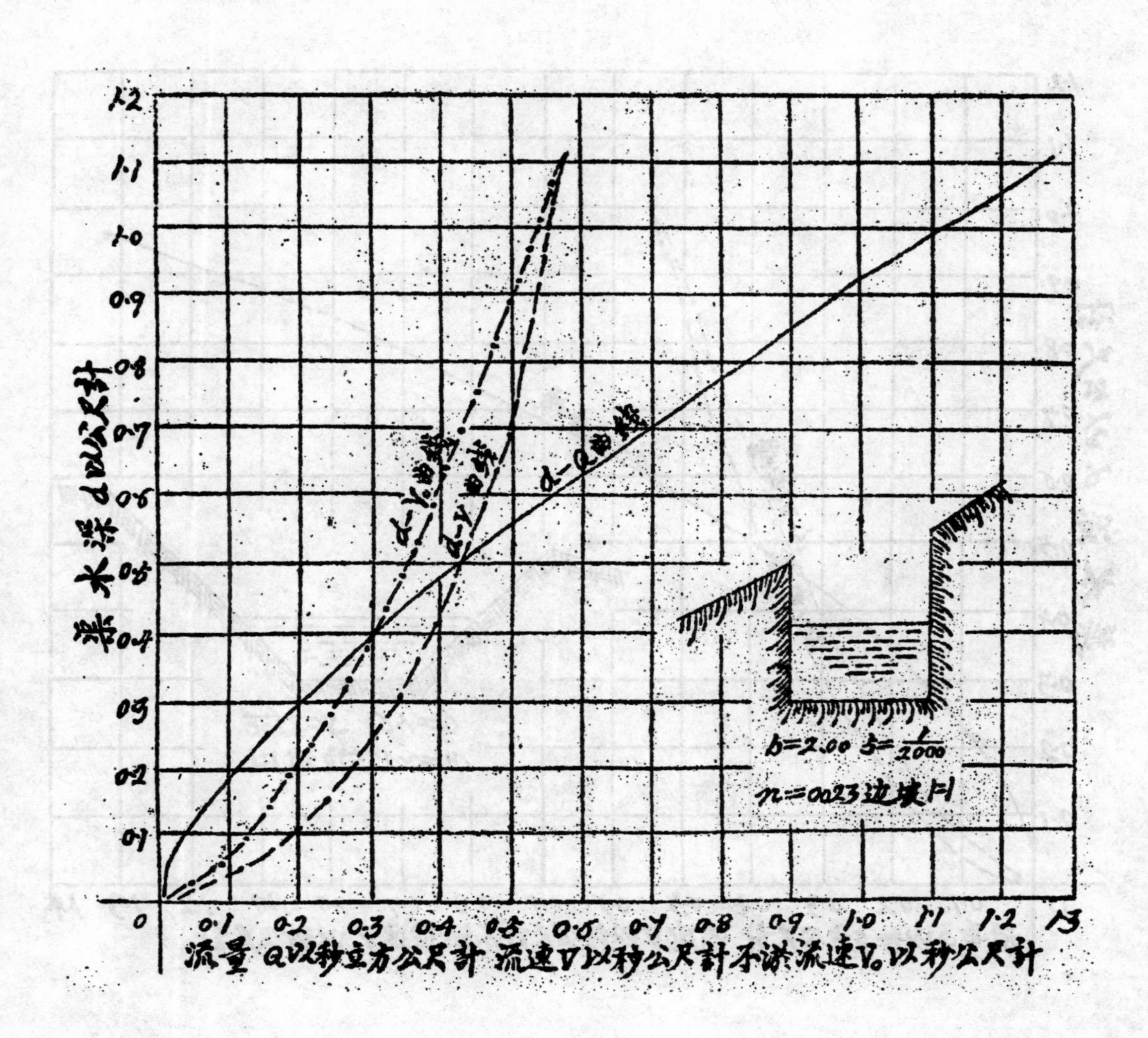

附圖二

總幹渠土渠段及第一段土渠流量流速及不淤流速與渠水深之關係

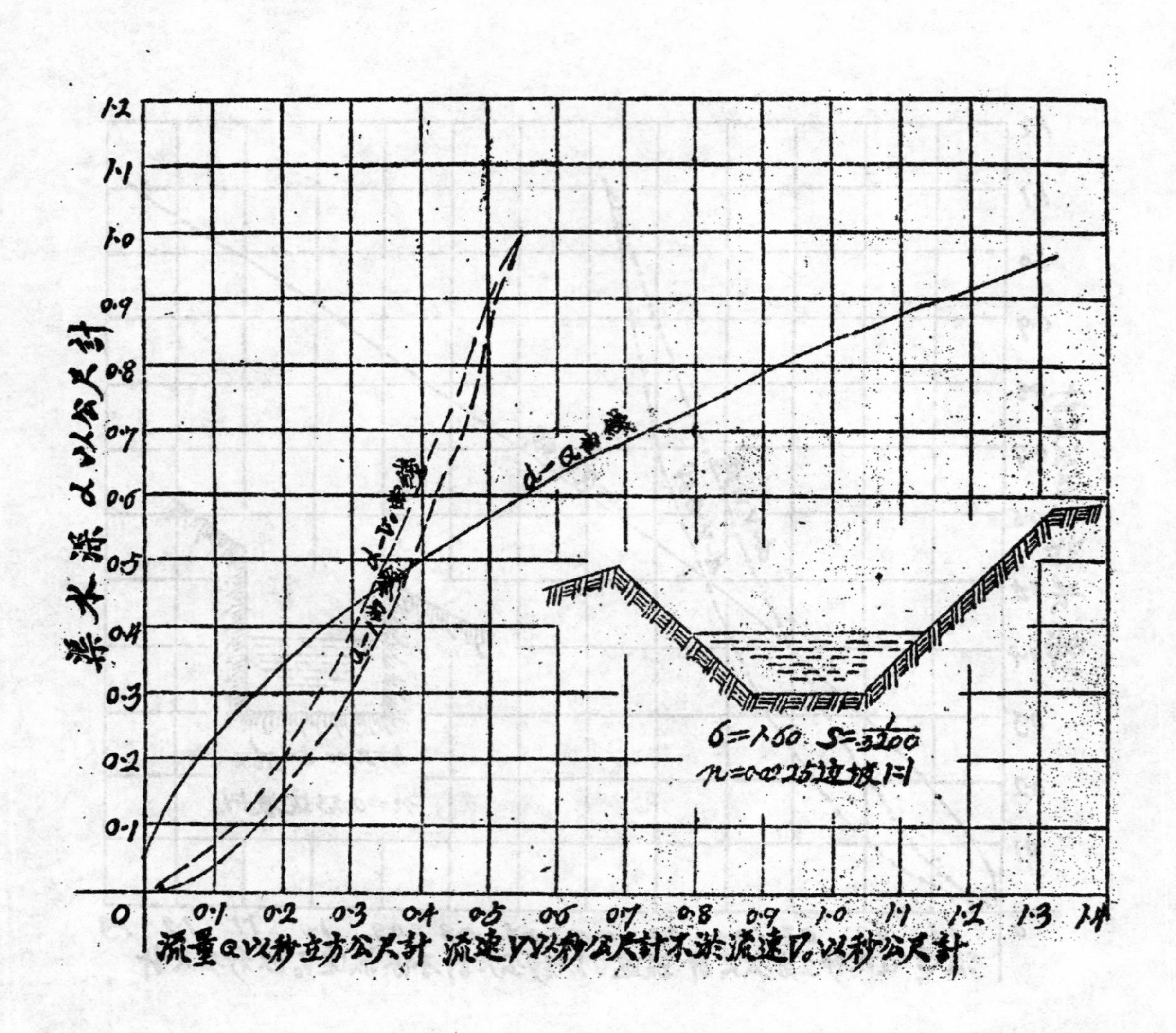

附圖三

第二段土渠流量流速及不淤流速與渠水深之關係

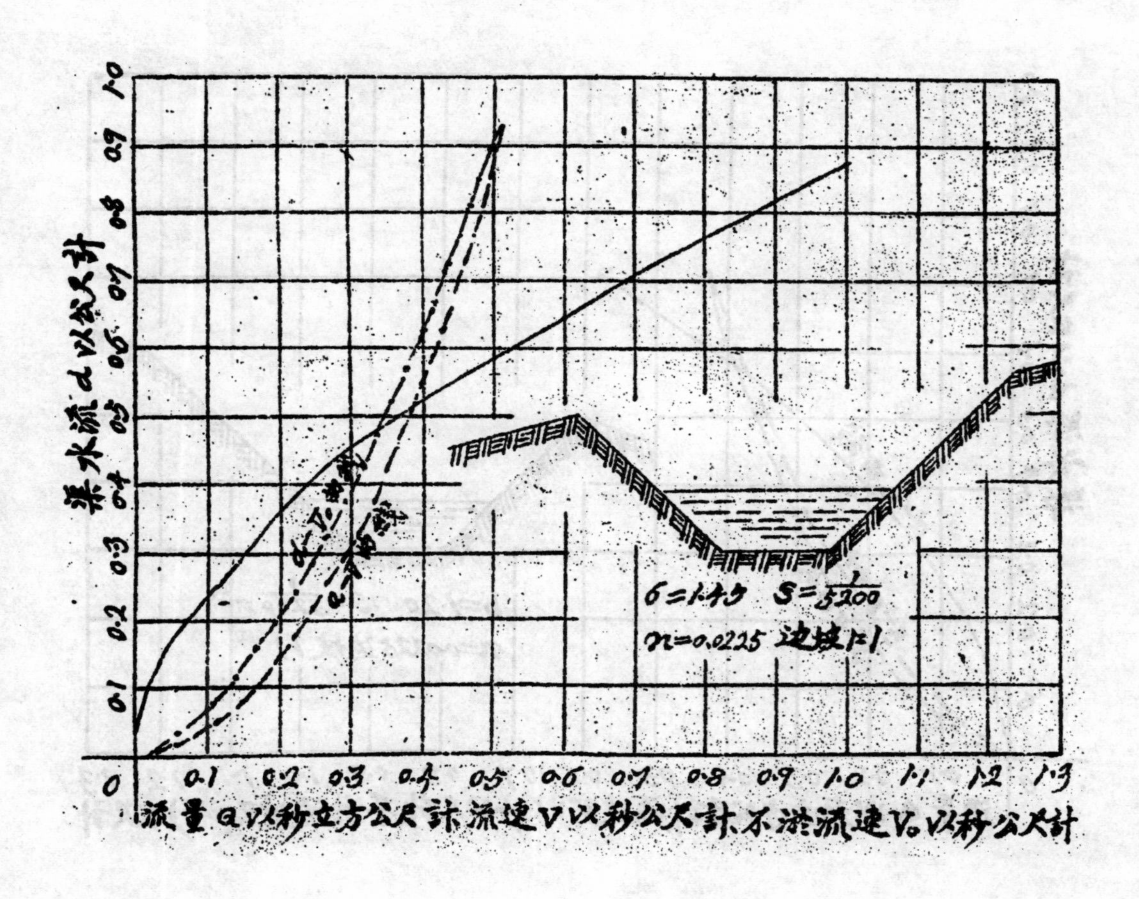

附圖三

第三段土渠流量流速及不淤流速與渠水深之關係

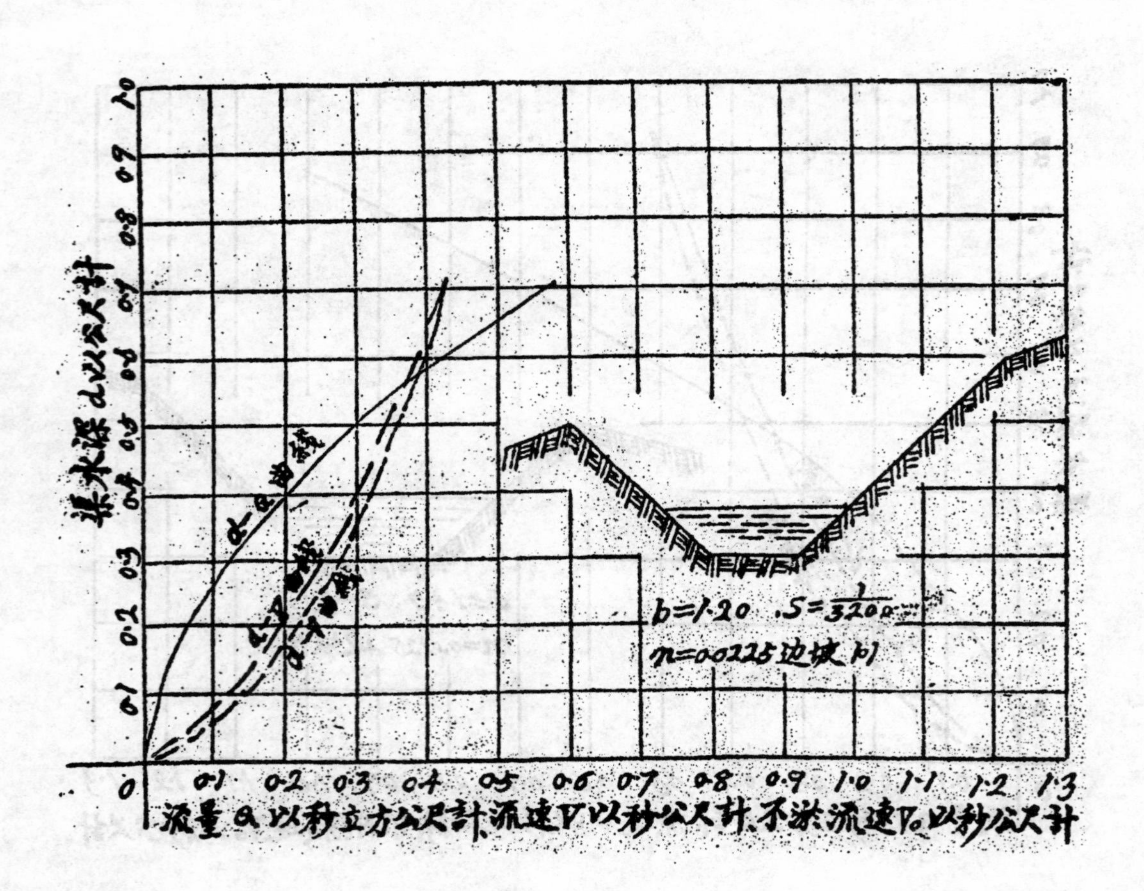

為工業建國服務的

竟成機器廠

復員回長　照常營業

業務要目

修造：工鑛機械　交通機器

兼理信託修理配件

代理：工程設計　承包製造

代辦各種五金器材

廠址：長沙西湖馬路一三九號

經理　姜心誠

頂上煙煤

湖南醴陵煤鑛局

出產豐富　品質優良

鐵路工廠　採用咸宜

交貨迅速　運輸便利

歡迎定購　價格克己

祁陽觀音灘煤鑛工程處廣告

本鑛開辦已歷多年所產煙煤品質極佳過去供給粵漢湘桂兩鐵路燃料或運銷武漢各大工廠極承讚美三十三年雖曾一度淪陷現已緊急復工恢復生產凡願承購本鑛煙煤者請至建設廳工鑛產品營業室接洽爲荷

祁陽觀音灘煤鑛工程處啓

湖南省水泥廠出品

水泥成份：

氧化鈣	63.40	氧化矽	22.53
氧化鋁	6.83	氧化鐵	3.12
氧化鎂	0.74	三氧化硫	1.85

細　度　百分之九十五通過一百號篩

拉　力　1:3 七天後每平方吋174鎊

廠址：湖南祁陽　電報掛號：三〇五五

本廠自二十二年應用西法提鍊鋅塊，品質純淨，歷承各方購用，嗣復應各電工廠之需要，碾製鋅片，供應尤多，惟以廠址於前年被敵破壞，停業年餘，今春奉令在長沙三汊磯老廠復員，各項設備近已完成，所產鋅塊鋅片，均有現貨可售，凡各賜顧者·請向本省建設廳附設工鑛產品營業室接洽可也。

湖南鍊鋅廠啓

經濟部註冊

泰康營造廠

保證迅速　　營業要目　　建築穩固

設計測繪監工

代辦建築材料

承攬道路橋樑

水利房屋工程

附設中西木器

廠址：長沙新坡子街七號

電話：一七七號

電報掛號：三九四七號

湖南衡陽郻湖排水工程設計書

·郻湖工程處·

緣　起

本工程區位於衡陽市之東南，距粵漢鐵路局衡陽東站約十五華里；西南枕山，東北帶水，轄地三萬六千餘畝，因地勢四週高亢，中央低下，每當山洪暴發，或河水泛濫之後，水集境內低地，無法宣洩，淹沒農田，年達萬畝以上，損失至爲慘重，民國二十七年十月，曾經前湖南省水利委員會一度派員前往施測，並擬定排水工程計劃，但以一時工款無着，未克施工，原測各項圖表，因時過境遷，已不能再作施工根據，本隊爰於本年三月奉令再往該地詳細測量，歷時一月竣事，隨即開始設計工作，並繪製各項圖表，現已全部設計完竣，茲將各項情形，分述於後：

總　論

甲、地域情形：

(一)地勢：　本工區包括衡陽市郻湖鎮之全部，轄地三萬六千餘畝，東北臨水，西南枕山，耒河流經鎮之東北，至極北端之耒河口而入湘江，鎮西湘東岸與牛陂塘間，有八尺嶺及螯盤山，綿延橫亙，與沿耒河岸一帶之高亢堤岸，使全鎮地勢自成爲一小型盆地，鎮西北部之郻湖即爲此盆地之最低部分。

(二)災害情形：　鎮內郻湖與耒河之間，原有新舊兩渠道使其互相溝通，足資排洩境內積水，至後因年久失修，先後爲泥沙淤塞，以致每遇大雨之後，山洪暴發，雨水輒淤積低地，不能洩出，又或因耒河水漲，河水泛濫，水可越堤岸流入境內，但河水退後，境內積水，仍無法退出，久留成害，全鎮因罹受水災而致歉收之田地，歲達萬畝以上，穀米損失，至爲慘重。

(三)土壤性質：　本工程區內，除西北一部分山地爲紅色土壤外，其餘各部分均係黃黑色土壤，適於栽種水稻，尤以近湖一帶低地最爲肥沃，此蓋近年以來，常受河水淹沒，受有肥沃之河泥淤積所致。

(四)種植情形：　本工程區內，共有稻田三萬六千餘畝，因地勢不同，故豐歉情形，亦極懸殊，據當地老於農事者稱：境內東北部分田地較佳，每歲可繼續植稻兩次，平均稻之生長時期僅八十餘日；中部水田僅能植稻一次，但秋收後，可繼續栽種大豆，至於近湖低窪部分之田地，因容易遭受積水浸潰，遇災害嚴重之年，每每耕種者費盡氣力，結果顆粒無收，沿湖居民因水患所受之苦，殆難以言語形容云。

（五）土地分配狀況： 本工程區地田地，雖共達三萬六千餘畝，其中自耕農及佃農約各佔半數，境內無較大之地主，一般生活情形，似頗艱苦，據當地農民群稱：所有受害田地之佃農業主，多半爲城市中之商人，平日依賴經商維持生活，故對鄉間土地豐歉，漠不關心；自耕農則因本身財力微薄，不易倡言改良，以致十餘年來，酃湖鎮雖連年遭受災害，生產數量銳減，而一般居民，仍多聽天由命，未有倡導疏濬，以求改善現狀者。

（六）物產： 本工程區內物產，以穀米爲大宗，年產量約七萬餘石，雜糧以大豆爲主，但產量甚微，酃湖中略有水產，沿湖居民之一部分，即賴捕魚爲生。

（七）交通： 衡陽市爲湘南交通樞紐，本工程區即在市之東南，粵漢鐵路及衡茶公路平行經過境之西部，由縱貫境內之縣道，南下可通耒、安、茶、攸諸縣，陸上交通，堪稱便利，至於水運，則因湘水，耒河，分別流過，其方便更不待言。

乙、酃湖情形：

酃湖位於酃湖鎮之西北部，全體執東北向，彎曲如豆莢形，東西寬約0.4公里。南北長約1.5公里，經常湖面面積約628.000平方公尺，湖水平均深度約1.8公尺，湖心有帶形小島，長二百餘公尺，寬數十公尺，沿湖四岸汊港縱横，旱時頗具灌溉之利，堤岸坡度略陡，蓋爲舊時田埂遺跡；湖面風景甚佳，每當春和景明，水平如鏡，湖心點綴二三漁舟，足供遊人欣賞也。

丙、洪水情形：

本工程區因適位於耒河流入湘江之處，河水漲落情形，較爲複雜，今年三月，本隊測得當時耒河在雙江口之水位爲4公尺，水面坡降約爲二千五百分之一，經沿河居民之指示，測得尋常洪水位約爲十二公尺；洪水時期水面坡降約爲九千分之一，據年長者言；最近一次之非常洪水，發現於民國十三年間，水位超過尋常洪水位又三公尺，當時酃湖鎮幾全部淹沒水中，漲水期內，耒河船隻，且多直接揚帆過境，駛入湘江，水勢之大，可以概見，此種報告，根據衡陽水文站最近之湘江水位紀錄，尚極近似可信。

設計資料

甲、酃湖形勢：

本隊沿酃湖四周測有五千分之一地形圖，其等高線間距爲1公尺，由圖可知酃湖之形勢，面積、及容水量。

乙、渠線：

本工程之排水渠線，自酃湖東岸至耒河雙江口止，共長3.68公里，沿線測有千分之一地形圖，渠線位置決定以後，並於每五十公尺，加測横斷面一個，製有渠線縱横斷面圖全套。

丙、閘址：

按照工程需要，耒河沿岸雙江口及蜈蚣橋兩處，需分別建築防洪洩水閘埧，本隊在選定閘址附近，各測有五百分之一詳細地形圖，可供設計閘埧之用。

丁、耒河沿岸：

爲明瞭本工程沿耒河一帶堤岸之高度，是否可以防止尋常洪水泛濫入境，測量工作進行時，曾以雙口江爲起點，沿河勘測堤岸地形，經蜈蚣橋至黃泥嘴山地爲止，由此可以決定防洪閘頂之適當高度，又沿河是否必須修築堤防。

戊、水文資料：　　根據衡陽水文站之紀錄，衡陽每月平均雨量列如下表：

衡陽每月平均雨量表　（民29——31）

月份	1	2	3	4	5	6	7	8	9	10	11	12
平均雨量(公厘)	27.93	108.50	171.60	71.10	109.10	209.70	86.93	125.83	21.15	106.85	127.38	33.65

湘江在衡陽附近之最高最低水位列如下表：

衡陽水文站湘江水位記錄表

年度	28	29	30
最高水位	94.85　公尺	98.08	94.19
最低水位	88.38	86.64	80.69
水差位	6.47	11.44	13.50

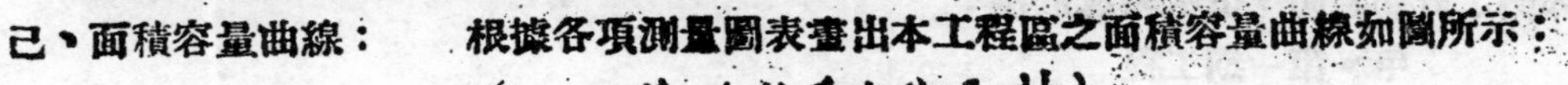
己、面積容量曲線：　　根據各項測量圖表畫出本工程區之面積容量曲線如圖所示：

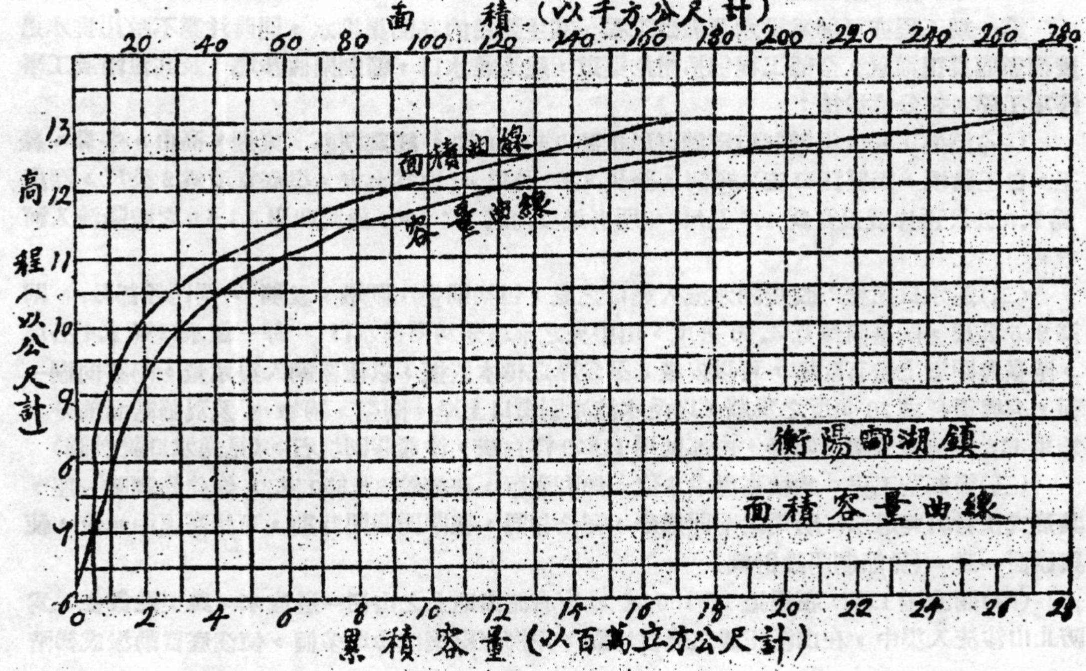

10793

庚·建築材料：

本工程區，因交通便利，一切建築材料，除洋灰鋼鐵因附近無廠製造，購運稍感困難外，其餘灰石木材等物，均可就近大批採購，運抵工地。

計劃概要

鄖湖每歲水災發生緣因，經本隊詳細調查，認為不外下列兩點即：

(一)全鎮地勢如盆形，且無暢達之溝渠與河道相通，大雨之後，低窪部分積水不能洩出。

(二)耒河漲水時間，河水可由已淤舊港凹口，倒灌入境，外面河水消退以後，境內積水，仍滯留不能退出。

同時舊港淤塞之原因為：

(一)暴雨之時，挾帶泥沙甚多之山溪雨水，自山地流入溝中以後，因流速驟然減小，水中泥沙遂紛紛沉淤渠底。

(二)為使渠水可以灌溉兩岸田地，渠端舊閘，設有一固定閘門，以致渠中水位抬高以後，流速減小，泥沙容易淤積溝中。

由此可知設計本工程時，對於排水，防洪灌溉三大目的，均應顧及周詳，玆將本工程各部門之計劃要領，依次縷述於後：

甲、第一期工程

第一期工程亦可稱為排水及灌溉工程，其主要目的在開渠排水，同時注意不致用排水過度而影響農田灌溉，全部工程包括開挖渠道，建築進水口，節制閘攔沙壩，及其他附屬工事等項工程，玆分述於後：

(一)渠道工程：渠道起自鄖湖東岸樁號0+000處，經鄖湖心，東湖，高山、牛鼻、羅王、白王諸境，至雙江口流入耒河，全長3.68公里，均為土方，渠底寬度為2公尺，深度為2.5公尺兩岸堤頂寬為1.5公尺，所有邊坡均為1：1800過此即以1：40之坡降流入河中。

(二)進水口工程：設於湖水流入渠口之處，包括閘臺、閘墩、翼牆、閘門各部分，閘高2.5公尺，閘臺間淨寬3.40公尺，由中央之閘墩分為兩進水口，每一進水口寬1.4公尺，閘臺與閘墩上鑿有閘槽，可以安置8公分厚之樟木閘板，以便控制入渠水量，閘臺向湖一面，有與渠身成30角度之翼牆，以免水流冲刷渠口土岸。閘臺、閘墩、及翼牆露面部分，均用1:3洋灰沙漿砌石勾縫，內部則用1:2:9洋白灰，沙漿膠砌塊石，(見進水口設計圖)

(三)節制閘工程：為抬高渠中水位，俾利灌溉，在樁號2+350處，修建節制閘一座，其形式及材料與進水口所用之閘門部分，完全相同，在閘門關閉時期，可抬高渠中水位，使與湖面一致。(見節制閘設計圖)

(四)攔沙場工程：在渠道1+150處，有右側山地上之山溪一道流來，與渠道會合，為防止山沙流入渠中，在山溪上游之適當地點，用柳條編築攔沙場多個，使溪底自動淤成梯階形狀，以減少山水之冲刷能力及含沙量，攔沙壩之結構型式，爲相隔0.6公尺之木椿兩排，分別用柳條編織成籬，兩籬間以1公分至8公分之卵石前後分層充實，並於壩之上下游溪底面上，各舖卵石一層。(見攔沙壩設計圖)

(五)山溪引溝工程：爲導引山溪雨水直接流入渠中，自山腳溪口開一550公尺長之小溝，至溝道椿號1+150處與之會合，溝底寬1.0公尺，平均挖土深1.5公尺，邊坡1:1，渠底坡降1:1000，入渠處之溝底高程高出渠底2.0公尺，爲減少溝水跌入渠時之冲擊力量，渠底設有長3.00公尺，深0.7公尺之水墊，跌水口墊及水墊均用1:3洋灰，沙漿砌塊石。(見山溪引溝橫斷面標準圖，及跌水設計圖)

(六)人行木橋：在椿號0+352,0+983,2+443處，各修建人行木橋一座，以利交通，橋長7.6公尺，寬2公尺。旁作欄杆。高0.80公尺，橋樑、橋板等，均用杉木，加塗桐油，橋臺用1:3白灰沙漿砌塊石。(見人行木橋設計圖)

乙、第二期工程：

第二期工程爲防洪工程，其主要目的在防止耒河尋常洪水倒灌入境，包括：雙江口防洪洩水石閘，及蜈蚣橋防洪洩水土壩兩大工程，茲分述如後：

(一)雙江口防洪洩水閘：防洪洩水閘建於渠道，椿號3+575處，由中央之石閘與兩端之土壩，銜接構成，閘頂高程12.5公尺，閘壩高6.5公尺，閘壩共長約50公尺，石閘部分長26.6公尺，底寬8.4公尺，兩端閘臺相距16.4公尺，其間以寬1.6公尺之閘墩四個分開爲五洩水孔，每一洩水孔之淨寬爲2公尺，高度除中央一孔爲5公尺外，其餘均爲2.5公尺合計淨空面積爲30平方公尺，閘頂設有管理平臺，其上裝設手輪機五座，分別起閉五扇閘門閘臺，外面與土壩銜接之處，設有翼牆，基礎以塊石舖砌，厚0.4公尺，底面加築插牆三道，深入基地土內，俾可增加滲透路程，土壩部分，頂寬3公尺，底寬16公尺，邊坡爲1:1，壩心築土料防透牆，及1.6公尺高之圬工插牆各一道，以防漏水，壩面則加砌30公分厚塊石一層，以備水浪冲擊。

石閘基礎閘臺閘墩，及翼牆露面部分均用1:3洋灰沙漿砌料石勾縫，內部及土壩坡面砌石則用1:2:9洋灰白灰沙漿膠砌塊石。(見雙江口防洪洩水閘設計圖)

(二)蜈蚣橋防洪土壩：蜈蚣橋附近修建重力式土壩一座，用以防止河水由巳淤水港凹口倒灌入湖，壩長約50公尺，最高部分達8.5公尺，壩頂寬2公尺，內外邊坡均用1:1.5，其部用黃土填築，分層夯緊，表部護以3公寸厚之1:3白灰砂漿塊石，俾非常洪水時期，壩身不致被洪水冲毀，壩基是用1:2:9洋灰、白灰、砂漿塊石、作隔水牆一道，深入地下1.5公尺，以防滲透，又於壩下中央部分作洩水涵洞一座，其面積能宣洩1.5秒立方公尺之流量，涵洞採用石拱式，拱厚4公寸，用1:3洋灰砂漿砌拱石，護士牆及洞底均用1:2:9洋灰白灰砂漿塊石，涵洞下游以木門閘之，門分上下二部，各釘以1公分直徑鐵環二個，因僅於低水期內開關，水壓力作用較小，可用四人以鐵鈎啓閉之。(見防洪土壩設計圖)

(三)工程管理所：爲養護及管理本工程區各項工程起見，將於鄒湖鎮中心區之牛陂塘建管理所五大間，於雙江口防洪洩水閘及蜈蚣橋防洪土壩附近各建工房二間，牆基爲1:3灰漿

塊石牆爲青磚牆，厚30公分，外面以青灰勾抹(見工程管理所設計圖)

工程費用

本工程各項工程費之估計係根據估計之工料數量及三十二年七月衡陽酃湖之工料價格計算列如附表：

衡陽酃湖排水工程估價總表

項	目	說明	數量	單價	單位	總價	附註
第一期工程	渠道	開挖土方					工料估計表第1頁
	渠道進水口工程	全部工價材料	1	座			工料估計表第2頁
	渠水節制閘工程	全部工價材料	2	座			工料估計表第3頁
	山溪攔沙壩工程	全部工價材料	10	座			工料估計表第4頁
	山溪引溝	開挖土方					工料估計表第5頁
	山溪引溝跌水工程	全部工價材料	1	座			工料估計表第6頁
	人行木橋工程	全部工價材料					工料估計表第7頁
	購地費						
	事務費	以工程費5%計					
		合計					
第二期工程	防洪洩水閘	全部工價材料	1	座			工料估計表第8頁
	防洪土壩	全部工價材料	1	座			工料估計表第9頁
	工程管理所	全部工價材料	1	棟			工料估計表第10頁
	工房	全部工價材料	2	間			工料估計表第11頁
	購地費						
	事務費	以工程費5%計					
	合計						
總計							

施工程序

本工程擬於三十二年十一月初開工，以期第一期工程能在翌年伏汛以前完成，如全部工程經費可一次籌足工料則第二期工程亦可提前，同時開工各工程部門之施工程序，詳見附錄之施工程序表：

10796

衡陽酃湖排水工程施工程序期限表

工程劃分	工程項目	三十二年度			三十三年度												三十四年度		備攷
		十	十一	十二	一	二	三	四	五	六	七	八	九	十	十一	十二	一	二	
第一期工程（排水及灌溉工程）	招標及購置材料																		
	籌備施工																		
	渠道土方工程																		
	山溪攔沙堤工程																		
	山溪引清土方工程																		
	渠道進水工程																		
	渠水節制閘工程																		
	山溪引清跌水工程																		
	人行木橋工程																		
第二期工程（防洪工程）	招標及籌備施工																		五六七月未
	工程管理所																		河伏汛時期
	雙江口防洪洩水閘工程																		
	螺螄橋防洪洩水閘工程																		

工程利益

本工程區常年受害田地約一萬畝，在工程完竣以後，可望全部變爲良田，每歲可植稻兩次，如以每年每畝增產稻穀三市石計算，每年可增產稻穀三萬石，區內其餘田地，因灌溉便利，不虞水旱，平均增產量如以每年萬市石計算，合計每年增產量爲四萬石，此僅就稻穀產量而言，至於秋冬所增收之雜糧，及地價因水利改進之增益，尙未計及，故其利益至厚，實有積極興辦之價值。

排水渠道設計

甲、暴雨後積水量估計：

鄢湖流域面積由十萬分之一軍用地圖上量得，約爲五萬七千畝，即 3.5×10^6 平方公尺，假定該區域之暴雨量強度爲每小時 20 公分，且一次繼續降雨時間爲 15 分鐘，則在流域面積內之暴雨量爲：

$0.20\times\frac{15}{60}\times35\times10^5 = 1.75\times10^6$ 立方公尺，因該區域內，除一部分爲山地外，多係耕種土地，可假定雨水逕流係數爲 0.30 則暴雨後之積水量爲：

$1.75\times10^6\times0.30 = 5.25\times10^5$ 立方公尺。

乙、渠底高度：

在渠端防洪洩水閘閘門關閉時間，此項暴雨量必需全部由鄢湖容納，由地形圖看出鄢湖湖面之最高水位，不可超過 9 公尺之等高線，由鄢湖鎮面積容量曲綫，可查出湖面在 9 公尺時之面積爲：7.58×10^5 平方公尺，容積爲 1.82×10^5 立方公尺，自此數減去暴雨量 5.25×10^5 立方公尺，等於 1.3×10^5 立方公尺，即鄢湖平日最高容水量不得越過此數，檢查面積容量曲線，此時之鄢湖內水位爲：8.3 公尺爲求量暴雨湖水面距 9 公尺之等高線，尙能保持 20 公分之距離，以資保護湖岸起見，可決定排水渠在湖出口處之適宜底高爲 8 公尺。

丙、渠道斷面：

暴雨之時，湖中積水由排水渠流入耒河，因所需排洩之水量甚大，渠內水深又不足一公尺，且因湖水逐漸排洩，渠內水深亦漸漸減低，故渠道不能採用經濟斷面，經試驗計算後，決定渠底之適宜寬度爲 2 公尺，邊坡爲 1:1 。渠底坡降採用 $\frac{1}{1800}$，並歸規定渠道之標準斷面形式如附圖所示。

由 Kennodq 氏不淤流迅公式：$v_J = 0.546d^{0.64}$ 公尺 1 秒

及 Manning 氏流速公式：$v = \frac{1}{n}R^{\frac{2}{5}}S^{\frac{1}{2}}$ 公尺 1 秒

求得渠道斷面之水力要素，如附圖中之曲線所示：

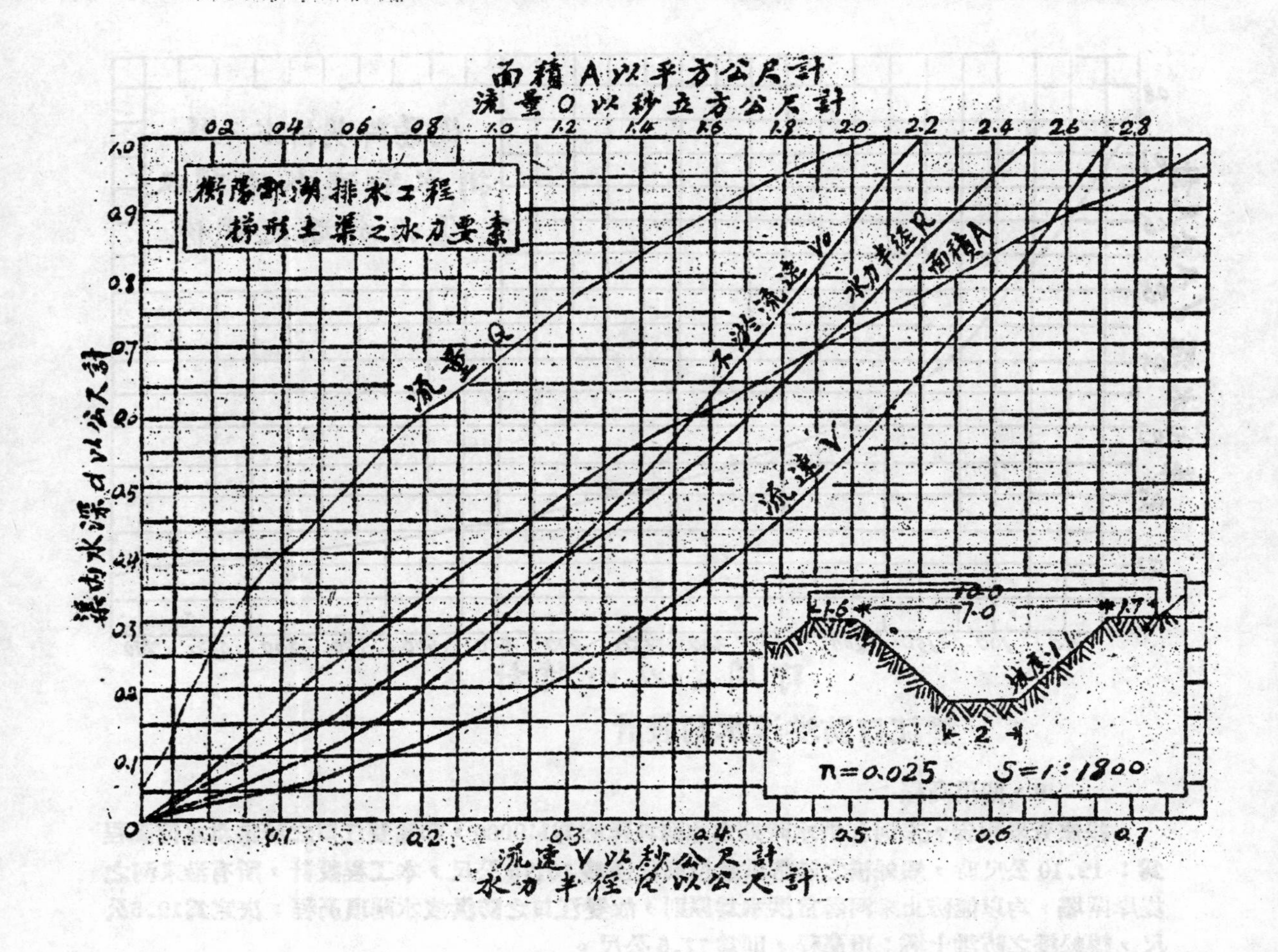

丁、渠水排洩時間：

渠道排洩積水之時，因湖水面逐漸降落渠內水深同時減少，渠道之運轉量亦因之逐漸減至極小程度，故渠道排洩湖中積水，究需多少時間？實爲一富有興趣之問題，玆將計算結果，畫出排水時之水位時間曲線，如附圖所示：

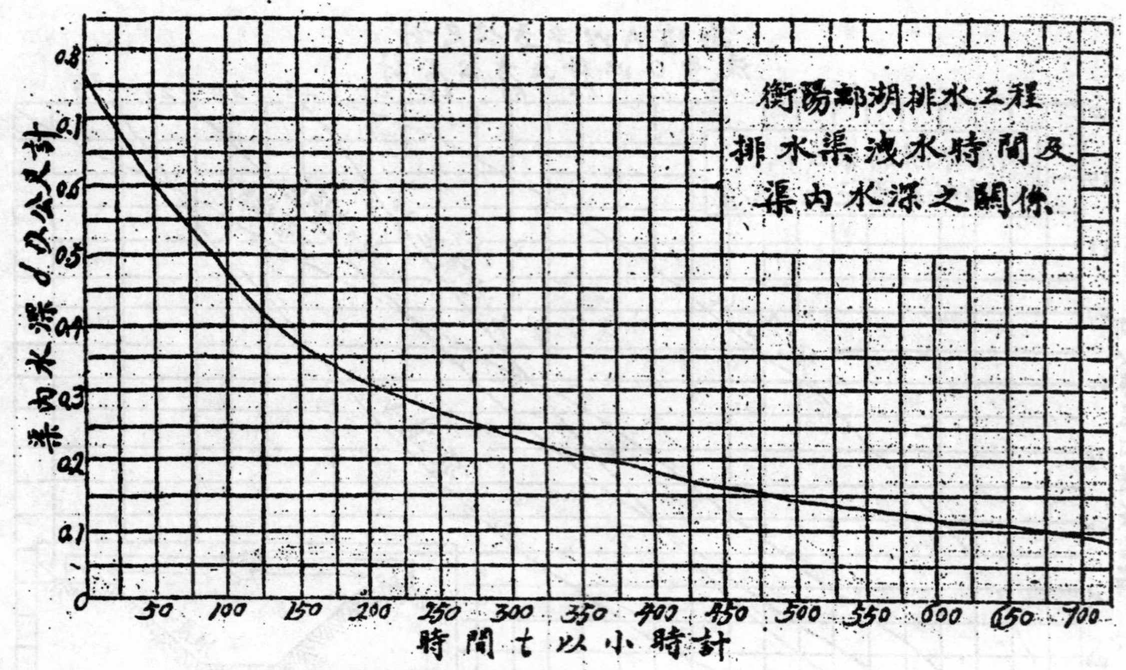

雙江口防洪洩水閘設計

甲、閘頂高程：

根據查勘報告，耒河在洪水時期之水面坡降約為1:9000，即當雙江口之尋常洪水位高程為：12.10 公尺時，蜈蚣橋之尋常洪水位高程僅為 10.75 公尺，本工程設計，所有沿耒河之堤岸閘壩，均以能防止耒河尋常洪水為原則，故雙江口之防洪洩水閘頂高程，決定為12.5公尺，蜈蚣橋之防洪土壩：頂高程，則為 11.5 公尺。

乙、洩水量估計：

在非常洪水到來之年，當雙江口之河水高程上漲超過12.5公尺以後，河水即可漫過閘頂流入鄒湖境內，直至境內水面與河水面同高為止，但當河水退落之時，因沿河有堤岸及閘壩阻塞，所有境內低於11.5公尺高程之積水，非將洩洪閘門開啓，無法洩出，由本工程區之面積容量曲線，查得鄒湖鄉在高程 8.5 公尺至11.5公尺間之容水量為：7.8×10 立方公尺，假定洩洪時洩水閘口所有之平均水頭為 2.0 公尺則洪水經閘流速為：

$$V=\sqrt{29H}=\sqrt{2\times 9.8\times 2}=6.25\text{公尺}1\text{秒}$$

如此項洪水量須在12小時以內宣洩入河，則洩洪閘門之面積，至小應為：

$$A=\frac{Q}{vt}=\frac{7.8\times 10}{6.25\times 60\times 60\times 12}=28.9\text{平方公尺}$$

由此決定雙江口防洩洪水閘之形式，如附圖所示：全閘共分爲5洩水口，閘門寬度爲2公尺，高度除中央閘孔爲5公尺外，其餘均爲2.5公尺，合計淨空面積爲30平方公尺。

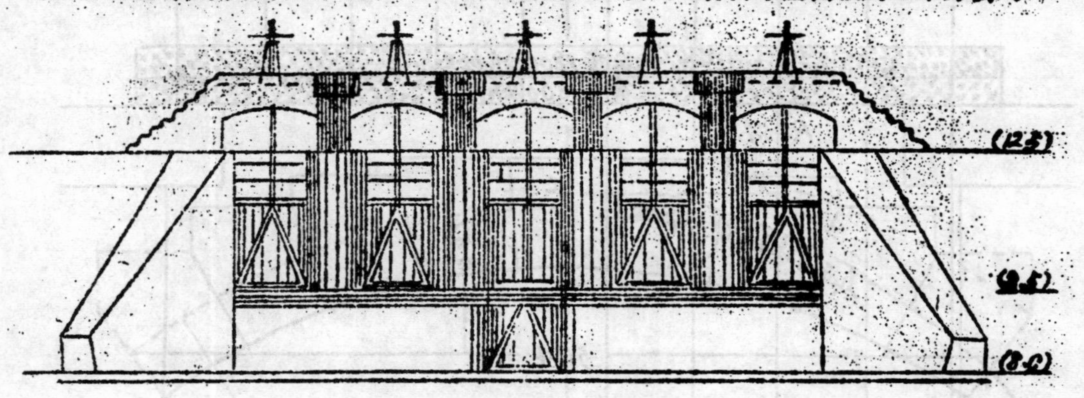

防洪洩水閘立視圖

丙、閘頂管理平台之石拱設計：

已知：石拱跨度＝2.8公尺

圬工重量＝2.3公噸1立方公尺

假定：呆荷重＝平臺每公尺寬重量＝1.8公噸1公尺

活荷重(包括開閘門時之重力)＝1.8

石拱半徑＝2.5公尺

由美國工程師學會規定之石拱公式

$$t=\frac{1}{4}\sqrt{r+s/2}+0.20$$

式中：t＝拱頂厚度

r＝石拱半徑＝2.5公尺＝8.2呎

s＝石拱跨度＝2.8公尺＝9.2呎

$$t=\frac{1}{4}\sqrt{8.2+9.2/2}+0.20$$

$=0.9+0.2=1.1$呎＝0.33公尺　用$t=0.4$公尺

求出：拱頂水平推力＝6.06公噸＝6060公斤

垂直於拱底面之壓力＝8.1公噸＝8100公斤

其作用點由拱壓線表示，距拱中心線皆爲66公分

∴在拱底上之最大壓應力

$$c_{最大}=\frac{V}{F}\left(1+\frac{6e}{b}\right)=\frac{8100}{40\times10}\left(1+\frac{6\times6.6}{40}\right)$$

＝4.05公斤1公方公分＜35公斤1平方公分

用圖解法。

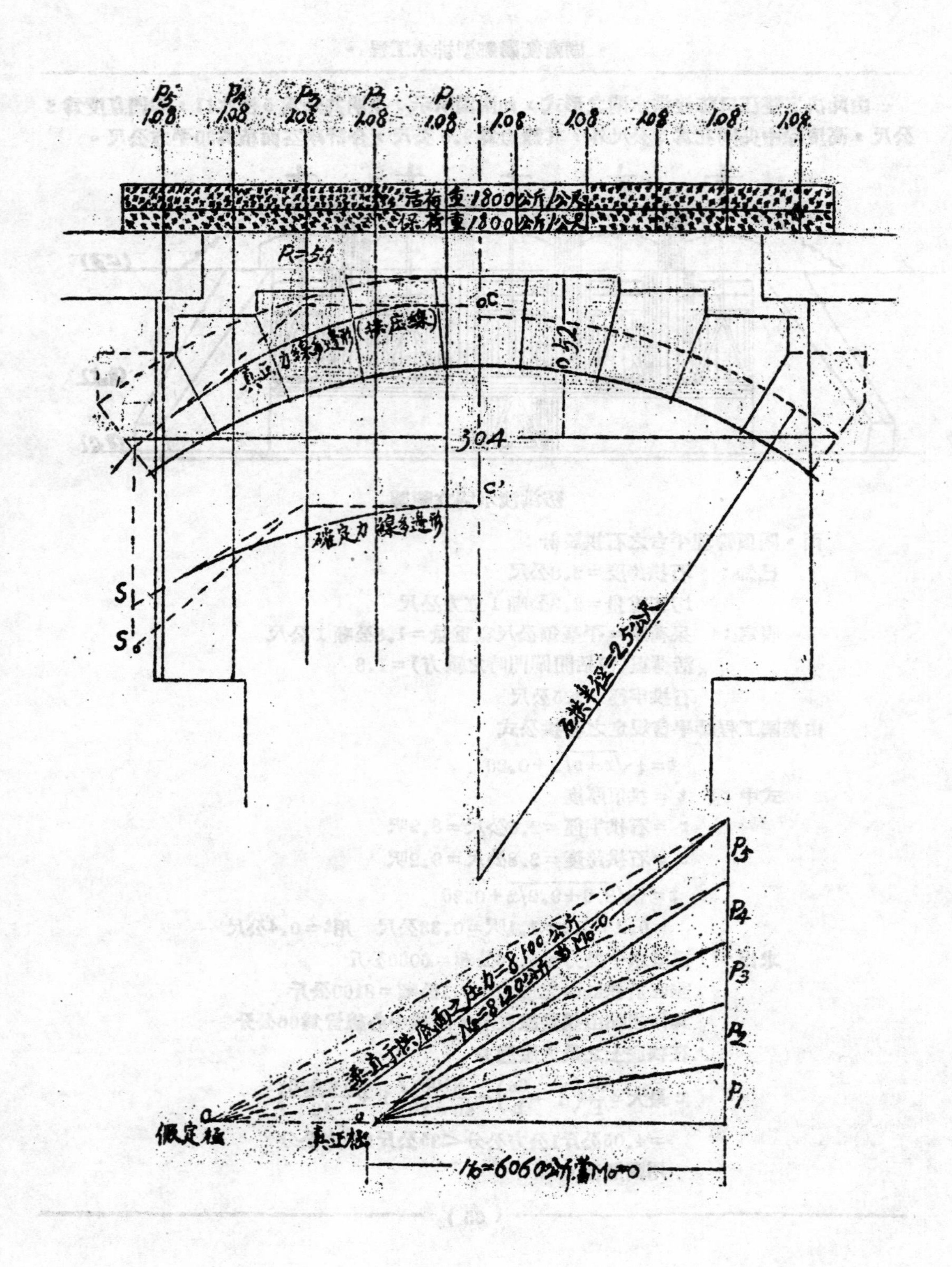
P5
P4
P3
P2
P1
1.08
活荷重1800公斤/公尺
R=5.4
304
假定極
真正極
垂直于拱底面之压力=8100公斤
No=8120公斤 当Mo=0
Ho=6060公斤 當Mo=0

丁、閘墩設計：

已知：閘墩高度＝6.5公尺

坊工重量＝2.3公噸/立方公尺

坊工安全載重＝150公噸/平方公尺

坊工與坊工間之摩阻係數＝0.65

假定：閘門寬度＝2.0公尺

閘墩各部分用如圖之尺寸

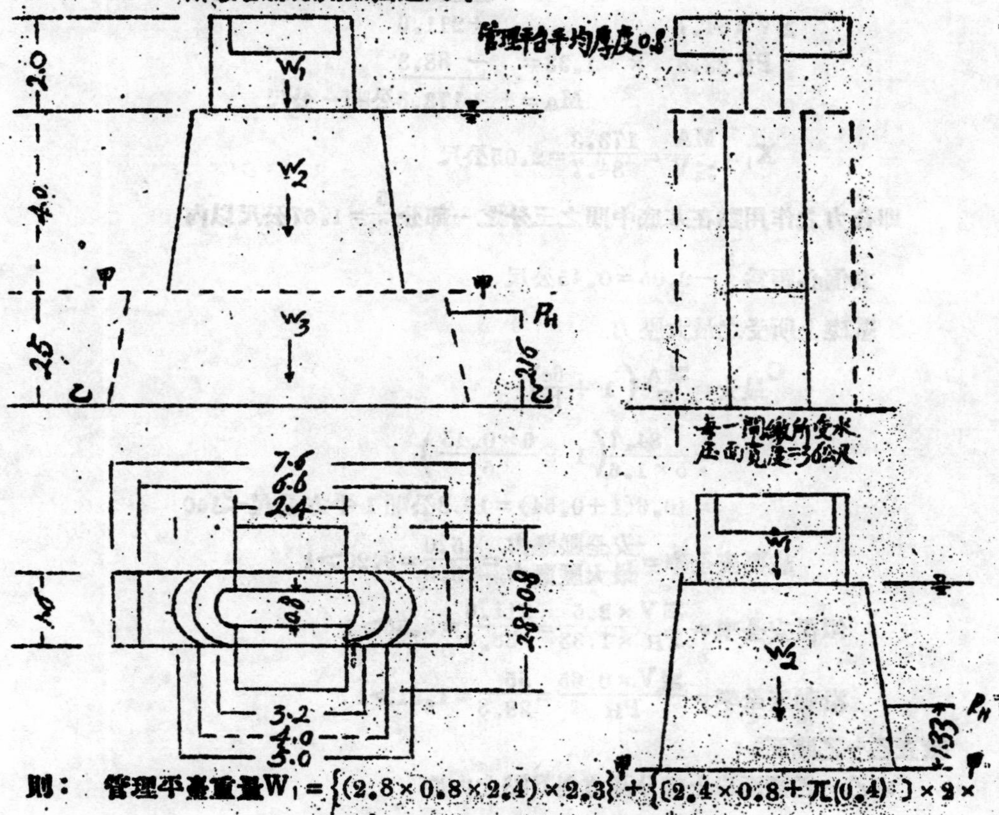

則：管理平臺重量$W_1=\left\{(2.8\times0.8\times2.4)\times2.3\right\}+\left\{[2.4\times0.8+\pi(0.4)^2]\times2\times2.3\right\}=12.4+11.1=23.5$公噸

閘墩重量$W_2=\left\{\frac{1}{2}[(4-1.6)+(5-1.6)]\times4\times1.6+\pi(0.4)^2\right\}\times2.3=61.2$公噸

閘座重量$W_3=\left\{\frac{1}{2}(6.6+7.6)\times2.5\times1.6\times2.3\right\}=64.0$公噸

甲一甲斷面以上部分所受之最大水壓力（閘門關閉時受水壓面寬3.6公尺）

$$P_H=\frac{1}{2}Wh^2\times3.6$$

$$=\frac{1}{2}\times1\times4^2\times3.6=28.8\text{公噸}$$

乙一乙斷面以上部分所受之最大水壓力

$$P'_H=\frac{1}{2}\times 1\times 6.5^2\times 3.6=76.2\text{公噸}$$

檢查甲一甲斷面

求甲一甲斷面以上部分諸力對A點之力距

	力		距		力距
W_1	23.5	×	2.50	=	58.8公噸一公尺
W_2	61.2	×	2.50	=	152.8
$\Sigma V=84.7$					+211.6
P_H	28.8	×	1.33	=	−38.3
				$M_A=$	+173.3公噸一公尺

$$X_1=\frac{MA}{\Sigma V}=\frac{173.3}{84.7}=2.05\text{公尺}$$

即合力之作用點在基底中間之三分之一部分 $\frac{5}{3}=1.67$ 公尺以內

其偏心距為 $\frac{5}{2}-2.05=0.45$ 公尺

基礎上所受之最大壓力

$$C_{最大}=\frac{\Sigma A}{F}\left(1+\frac{6e}{b}\right)$$

$$=\frac{84.7}{5\times 1.6}\left(1+\frac{6\times 0.45}{5}\right)$$

$$=10.6(1+0.54)=16.3\text{公噸}/\text{平方公尺}<150$$

$$\text{載要安全率}=\frac{\text{安全壓應力}}{\text{最大壓應力}}=\frac{15.0}{16.3}=9.20>1$$

$$\text{傾覆安全率}=\frac{\Sigma V\times 2.5}{P_H\times 1.33}=\frac{211.6}{38.3}=5.55>1$$

$$\text{滑動安全率}=\frac{\Sigma V\times 0.65}{P_H}=\frac{55}{28.8}=1.91>1$$

檢查乙一乙斷面

求乙一乙斷面以上部分諸方對B點之力距

	力		距		力距
W_1	23.5	×	3.80		89.2公噸一公尺
W_2	61.2	×	3.80		232.0
W_3	64.0	×	3.80		243.0
$\Sigma V'$ 148.7					+564.2
P_H	76.2	×	2.16	=	−164.0
				$M_B=$	+400.2公噸一公尺

$$Xr \frac{MB}{\Sigma V'} = \frac{400.2}{148.7} = 2.71\text{公尺}$$

合力之作用點在基底中間之三分之一部分$\frac{7.6}{3}=2.54$公尺以內

其偏心距爲$\frac{7.6}{2}-2.71=1.09$公尺

基礎上所受之最大壓力

$$C'\text{最大} = \frac{148.7}{7.6\times1.6}\left(1+\frac{6\times1.09}{7.6}\right)$$

$$=12.2(1+0.862)=22.7\text{公噸/平方公尺}<150$$

$$\text{載重安全率} = \frac{150}{22.7} = 6.62>1$$

$$\text{傾覆安全率} = \frac{564.2}{164.0} = 3.45>1$$

$$\text{滑動安全率} = \frac{148.7\times0.65}{76.8} = 1.27>1$$

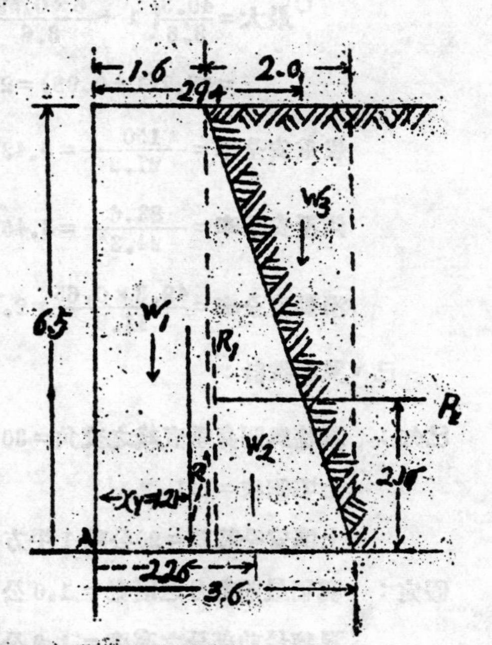

戊、閘牆設計：

已知： 閘牆高度h＝6.5公尺

土壤息角$\phi=30°$ $\frac{1}{2}\frac{1-\sin\phi}{1+\sin\phi}=0.167$

圬工重與土壤重之比例r＝1.44

圬工安全載重＝150公噸/平方公尺

圬工與圬工間之摩阻係數＝0.65

假定： 閘牆頂寬$t_1=1.6$公尺

$$\frac{t_1}{h}=\frac{1.6}{6.5}=0.246$$

由Buckley灌閘工程手册第311頁之護牆圖解曲線上查出適當

底寬$t_2=3.6$公尺

檢查一公尺長之閘牆

求諸力對A點之力距： 力 距 力距

牆重$W_1=6.5\times1.6\times2.3 \quad =23.9\times0.80=19.1$公噸—公尺

$W_2=6.5\times2\times\frac{1}{2}\times2.3=15.0\times2.26=33.9$

土重$W_3=6.5\times2\times\frac{1}{2}\times1.6=\underline{10.4}\times2.94=\underline{30.6}$

$Pv=49.3 \qquad +83.6$

水平土壓力$P_E=\frac{1}{2}wh^2\left(\frac{1-\sin\phi}{1+\sin\phi}\right)=11.2\times2.16=-24.3$

$\therefore WA=+59.3$公噸一公尺

$Xr=\frac{MA}{Pv}=\frac{59.3}{49.3}=1.21$公尺$>\frac{3.6}{3}=1.2$

$e=\frac{3.6}{2}-1.21=0.59$公尺

基礎上所受之最大壓力

$C_{最大}=\frac{49.3}{3.6}\left(1+\frac{6\times0.59}{3.6}\right)$

$=13.7(1+0.98)=27.2$公噸/平方公尺<150

載重安全率$=\frac{150}{27.2}=5.42>1$

傾覆安全率$=\frac{83.6}{24.3}=3.45>1$

滑動安全率$=\frac{49.3\times0.65}{11.2}=2.68>1$

己、翼牆設計：

已知： 翼牆與閘身垂直線之交角$=30°$

土壩側坡$=1:1$

土壤安全載重$=20$公噸 1 平方公尺

假定： 翼牆最前部分之頂寬$=1.0$公尺

翼牆最前部分之高度$=1.2$公尺

因 翼牆頂面之坡度$=\frac{土壩側坡}{\text{Cos}\,30°}=\frac{1}{\sqrt{\frac{3}{2}}}=\frac{2}{\sqrt{3}}1:0866$

用圖解法，量出翼墻甲一甲，乙一乙兩斷面之尺寸及高度如下圖所示：

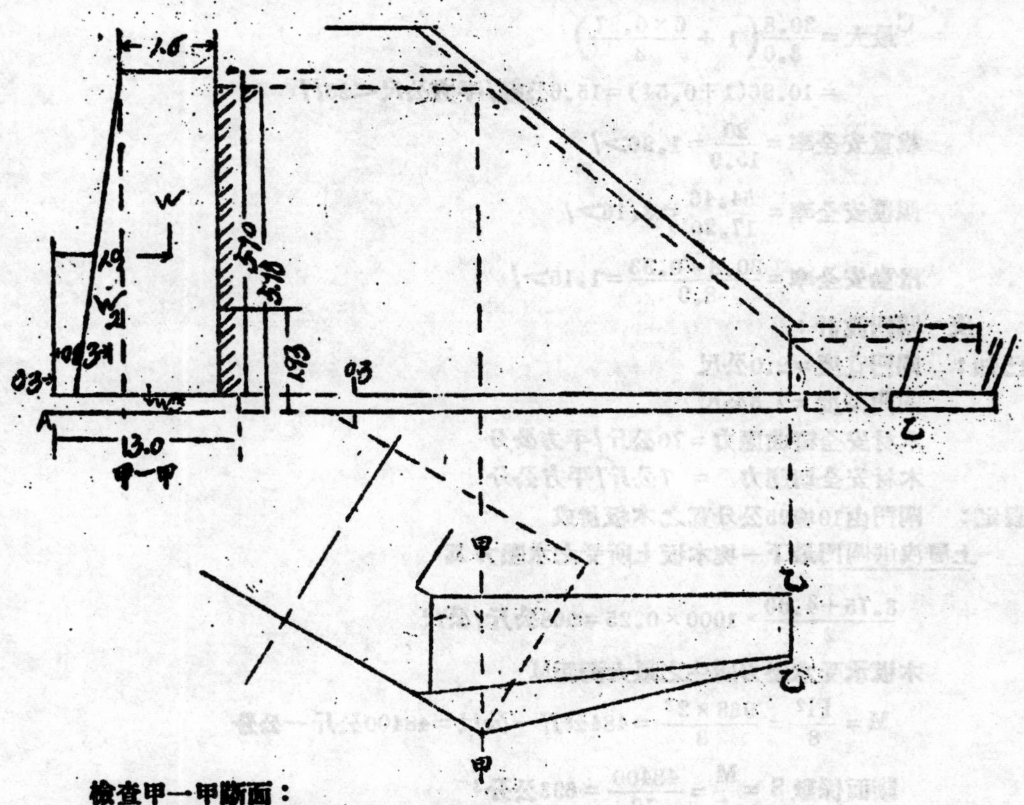

檢查甲—甲斷面：

求諸力對A點之力距(取一公尺墻長)

	力	距	力距
墙重$W_1=1.6\times5.7\times1\times2.3=$	20.9	×1.90 =	39.60公噸-公尺
$W_2=0.8\times5.7\times\frac{1}{2}\times2.3=$	5.2	×0.83 =	4.31
$W_3=3.0\times0.3\times1\times2.3=$	2.1	×1.50 =	3.15
土重$W_4=0.3\times5.48\times1\times1.6=$	2.6	×2.85 =	7.40
	Pv = 30.8		+54.46
土壓力$P_E=\frac{1}{2}Wn^2\left(\frac{1-\sin\phi}{1+\sin\phi}\right)=$	8.9	×1.93 =	−17.20
			WA = +37.26公噸-公尺

$$Xr=\frac{WA}{Pr}=\frac{37.26}{30.8}=1.23>\left(\frac{3.0}{3}=1\right)$$

$$e=\frac{3.0}{2}-1.23=0.27$$

基礎上所受之最大壓應力

$$C_{最大}=\frac{30.8}{3.0}\left(1+\frac{6\times0.27}{3}\right)$$

$$=10.26(1+0.54)=15.6\text{公噸/平方公尺}<20//$$

$$載重安全率=\frac{20}{15.9}=1.26>/$$

$$傾覆安全率=\frac{54.46}{17.20}=3.16>/$$

$$滑動安全率=\frac{30.8\times0.33}{8.9}=1.15>/$$

庚、閘門設計：

已知： 閘門寬度＝2.0公尺

閘門高度＝2.5公尺

木材安全彎曲應力＝70公斤/平方公分

木材安全切應力 ＝ 7公斤/平方公分

假定： 閘門由10塊25公分寬之木板拼成

(一) 上層洩洪閘門最下一塊木板上所受之水壓力為

$$\frac{3.75+4.00}{2}\times1000\times0.25=968\text{公斤/公尺}$$

木板承受水壓力所生之最大灣距M

$$M=\frac{Pl^2}{8}=\frac{968\times2^2}{8}=484\text{公斤一公尺}=48400\text{公斤一公分}$$

$$斷面係數S=\frac{M}{t}=\frac{48400}{70}=693\text{公分}^3$$

由此求出木板之最小厚度

$$d=\sqrt{\frac{6S}{6}}=\sqrt{\frac{6\times693}{25}}=12.9\text{公分}\quad 用d=13\text{公分}//$$

檢查木板兩端所受之切應力

$$f_s=\frac{P}{A}\ \frac{968\times0.25\times2}{25\times13\times2}=0.75\text{公斤/平方公分}<7//$$

(二)中央閘孔下層閘門 最下一塊木板上所受之水壓力為：

$$\frac{6.25+6.5}{2}\times1000\times0.25=1590\text{公斤一公尺}$$

$$M=\frac{1590\times2^2}{8}=795\text{公斤一公尺}=79500\text{公斤一公分}$$

$$S=\frac{79500}{70}=1140\text{公分}^3$$

$$d=\sqrt{\frac{6\times1140}{25}}=\sqrt{273}=16.5\text{公分}\quad 用d=17\text{公分}//$$

檢查木板兩端所受之切應力

$$f_s=\frac{1590\times0.25\times2}{25\times17\times2}=0.94 \text{公斤1平方公分}<7 //$$

(三)閘頂匣板　用 d ＝10公分之木板 3 塊寬度分別爲40.50.60.公分

辛、閘門開關機設計：

已知：熟鐵安全拉應力＝720 公斤 1 平方公分

熟鐵安全切應力＝500 公斤 1 平方公分

熟鐵切力彈性係數＝7×10^5 公斤 1 平方公分

假定：螺旋桿之螺距爲 0.625 公分(每吋 4 絲)

閘門與閘槽間之摩阻係數＝0.25

因：　中央下層閘門上所受之最大水壓力＝$\frac{4+6.5}{2}\times2.5\times2=26.25$ 公噸

閘門上舉時，閘槽上之摩阻力＝26.25×0.25＝6.56 公噸

閘門及螺旋桿之重量　　＝1.44

故　啓閘時所需之上舉力量　　＝8.00 公噸

如採用螺旋起重機，則啓閘時所需之力矩爲：

$$ER=\frac{pP}{e\,2\pi}$$

式中 p＝螺距＝0.625 公分

P＝啓閘時之上舉重力＝8000 公斤

e＝開關機之效率＝0.15

F＝推動把手力量，每人約爲 15 公斤

R＝把手長度

把手　$$FR=\frac{0.625\times8000}{0.15\times2\pi}=5300 \text{公斤一公分}$$

如啓閘時用 6 人推動

F＝15×6＝90 公斤

故把手長度 $R=\frac{5300}{90}=59$ 公分　　用 60 公分//

假定：把手橫斷面爲橢圓形 C＝2.5 公分 b＝2 公分

啓閘時把手上之最大彎曲應力

$$f=\frac{Mc}{I}=\frac{5300\times2.5}{\frac{1}{4}\pi(2.5)^3(2)}=542 \text{公斤1公分}$$

$$<720 //$$

螺旋起重桿：

螺旋桿抵抗拉力所需之斷面積＝$\frac{8000}{720}$＝11.1 平方公分

假定螺跟直徑＝5公分

螺旋桿斷面積$=\frac{\pi d^2}{4}=19.6$平方公分>11.1//

啓閉時螺旋桿上可能發生之最大力知＝5300公斤一公分

故螺旋桿所受最大切應力

$$f_3=\frac{Mc}{J}=\frac{5300\times 2.5}{\frac{\pi}{32}(5)^4}=216\text{公斤}1\text{平方公分}<500//$$

因螺旋桿之長度（中央閘門）＝650公分

熟鐵切力彈性係數$=7\times10^5$公斤1平方公分

故扭轉角度$\theta=\frac{ML}{JF}=\frac{5300\times 650}{\frac{\pi}{32}(5)^4\times 7\times 10^5}=0.08$弧度

蜈蚣橋防洪土壩設計

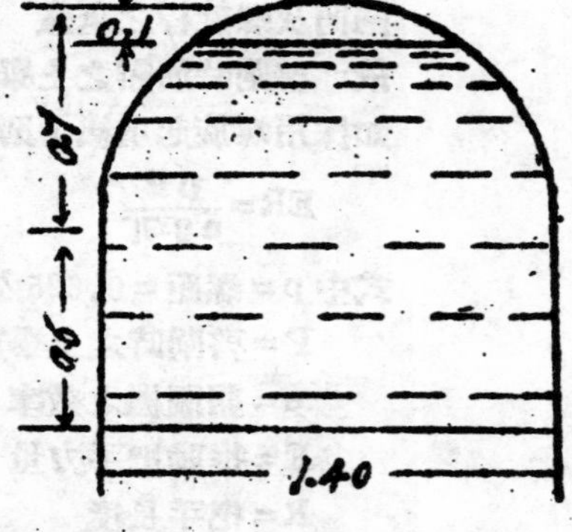

甲、洩水涵洞設計

(一)斷面設計：

已知：洩水量Q＝1.5 C.M.S.

用1:3洋灰砂漿砌料石 n＝0.17

假定：底坡 s＝1:900

底寬 b＝1.40公尺

座高 h＝0.60公尺

當渠水深度爲1.2公尺，涵洞內水深離頂1公寸時

$$A=1.4\times0.6+\left\{\tfrac{1}{2}\pi(0.7)^2-0.048\right\}=1.56\text{平方公尺}$$

$$W.P=1.4+1.2+\left\{2\times0.7-0.755\right\}=4.04\text{公尺}$$

$$R=\frac{A}{W.P}=\frac{1.56}{4.04}=0.386\text{公尺}$$

$$V=\frac{1}{0.017}\times(0.386)^{\frac{2}{3}}\left(\frac{1}{900}\right)^{\frac{1}{2}}=1.04\text{公尺}1\text{秒}$$

$$\therefore Q=AV=1.56\times1.04=1.62\text{C.M.S.}\quad>1.5//$$

(二)石拱設計：

已知：石拱跨度＝1.4公尺＝4.6呎 拱上呆荷重＝6.8公尺土高

假定：石拱半徑＝0.7公尺＝2.3呎

由美國工程師學會規定之石拱公式：

10810

拱厚 $tc=\frac{\sqrt{r+s/2}}{4}+0.2=\frac{\sqrt{2.3+4.612}}{4}+0.2$

$=0.535+0.2=0.735$呎$=0.24$公尺　　用4公寸拱厚//

涵洞上呆荷重等於6.8公尺土高，石拱應力分析如下（略去石拱本身重量）

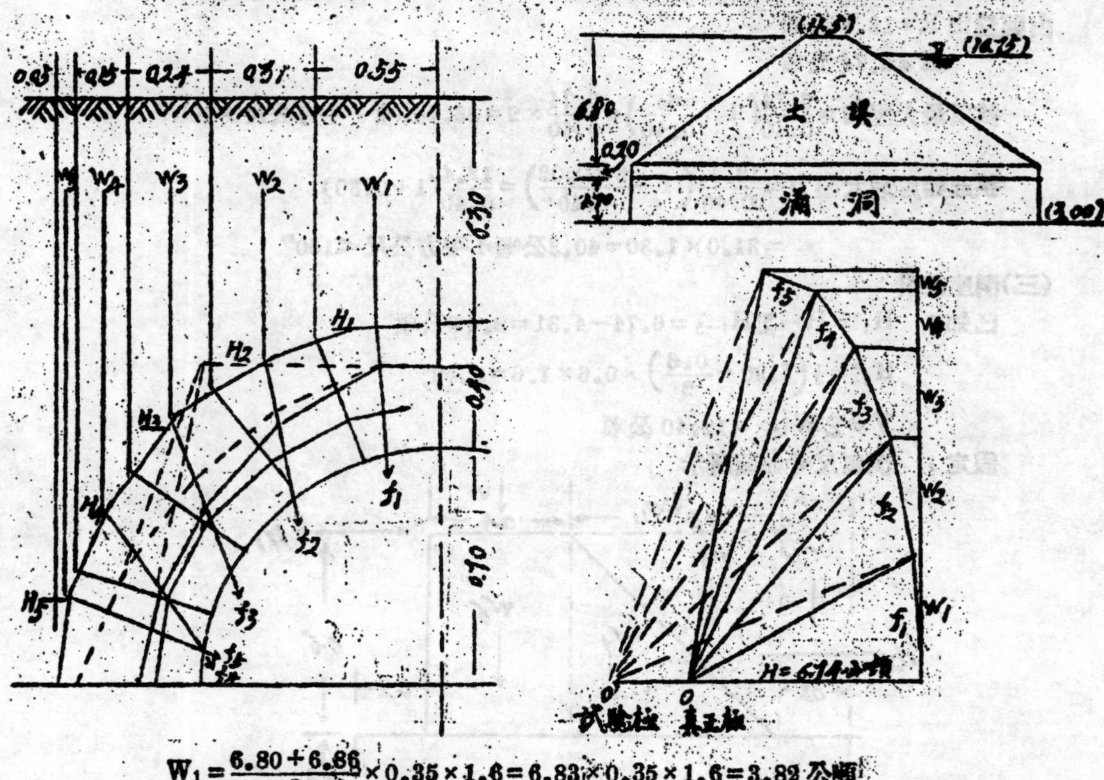

$W_1=\frac{6.80+6.86}{2}\times0.35\times1.6=6.83\times0.35\times1.6=3.82$ 公噸

$W_2=\frac{6.86+7.02}{2}\times0.31\times1.6=6.94\times0.31\times1.6=3.44$//

$W_3=\frac{7.02+7.27}{2}\times0.24\times1.6=7.14\times0.24\times1.6=2.74$

$W_4=\frac{7.27+7.58}{2}\times0.15\times1.6=7.42\times0.15\times1.6=1.78$

$W_5=\frac{7.58+7.90}{2}\times0.05\times1.6=7.74\times0.05\times1.6=0.62$

$\Sigma W=12.40$公噸

$H_1=\frac{1}{2}\times6.83\times(6.86-6.80)\times1.6=0.218$ 公噸　　ΣH: 0.218 公噸

$H_2=\frac{1}{2}\times6.94\times(7.02-6.86)\times1.6=0.591$　　0.809

$H_3=\frac{1}{2}\times7.14\times(7.27-7.02)\times1.6=0.953$ 1.762

$H_4=\frac{1}{2}\times7.42\times(7.58-7.27)\times1.6=1.230$ 2.992

$H_5=\frac{1}{2}\times7.74\times(7.90-7.58)\times1.6=1.320$ 4.312

用圖解法求得拱壓線俱在三分中線內拱身無張力發生

由圖量出 R＝12.6公噸

H＝6.74 公噸

$$拱頂最大壓力=\frac{6.74}{0.40}\left(1+\frac{6e}{0.40}\right)=\frac{6.74}{0.40}\times2=33.7公噸1平方公尺>150''$$

$$拱起始處最大壓力=\frac{12.4}{0.40}\left(1+\frac{6\times0.02}{0.40}\right)=\frac{12.4}{0.40}(1+0.30)$$

$$=31.0\times1.30=40.3公噸1平方公尺<150''$$

(三)洞座設計：

已知： $H_1'=H-\Sigma H_{1-5}=6.74-4.31=2.43$公噸

$H_2'=\frac{1}{2}\left(7.90+\frac{0.6}{2}\right)\times0.6\times1.6=2.62$

$V=\Sigma W_{1-5}=12.40$ 公噸

假定： 洞座尺寸如圖所示

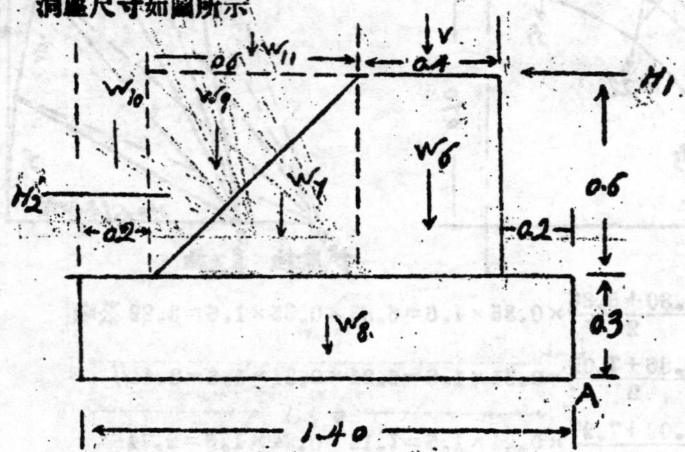

求諸力對A點之力距

	力	距	力距
墻重 $W_6=0.4\times0.6\times2.$	$=0.551$	$\times0.40$	$=0.22$ 公噸－公尺
$W_7=\frac{1}{2}\times0.6\times0.6\times2.3$	$=0.414$	$\times0.80$	$=0.33$
$W_8=0.3\times1.4\times2.3$	$=0.965$	$\times0.70$	$=0.68$
土重 $W_9=\frac{1}{2}\times0.6\times0.6\times1.6$	$=0.288$	$\times1.00$	$=0.29$

$W_{10}=0.2(7.9+0.6)\times1.6=2.720\times1.30=3.54$

$W_{11}=0.6\times7.9\times1.6=7.580\times0.90=6.83$

V $=12.400\times0.40$ 4.96

H_1' $\Sigma W=24.918$公噸

$=2.43\times0.90$ 1.19

+19.04公噸-公尺

H_2' $=2.62\times0.60=-1.57$

$\Sigma M_A=+17.47$公噸-公尺

$$Xr=\frac{MA}{\Sigma W}=\frac{17.47}{24.918}=0.70\text{公尺}>\left(\frac{14}{3}=0.476\right)$$

$e=\frac{1.4}{2}-0.7=0$ 即合力作用於底部中心基礎上所受之壓力係均匀分佈其數量

$$e=\frac{24.918}{1.4}=17.80\text{公噸1公尺}<20''$$

乙、土壩壩身設計：

已知：尋常洪水位高程＝10.75公尺

假定：土壩斷面各部尺寸，如附圖所示：

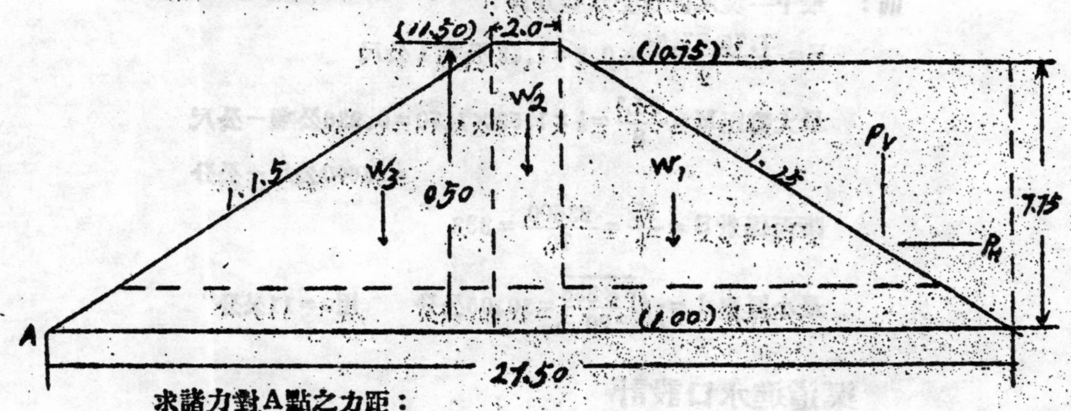

求諸力對A點之力距：

力　距　力距

壩身土重$W_1=\frac{1}{2}\times8.5\times12.75\times1.6=86.60\times19.00=1648.0$ 公噸公尺

$W_2=2\times8.5\times1.6=27.20\times13.75=374.0$

$W_3=\frac{1}{2}\times8.5\times12.75\times1.6=86.60\times8.50=736.0$

垂直水壓$Pv=\frac{1}{2}\times7.75\times(1.5\times775)=45.00\times23.62=1063.0$

$\Sigma v=255.40$ +3821.0

水平水壓$Ph=\frac{1}{2}\times7.75^2\times1.00=30.00\times2.58=-\underline{77.5}$

$\Sigma MA=+3743.5$公噸公尺

$Xr=\frac{3743.5}{245.4}=15.28$公尺 $>\left(\frac{1}{3}\times27.5=9.18\right)$"

$e=15.28-\frac{27.5}{2}=1.53$公尺

堝基所受最大壓力

$C_{最大}=\frac{245.40}{27.5}\left(1+\frac{6\times1.53}{27.5}\right)=8.95\times1.334=11.90$公噸1平方公尺

<20"

載重安全率$=\frac{20}{11.9}=1.68>1$"

傾覆安全率$=\frac{3821.0}{77.5}=49.3>1$"

滑動安全率$=\frac{245.4\times0.33}{30}=2.7>1$"

丙、洩水涵洞閘門設計：

已知：涵洞寬度 =1.4 公尺　尋常洪水時水深 =7.75 公尺

假定：閘門寬 1.70 公尺，高 1.6 公尺，由 20 公分寬木板拼合。

則：　最下一塊木板所受水壓力爲：

$P=\frac{7.75+7.55}{2}\times0.2=1.53$公噸1公尺

最大彎距$M=\frac{PL^2}{8}=\frac{1}{8}\times1.53\times1.70=0.236$公噸一公尺

$=23600$公斤一公分

斷面係數$S=\frac{M}{f}=\frac{23600}{70}=338$

最小厚度$d=\sqrt{\frac{6\times338}{20}}=10.05$公分　　用$d=11$公分"

渠道進水口設計

甲、閘孔寬度：

當渠內水深爲 0.78 公尺時，進水閘孔之淨空面積應與渠道水深 0.78 公尺時之斷面積相等。　即：　$0.78b=(2.+0.78)0.78=2.16$平方公尺

$b=\frac{2.16}{0.78}=2.78$公尺

用兩進水孔，每孔寬 1.4 公尺

乙、閘門高度：

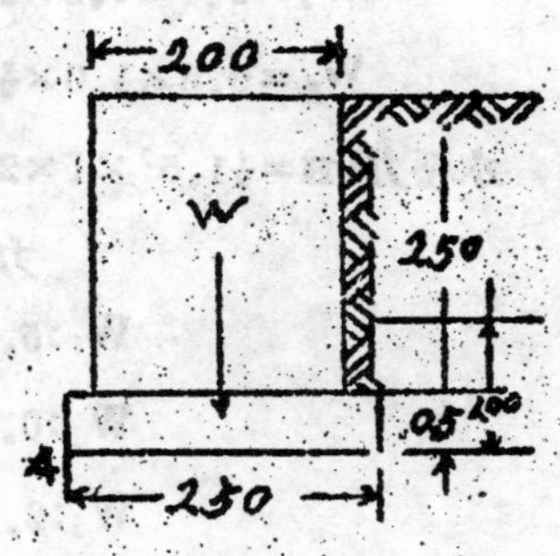

沿渠道兩旁堤岸或田地之高程，最低者爲1000公尺，爲使渠道在枯水時期，可以蓄水灌溉兩岸田畝起見，進水口閘頂高程定爲9.50公尺，即閘門高1.5公尺。

丙、閘台設計：

已知：閘台高度＝渠深＝2.5公尺。

假定：閘台各部尺寸如右圖所示。

求諸力對A點之力距：

	力	距	力距
牆重W：$(2.0\times2.5+2.5\times0.5)2.3$	$=14.18$	$\times1.25$	$=17.70$ 公噸－公尺
土重W_2：$(2.5\times0.25)1.6$	$=1.00$	$\times2.37$	$=2.37$
	$\Sigma V=15.18$		$+20.07$
土壓P_E：$\frac{1}{2}\times1.6\times3^2\times0.334$	$=4.80$	$\times1.00$	$=-4.80$
			$\Sigma M_A=+15.27$ 公噸－公尺

$$Xr=\frac{12.87}{15.18}=0.85>\left(\frac{2.5}{3}=0.833\right)$$

$$e=\frac{2.5}{2}-0.85=1.25-0.85=0.40$$

基礎上所受最大壓力

$$C_{最大}=\frac{15.18}{2.50}\left(+\frac{6\times0.4}{2.5}\right)=6.08\times1.96$$

$$=11.9\text{公噸}1\text{平方公尺}<20"$$

$$載重安全率=\frac{20}{11.9}=1.68>1$$

$$傾覆安全率=\frac{20.07}{4.80}=4.18>1$$

$$滑動安全率=\frac{15.18\times0.33}{4.80}=1.04>1"$$

丁、中間閘墩設計：

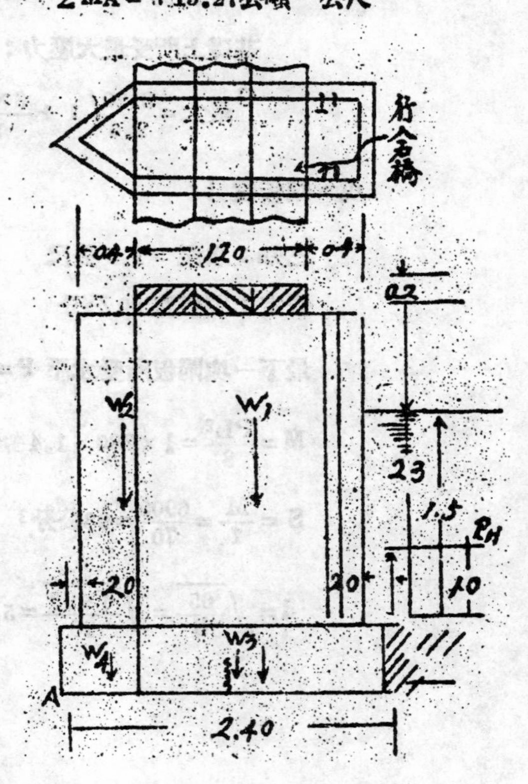

假定：閘墩各部尺寸如圖所示：

求諸力對A點之力距：

閘墩重$W_1=1.6\times2.3\times0.6\times2.3=5.1$公噸

$W_2=0.4\times0.6\times\frac{1}{2}\times2.5\times2.3=0.69$

$W_3 = 0.5 \times 1.8 \times 1.0 \times 2.3 = 2.06$

$W_4 = 0.6 \times 1.0 \times \frac{1}{2} \times 0.5 \times 2.3 = 0.35$

水壓力$P_H = \frac{1}{2} 1.5^2 \times 1 \times 2.0 = 2.250$公噸

	力		距		力距
W_1:	5.10	×	1.40	=	7.13
W_2:	0.69	×	0.47	=	0.32
W_3:	2.06	×	1.50	=	3.09
W_4:	0.35	×	0.40	=	0.14
ΣW =	8.20				+10.68
P_H =	2.280	×	1.00	=	− 2.25
				ΣM_A =	+ 2.43

$$X_r = \frac{8.43}{8.20} = 1.03\text{公尺} > \left(\frac{2.4}{3} = 0.8\right)$$

基礎上所受最大壓力：

$$C_{最大} = \frac{8.20}{2.4}\left(1 + \frac{6 \times 0.17}{2.4}\right) = 3.42 \times 1.41 = 4.85\text{公噸}/\text{平方公尺} < 20''$$

戊、閘板設計：

已知：水深 = 1.5 公尺

假定：閘板寬 20 公分

最下一塊閘板所受水壓 $P = \frac{1.3 + 1.5}{2} \times 0.2 \times 1 = 280$公斤/1公尺

$$M = \frac{PL^2}{8} = \frac{1}{8} \times 280 \times 1.4^2 \times 100 = 6900\text{公斤一公尺}$$

$$S = \frac{M}{f} = \frac{6900}{70} = 98\text{公分}^3$$

$$d = \sqrt{\frac{6S}{b}} = \sqrt{\frac{6 \times 98}{20}} = 5.42\text{公分}$$ 用 8 公分厚

會務報導

1. 總會通告，以第十四屆年會，原定於三十五年十二月在南京舉行，後以籌備不及，展期舉行，玆經第六十六次董事會執行部聯席會議議決，定於本年（三十六年）七月一日仍在南京舉行，本屆職員選舉，即延至本年六月底截止。
2. 總會通告，以各地分會新會員所送入會志願書，其曾在僞大學或僞工專之學歷，及在僞組織機構服務之經歷年資等應否計算，經第六十六次董事會執行部聯席會議議決學歷承認，經歷不能承認，台灣東北除外。
3. 總會通告，以會員常年會費，從三十六年一月起，應依照一月份生活補助費數目徵收。
4. 天津分會來緘，以該會提議，擬請劃全國爲若干區，每區設副會長及董事，以利推進會務，業提請總會於年會提出討論，並修改會章，玆錄原提案於下：

 案由：擬請劃全國爲若干區，每區設副會長及董事案。

 理由：我國幅圓廣大，交通不便，各地會員之聯繫及會務之推動，諸感不便，爲期彼此密切聯繫，亟有劃分區域，分區推進之必要。

 辦法：(一)擬請全國劃爲七區：⑴蘇浙皖，⑵冀魯晉熱京綏，⑶東北九省，⑷陝甘青寧新，⑸川康滇黔藏，⑹豫鄂湘贛，⑺桂粵閩台及海外。

 (二)本會設副會長八人，其中七人，分區選舉，董事三十三人，其中二十一人，分區選舉，每區三人。

 (三)各區工作，由各區副會長及董事負責推動，並與總會及其他區域，取得聯繫。

 (四)各區得分別舉行年會。
5. 本會籌建會所，會址地皮，業呈准湖南省政府，撥租東站路省有公地一百方，由各會員分途募捐，與由行政院善後救濟總署湖南分署之惠撥物資，業於四月興工，預計六月底可全部完成，特將會所平面圖附刋於後。
6. 本屆六六工程師節，由本會假救濟分署舉行，是日到會員五十餘人，並由建設廳社會處派員參加，由主席與建設廳社會處委員分別演講後，並由本會新自美國歸來之會員胡慎思君，演講美國水利概況機構組織情形等甚爲詳盡云。

本會會員續錄

三十六年六月止

姓名	別號	籍貫	專長	會級	通訊處	附註
鄧負畲		桂陽	鑛冶	正	長沙禮賢街一九號	
蕭立道		武岡	化工	正	長沙余家塘一條巷新六號洞庭實業公司	
葉植棠			土木	正	長沙中山東路郵政管理局總務股	
楊承國		長沙	化工	正	邵陽行總鄉村工業示範組第三廠	
胡庶華	春藻	攸縣	鑛冶	正	長沙湖南大學	
何之泰		浙江龍游	水利土木	正	同上	
吳樂霖		浙江永康	水利土木	正	同上	
戴桂蕊		湘鄉	機械	正	同上	
曾昭權		湘鄉	電機	正	同上	
林道倧		長沙市	染料染色	正	同上	
易鼎新		醴陵	電機	正	同上	
李蕃熙		平江	機械	正	同上	
蔣德森		江蘇江都	機械	正	同上	
文　斗		寧鄉	電機	正	同上	
楊卓新		新化	電機	正	同上	
盛光炯		新化	土木	正	同上	
李廉錕		長沙	土木	仲	同上	
柳士英		江蘇吳縣	土木	正		
童　凱		寧鄉	電機	正	同上	
康辛元		衡山	化工	正	同上	
蕭傳新		瀏陽	土木	正	同上	
陳鐵卓		長沙	土木	正	同上	
張　灝			土木	正	同上	

姓名	別號	籍貫	科別	會級	通訊處	備註
徐名植			機械	正	湖南株州田心堰株州機廠	
扶學鏞			機械	正	同上	
左紀楨			機械	正	同上	
覃修諤			冶金	正	同上	
鄧國柱			電機	正	同上	
吳仁宇			土木	仲	同上	正申請升級
李玉庸			土木	正	同上	
李　玖			電機	正	長沙一一號信箱	以上係來會報到之各地老會員
文廣暄	輝	醴陵	鑛冶		湘潭雲湖橋湖湘煤鑛公司	以下係新申請入會會員會級尚未審定
王顯榮	鉄帆	廣東	電機		長沙湖南大學	
蔣定宇	毓華	衡陽	電機		同上	
高先鑑	伯魯	常德	電機		同上	
盛啓廷	錫山	湘陰	土木		同上	
龍瑞圖	祥初	永綏	機械		同上	
劉克遼	斐穎		機械		湖南株州田心堰株州機廠	
程逵泉	名山		機械		同上	
朱振鵬	北溟	寧鄉	機械		同上	
舒學鈞		長沙	機械		同上	
鍾伯謙	若溪	耒陽	鑛冶		長沙湖南大學	
湯　榮		湘潭	機械		同上	
皮名振		長沙	鑛冶		同上	
吳樹基	小石	醴陵	鑛冶		同上	
龔若榮		長沙	土木		同上	
汪泰葵		江蘇崇明	鑛冶		同上	
蔣良俊		長沙	地質		同上	
黎權中		長沙	水利		同上	
魏開江		長沙	電機		同上	

編後

本期預定六六出版，是日爲工程師節，總會規定是日應注重水利宣傳，特請由水利專家主持湖南水利之會員謝志安粟翼寰兩先生就湖南水利概況與各項設施，編成水利專號，以供各界參考，至各地來稿，如李琦伯先生之煉鉛工程，吳樹基先生之浮選法，羅可權先生之自動板划續篇，王正己先生之救濟工程計劃諸篇，本期限於篇幅，未能容納，決下期登載，特附綴數語，以致歉忱，並當預告。

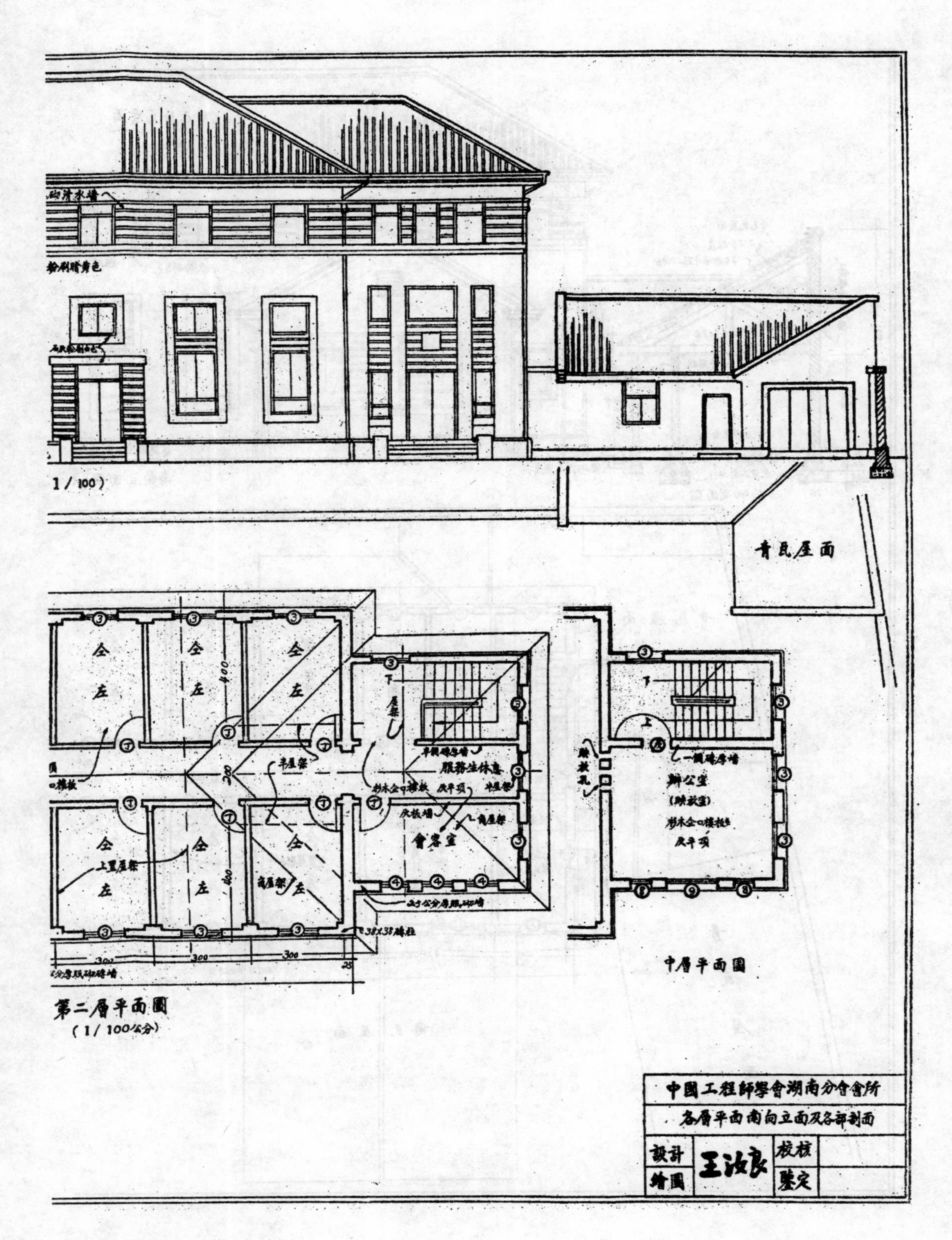
粉刷暗黄色
1/100)
青瓦屋面
仝左
會客室
服務生休息
辦公室
中層平面圖
第二層平面圖
(1/100公分)
中國工程師學會湖南分會會所
各層平面南向立面及各部剖面
設計
繪圖
王汝良
校核
鑒定

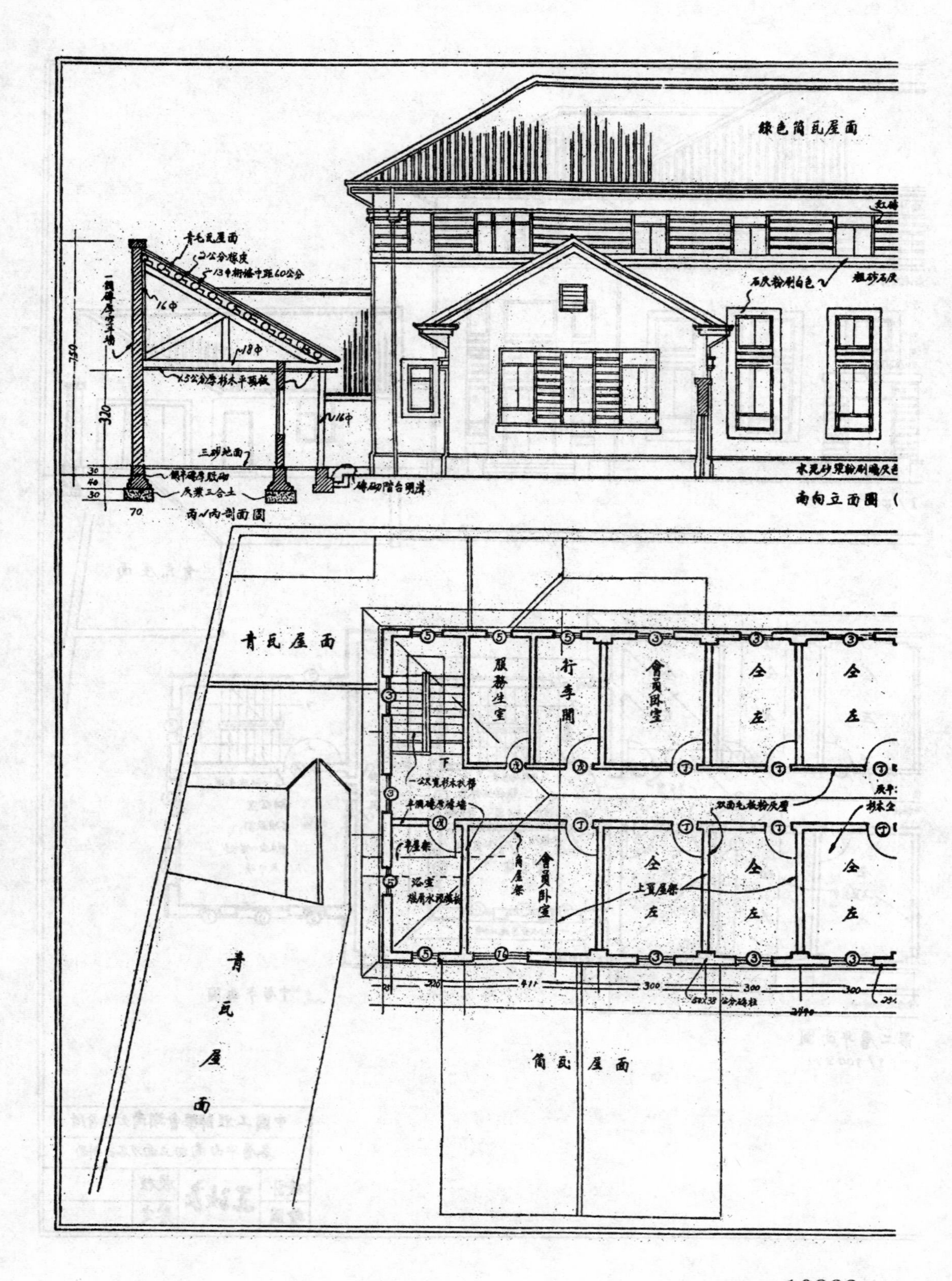

綠色筒瓦屋面
青毛瓦屋面
2公分椽皮
13中椽條中距60公分
16中
18中
1.5公分厚杉木平頂板
一個磚厚空斗牆
750
320
16中
三砂地面
30
40
30
70
灰漿三合土
磚砌階台明溝
丙～丙剖面圖
石灰粉刷白色
粗砂石灰
水泥砂漿粉刷牆灰色
南向立面圖
青瓦屋面
服務生室
行李間
會員臥室
仝左
仝左
下
一公尺寬杉木扶梯
半個磚厚牆
雙面毛板粉灰壁
杉木仝
會員臥室
仝左
仝左
仝左
上置屋架
角屋架
浴室
青
瓦
屋
面
筒瓦屋面
411
300
300
300

中華民國三十六年六月六日出版

編纂者　中國工程師學會長沙分會編輯委員會

發行者　中國工程師學會長沙分會

印刷者　長沙富雅村鴻雍印刷廠

工程季刊

工程季刊
第一卷
第一期
廣州工程師會會刊
中華民國二十一年拾月

ANDERSEN, MEYER & COMPANY, LTD.

CANTON

CABLE ADDRESS "DANICA" ALL STANDARD CODES

HEAD OFFICE:
4-6 YUEN MING YUEN ROAD,
SHANGHAI, CHINA.

TELEPHONE NO. 10928

OFFICES AT HANKOW, HONGKONG, MUKDEN, PEKING, TIENTSIN, TSINAN, LONDON, AND NEW YORK

美商慎昌洋行

電報掛号"DANICA" 廣州沙面英界 電話一〇九二八号

本行專辦各種機器電器銅鐵機車客卡貨卡鋼軌一切鐵路用品長途汽車開荒機農具織造機各種發動機大小發電機磨打風扇電鏢各種電氣材料機廠工具車床鑽床刨床鑼床等輪船用品大小水泵氣泵士點爐水鏢建築材料鋼根鋼窗白英泥瓦面油毡潔具銅鎖等堅固新式夾萬庫門測繪儀器化學用具碌路機洗衣機粉磨雪機雪櫃冷汽機罐頭機X光鏡印擦機西藥書籍裝釘機開礦機本行兼承辦各項工程如東山水塔中山先生紀念堂鋼架及珠江大鐵橋

總行 上海圓明園路四至六號

支行 漢口 香港 奉天 北平 天津 濟南 倫敦 紐約

工程季刊

廣州土木工程師會會刊

編輯		編輯
朱志龢	總編輯　陳良士	麥蘊瑜
黃謙益		林克明
陳國機		梁綽餘
梁啓壽		胡棟朝
		潘紹憲

第一期第一卷目錄

報告及調查

譯叢

工程常識

材料試驗消息

附錄

中國工程師學會發行

會　址：本市文德路歐美同學會　分售處：靖海二巷稽業公司
各大書局

電　話：

本刊價目：每冊四角全年四冊一元六角

廣州市工程師一覽表

李卓工程師事務所 靖海路西三巷第一號 電話：13652	伍澤元工程師事務所 十八甫北二十八號二樓 電話：12744
黃伯琴工程師事務所 下九甫西路一百一十九號四樓 電話：11384	陳桀枝 李炳垣 工程師事務所 大新路一二四號二樓
鄺偉光工程師事務所 文明路一九四號二樓 電話：15528	朱炳麟工程師事務所 豐寧路八十八號三樓
楊永棠工程師事務所 惠愛西路三十三號二樓	盤阜卓工程師事務所 排粉新街十四號

廣州市工程師一覽表

林柱工程師事務所 楊仁南三十八號二樓	余謙工程師事務所 大新路四十六號二樓 電話：15588
鄭成祐工程師事務所 豐寧路二八一號二樓 電話：16091	楊錫宗工程師事務所 永漢南路四十一號三樓 電話：12156
陳應權工程師事務所 泰康路八十八號三樓 電話：16118	關以舟工程師事務所 大南路三十二號三樓 電話：16103

廣州土木工程事務所

工程師　陳良士

中華中路象牙街二十七號

電話：14768。　18225。

本刊投稿簡章

(一)本刊登載之稿，概以中文爲限，原稿如係西文，應請譯成中文投寄。

(二)投寄之稿，不拘文體文言撰譯自著，均一律收受。

(三)投稿須繕寫清楚，幷加圈點，如有附圖，必須用黑墨水繪在白紙上。

(四)投寄譯稿，幷請附寄原本，如原本不便附寄，請將原文題目，原著者姓名，出版日及地址詳細敍明。

(五)稿末請註明姓名，別號，住址，以便通信。

(六)投寄之稿，不論揭載與否，原稿概不發還。

(七)投寄之稿，俟揭載後酌酬本刊，其尤有價值之稿，另從優酬答。

(八)投寄之稿經揭載後，其著作權爲本刊所有。

(九)投寄之稿，編輯部得酌量增刪之，但投稿人不願他人增刪者，須特別聲明。

(十)投稿者請寄廣州市文德路廣州土木工程師會辦事處工程季刊編輯部收。

廣州土木工程師會組織人名表

民國廿一年第一屆選舉人名表

執行委員

朱志龢　梁啓壽　李　卓　梁綽餘　陳國機　黄森光　陳榮枝

監察委員

卓康成　劉鞠可　林逸民　袁夢鴻　黄謙益

籌欵委員

劉鞠可　黄謙益　卓康成　袁夢鴻　陳國機　李　卓　林克明

圖書委員

黄玉瑜　陳良士　李炳垣　林克明　麥蘊瑜　利銘澤　郭秉琦

執行委員主　席　李　卓

副主席　朱志龢

中文書記　陳榮枝

英文書記　黄森光

會　計　梁啓壽

幹　事　陳國機　梁綽餘

辦事員　譚　俊

世界大橋梁一覽表

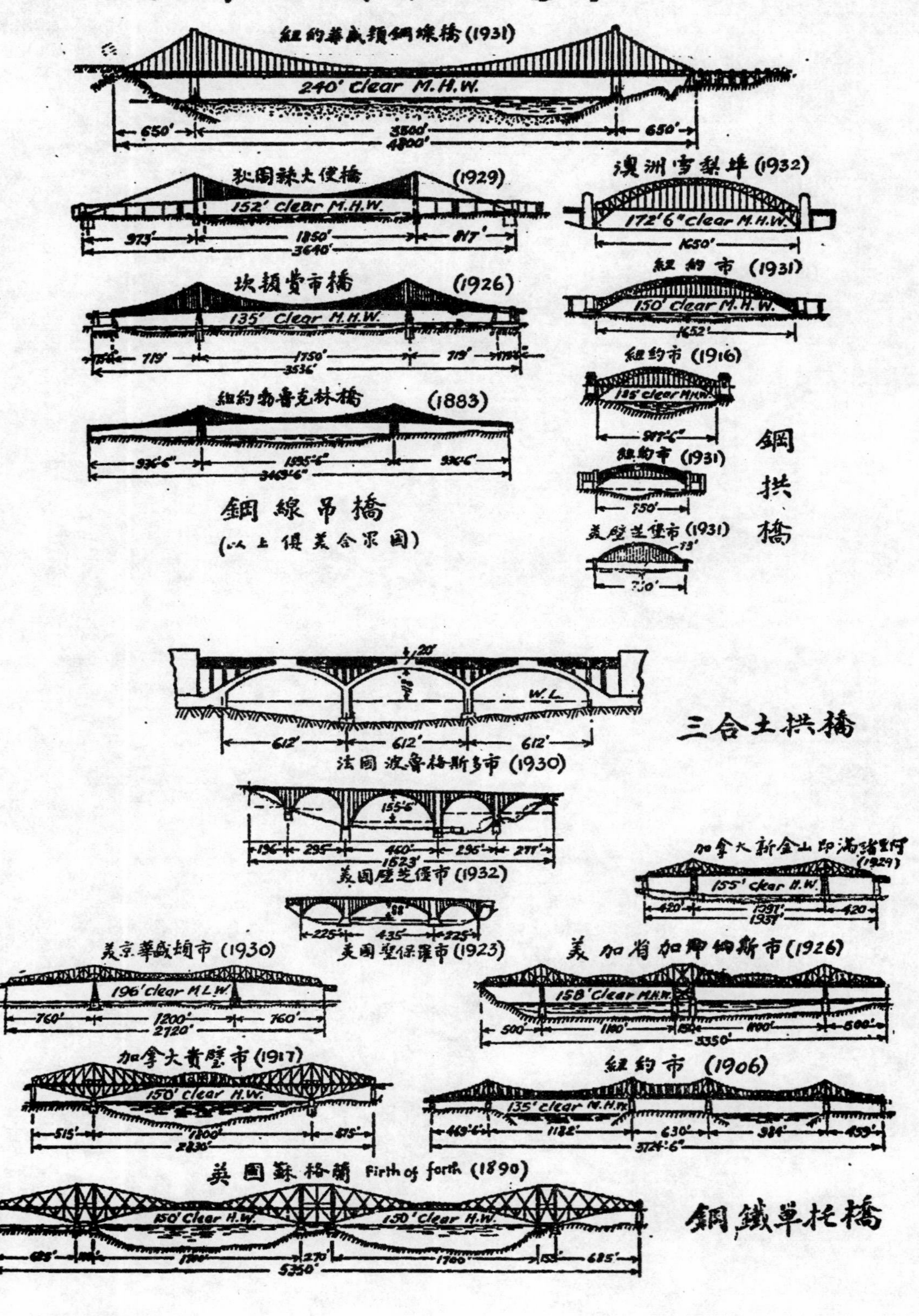
紐約華盛頓鋼纜橋(1931)
240' clear M.H.W.
650'
3500'
650'
4800'
(1929)
152' clear M.H.W.
1850'
3640'
坎顿費市橋 (1926)
135' Clear M.H.W.
719'
1750'
719'
3536'
紐約布魯克林橋 (1883)
澳洲雪梨埠(1932)
172'6" clear M.H.W.
紐約市 (1931)
150' clear M.H.W.
紐約市 (1916)
紐約市 (1931)
750'
美壁芝堡市(1931)
鋼拱橋
鋼線吊橋
(以上係美合眾國)
W.L.
612'
612'
612'
三合土拱橋
法國 (1930)
155'6"
196'
295'
460'
295'
277'
1523'
美國壁芝堡市 (1932)
88'
225'
435'
225'
(1923)
加拿大 (1929)
155' clear H.W.
420'
1937'
420
美京華盛頓市 (1930)
196' clear M.L.W.
760'
1200'
760'
2720'
158' Clear M.H.W.
500'
500'
(1926)
加拿大 (1917)
150' clear H.W.
紐約市 (1906)
135' clear M.H.W.
英國蘇格蘭 Firth of forth (1890)
150' Clear H.W.
150' Clear H.W.
1700'
1700'
685'
5350'
鋼鐵單柁橋

編輯者言

我國學術，原不後人，祇以學者自秘，不肯公開，坐令華陀針灸，伯牙絃琴，竟成絕響。此其缺乏團體之討譯，著藉之流傳，有以致之，良可惜也。晚近科學昌明，物質進化，倘國人猶泥於此種膠柱鼓瑟之見，不思爲亡羊補牢之謀，行見文化後人，國將不國，可勝言哉！同人等服務家邦之餘，感學術之不倡也，乃由本市土木工程師全體集合，組織廣州市土木工程師會，同時并決議編輯工程季刊，以爲同人研討學術之典籍。其意旨在乎求工程藝術之進步，自無待言，而并裨益一般人民之聞知，當非淺鮮也。

本刊爲第一卷第一期，原定於十月十日前後發表。因稿件之收集，印校之艱難，頗費時日，故遲至十月下旬，方能成書。其中手民之誤，所在多有，惟閱者諒之。

本刊文字，其內容事項，由著者負責。惟如有倘應討論之處，自仍盼高明之指示。倘希大雅君子，不吝珠玉，共相參商，庶學術能由辯而明，由疑而決，則工程學術之前途，光明可以預祝矣。

論工學名詞亟宜審定

李　　拔

一國文化學術之高下，視其國人研學所資之典籍，能否自給自足以為衡。上焉者英才輩出，學會如林，著作發明，日新月異；其圖書之富，足以包羅萬有，啓廸人羣，莘莘學子，取足於是。中焉者雖創作不足，而受外來之灌輸，亦能取精用宏，潛移默運；蔚為本國學術。下焉者作述二端，胥無足道，本國典籍，不足為獨立研學之資，惟有俯仰隨人而已。

我國夙稱聲名文物之邦，開化之早，為並世諸國冠。顧先民所重，偏於形而上之學，至形而下之藝術，則以奇技淫巧，薦紳先生難言之。故藝術書說，流傳綦鮮。除私人著述自娛外，向無統系之探討。海通以來，與世界各國接觸，始知物質科學，舉不如人，深感學術之貧乏。由是分遣學子，負笈異國，並編譯外籍，以饗國人。然數十年來，留學自留學，編譯自編譯，而國內學術之貧乏不能自存也如故，抑又何耶？

吾思之，吾重思之，蓋由術語之不統一，有以致之。術語既無一定，故著譯難。甲立一名，乙陳一義，迷離彷彿，學子何所適從，乃不得不求諸外國語原本，以明真相。由是中國著譯，漸不為國人所重，而著譯用希。學子研究專科，既不能由本國文字，逕趨堂奧，必先通一外國語，始能閱讀原本；乃至非求深造，亦須負笈他邦。長此不已，吾國專門學術，將永無獨立研究之可能，寧不可嘆。最近上海申報月刊，揭載中日文化事業之比較，吾國學校之多，學生之衆，以及圖書館報紙著作物電影片之數量，均不及日本遠甚；而留學生人數，則七倍之。兩國文化學術之高下，從可知矣。

我國專門術語，如政治法律等科，為士夫所素習。自外籍輸入，漸覺事有定名，名有定訓，學者稱便。獨至工科，則以自始不爲國人重視之故，尙無統一之術語。或失之僞，或失之陋。其不合邏輯之名，如火船火車自來水等，固無論矣；卽就最普通之士敏土一物言之，國中稱謂，不一而足，曰水泥，曰水門汀，曰塞門德，曰洋灰，曰紅毛泥，令人目迷五色。故工科名詞，隨擧一語，必附外國語原文，始能確定其義，其不便孰甚焉。曩者交通部嘗有審訂鐵路名詞之擧，特設專會，編有專書矣，顧名詞雖訂，而視同告朔之餼羊，不爲官廳文書所推行，不爲學者著述所採用。久之，鐵路主管機關，亦棄其固有之鐵路名稱，而效顰東鄰，改稱鐵道矣。尙何有於名詞之統一哉！

是故不求工學之發達則已，欲求工學之發達，必先審定統一名詞。由學術團體，斟酌至當，呈請官廳頒布施行。然後工學名詞，乃有一定之標準；專家著譯，有所依歸；而學子尋求，亦不至漫無捉摸。著譯旣盛，則就本國文字，亦得以進窺工學堂奧。工學之發達，當有一日千里之勢。不然者，長此假道外國語以治專門之學，豈唯窒塞獨立研學之機，抑爲國民經濟計，亦非所宜也。

鋼筋三合土梯塊設計圖

梁啓壽

凡設計鋼筋三合土梯塊，因其本身之重量甚大，假定之數，甚難準確。下列之圖，為不須假定梯級及梯塊之本身重量，而可直接求其所須之厚度。此圖為梯級最普通之高度(七吋半)，及最普通之寬度(九吋)。其力量之限制，規定鋼筋每方吋之單位牽力為18000磅，三合土每方吋之單位應壓力為700磅，鋼筋與三合土之彈率比為15。若係他種力量之限制，亦可應用此圖，但其支距 l 之值須用113/k 乘之，此 k 之值為新定力量之數。

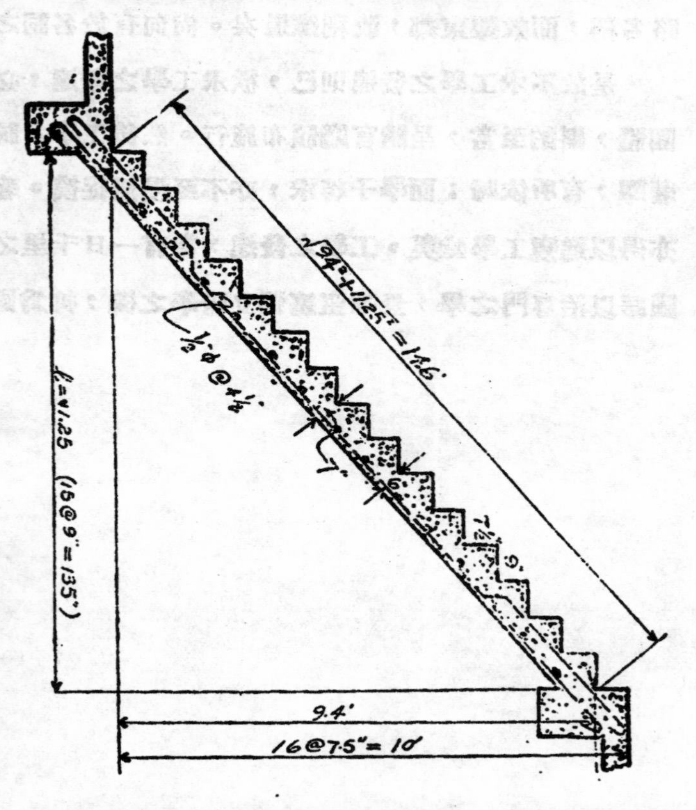

設有一樓梯之高度為10呎，每平方呎梯級須載100磅之活重，若鋼筋之單位牽力為18000，三合土之單位壓力為700，及 n =15，則可自圖表 w=100之點，聯支距 l=11.25之點(此數參看附圖)之直線，交所須d值之點於6之點，故其梯塊所須之共厚為6+1=7吋。若用計算之法，則先假定梯塊之共厚為7吋，

$$十五級共重量=15\times7.5\times9\times\frac{150}{144}=528$$

塊面共重　=14.6×7×12.5　　=1280

共活重　=11.25×100　　=1125

每呎梯寬共載重=528+1280+1125=2933

$$M=\frac{1}{8}\times 2933\times 11.25\times 12=49400\text{吋磅}$$

$$d^2=\frac{49400}{113\times 12}=36.3\quad d=6.01''$$

用 d=6"

共厚 d=6+1=7"（與假定符）

如上例若三合土之單位壓力爲650，鋼筋之單位牽力爲16000，及n=15，則其k=107.7。若用此圖表求其所須之厚度，則可自圖w=100之點，聯圖內 $l=\frac{113}{107.7}\times 11.25=11.8$ 之點，交所須d值之點於6.4，故須用d=6.5吋，厚6.5+1=7.5吋。

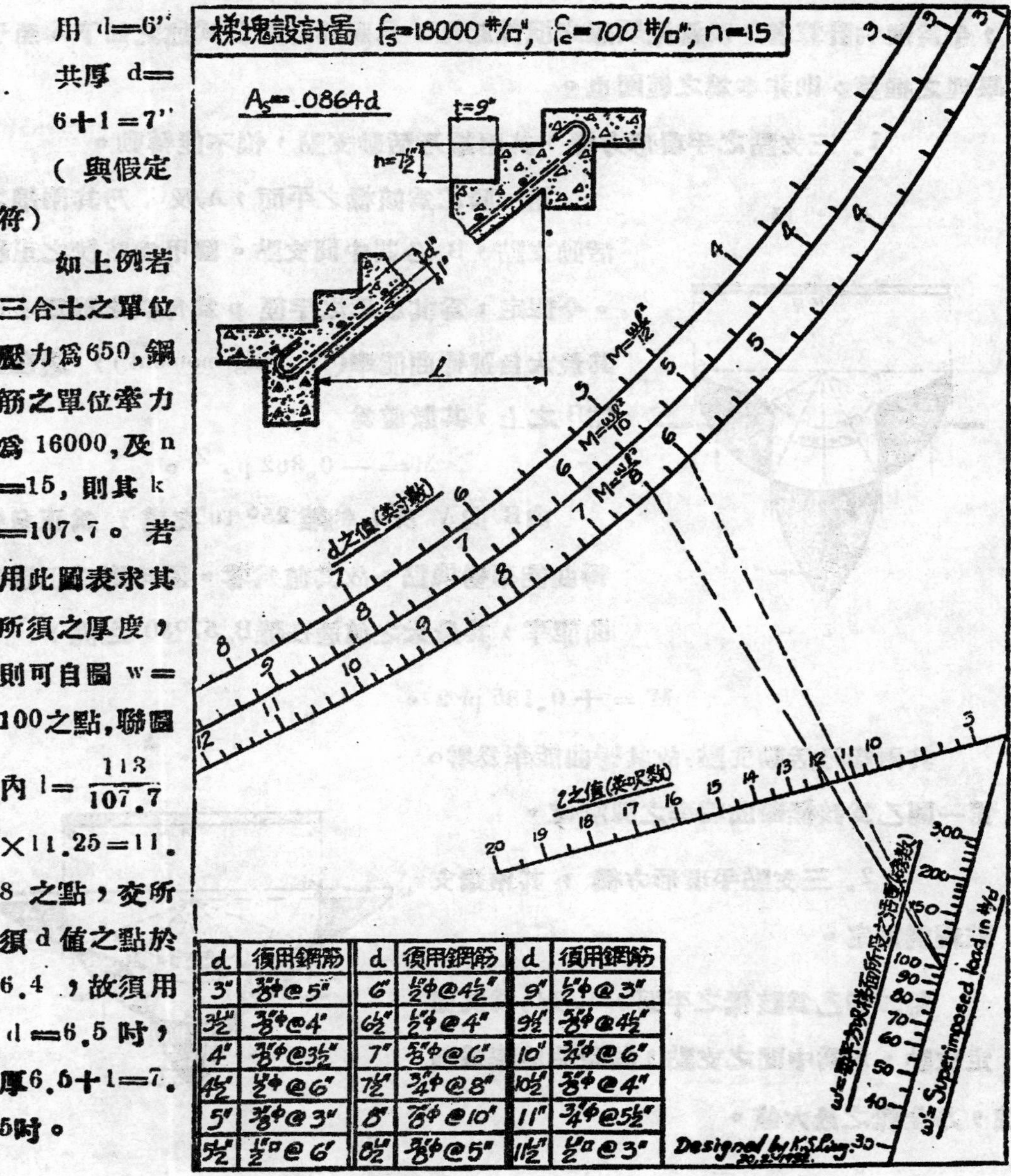

d	須用鋼筋	d	須用鋼筋	d	須用鋼筋
3"	3/8"φ@5"	6"	1/2"φ@4½"	9"	1/2"φ@3"
3½"	3/8"φ@4"	6½"	1/2"φ@4"	9½"	5/8"φ@4½"
4"	3/8"φ@3½"	7"	5/8"φ@6"	10"	3/4"φ@6"
4½"	1/2"φ@6"	7½"	3/4"φ@8"	10½"	5/8"φ@4"
5"	3/8"φ@3"	8"	7/8"φ@10"	11"	3/4"φ@5½"
5½"	1/2"□@6"	8½"	7/8"φ@5"	11½"	1/2"□@3"

環形方樑之計算法

麥蘊瑜

環形方樑者，乃方形橫剖面之樑，彎曲而成環形，或半環形。換言之，其狀如大井環。建築物中，雖不常有，而洋灰混凝土建築中如圓形之亭台及塔拱，半圓形之騎樓，亦有用之者。惟其計算方法，普通之力學書籍，多缺而不詳，今爲便利計算者。及避免煩雜之演算起見，只將其計算公式述之如下。至于學理之推算，則非本篇之範圍也。

1. 三支點之半環形方樑，其兩端乃活動支點，惟不能轉動。

第一圖

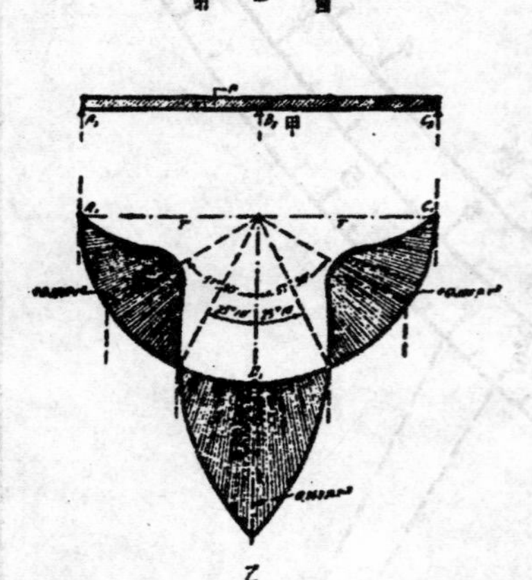

第一圖乙爲該樑之平面，A,及C,乃其兩端之活動支點，B.乃其中間支點。圖甲爲該樑之正視。今假定 r 爲其環形之半徑 p 爲每呎之載重，則其最大負號彎曲能率(Bending moment)，適在支點B之上，其數值爲

$$M = -0.362\,pr^2\ 。$$

由B 向A,及C,約離25° 10'之處，爲正負號彎曲能率變換點，故其值爲零。過此則爲正號彎曲能率，其最大之值適在離B,57°30'之處，

$$M = +0.185\,pr^2\ 。$$

其兩端乃活動支點,故其彎曲能率爲零。

第一圖乙爲該樑彎曲能率之圖解值。

第二圖

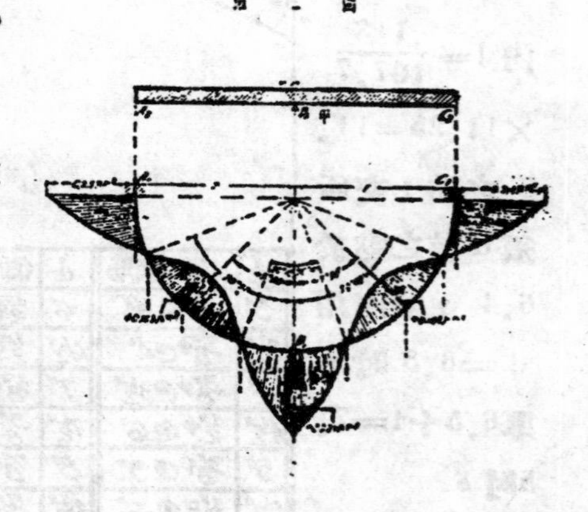

2. 三支點半環形方樑，其兩端支點絕對固定。

第二圖乙爲該樑之平面，A,及C,爲其固定支點，B,爲中間之支點，其彎曲能率爲負號，乃全樑之最大値。

$$M = -0.227\,pr^2。$$

離B. 20° 10'之處，爲正負號彎曲能率之變換點，其值爲零。過此則爲正號之彎曲能率。離B. 45° 30'處，其值最大。

$$M = +0.103\,pr^2。$$

離B. 70°50'處，其值復爲零。因兩端爲固定支點，故於A,及C,支點上發生負號之彎曲能率，其值較諸B,支點畧少。

$$M = -0.213\,pr^2。$$

3. 四支點連續半圓形方樑，其兩端乃活動支點，惟不能轉動。

第三圖乙之平面，其支點B.及C,與中線成30°角，A,及D,爲其兩端之活動支點。半環方形樑之中間，即中線處，其彎曲能率之值爲正。離中線12°角之處，其值則爲零，

$$M = +0.0222\,pr^2。$$

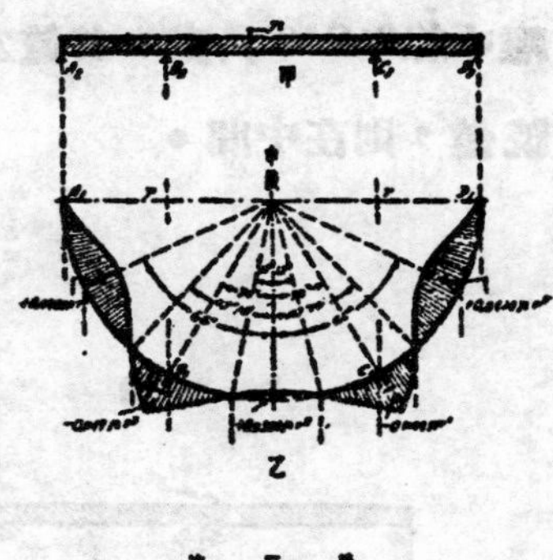
第三圖

在B,及C,支點上其彎曲能率爲最大負值，

$$M = -0.1149\,pr^2。$$

離中線42° 10'處，其值復爲零。過此至A,及D,皆爲正數。在66°角處，爲最大值，

$$M = +0.0948\,pr^2。$$

4. 四支點半環形方樑，其兩端乃絕對固定之支點。

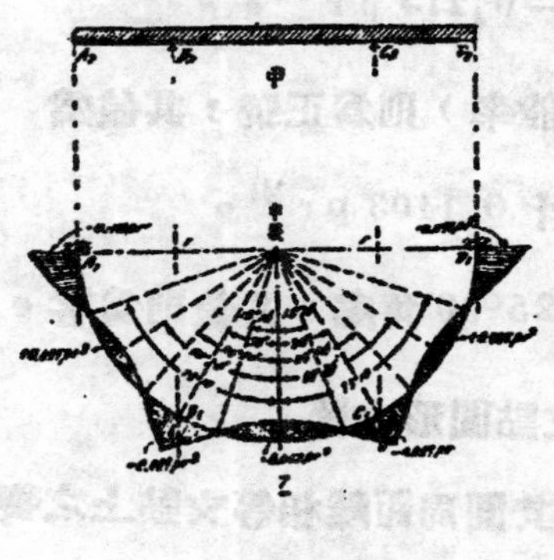
第四圖

第四圖之A.及D,，爲固定支點，故發生最大之負號彎曲能率。其值爲

$$M = -0.1193\,pr^2。$$

B及C,支點之彎曲能率，亦爲負號，惟畧少，

$$M = -0.089\,pr^2。$$

其最大正號彎曲能率，在該樑之中間，其值爲

$$M = +0.052\,pr^2。$$

離中綫 58° 20′ 處，其彎曲能率爲正號，惟其値較少，

$$M = +0.035\,p\,r^2 。$$

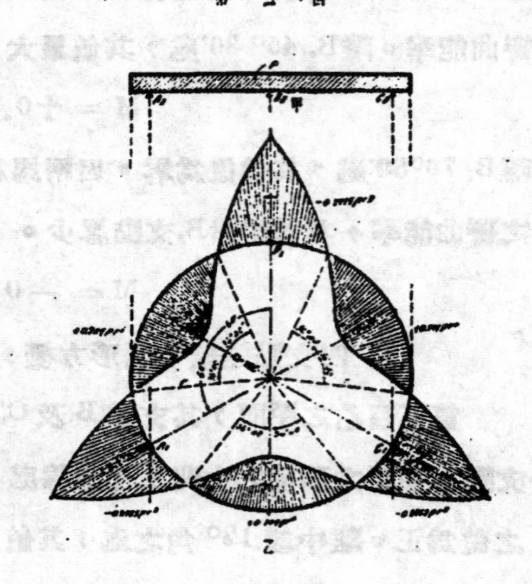

離中綫 18° 10′ 角 43° 30′ 角及 73° 10′ 角之處，則其値皆爲零。

5. 三支點環形方樑

A_1，B_1 及 C_1 爲各支點相離之位置。如第五圖支點上之彎曲能率，皆爲負號，其値爲

$$M = -0.3955\,p\,r^2 。$$

離中線36°40′角處，其値爲零。其最大正號値，則在中間。

$$M = +0.209\,p\,r^2 。$$

第　六　圖

6. 四支點圓形方樑

A_1，B_1，C_1，及 D_1 爲支點，其位置如第六圖。支點間之角度，卽圓周距離相等。凡支點上之彎曲能率，皆爲負號，値其亦最大。

$$M = -0.215\,p\,r^2 。$$

兩支點中之彎曲能率，則爲正號，其値爲

$$M = +0.1103\,p\,r^2 。$$

離兩支間之中綫25°50′角處，其値則爲零。

7. 六支點圓形方樑

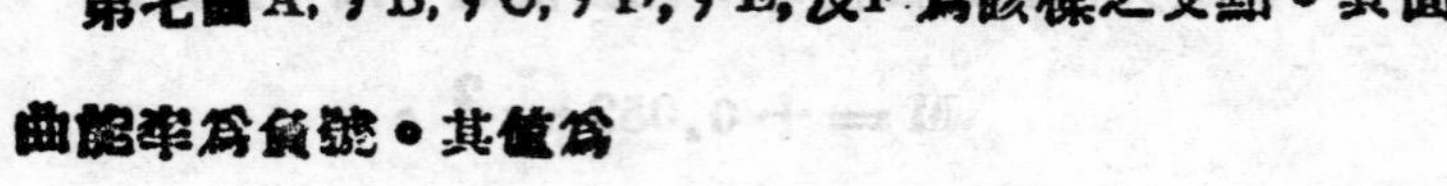

第七圖 A_1，B_1，C_1，D_1，E_1 及 F_1 爲該樑之支點。其圓周距離相等支點上之彎曲能率爲負號。其値爲

第七圖

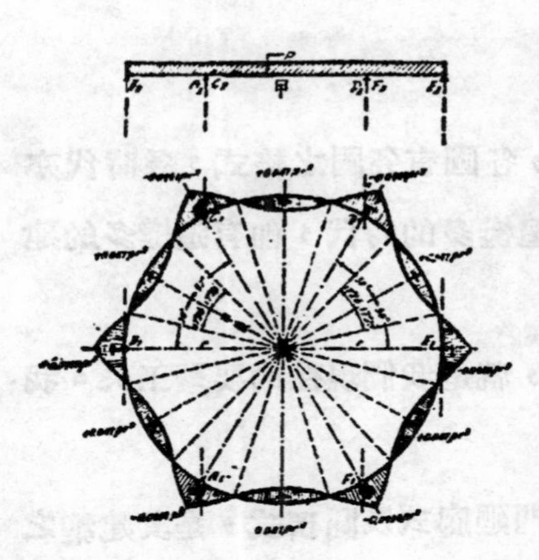

$$M = -0.0933\,pr^2$$ 。

兩支點中間之灣曲能率爲正號，其値爲

$$M = +0.0470\,pr^2$$ 。

離中綫 17° 20′ 角處，其値則爲零。

8. 八支點環形方樑

第八圖由A,至H,之八支點，其圓周距離皆相等，各支點上之灣曲能率，皆爲負號，

第八圖

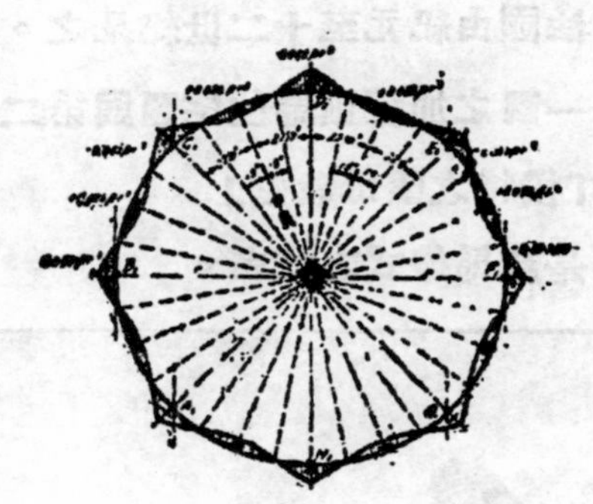

$$M = -0.052\,pr^2$$ 。

兩支點間之正號彎曲能率，其値爲

$$M = +0.026\,pr^2$$ 。

建築格式

林克明

建築格式，（Style architecture）至為複雜，各國有各國之格式，各時代亦有各時代不同之格式，我們可以說世界各國有這樣多的時代，卽有這樣多的建築格式。

參攷各國時代的各種格式，以明瞭其變遷，就是我們現在的要緊工夫。我現在舉幾種例証，以供研究建築者參攷。

自羅馬衰落後，羅馬建築採用半圓形以前門廻廊式及圓頂式，是其建築之特徵。此項建築，在 Byzance 及法國由紀元至十二世紀見之。第一圖之加勞羅馬住宅圖與第二圖『樸特之望母敎堂』是羅馬格式之代表。

第一圖加羅羅馬住宅
Maison Gallo Romaine

第二圖樸特聖母教堂
Eglise Motse-Danse du Posr

第三圖是西班牙住宅係受羅馬與希臘格式的影响而變成的。第四圖現表一種Hisapno-mauresque之回教寺院格式。此中所用之羅馬圓頂，是由Arabes亞拉伯更改的。

第三圖 Maison d' Espagne

第四圖 Mosquee de Grenade(Espanue)

在法國十二世紀，創作一種新格式，謂之Style Ogival。如謂之'哥的格式"實在不對的；因此格式不是由意大利北部'哥的"而

第五圖Style Ogivalflambogent du XIV S.

第六圖 Eglise d' Arques

第七圖 Villa Medicis a Rome Style Renaissance

來的。Style Og'val 係由羅馬傳來。其圓頂與前門迴廊，由兩個圓形之圓拱 arch 相接處變爲尖銳。如第五圖及第六圖"握加教堂" Eglise d'Arques。此種建築則必用複式幼緻的小柱，成爲定型。此小柱幷用以裝飾欄河窗門等處。羅馬時代重要之大柱乘托圓頂之紀念建築物，至此時則以小柱代之，其柱頭以當地之花草，樹葉獸類爲裝飾。此爲純粹的法國十二世紀之新格式，此格式綿延至十四世紀。

第八圖 Maison esd Richard a Dijon

十五及十六世紀產生文藝復興的格式 Style Renaissance 表明希蜡羅馬的回復痕跡。文藝復興時代的格式，多見之於皇宮公共大建築物，及紀念像等。其最易區別之點，羅馬所用之弓形圓拱，此時改用爲籃柄形，及其窗口多用方形表現之；幷以彫刻爲裝飾，如第七圖係意大利文藝復興時代建築之代表。又如第八圖 Dijon 城之 Rechard 住宅及第七圖之十六世紀皇宮第十一圖之巴黎市政廳一部份，皆法國文藝復興格式之重要建築。

第九圖 Maisou des Cariotides

第十圖 Chatean du XVIS.

第十一圖 Hotel de Ville de Paris

第十二圖 Style Flamand

當時由文藝復興之影响，各國建築均有改革，如比京十七世紀之格式 Style Flamand 與荷京"頤的任宅"卽荷蘭之文藝復與格式也如第十二圖及第十三圖此卽1622年的荷蘭的代表建築。

路易十五格式，定用直線，前部"加冕"，變爲曲線與尖線，如巴黎之美術院 Louvre可代表此時代的建築。

第十三圖
Maison aux Tetes d' Ams terdam

路易十五後，我們又回復古的建築格式，如巴黎之軍校及Concorde皇宮等及公共之紀念建築物多用之。但此時之建築師，建築很多小旅店，採用一種格式，謂之Rococo式，法國人有稱爲路易十五格式。此次格式，以凸出的底線，幼而輕巧的，幷用洗濯愛情及有殼類動物等彫刻裝飾之。

巴黎國立美術學校，由拿破倫第一在1806年手建，爲法國美術教育的結晶，是一件十九世紀回復古式的重要建築，還要表揚皇帝的雄威。

及至廿世紀，對於各時代的格式都稍有採效，且互相融會之，而成爲新的創作。然而其間亦產生一新的美術，此美術之本質，就是毀棄直線，而採用自然而"縈幸的曲線"；或以花木莖形爲標準。在巴黎新的建築，（卽十九世紀至二十世紀初）多以圓形窗口或多角形飄樓，但很多人精神上，覺得不很美觀。

第十四圖　春季公司

在我們的世紀，有一種謂之陳列的格式，建築物的墻所占的面積較少，通通用很大的窗子，其上蓋往往負担甚重，或負一座很大的dome。此種陳列格式，適用於商店，及會堂等，例如巴黎之春季大公司。（第十四圖）

此類建築用鐵最多，樓屋之骨胳，均靠鐵爲之；然現代趨用鋼筋三合士，比較以前之建築，經濟而利便多矣。

至於東方及俄國之建築格式，亦自有其光明的歷史，幷有其本身之美，應另研究之。

發展瓊崖全屬交通計劃

胡棟朝

一·瓊崖之位置

瓊崖一島，孤峙海心，往昔交通不便，有世外桃源之稱。然自歐亞航綫發展，海運競爭而後。迄今乃成爲地球上之一重要之島焉。其位置在北緯十度至二十度，東經一百零九度至一百十二度半之間。爲中國南海中之一大島，南臨英荷所屬之南洋羣島，東南遙望美屬之菲律賓羣島，東北通香港台灣及琉球羣島。自台灣被日佔後，此島遂爲吾國之碩果僅存矣。島居我國之極南，西北與我陸地之雷州半島相望，僅隔一衣帶水之海峽，航行三數小時可達。將來粵漢綫延長至西南沿海時，此島必成爲西南與海外交通之樞紐也。以國防論，則當印度洋與太平洋出入歐亞航綫之衝，爲我國西南重要之屏障，當世界各強國殖民地經緯界內之中心點。惟惜未有軍港之設備，倘一旦世界有戰事發生時，不無可虞，此則有待於當局及國人之注意耳。

二．瓊崖之物產

瓊崖氣候溫和，土質適宜，故動植物至爲繁殖。地層之礦產，亦蘊蓄極豐。且四圍環海，尤富魚鹽。徒以交通不便，運輸艱難。並乏科學上之培植與採採，以致物棄於地，民貧於外，良可慨惜。今欲謀瓊崖實業之發展，物產之增加，實有待於吾人從事交通之設計也。茲將瓊崖物產現況，分類畧舉其槪要，述之於后：

一、森林　瓊崖地近熱帶腹地，黎境及西南各縣，山巒起伏，最富森林。如昌江之裴濤嶺玉道村，感恩縣之報恩江一帶，崖縣之東西中三路陵水溪之上游，萬寧陵水交界之大小釣羅二山，萬寧之太平洞及牛嶺，加積河之上游等，均屬產林之地，幾占全瓊面積六分之一。所產之木，多受風雨之侵蝕，抵抗力特大，耐性亦久。如紫荊，石枳，荔枝，坡欄，花梨，香椿，大包密等樹，尤屬頁美堅實之材，可作𣖙𣗳棹椅器具之用。惜因交通梗塞，採伐輸運不易，致島之東北沿海各縣，所需建築屋宇製造傢私之材料，反從海外舶來之石鹽木爲供給。舍己耘人，良深浩嘆。

二、農產　瓊崖全島，除腹部一小部爲山巒起伏面積外，餘則河流交錯，濕地平原，水田隨處皆是。且其土質肥沃，氣候炎熱，無異南洋。故熱溫二帶之植物，易於生長。出產種類特多，如檳榔，蔗糖，椰子，樹膠，益智，芠粉，咖啡，波羅，花生，茶葉、蠶桑，瓜子，果子等植物，無不具有。檳榔則產於澄邁之南部，儋縣之那大屬一帶，瓊東樂會之西部，及萬寧一帶；蔗糖則產於瓊山之西部儋縣西北部及萬寧陵崖一帶；以上二者爲島中出產大宗之植物也。樹膠產於那大市及石壁市附近，椰子則產於文昌及萬寧沿海一將，年來出產亦屬不少。此爲瓊崖產農之大略也。

三、礦產　瓊崖礦產亦甚豐富，尤以金屬爲多。如昌江，金牛嶺，五指山，儋滿嶺之金銅鑛；崖縣，紅泥嶺，喃味三弓嶺及定安南牛嶺之鐵鑛；儋縣，元門峒，紗帽嶺之金砂鑛；昌化石碌山之銅鑛，皆爲瓊崖著名之礦產也。

四、鹽田　瓊崖四面環海，各屬港灣，適於製鹽之地，隨處皆是。其中以臨高之新盈港昌江之北黎港，崖縣之三亞港，陵水之新村港，產量最多，銷流亦甚廣。次如海口之附近一帶瓊山之烏土港，產量雖少，亦足以供本地之用。

五、漁業　瓊崖沿海之濱，產魚亦多，如儋縣之紅魚，昌江之鯊魚翅，崖縣之烏魚，文昌之鮑魚，均爲瓊崖著名之水產。惟操此業者，多守率風蹈秋之舊法，不識改良故其所捕得之數量無多，出口亦因之而少耳。

三・瓊崖之公路

一、瓊島已成省道概況　瓊崖十三縣公路，其已完成而通車者，共有十五路：(一)瓊海公路長七里，(二)瓊文公路長七十七里，(三)文致公路長四十五里，(四)文烟公路長四十七里，(五)東文公路長六十里，(六)樂東公路長二十八里，(七)歸龍公路長四十九里，(八)龍興公路長一百四十六里，(九)北江公路長九十二里，(十)儋珠公路長八十七里，(十一)新臨公路長三十六里，(十二)臨桐公路長四十五里，(十三)澄皇公路長三十里，(十四)邁盈公路長七十八里，(十五)海豐公路長三十八里。統計十五路共長八百六十五里，共用去股本總額統計七十萬零七千七百三十元，平均計算每里需欵八百零六十元。其路綫最短者爲瓊海公路，由瓊山縣城北門起而達海口市，沿途所經地方，甚爲平坦，最大縱坡度爲百份之一，而用去股本總額竟達三萬五千元，平均每里需欵五千元。其興工時期爲八年五月，而竣工時期爲八年十二月，性質係官辦，其用費未免太多矣。其最長之綫爲龍興公路，由龍滾河起，道經龍滾市，坡羅舖，大茂市，萬寧縣城，長安牛漏興隆稅司，而達分界嶺，其最大縱坡度爲每百份之六，平曲線最小半徑爲一百五十呎，最長之木橋長一千五百呎，而股本總額僅用去一十三萬一千元，平均每里需欵僅九百元，性質係商民合辦，用費頗廉。大抵統合十五路而計之，其數亦相約也。若以縱坡度而言，最大者爲百份之十，在文烟公路，最小者爲百份之一，在瓊海公路；平均計算亦須百份之五。若以平曲線而言，其最小之半徑長者爲一百五十呎，在龍興公路；短者爲七十呎，在臨桐公路；平均計算則爲一百二十呎。此則瓊崖已成省道之概况也。至於其他公路尙未完成者，今試分述如下：

二、未完成之省道　由民國十五年至十九年，瓊崖之省道，由建廳公路處計劃者，分爲二種

甲、由公路處直接計劃開築者

乙、由公路處撥欵補助各縣局徵工開築者。

甲種公路有三：(一)瓊佛路，由崖縣城附近之臨高市起，至崖縣感恩二縣交界處之佛羅市止，計長九十六里，性質係商民合辦，民十九年六月興工，已撥之欵爲二萬一千五百一十元；(二)感北路，由感恩縣城起，至感恩昌江二縣交界處之北黎饒止，路長六十里，有橋樑五百二十四呎，涵洞二十八座，官商合辦，民十九年五月興工，已撥之欵爲一萬四千四百四十一元；(三)儋臨路，由儋縣新縣治起，至儋縣臨高二縣交界處之新盈港止，路長七十里，路綫所經之地爲沙地，林地，沙泥地。以工程言，其土質築路甚佳，以地方言，土質肥沃，人口稠密，繁盛之區也。若築路完成，地方益形發達，可爲預料。至其他尙未完之路，則有撥欵補助徵工開築之省道。

三、補助徵工之未完省道　由公路處直接計劃開築之省道三線，共計長約二百二十六里，已如上述。而撥欵補助徵工開築之省道，則有六線：(一)萬樂路；(二)萬陵路，此線由萬寧縣城起，至萬寧陵水二縣交界處之分界嶺止，路長七十六里；(三)陵萬路，此線由陵水縣城起，至陵水萬寧二縣交界處之分界嶺止，路長三十七里；(四)陵涯路，此線由陵水縣城起，至陵水

崖縣二縣交界處之石井村止，路長一百四十里；(六)感佛路；總計六線共長四百五十八里，皆商民合辦。有由民十五年興工者，有由民十九年動工者，而以民十七年動土者爲最多。路線所經，類多沙坭之地，開闢極爲容易，僅有兩處沙巖，開鑿較難，(一)爲陵萬路分界嶺，此段路線長約七里，(二)爲崖陵路竹絡嶺，此段路線，其路面須挖低肆拾呎。計此兩段沙巖，約十分之五，須用炸藥轟炸者，而其他十份之五，可用人力打開者；嶺腰路基，有多處須砌護墻，及塡高至二十呎以上者；工程頗稱險峻，建築費較大者也。橋樑共有五十九座，涵洞共有二百四十九座，其中有應用木石者，有應用鋼筋三合土者。此乃未完省道工程之大概情形也。其次則有縣道。

四、瓊崖各屬縣道概况　查瓊崖全屬十三縣，而僅有八縣有縣道者，而八縣之中，又以瓊山縣縣道爲最多，共計有十五線，路長六百里，建築費共用三十二萬三千元，平均每里需欵二千六百一十五元。公路之寬度由十八呎至二十四呎，而以二十呎者爲多，間亦有一二綫路寬十二呎至十四呎者。其橋梁涵洞之載重力，由二噸至四噸，而以三噸者爲最多。十五路綫，均已通車，行車頗衆。間有一二路綫，因匪患甚熾，而行人頗少者，然亦暫時之狀况也。所用車輛，私家行駛者爲多。此則瓊山縣縣道之概况也。其餘各縣之縣道大約如之。文昌縣有縣道三十線，路長七百二十二里。瓊東縣有六綫，共長二百二十一里；安定縣六線，共長三百七十五里；臨高有縣道八十八里；澄邁有縣道七十三里；陵水有縣道四十里；儋縣有四綫，共長一百五十里。至縣道在建築而未完成者，共計有一百二十五里。統計縣道已成未成各路，共有三千一百一十六里。除省道縣道之外尙有鄉道。

五、瓊崖全屬鄉道概况　鄉道者，由鄉村赴市鎮之鄉道也。鄉人以爲必要，故興築之。其已完成者，共有十四綫：(一)土美路，(二)白南路，(三)高羅路，(四)羅中路，(五)潭滾路，(六)留苑路，(七)潭天路，(八)田濤路，(九)賓老路，(十)友羣路，(十一)南興路，(十二)美龍路，(十三)文白路，(十四)聯烟路，共長二百五十六里，均晉民辦，由民十六年始立案興築，今已全路通車，所用股本總額，共計四萬三千八百一十元，平均每里一百七十一元，實爲鄉道之最廉者也。

總而計之，瓊崖十三縣，共有省道一千五百四十九里，縣道共有三千一百一十六里，鄉道共有二百五十六里，共計全屬共有已成未成公路四千九百二十一里。

六、瓊崖公路建築費　瓊崖公路，以民十四年民十七兩年築路爲最多，民十四年築路八百七十九里，共用建築費四十四萬四千零零七元，民十七年築路八百七十六里，共用建築費三十八萬二千四百四十三元。

四・公路之分處

一國之有公路，猶之一人之身之有血管也。血管者所以輸運血液，所以流通血氣也。公路者，所以輸運旅客，所以流通貨物也。血管不通，則血氣凝滯。公路不通，則客貨停滯。不特此也，公路不通，則軍事阻滯。故欲軍事快便，客貨流通，則不能不興築公路。欲興築公路，則不能不設處管理。此建設廳之所以有公路處之設也。一省之廣，一縣之大，公路繁多，不能不有公路局而管理之。廣東有九十六縣之多，每縣設公路縣局，而以各縣長兼理之，所以節糜費，而一事權也。然縣局有九十六，不能不設公路分處，以總其成。分區而治，此所以有東路分處，北路分處，南路分處，西路分處之設也。瓊崖全屬十三縣，地大物博，輸運較多，且公路有四千餘里之長，不能不另設分處之管理之。此瓊崖公路分處之所以設也。

五・公路之工程

現查公路分處，前與各商各公司訂定合約，建築工程而未完成者，有昌江縣北口路各橋梁，及昌化江桴渡工程，儋縣儋珠路各橋梁，及珠江桴渡工程，萬寧縣龍興路牛樂園及龍滾渓及仙河渓等橋梁涵洞工程，瓊東縣東文路瓊東渓橋梁工程，計有九宗，應支之工程費，尙需六萬八千餘元。

一、路面已經完成者，工程費尙未支付者：

(一)感恩縣感北路，路基路面，承建人三合公司，工費總額一四、五〇〇、元，已付一三、七〇〇、元，未付八〇〇元。

(二)崖縣崖佛路，路基路面，承建人祝成泰，工費總額二〇、二九二元，已付二〇、〇九二元，未付二〇〇元。

二、橋梁路基工程，尙未成成，而工程費亦未支付者：

(一)儋縣儋珠路修理各橋梁璧增路基，承建人合利公司，工費總額一〇、四五〇元，已付八、三〇〇元，未付二、一五〇元。

(二)昌江縣北江路修整橋梁璧增路基，承建人陳景記，工費總額一九、七五〇元，已付一六、〇〇〇元，未付三、七五〇元。

(三)萬寧縣龍興路牛樂園等橋梁二十座，承建人東成公司，工費總額六七、五〇〇元，已付五五、五〇〇元，未付一二、〇〇〇元。

(四)萬寧縣龍興路仙河溪等橋梁，承建人莊家界，工費總額二二、六八〇元，已付二〇、五〇〇元，未付二、一八〇元。

(五)萬寧縣龍興路牛樂園等涵洞，承建人東成公司，工費總額一六、九〇〇元，已付八、〇〇〇元，未付八、九〇〇元。

(六)萬寧縣龍興路仙河溪等涵洞，承建人莊家界，工費總額一一、四〇〇元，已付一〇、〇〇〇元，未付一、四〇〇元。

(七)萬寧縣龍興路龍滚和樂段橋面及涵洞，承建人文大琚，工費總額九、三七六·二元，已付七、〇〇〇元，未付二、三七六·二元。

(八)萬寧縣龍興路龍滚橋、承建人鄭學熱，工費總額三六、三五〇元，已付二三、〇〇〇元，未付一三、三五〇元。

(九)瓊東縣東文路瓊東溪東橋梁，承建人文大琚，工費總額四一、四五〇元，已付二〇、〇〇〇元，未付二一、四五〇元。

六·公路之收入

瓊崖十三縣公路之多，汽車往來之盛，其車捐附加兩項，數目必鉅。徒以從前之長該分處者，收多報少，中飽私囊，不事建設至築路遲緩，工程不振也。今據調查所得，分爲三項，條例於下：

一、由案卷調查者　車捐附加收入，共有六項：(一)統一汽車牌照費，多寡無定，月收萬餘元，此爲指撥環海公路建築費；(二)汽車二成附加費，多寡無定，月收平均約四千元，此爲指撥建築環海公路及充黎境測量隊經費並苗圃經費；(三)海口市停車場收入，計月收約一百餘元，此爲劃充苗圃經費之用；(四)瓊海路內，有興華民安瓊文瓊定西元等五家公司客票附加三成，每月收入約得一千八百元；(五)潭口桴渡公司溢利一成，計每月收入約三百元以上，第四第五兩項指撥爲瓊崖公路分處經費之用；(六)換給汽車司機執照費，全年收入約得數百元，此項尚未指定用途。

以上六項共計每年收入約有十餘萬元。

二、由瓊崖商人報告者　作者前就瓊崖全屬公路技術主任職時，與各方接洽，頗受歡迎。海口商會董事唐品三，常務委員李樹標，及各車路公司經理協理等，先後來訪。關於公路分處收入欵項，共有兩種：(一)據李常務委員面稱，瓊崖全屬汽車，約有六百輛，其中有捐者約有四百輛；每輛月捐三十元，每月收入共計一萬二千元；又行車客票附加費，每月收入約有四千元，兩項合計每月收入共有一萬六千元，此欵係備作完成環島公路橋樑涵洞之用。(二)另有瓊海公路行車公司五家客票附加費三成，每月收可得一千八百元，此欵係指定爲瓊崖分處經常費之用。全年合計公路之收入，每年共有二十一萬三千六百元。此欵之鉅，以之建設，頗能宏偉，而况其眞實之數，尚不止此耶。

三、由事實而計劃者　(一)車捐之收入瓊崖全屬有私家行駛之汽車約有六七百輛，其實數須待精密之調查，方能確定。今假定有汽車五百輛，每輛月捐三十元，則每月收入有一萬五千元，全年共計每年收入得銀一十八萬元。(二)附加之收入　客票附加費，本係爲完成環島公路而設，然以地方之財，發展地方之公路，至爲適當。且瓊崖全屬公路之多，汽車行駛之盛，客票附加之收入，其數當必甚鉅，亦須派專員詳細調查，方知確實之數。今假定每車每日生意客票之收入爲三十元，地方繁盛之地，汽車往來較多之路，附加費三成，而貧瘠之區汽車往來較少之路，則附加費一成，平均計算，則附加費二成，以此伸算，則每車每日有六元之收入，以汽車五百輛計之，則每日有三千元之收入，每月當有九萬元之收入，每年當有一百零八萬元之收入。兩項合計，行車收入每年當有一百二十六萬元。除去公路分處經常費之外，以之發展瓊崖交通事業，當必大有可觀，奈何當事者之不大加注意耶。

七·工費之調查

瓊崖地大物博，稍加整頓；則交通必能發展，商業必能暢旺。玆就管見所及，著爲計劃書，以備當道之採擇。然發展公路發展交通，必視經費之多寡爲轉移，而經費之多寡收入之實數，又必待調查而後確定。今將調查之辦法，條列於後：

一、調查之事項

(一)關於行車方面者：

甲　瓊崖全屬汽車共有若干輛，

乙　有捐汽車共有若干輛，

丙　汽車公司共有若干家，

丁　商民合辦公路共有若干線，

戊　官商合辦公路共有若干線，

己　每線由某處至某處共有若干里，

庚　每路每車抽捐若干元，每月計

辛 每路各站客票附加費若干成，每日計

壬 其他關於行車收費事項，

(二)關於技術方面者：

甲 環島公路土方橋梁涵洞水溝情形，

乙 完成環島公路土方需費若干元，

丙 完成該路橋梁需費若干元，

丁 完成該路涵洞水溝需費若干元，

戊 建築由海口至水英港公路需費若干元，

己 建築水英港碼頭需費若干元，

庚 建築清瀾港碼頭需費若干元，

辛 建築由清瀾港鐵路需費若干元，

壬 建築中部十字公路需費若干元。

二、調查之費用 擬派技士一人，技佐一人，調查員一人。查瓊崖地方水陸艱險，必須厚其薪俸，幹員方願前往，所需費用，開列於下：

(一)技士一人月薪二百七十元，

(二)技佐一人月薪一百二十元，

(三)調查員一人月薪一百二十元，

每人每月膳費五十元，共一百五十元，以三個月爲限，共計一千九百八十元；另往返川資，每人五十元，共一百五十元另調查車費雜費，每人三十元，共二百七十元，又文具及其他雜費，共一百二十元，合共調查費用需款二千五百二十元。

八・分處之裁撤

瓊崖公路既多，而十三縣局分道計劃，徵工填路基，瓊崖公路分處，總攬其成，計劃橋樑涵洞，分道揚標，甚爲妥善。乃不謂海軍之變，各縣長易人，而公路工程，亦因而停頓。其後匪氛漸次歛跡，瓊崖改爲特別區域，至是而瓊崖分路處，則奉令裁撤矣。其節存之經費，則留為補助本省建築公路之用，限於本年六月二十日以前結束。所有文卷公物，移交瓊山縣政府暫行接收管理，此瓊崖公路分處裁撤之原因及其經過也。

九・派員之緣因

公路分處既裁之後，瓊山縣政府接管文卷公物，然該縣政府祇能保管文卷公物，而無管理瓊崖全屬路務車務之權。如一切停頓，則工程中斷，未免半途而廢。公路行政，既然中輟，公路進行，遂生窒碍。且公路分處所收路欵，係瓊崖人民之血汗，以之為建築瓊崖之公路，則不能不忍痛須臾。若以一地方之欵，而撥為建築本省公路之用，則似非公允。當道有見及此，故有派員主理瓊崖公路技術之命，此則派作者為瓊崖全屬公路技術主任之緣因也。

十・公路與綏靖公署之關係

中國頻年盜匪充斥，外患頻仍。其始也分區而治，各防外患，自固邊疆而已。其繼也即一省之中，亦分為綏靖數區，以防匪共。即以粵省而論，則有東區中區南區西北區，最近即瓊崖亦分作特區，設綏靖公署。然軍事貴迅速迅速賴交通，則公路其尚矣。故綏靖公署之對公路，非常重視，對於技術人才，非常借重，以公路能運輸迅速，以技術人才築公路能利交通也。而修築公路建造橋梁，無欵不行，而綏靖公署之力，能促欵項之籌，則公路之借重公署，亦猶公署之借重公路也。此公路與公署之互相關係者也。辦公路者，豈能不注意耶。

十一・綏靖公署之接洽

作者未奉命任瓊崖全屬十三縣公路技術主任之前，先有陳秘書喇林主席之命，徵求同意。其時則有三種感想，以為人類生在世界上，當國家患難之秋，如不欲在世界上作事則已，苟欲在世界上有所作為，則第一要不避艱險，勇於敢為，第二要親善軍界，借重大力，第三要不畏人言，行其所安，若允此行，則可試驗此三種感想也，遂慨然允諾，兼程而行。於是七月三十日偕劉技士，陳文舫，鍾會計等八人，往香港，八月二日，乘海防輪船往海口，沿途一波如鏡，水波不興。四日，由駁艇掛帆而行，抵海口，寓大亞酒店。此埠新闢馬路，商塲旅店，門面皆新，即舊有短垣，亦從新粉飾，寓所亦復潔淨，樂於寄居。旋即偕劉技士同往綏靖公署謁陳委員，蒙派交通專員接見，藉知前公路分處印信文件，分存海口商會及分處舊址。作者則將奉令來瓊設施技術，係以地方之財力，發展瓊崖之公路事業之意陳明，並請陳委員鼎力相助，以利進行，所以表示親善之意。李專員即以交通等事，是否兼理見詢，作者答曰然該員即離席入內。旋出謂陳委員着先行接收，從後報告云云。詞意之間，似未得要領，作者遂興辭。旋詣府城訪瓊山縣長鄭里鎮，並道來意，接談甚歡。鄭縣長且派建設局局長同往海口商會及公路分處，指導一切，甚可感也。俄而商會董事唐品三，常務委員李樹傑，及車路公司經理協理等，探知作者來瓊，即先後到訪，頗具歡迎之意。正擬接辦間。而李常委到，謂稱綏靖公署已派李逢宜為交通專員，翌日又來報告謂綏靖公署已令商會將路處之印信文件等物移交該署交通專員接管等語。是則陳委員雖有先行接辦之言，惟事實上則無從接管，此則到瓊後與綏靖公署及各方第一次接洽之大概情形也。

作者以為綏靖公署既已派定專員管理交通行政，其接收公路事宜，必早已胸有成竹，作者雖欲勉為接辦，誠恐窒碍諸多，故為對付各方起見，不能不電廣東建設廳請示辦法，且為對外計，亦不能不名正言順，以一事權。故先電廳，對於交通行政收費等事，請明令電飭遵辦，乃可向公署交涉及各方通告也。六日接奉廣東建設廳林廳長魚電開，對於交通行政，實有權處理，仰即遵照等因奉此。於是再往綏靖公署謁陳委員，荷蒙親自接見，晤談頗久，陳委員並出兩電見示，並謂本公署已電請總部准派交通專員，而省府又派技術主任，豈非事出兩歧，為今之計，可否商量一妥善辦法。又謂現當軍事緊急時期，不能不設交通專員，以徵集及管理各項車輛。至於收捐收費，本公署人衆力大，易於籌辦，而技術方面等事，則歸老哥負責辦理，工程費用可由本公署支給，所收車捐各費，擬存商會，以示大公。本委員亟欲將地方肅清，交通利便，公路發展，一俟三個月後，辦有成效，則將公路事宜，交回老哥接管。如此辦法，老哥以爲如何。作者以其言有理，且持意堅決，未便多言，只有唯諾，而以呈復廳長，再作商量爲詞而已。此則第二次與綏靖公署接洽之大概也。（未完）

廣州市今後發展市區之商榷

袁夢鴻

（一）緒言

廣州市過去之建設，在吾國都市中，雖首屈一指，然細觀之，大率頭痛治頭，脚痛治脚，絕無整個的計畫。所謂土地之改良，一任人民於其管有產業地段，自由發展，自由設施，其區域大小不問也，爲整爲零不問也。至於街道之設計，祗就兩業界線之中間，平均割讓。基此原因，其不至狹隘紆曲者，幾希矣。昔日之西關，姑不具論，晚近東山新闢區域，亦因環境所限，同犯此病。此種古拙偪促之街道，又何能適應今日之交通需要哉。前城市設計委員會，故有三期馬路之成議，羊腸曲徑，化作康莊，大道連環，當非昔比。顧所定三期馬路，僅就市內現有街道，從事闢寬，使成爲較有系統的道路而已；市郊之發展，尚未遑擬有整個的計劃也。然就廣州市現在統計而論，人口已及百萬，建有房屋的市區面積，不過二萬七千餘畝；每畝的居民將達四十之數，較諸歐美人口與土地之支配，實有人口過密之嫌。且廣州爲我國南方之咽喉，將來廣韶株韶鐵道告成，車運通至漢口，並與平漢鐵相接；廣三鐵路又延長至廣西，黃埔港在最短期間，亦可完成，水陸交通，倍形利便。此時廣州市之地位必更重要，商務必更繁榮，而人口之增加，亦必突飛猛進，斷不止依普通增加率而已也。吾人解決人口過密的市區，與夫容納將來預料中突然增加之人口，實有將廣州附郊預爲規劃之必要。故廣州市政府自劉紀文氏接長以來，首先責成城市設計委員會，擬定全市幹線系統，復招集設計專家公開評判，以求得一較爲完善的市區道路系統圖，以時考之，不日或可公佈矣。道路系統圖既定，然則如何籌款興築，使市區得而展拓，必須於事前有詳細之考慮，與多方之研究，方易於功成而事集。顧欲研究良善的方法，先宜明瞭廣州市現在展拓馬路辦法之利弊如何。利弊既明，然後再與其他新方法相比較，方能定其優劣，而取舍焉。

(二)廣州市現行闢路辦法之缺點

廣州市市內與郊外各道路之開闢，向來採用受益者。負担經費制度。其改良土地之工程費，與在路線內被割舖戶之補償費，均由沿路兩旁之業主負担。此種辦法，大概居住廣州的市民，稍爲留心社會事情者，均知其非盡善盡美也。最大的弊病，卽屬利益不甚平均。在路線內被割舖戶所得補償，祇有地價而無上蓋價：且所補地價，又與時値大相懸殊。，被割業主之得失相衡，焉能滿意。迨馬路築成之後，兩旁地價，較前繼長增高，舖戶之在路線兩旁，而絲毫未割者，則祇繳少數路費，便可坐享鉅大利益，其不公平，莫此爲甚。不特此也。兩旁割餘地段，有祇得數呎者，或祇得十數呎者，既不合建築之需，亦無整理之法。以致馬路兩旁之狹形或斜形的割餘地，觸目皆是。新闢之路，此類尤多。卽使深度仍得十呎有奇，雖可勉强建築，然完美之建築物，終不可得矣。其有因面積過少，不合建築而致放棄者，則如現在市內之大南路，大德路，兩旁畸畸地段是也。在都市方面，耗去鉅量開闢費用，而不能使計劃之事業臻於完善；且妨碍市街觀瞻，阻遏土地發達，正與闢路之旨相違。例如廣潤之商業道路，必須有與其寬度相當之高大建築物，其效用始稱完全。若有狹小或不整齊之割餘地，不便建築，城市美觀，將必因之大爲減色矣。且此等割餘地，由經濟原則上觀之，實予廣州市政府，及市民以重大之損失。蓋以不良之地段存在，足使其他附近土地，不能充分享受改良事業之利益，而提高其產價。苟廣州市征收租稅。以土地價格爲標準，則收入上豈非因之受重大損失耶。加之割餘地業主自身艱於處置，不能得其適當與利用，祇有棄置如遺，或又不顧土地之繁榮，與他人之不便，而於此種割餘地上建築與該處情形不合之簡陋房屋。則附近土地及房屋之業主，將感受苦惱爲何如耶。又如有一地畝，本與已經改良之道路廣塲或公園接近，但因中間爲此種割餘地隔斷，以致可望而不可卽，則置有地畝之業主，所受損失，至爲重大。故上項地畝之業主，徒多一重損失，而無受益之實利可言矣。且割餘地之業主，往往要求收買而索重價，則附近之地主，尤爲受累不淺。此種事例，在我廣州市實無一馬路而無之。廣州市現行之闢路辦法，其不良也如此。馬路兩旁地段所享受之利益，其不均也又如彼。倘主其事者，間有不肖人員，利用消息之靈敏，甚至濫用職權，於馬路未開闢之前，將損失甚微，而受益獨大之舖戶收買，而置他人產業於不顧，則其流弊，奚可勝言。此現行闢路辦法之不善，亟應早日修改者也。

（三）近代發展市區方法

吾人既知廣州市現行闢路辦法，其利益之不均，及畸畛地之難於處理，則當思他法以補救之。環觀歐美各國之開闢道路，辦法雖多，然較爲妥善，而足爲吾人所取法者，不外二種。其一、爲化零爲整法，其一、爲土地分區收用法。茲分述之。

（甲）化零爲整法

化零爲整法，係發展某區地段，將區內地畝，無論其如何歪斜，如何零碎，均用科學方法處理之，使其盡量變爲四平八正，合於建築之地段。其因開闢馬路，或其他公用地，如公園市塲等需用之地段，均由該區內土地平均負担。

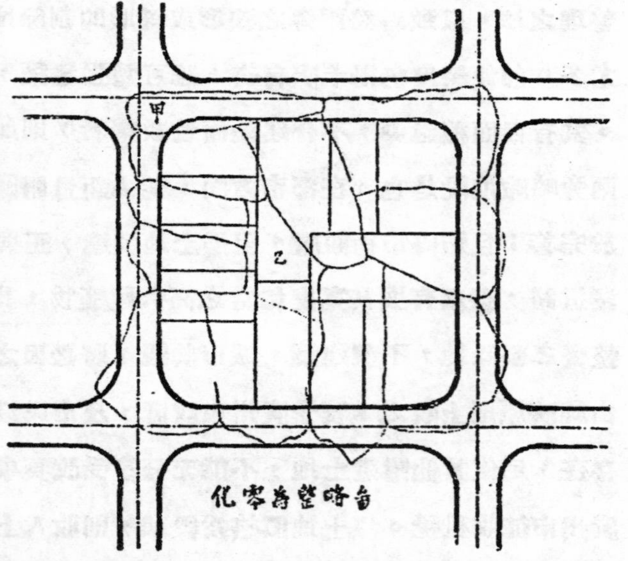

化零爲整略圖

其改良工程等費，亦由該區各土地按照面積平均分派。故其地段一經改良，及用化零爲整處理之後，其土地之面積，往往比之未改良以前，祇餘六七成，此外還須付以相當的改頁費用。從表面上觀之，似屬兩重損失，然在事實上觀之，其地一經改頁之後，地價增漲，比較必數倍於前。此種實益，完全歸於原有之業主。而且此種利益，亦按土地面積爲比例，斷無不均之弊。況且絕對的無畸睑地之存在。例如圖中甲字地段，本大部份爲馬路割去，所餘地段，係一不合建築之割餘地，但一經化零爲整處理之後，仍可得回一段平正而合於建築之地，且亦可免有地無路之弊。又例如圖中乙字所示者，乃一無路出入之地段。夫一段無路可通之地，當然於實用上發生問題，而其地價亦當大減。苟一經化零爲整的處理，亦可以變成一段四正而臨馬路的地段。其地價當然可以和其他地價同等的昂貴。由此觀之，可見用化零爲整方法，以發展市區，足令其利益均占，市民自樂於贊助。且絕無餘剩畸睑地，關於城市觀瞻，更足稱爲美化。惟是此種辦法，祇宜施之於郊外，必其地段內全無建築物，或甚少建築物者方可。若在屋宇比鱗之市區內舉行，必須加以審愼。蓋一經化零爲整，則所有地段，盡改舊日地形，而其建築物，亦當拆下重建，所費自屬不菲矣。然在歐美各大都市，欲改頁舊城不合衞生區域，亦間有採用之者。要之，其區內建築物，不甚偉大，及改頁後產價，必能驟增，方可採用。民國十三年廣州市工務局開闢六街，以該處每街相隔不過三數十呎，甚者二三十呎，街道所占面積，幾超過兩旁舖戶面積，開闢道路，甚不經濟，且兩旁屋宇又極淺狹，不適宜於於建築，故亦有化零爲整之議。旋因該地業主，未能了解此中利弊，咸以爲藉端收用屋地，群起反對，此議遂不果行，而卒採用受益者負担經費制度。自此開闢馬路，遂成征費築路之先河。

化零爲整之利，既如上述矣，然則絕無弊病耶。曰非也。蓋化零爲整之法，本屬甚善，但將該地段照原有土地面積比例從新分配，極感困難。且既分配矣，而門前寬度之多寡，及其地段之深淺與方向，大異從前，則業主各因其用之不同，故其要求分配亦各異，因此遂窮於應付，而事實上發生之爭執亦大。且我國之契據，多未完善，契上所載面積數目，又多與實地面積不符，將來地畝面積之爭執，又豈易於解决耶。即使分配妥善，各業主之契據，均須從新登記，此種手續，又未免過爲煩難。凡此化零爲整方法之未盡完善者也。

(乙)土地分區收用法

土地分區收用者，乃政府欲實現都市計劃改良土地之時，收用某區域內土地，實施各種改良工程，以造成適宜建築地段，再行招承，以收改良事業所產生利益之謂也。夫都市實施其計劃，例如道路公園廣場等之新設或擴充等，每使附近土地之利用能率加增，因之地價亦於最短時間內騰漲。此非地主自身努力之結果，迺市政當局實施其建設計劃而致者也。故地價增漲之利益，不當屬於地主，而應爲代表市民全體之市政府所有。土地分區收用，卽本此原理，以收土地增價利益之一法，與　孫總理所倡之土地增價稅。具有分道揚鑣之效果。惟欲實施此種土地分區收用法，必須備具下列各條件，方能行之有利。其重要者爲(一)收用費總額不宜過多，(二)改良土地價騰漲須求迅速，(三)關於土地之收用處理，須有充分權限。茲更分析詳論之。

(一)收用時之地價過高，或收用地上物件之賠償過多，或收用面積過大，均足使收用費總額過高，而致減損土地分區收用之效率。蓋地價過高之土地，多係經過已有相當之發展。此種土地施行改良程工後，其地價之增益甚微，其所得甚至不足以償所費去之改良工程費用。至於有建築物存在之土地，則其賠償搬遷等費，爲數不貲。且此種事業，每爲市參事或其他有關係者所牽制，而致影響進行。或又收用面積，過於廣大，則改良土地之後，良善之土地，同時推銷於市面過多，而成供過於求之勢，則其地價之增加，必難達其目的，又安能獲有相當利益耶。

(二)改良土地後，其地價不能驟然增漲，亦難獲益，蓋施行土地分區收用，必於工程完竣之後，將土地招承，以抵償其支出一切經營費用，與墊支欵項利息，然後有利可圖。故自收用而至招承期間，務宜極短，然後墊欵利息，方可減少。且對於地價之增漲，必須確有把握，否則成爲投機事業，成敗未可預期矣。由是觀之，對於已經高度發展之土地，而舉行分區收用，殊屬不宜，大概最宜於新市區之開闢。如我廣州市今日之需求，最爲適合者也。

（三）夫專爲謀利益而舉行土地分區收地，實難得市參事會之通過，與市民之贊助。吾人必須根據都市之預定計劃，按步實施，以發展市區爲理由，方易得市民之同意。惟於執行時，對於土地之收用與處理，須有充分權力，方不致爲一二頑固有力者作梗，而阻碍進行。又不宜濫使職權，予市民以難堪，以致激成反對之言動。故土地之收用，其估定償還產價也，必須由官商聯合組織委員會以决定之。其改善土地招承也，則取公開主義以辦理之。如是方能收土地分區收用之眞果。

（四）結論

總上各點觀之，則土地分區收用法，實爲發展市區最眞之方法。欲求廣州市區之發展，亟宜採用施行。廣州市前有行之而收效果者，則梅花村與東沙住宅區是也。不過該兩處規模畧小，未能引起市民視線之注重；土地補償價額太低，未能得土地被收用的業主之滿意；加以招承時未能絕對公開，致有市民未得其利先蒙其害之非議。此則行之不當，非其法之不善也，苟吾人事事均取公開態度，則市民定必樂從，而康莊大道，整齊畫一市區，至此方能實現。然大規模之舉行土地分區收用，則其中收用土地所需，與改眞土地種種費用之先期墊支，爲數甚鉅，斷非財政支絀之廣州市政府所能負担。但吾人可利用改眞後之土地爲担保，舉行公債，籌集鉅資，並仿照現時築路之成規，舉公債籌欵範圍分別擬定，由廣州市商會保管欵項，由市民代表監督用途。將來每一區改眞完成，其土地所投得之資，以之償還公債之本息，其餘所存之盈利欵項，仍留爲地方籌辦公益事業。誠能如是，則信用自固，而市民當必樂從。假使仍不得市民之諒解，公債未易發行，在市府方面，亦可以改眞土地作担保，由市立銀行發行相當紙幣，借與政府，爲收用及改用眞土地各種費用。蓋公債與紙幣運用，實爲市政府所特有之權利。歐美各大都市，如柏林，倫敦，紐約，莫不行之而收效者，吾人自可倣行。若事事能絕對公開，則其收效可斷言也。關於公債之舉行，與其保障，不在討論範圍，容俟下期專文論之。

改善汕頭市政建設計劃之我見

陳國機

粵省重要商埠，廣州市而外，厥爲汕頭市。論汕頭之形勢，陸路則與惠潮梅二十五屬及閩省漳泉八屬相接，海道則與上海厦門天津廣州香港安南暹羅一帶相通，內屏閩粵，外接重洋，實爲東南一大重鎭。攷之歷史，明嘉靖萬曆之交，倭寇犯潮，被太守翁夢鯉破之於鮀浦，該地形勢險要，可見一斑。其後中外互市，汕頭闢爲通商口岸，華洋雜處，商旅駢闐，地方更日臻繁盛。民國成立汕頭繼廣州而改爲市區，司市政者，以發展交通繁榮商業爲職志，擷歐美各大都嶄新之市政而移植之於汕市。就建設方面而言，其已舉辦者：(一)馬路先製成全市馬路路線網，呈准省府核定，繼續興築。現計已成馬路，約有六萬七千餘尺。市內最繁盛之商業區域，馬路路綫完成已在百份之九十以上。附近碕碌一帶，住宅區域，凡人烟稍稠密之處，其馬路亦次第開築。沿馬路兩旁之店戶，均以最新式之材料營搆，堂皇璀璨，頗具美觀。(二)市場　因全市店戶距離之遠近，擇地開闢市場，使肩挑負販者，不致往來跦踱，現已成立市場五處。(三)公園　中山公園位置在公園馬路之間，建築尙覺美備。中有運動場，游泳及游舫池，較廣州之公園，尤爲特色。此外尙有小公園一所，位置於國平路安平路昇平路新馬路交叉之點，面積約一百餘井。(四)電話　市內從前原設有電話，辦理異常腐敗，近日建築自動電話一所，業已完成，本年內卽可通話。(五)濟良所　市內孤苦無依及偶然犯法之婦女，無地安置，最近設有市政府濟良所，以爲收容之地。綜觀以上各點，汕市開闢，不過數年，形式頗有可觀，進行亦爲迅速。然雖形粗具，設置究未完全，其中缺點，應行改善者尙多。玆粗舉如下。(一)馬路建築，關於渠道宣洩，全無通盤計劃，以致馬路渠水，反流入內街。每當春雨之交，大部份成爲澤國。且馬路構造工程，大都簡陋，通車未久，卽行潰壞，又無的欵以爲修養，故路面非泥濘難行，卽碎石嶙峋。(二)房屋建築，市府向設有取締科股，專司其責，惟各項報建工程多不認眞審核，如下水筒安置於三合土柱當中，亦不取締；且樓房高至三層以上，在積沙之灘地上建築，亦不打樁，使完成之房屋，常有地基傾斜之弊，一遇颶風，危險特甚。(三)市內戶口日增，市塲僅得五處，亦不敷用。(四)汕頭東南堤岸，關係交通運輸至重，若不從速建築，簡直無建設可言。況船舶到汕，寄碇海中，每當東風怒號，波濤洶湧，旅客上落，時遇危險。若將堤岸築成，不獨市區增多地畝，卽店戶租項，亦不如目下之高昂，於調劑經濟，有莫大利益。且南堤完成後，併將潮汕鐵路，伸建堤邊，則內地運輸，尤爲利便。(五)全市公安分局，多租借民房爲之，簡陋異常，不適合辦公，亟應從新改建。(六)厠所多未改良，行人每掩鼻而過，應速設法改善與加建。(七)學校校舍，除少數尙屬適用外，餘多租借民房爲之，其情形與公安分局同。(八)全市無一完備之醫院及圖書館。(九)全市缺乏公共之正當娛樂塲所。(十)馬路兩旁多未植樹木，無以庇蔭行人。(十一)士敏土牌號繁多，能否實用，市府向無檢定，奸商得隨意漁利，人民生命危險。(十二)亞細亞及美孚火油倉位置於城市當中之處，異常危險，應速遷移。(十三)礐海角石，風景宜人，最合住宅區之用，應設法開築。以上所舉各端，均應從速規劃，分別改善，以期增進地方之繁榮。顧辦事必先籌欵，建設非可空言。籌欵之法不一，就市內易行而又可立得鉅欵者言之。查該市原日公安局地址，業已呈准投賣，約可得地價十餘萬元。若將有名無實之小公園，幷行投變，該園位於各馬路之交點，有地一百井，每井平均最少投得三千元，約共得三十萬元。合計此二項投變之欵，可得四十五萬餘元，用之辦理建設事業，洵屬經濟。欵既有着，卽將上列各缺點，次第改善，分別進行。一二年後，汕市必煥然一新。當局關心市政，幸勿河漢視之。

南方大港建設計劃之意見

黃謙益

在科學落後的中國，自海岸通商以來，守舊的習慣性，漸爲科學進步所改變。社會的文明與機器的發達，已有長足的進步。際茲由手工業時代過渡到機器工業時代的進程中，爲使促進西南物質建設的發展與挽回外溢的權利起見，對於開闢南方大港之建設問題，實爲當急之務。　總理建國方略，已有計劃指導我們說："建設南方大港，是完成國際發展計劃之中國頭等海港"，關係國計民生，莫大於是。茲將商港問題之研究，概述如下：

世界商港，約分兩種，

一・天然成就的，

二・人力造就的，

天然海港，具有配置之條件：

(甲)地勢

1.宏深的海道

2.寬大的港灣

3.廣濶的平原

具有上列條件，則可容納大輪船，及有建築大規模頭碼堤岸的可能性。

(乙)潮汐

1.潮水升降尺度，相差甚微，可使輪船運載便利。

2.無風浪，可省避浪護堤，建築碼頭堤岸，不費太大之經營，而實施打樁填挖等工程，困難較少，便於進行。

(丙)交通

1.依近大陸，

2.河流貫通，

具有上列二項條件，除航海輪舶可以出入裕如外，同時輸運內地小輪船艇，亦不致發生危險，而陸路交通，有軌道公路等之聯接，其便利莫過於是。

(丁)環境

1.天文方面之保障，

2.軍事方面之保障，

既能避免颶風之慘禍，而於戰事發生時，復能聯絡內地各大陸之交通，可得輸運貫通之便利。

人造港的完成，除就上述各條件的一二所可能者而利用之外，其餘均靠人力以築成之。如河道淺窄者，則開挖之。地盤狹小者，則移山倒海以填成之。關於此種建設，因所需經費之浩繁，苟非別無較勝之地點，或政治上軍事上及其他特殊問題，確不能不就該地而建設者外，决不宜妄爲設計。蓋「就天然而助以簡少之人工」，乃爲工程經濟上唯一之條件。況中國今日處於經濟壓迫中，欲完成闢港等各大建設，對於經濟問題，更不得不稍加留意焉。是則吾人對於實施　總理遺敎的——物質建設——南方大港所應决定的方案，就要根據下列條件爲原則。

1.適合經濟的

2.易於建設的

3.速於實現的

根據上述三種問題研究，其結果當然就要依着天然配置的地點來設想。試觀沿海一帶，自廣州灣而至台灣峽，除香港及廣州灣兩區，以人力湊造成的商港外，其他尚未經營過的灣港雖或有之，而能够完全符合上述三種問題的原則者，相信唯一之地點是黃埔。

黃埔的優點(附圖)

(一)經濟條件：經濟上固有廣州原有的經濟中心，爲開發之基礎，同時仍可挽回香港華商的經濟與商業之權利。

(二)易於建設：固有的交通，如直通漢口北平，而聯接歐洲之粵漢鐵路，向東發展之廣九鐵路，貫通西南之廣三鐵路等，均已陸續建設完備。至總理建國方畧的西南鐵路系統，將來亦可以集中於黃埔。而內河水運，又爲東西北三江河流之合滙。但所有歷史沿革上種種固有的設施，在我們中國處在這物質落後的時代，是絕對不能驟然整個的變遷。茲就水運言之，如僅適用航行於三江原有的船隻，是萬不能航海的；不但不能航海，而且連獅子洋虎門口的小風浪，都未有航行的能力。我們現在已是處於物質交通未發達之環境，其可能離開此等固有設施之需要與否，乃是一個絕大的問題。所所以研究南方大港，必先要解决這種相類似的問題。

(三)速於實現：建築上沿廣州堤岸而下，已逐漸向東發展。中山公路，已直達黃埔魚珠墟，以下直至牛山砲台前。河面寬闊，沿岸河水深度，皆在二十五尺以下，畧加疏濬，便可灣泊航海大輪船。而岸上縱橫十里，均屬平陽，相距粵漢路，不及十八英里，廣九鐵路，橫貫其中。故交通建設，暫時可不費鉅大力量，其所應急待籌備者，祗碼頭貨倉而已。若先作初步之建設，可就地點之西南部份，卽魚珠蚧山砲台前建築堤岸四千餘尺，貨倉六座，所費約需一百八十萬元。能如是，則雛形既具，入息隨收，按步進展，預料在短促期間，卽可依次序實現矣。

黃埔已認定爲我國天然式的商港，加以廣州固有種種之設備， 總理說：「吾人之南方大港當然爲廣州，廣州不僅中國南部之商業中心——太平洋岸最大之都市也亞洲之商業中心也——是則黃埔關港，實具有最美滿之條件，而又急應開發者。惟吾人不繼續 總理之遺敎努力向此問題研究，而左支右離，完全離開事實上之需求，不問其有無可能性與否，冒然做去，不至見難而退不止，殊可惜也。今將目下轟動一時之中山港與黃埔港作科學式之比較表列如下：

黃埔與中山港比較表

港別		黃埔	中山港
軍備		長洲牛山等砲台掩護虎門威遠等炮台握有出入咽喉	無
交通設備	水	通大洋東西北三江淺水船艇直達	通大洋不能行淺水船艇
	陸	粵漢鐵路廣九鐵路中山公路	無
商務及經濟		廣州原有商務及其他	無
可能發展面積		平原約十英方里	平原約半英方里 填海由下柵至金星門口約三英方里
出海里數		約五十二海里	約十四海里半
疏濬里數	一等港	約三十五海里	約十五海里
	二等港	約十一海里半	約十三海里
固有灣泊面積		約二英方里半	約一英方里三
灣泊深度		由十八英尺至四十一英尺	由十一英尺至五十四英尺
海浪及方向		無	東南來

現在科學昌明，國際間發展之趨勢，商港乃爲開發物質建設之要圖。黃埔開港之完成，實爲西南各省共同發展貿業計劃之基礎。而將來廣州市之繁榮，亦當視此爲嚆矢也。

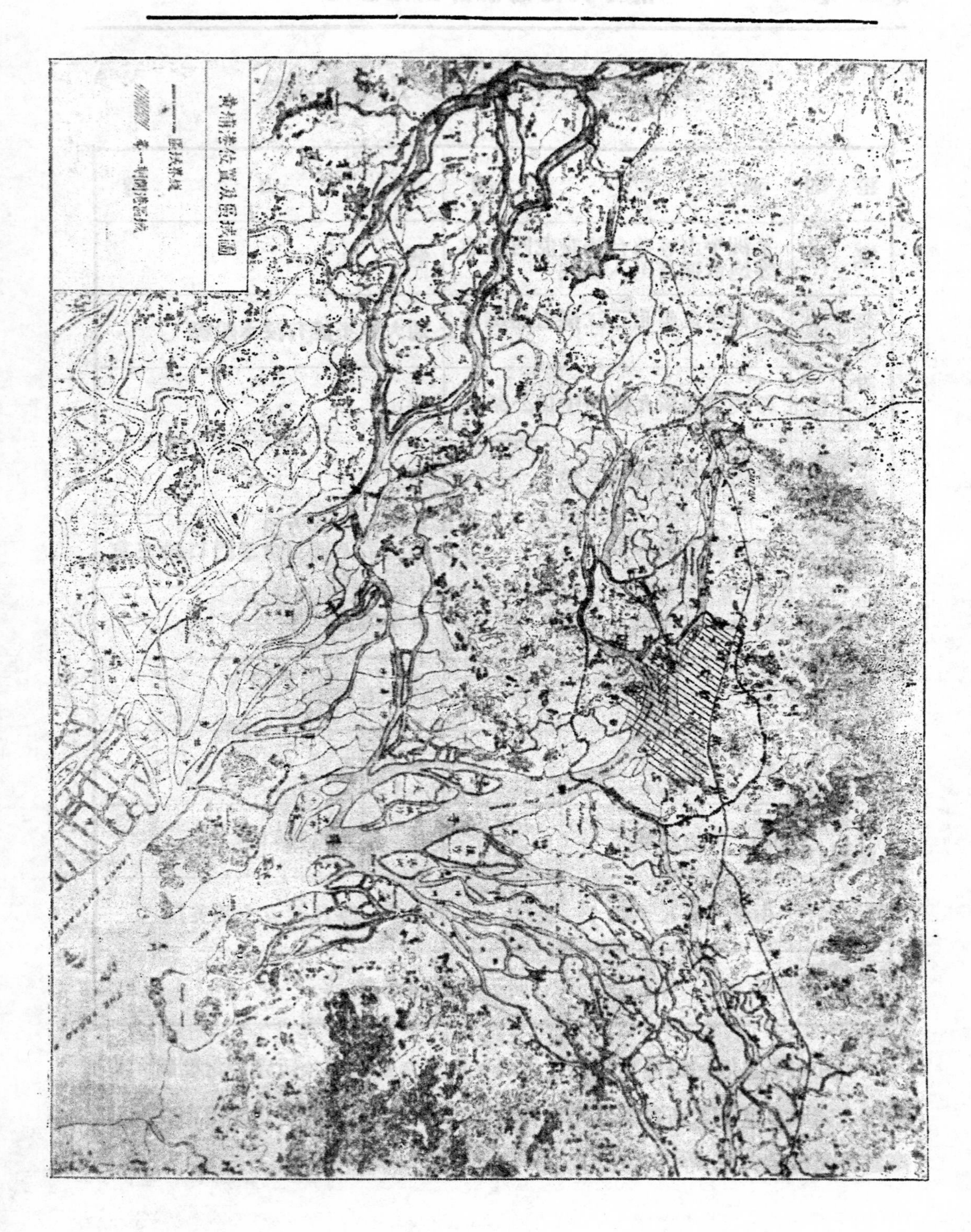
黃埔港位置及區域圖
區域界線
第一期開闢區域

廣東省公路行政及實施狀況

朱志龢

甲、機關之組織

吾粵築路，實始於民國初元。其時爲利便行軍計，首議興築近郊軍路，設軍路處以司其事。嗣以時局多艱，開辦未久，旋即停頓。民國九年春，當局復倡修築軍路之議，將軍路處從新組設。顧軍路祇便軍事方面之運輸，不若公路可謀全省交通之普及。是年十月遂改軍路處爲公路處，並設各公路分處以佐之。然以時局蜩螗，進行多阻，人才缺乏，經費難籌，規劃數年，成效未著。十四年七月，公路處奉令改組爲廣東公路局。十五年三月，復改爲建設廳公路處。將全省劃分東南西北瓊崖五路，各設公路分處，並令各縣長兼任公路局長，就近商承該管分處籌辦縣屬路政。惟當時省庫支絀，對於築路經費，僅賴地方籌撥，勢難持久。所以西路北路兩分處，卒以無欵維持，先後裁撤，僅存東南及瓊崖三分處。其建築韶坪公路事宜，另設韶坪公路工程處專辦。十八年建設廳提議，議決將公路處裁撤，另由廳設第四科辦理，以收直接指揮監督之效。二十年六月，又以路務紛繁，非設一科所能辦理，提出省務會議，議決將第四科裁撤，恢復公路處。二十一年六月，當局以勦共時期，省庫支絀，亟宜將各機關實行收縮，以省經費，遂將公路處裁撤，復由廳設第四科辦理。此本省辦路機關組織經過之大畧情形也。

乙、規程之編纂

辦理路務，手續繁重，一切勘定路綫，徵工派股，收用土地，建築工程，均須定有專章，公同遵守，方足以昭劃一，而免紛歧。茲將重要規程數種，分別列舉，並畧爲解釋如下：

(一)全省省道縣道鄉道路綫規制　當省道縣道鄉道未分別規定時，人民築路，任意選擇路綫，縱橫斷續，既無以資聯貫，且縣各自爲政，辦法亦復參差。故全省公路路綫，俱分別規定爲省道，縣道，鄉道三種，俾各縣知所遵循。

(二)全省公路徵工辦法　凡路綫兩傍十里內居住之男丁，在十八歲以上，五十歲以下者，均徵集作工，每人作工四天，每天工值四毫。除按日由縣各給飯金一毫五分外，所餘工值一元，作爲路股，卽由築路機關發給臨時收據，俟路成通車換發股票，將來該路營業權利，准其享受。如不願作工者，每人亦須照數完納工費一元，准作認股，俾享徵工同等之權利。

(三)收用土地暫行章程　凡建築公路，路綫所經，不免割用田畝，故現頒行有收用土地章則五十五條，俾人民遵守，文字甚繁，玆不贅錄。

(四)建築法規　各屬建築公路，缺乏工程人才，其長大橋樑之設計，固未能測其高深，卽簡單工程，亦乏常識。故現頒行有建築法規八十二條。各縣公路人員，手此一册，則較簡之日常工程，亦可自行計劃。

(五)行車規程　各縣公路積極進行，成路通車，已屬不少，關於預防行車危險，保障行旅安全，亦另有專章，以資遵守，而維公安。

(六)公路規程　自民元以來，各屬辦理築路事宜，各自爲政。每築一路，既無定章可守，輒惹起無限糾紛。民國十八年，建設廳有見及此，因訂定全省公路規程，頒佈施行，自此人民始有築路權利之保障。

以上所列，乃較爲重要之法規，其餘如各縣公路局組織規程，築路委員會組織規程，築路考成規則，全省公路乘車免費半費暫行規程等，種種章則，均已釐訂，分別頒行。此外尙須擬訂聯運規程，因本省公路行車公司路綫，多屬甚短，其距離較遠之處，須經兩三路綫，始能達其目的地點，客貨運輸，均感困難。現擬召集本省運輸專家，議訂聯運規程，以資利便。

丙、成績之統計

自公路處設立以來，將全省省道縣道鄉道分別規定，次第計劃興築。所定省道幹線，其主旨係以本省省會廣州市爲起點重心，區分東南西北瓊崖五大幹部，按部推築。至縣道鄉道，亦分別急緩，積極進行。茲將各路成績，截至二十年三月止，（由二十年三月至現時之成績，正在調查中），列爲一表如左：

道別＼區別	東路	西路	南路	北路	瓊崖	總計
省道	1598.30里	763.65里	2121.50里	443.50里	840.00里	5766.95里
縣道	895.60里	1193.30里	1856.50里	259.00里	3290.00里	7494.70里
鄉道	33.0里	216.00里	432.00里	——	327.00里	1008.00里
						14,269.65里

丁、四期計劃及八大路之進行

凡求發展一省公路，必先統籌兼顧，權衡緩急，妥定計劃，按期推築，方見成效。民二十年春，吾粵當局遂有四期築路計劃之議。此項築路計劃，概以本省省會廣州市爲起點重心，首發展附近省道，次趨向省內舊制府治，郡城，通商口岸，及接駁鄰省都會，並參以利便軍行，與聯貫各鐵道交通爲目的，分爲四期舉辦。　計第一期所辦者，爲東路第二幹綫，由東路第一幹綫之博羅嘛水起，新河源，龍川，五華，築至興寧，並完成南路第一幹線，西路第二幹線，南路第四幹線，南韶公路，合靈公路，以上各路工程預算，約共需欵三百二十八萬一千零五十元。第二期所辦者，為韶坪公路，由九峯接築至坪石；東路第二幹線，由興寧接築至玉峯市，東路第一幹線，由潮安接築至閩邊之詔安；北路第一幹線，由花縣築至佛崗；北路第三幹線，由花縣至淸遠縣城；以上各路工程，預算約需共欵三百零八萬零五百九十一元。第三期所辦者，為韶坪公路，由坪石接築至湘邊之宜章止；北路第一幹線，由佛崗接築至始興；北路第三幹線，由淸遠城接築至淸遠之沙河；以上各路工程，預算約需欵三百萬零五千八百八十四元。第四期所辦者，為完成北路第一幹線，及北路第三幹線，以上兩路工程，預算約共需欵二百五十五萬三千九百五十元。合計四期所辦各路需欵總額，約一千一百九十二萬一千四百三十元。此係撥助各路建築橋涵或開掘石方之用，其路基則由各縣照章徵工興築。民二十年七月，公路處奉總部令將(一)由增城經博羅河源至老隆(卽東路第二幹線)，(二)南韶公路，(三)由英德經陽山連山縣至連山，(卽北路第三幹線)，(四)，由英德經翁源出連平至忠信，(五)羅定至信宜，(卽南路第四幹線)，(六)由惠州經紫金出安流南至五華，(七)由河婆以達安流，(八)由紫金過長沛以至五華等公路，從速完成。當經召集各關係縣來處會議，妥商辦法，議決(一)各路橋涵石方費由省庫担負，(二)路基由各縣徵工興築。現査第一期計劃內應築各路及八大公路中，除南韶公路已築成通車外，其餘各路或已測量計劃妥當，刻正興工，或路基僅完成過半，橋涵尚在繼續興築，各項工程，自難如期完竣。蓋築路必須鉅欵，欵項有着，各路乃可依限完成，年來省庫奇絀，路費未能按期支撥，故雖積極進行，努力工作，但巧婦不能爲無米炊，仍賴路欵源源接濟，方能日起有功。玆將上開各路預算，另表分別列明，並附路線圖以供參考。

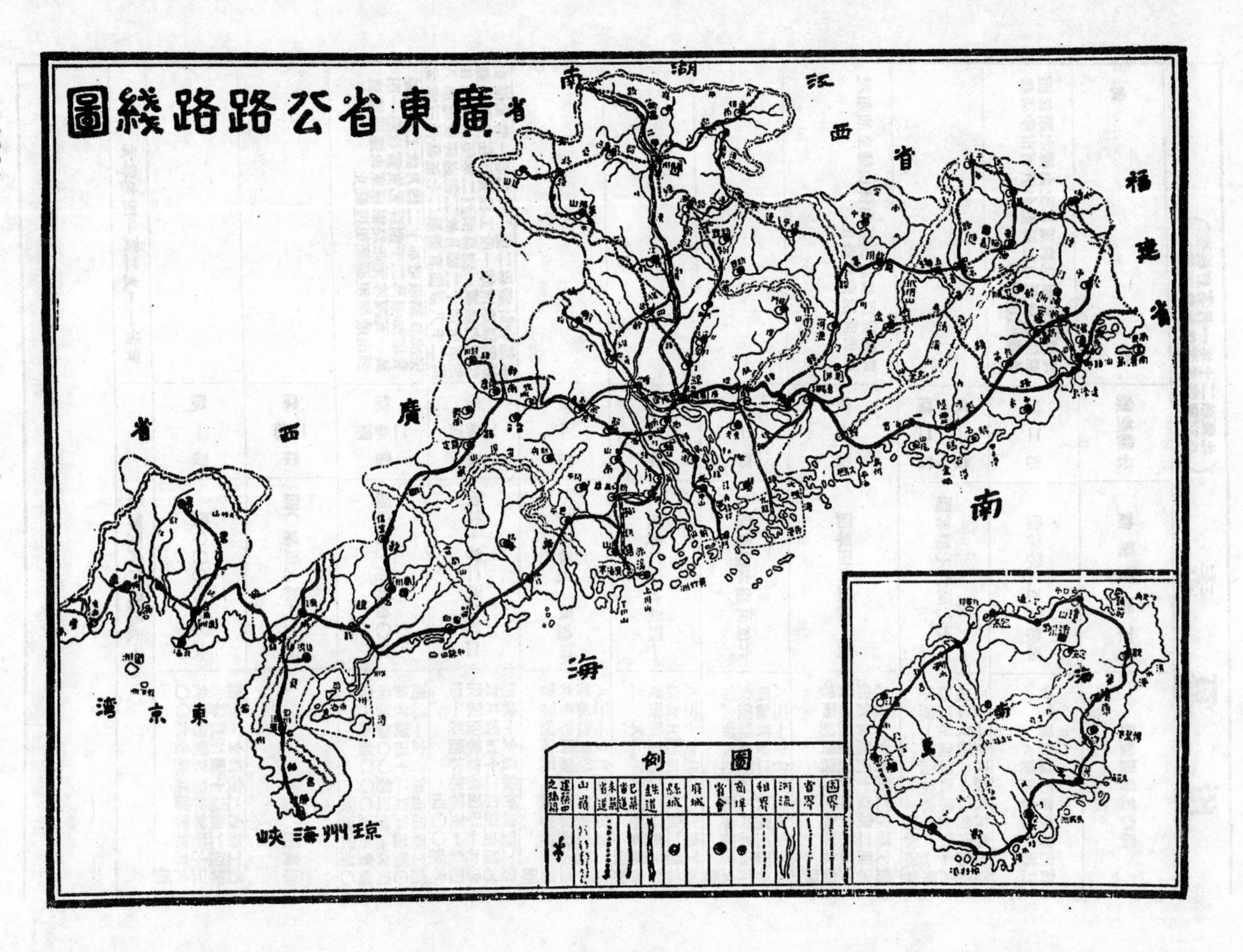

廣東省公路綫圖
湖南
江西省
福建省
廣西省
廣
南
海
東京灣
瓊州海峽
圖例
國界
省界
河流
租界
商埠
省會
府城
縣城
鐵道
已築省道
未築省道
山嶺

預　算　表（此表係二十年一月省府核准分期興築各省道幹線預算）

臨時工程處經費	工程費總額	分期建築	備考
該處已設有工程處經常費已核定故毋須併入	伍捌萬伍二零零圓	第二期	此路線前因急於通車改由樟木頭起而至汕頭仍照前定計劃由廣州市沙河起直達福建邊界
設工程處六處月支一三八零圓六處以十八個月爲限共一四九零四零圓另開辦費一八零零零圓共一陸七零四零圓	一七七萬六七捌零圓	第一期 第二期	
設工程處二處月支一三八零圓二處以十四個月爲限共三八陸四零圓連開辦費陸零零零圓共四四陸四零圓	伍一萬四六四零圓	第一期	此路線以前計劃由紙由佛山通至汕頭現擬仍直通至北崙止
設工程處三處月支一三八零圓三處以十二個月爲限共四九六八零圓連開辦費九零零零圓共五八陸八零圓	六伍萬捌六捌零圓	第一期	
設工程處二處月支一三八零圓二處以十二個月爲限共三三一二零圓連開辦費共陸零零零圓共三九一弍零圓	一四萬九一二零圓	第一期	
設工程處二處月支一三八零圓二處以十個月爲限共二七陸零零圓連開辦費共陸零零零圓共三叁陸零零圓	四伍萬一九零圓	第一期	
設工程處伍處月支一叁捌零圓伍處以二十四個月爲限共一陸伍陸零零圓連開辦費一五零零零圓共一捌零陸〇〇圓	二捌六萬二零一零圓	第二叁四期	全路合計需欵二捌六萬二零一零元惟由始興以達南雄一段工程費已在南韶公路預算內因減一捌萬捌捌二零圓但完成日期須增加十二個月故工程處經費增加八萬二千八百圓實需欵二七伍萬叁三零元
設工程處伍處月支一叁捌〇圓伍處以二十四個月爲限共一陸伍陸〇〇圓連開辦費一伍〇〇〇圓共一捌〇陸零零圓	叁〇伍萬捌七四〇圓	第二叁四期	完成日期須增加十二個月故工程處經費增加捌萬二千捌百元實需欵叁一四萬一五四零元此路線原定由連縣通至湖南邊境現擬築至連縣止
捌萬圓	一二一萬七伍捌〇圓	第二叁期	
設工程處二處月支一叁捌零圓二處以十個月爲限共三七陸零零圓連開辦費共六零零零圓共叁叁六〇〇圓	六七萬〇〇〇〇圓	第一期	
	一一九四萬四六五零元		實計一一一九二萬一四叁零元

四　期　計　劃　公　路

公路名稱	路線概況	路基進行情形		工程預算 路基用徵工制 橋涵用磚或石或三合土構成石方包括在內	限定完成日期 預定完成日期
		已成路基	未成路基		
東路省道第一幹線	由廣州沙河起經增城博羅惠陽海豐陸豐普寧揭陽潮安黃岡詔安以達福建邊界共長九七八里	九三二里	四六里	五八萬五二零零圓	十二個月
東路省道第二幹線	由東路第一幹線之鶴水起經河源龍川五華興寧梅縣松口大埔而達嵩市共長七二九里	二六九里	四六〇里	一陸零萬九七四零圓	十八個月
南路省道第一幹線	由廣州市石圍塘起經佛山順德鶴山江門新會台山開平恩平陽江電白水東梅菉化縣廉江合浦欽縣防城以達北崙共一六二零里	一三四五里	二七五里	四七萬零零零零圓	十四個月
南路省道第肆幹線	由南路省道第一幹線化縣城起經茂名信宜羅定鬱南而至南江口共長四三七里	二三七里	二零零里	陸零萬零零零零圓	十二個月
合靈支線	由南路第一幹線之合浦起經石康張黃武利墟墟以達靈山共長三四六里	弍二陸里	一二零里	一一萬零零零零圓	十二個月
西路省道第二幹線	由三水起經四會而達廣寧縣（由廣寧至廣西之懷集一段緩築）共長一八五里	陸零里	一二五里	四一萬八三零零圓	十個月
北路省道第一幹線	由廣州市流化橋起經花縣從化佛岡翁源始興南雄以達江西之大庾嶺共長七七四里	七五里	六九九里	二陸八萬一四一零圓	二十四個月
北路省道第三幹線	由北路第一幹線之花縣起接銀盞坳清遠城陽山以達連縣共長四九零里	八零里	四一零里	二八七萬八一四零圓	二十四個月
韶坪公路	由韶關經樂昌九峯坪石以達湖南邊界共長二五零里	一二六里	一二四里	一一三萬七五八零圓	二十四個月
南韶公路	由韶關起經始興以達南雄縣城河南街共長一七九里	陸零里	一一九里	六三萬六四零零圓	十個月
總額					

附註
（1）南路省道第二幹線業經完成通車
（2）南路省道第三幹線即瓊崖環島公路係由瓊崖公路處專責辦理款項經已指定
（3）韶坪公路即北路省道第二路幹線之一段

10883

四期計劃公路預算每期需欵總額表

第一期

南路第一幹線	514640元
西路第二幹線	451900元
東路第二幹線	836710元
南路第四幹線	658680元
南韶公路	670000元
合鹽公路	149120元
第一年所需欵額	3281050元

第二期

韶坪公路	600000元
東路第二幹線	940070元
東路第一幹線	585200元
北路第一幹線	445531元
北路第三幹線	509700元
第二年所需欵額	3080591元

第三期

韶坪公路	617580元
北路第一幹線	1113829元
北路第三幹線	1274475元
第三年所需額	3005884元

第四期

北路第一幹線	1196660元
北路第三幹線	1857275元
第四年所需欵額	2553905元
總額	11921430元

（此表係二十年一月省府核准分期興築各省道幹線預算）

五層樓上加築四層樓之設計之方法

陳良士

譯自"American Architect"

一般建築家，對於在原有數層之鋼筋三合土洋樓上，欲加建數層，多認爲不可能，或雖能而爲一非常艱困之事。其故蓋因地基柱陣，俱已築成，所預算承載之壓力，祗其原有建築物而止；若再加增則樓柱陣等均須改建，殊非易易也。惟最近美國米西干省扶連德市，某五金公司曾在其五層樓之貨倉上，加建四層樓。所用方法，簡而經濟，且不碍其原有地方之辦事。其設計方法尤足爲吾人所借鏡，玆取錄其重要設計部份如下：

五層樓上加築四層樓之計設方法

該貨倉長六十尺，濶五十一尺三寸，用鐵筋三合土作樓陣，八寸磚墻，天台樓陣計劃承載活重三十磅，今則欲加增樓四層，活重一百磅。欲有此力量，而同時須最輕便而經濟材料，當然以用鋼陣鋼柱及三合土樓陣爲最相宜(參觀圖一)。

(一)在原有貼墻之鋼筋三合土柱，則加用H形鋼柱兩條兩條，用三合土包裹由地下貫通屋頂，用鍋釘與新鋼陣聯絡(參觀圖二及圖三)。

(二)在原有之中心鋼筋三合土柱，則加用角鐵四條，(角鐵尺寸隨高度減少)環抱，有鐵板聯接及三合土包裹，亦由地下穿至屋頂，與新鋼陣聯絡(參觀圖五及圖六)。(三)四便墻角之原有鋼筋三合土柱及地基，則因承載力尚足，毋庸加大。(四)原有之天面樓

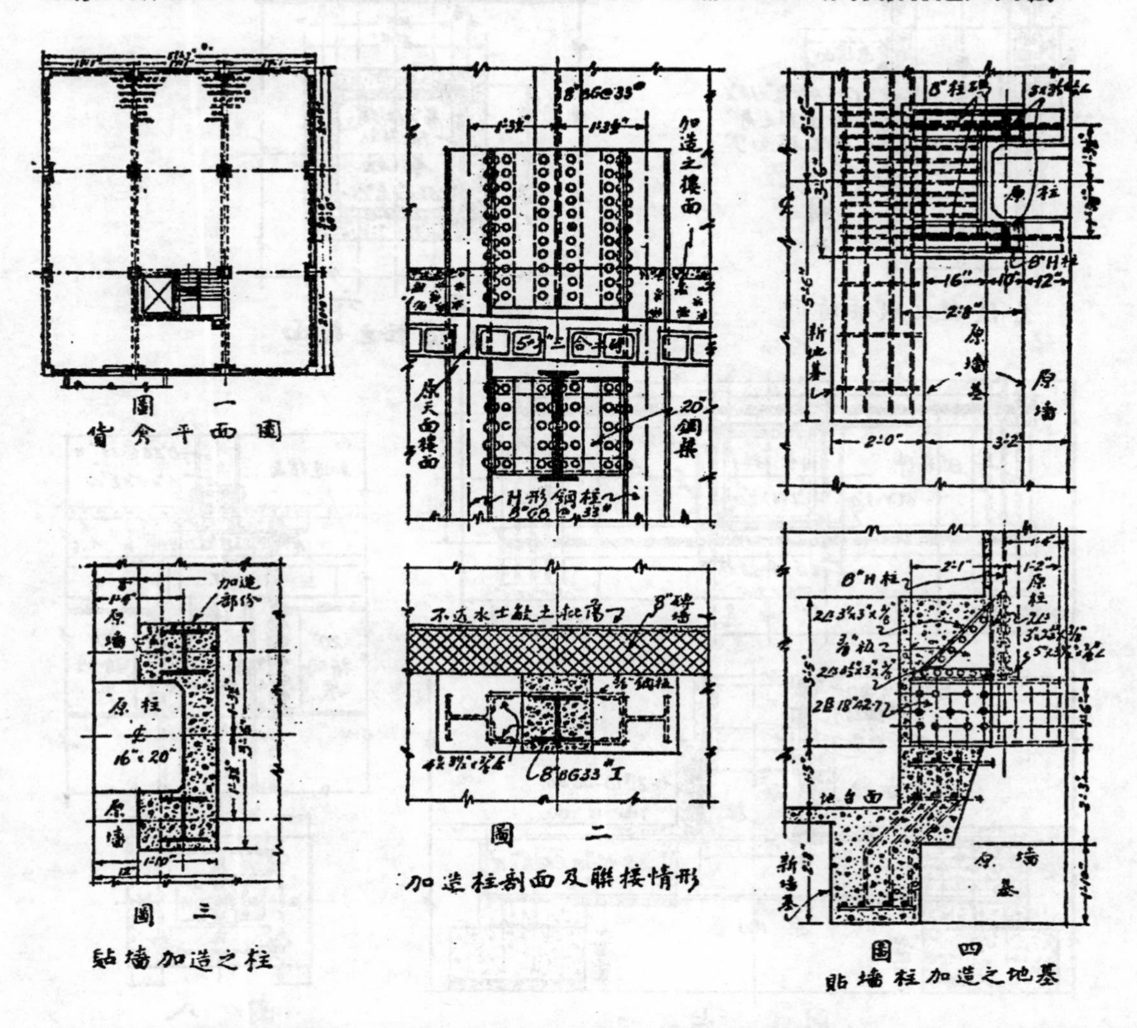

圖一　宿舍平面圖

圖二　加造柱剖面及聯接情形

圖三　貼墻加造之柱

圖四　貼墻柱加造之地基

面，祗能承載活重三十磅，現增至一百磅，則由加造之鋼柱伸出高二十寸之新鋼陣承載(圖八)，并用煤渣三合土加厚樓面。(五)原有之柱基，不能再行增加重量，必須另建：(a)關於中心柱部份，則加築鋼筋三合土於原有地基兩旁，上承H鋼陣兩條，H鋼陣則承載橫鋼梁，橫鋼梁則受力於兩短鋼陣，短陣接連於新加之角鐵柱，各部皆用三合土包裹，(參觀圖七)；(b)關於貼墻柱部份。則加築鋼筋三合土於原有地基旁邊，上承橫鋼梁，鋼梁則接連及受力於新加之H

形鋼柱，各部亦皆用三合土包裹，(參閱圖四)。

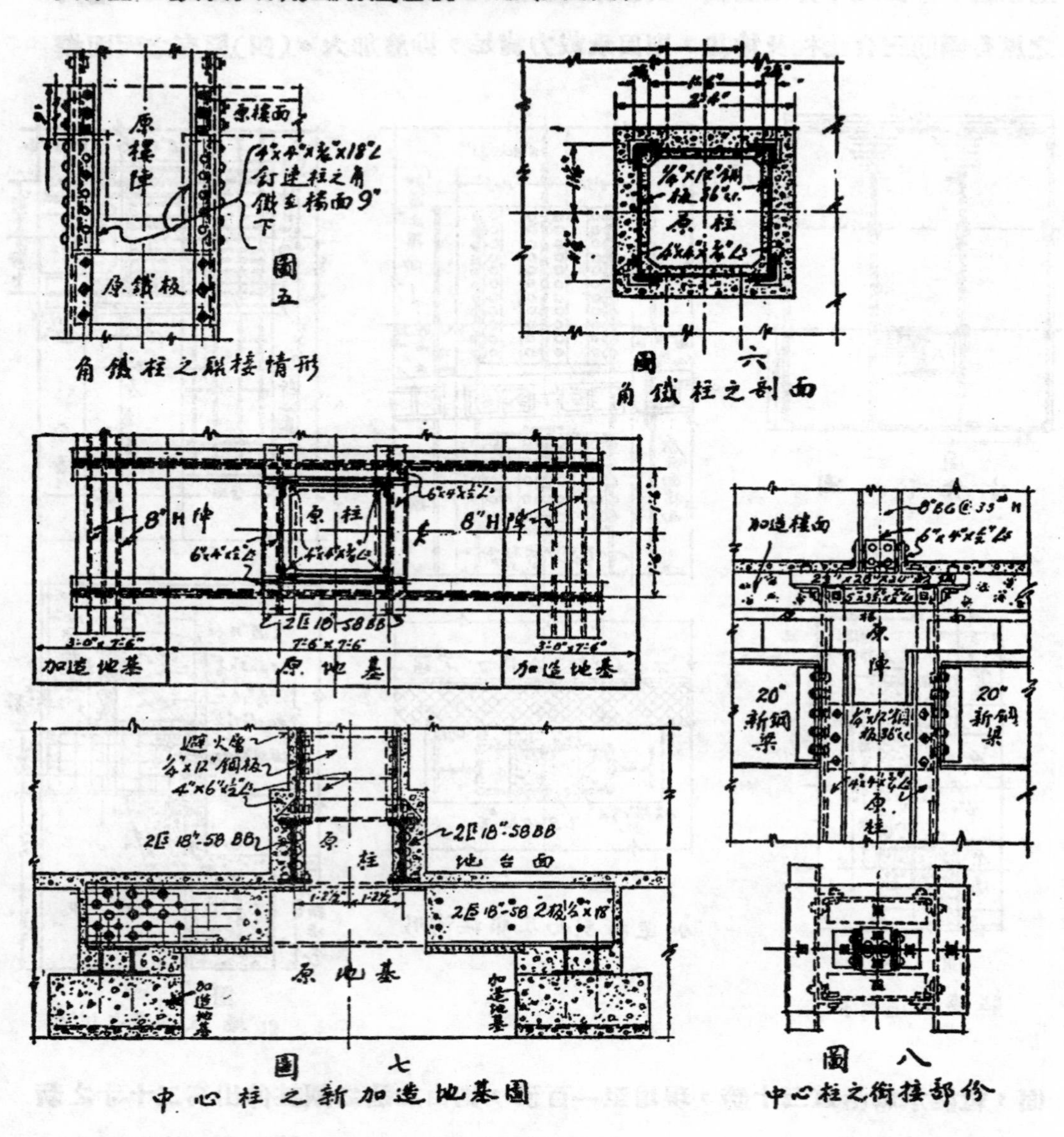

圖七 中心柱之新加造地基圖

圖八 中心柱之銜接部份

以上敍述，乃爲其大概設計，於此可見其工作之簡便，材料之經濟。聞全部工程，連一升降機，不過五萬二千金元，而最初估價，或謂其完全不可能，或謂需欵七八萬元開外，結果若此，殊出人意料云云。

將來的房子

潘紹憲

摩登男女密運成功之後，就有結婚的籌備。他們第一件最要解決的就是他們的『安樂窩』，卽是住居問題。大槪人人心理都想能够自己有一所自己的房子，但是因爲金錢經濟和建造時間現在的房子不是容易購置的。所以將來的房子是要打開錢包一看，與那工程師所有圖則之建築價相符，卽可以於一個星期後就有房子居住；而其價錢還比現在同樣的相宜一半。這意思是現在美國工廠大宗標準房子出產的計劃，一兩年間就會實現的。

這種房子的建造法是與現在的完全不同，他所用的材料差不多全爲金屬鋼鐵或新發明材料爲我們向所未見的。其中各部份都是早在工廠裡分割妥當，一到建築的時候只要集合釘鈎起來便告成功。建造房子時附連室內應用配置，如換氣管，冷熱喉，電氣用品，洗衣機，收音機，厨具等等應有盡有，而其價錢相宜一半。

△兩所金屬建築

將來的房子

此種特別新式房子，可以依照預算他保存到一定的年限，以免欵式變舊，出賣不宜。大約以十五年至二十年爲限，過此則要改建。房子雖爲大宗出產但其欵式幷非一律仍有種種可以更改，或採擇以應個人需要的；故只有其中的骨格，牆壁，地台，樓面及天面等是確照標準在工廠製妥的。

美國近年使用種種金屬來試驗多次，結果都覺得將來的房子他的骨格總要使用金屬爲宜；天面則宜用輕鐵，亞鉛，或其他金屬；牆壁則改爲只有三吋厚度，比之現在常用九吋至十八吋的經濟多了。內外各牆均用分段的材料鈎釘連結，內牆更用批盪塊片加蓋。天面則先鋪一吋厚的隔層然後用不銹的輕鐵排鋪上，所以非常結密。樓面則分條使用長鐵互相鈎踏而成。所有窗戶只求其能向外觀望，不必注意其透射光線。各室燈光都盡藏在牆角或樓底之邊，而用氣光或紫光發射以求衛生。

此種將來的房子，對于現在一般租賃房子的家庭最有利益；因爲價錢相宜，設備完全，人人都可以想法子來買他自己的房子。對于摩登男女密運成功的，更容易解决他們的『安樂窩』呢！

房屋新影

一、連續天面，可省建費。

二、鋼鉄工廠，堅固經濟。

三、掛柱住宅，起居適宜。

將來的子房

一、和現在同樣的房子價錢相宜一半。

二、預算只保存十五年至二十年。

三、一星期內可以完成。

四、房子附連一切應用配置。

五、他的骨格使用鋼鉄，牆壁只有三吋，樓面使用鉄片，天面使用輕鉄。

六、窗戶不必透光，燈光使用人工紫光。

集中混和三合土

陳良士

譯自"Engineering & Contracting"

美國城市建築商人，對於混和三合土問題，現多趨重於集中混和之法，緣一向各商混和三合土，均各自預備材料，混和機，貨倉等。其中輸運，存積，上落，混和，種種手續，所費時間及費用甚鉅。一般商人，感覺分辦之煩費，集中之經濟，近有集合多數建築商及建築材料商組織集中混和三合土公司，其中以紐約市格蘭佛公司成績為最優。該公司專代人混和各種份量之三合土，幷擔保有相當之力量。其內容大槪將士敏土，沙，石，各儲於一大鐵斗內；由鐵斗下部送出材料，經磅後用皮帶輸入混和機；再由混和機輸入另一大鐵斗，放落汽車，輸送到各處應用。舉凡材料之送入鐵斗，流出鐵斗，過磅，落車，均用電制集中管理不須人力。祇管理員一人，在一室中，開閂電制數分鐘內，卽可配成若干份量若干重量之三合土，由汽車輸出應用云。觀此知外人力求經濟之一斑，而我國商人所不容忽視者矣。

圖為電機管理室管理落材料份量及混合情形

國外工程新聞

(1)經濟的橋樑臺翼

橋臺與橋翼，因受力之不同，故於臺翼之相接處，最易發生裂縫。是以設計時不得不加以注意，但因此而多用材料，耗費金錢，殊不經濟。於是引起工程界之研究，以解决此難題。據研究之結果，最好將橋臺與橋翼分而為二。如第一圖，使橋臺專受泥土壓力與橋樑壓力；而橋翼則只受泥土壓力，橋樑上所生之力，絕無影响。即使橋臺受壓力下坐，而橋翼仍不受損。此種建築法，尤適宜於强大震動力之鉄路橋樑。甚望我國工程界，加以注意也。

第一圖

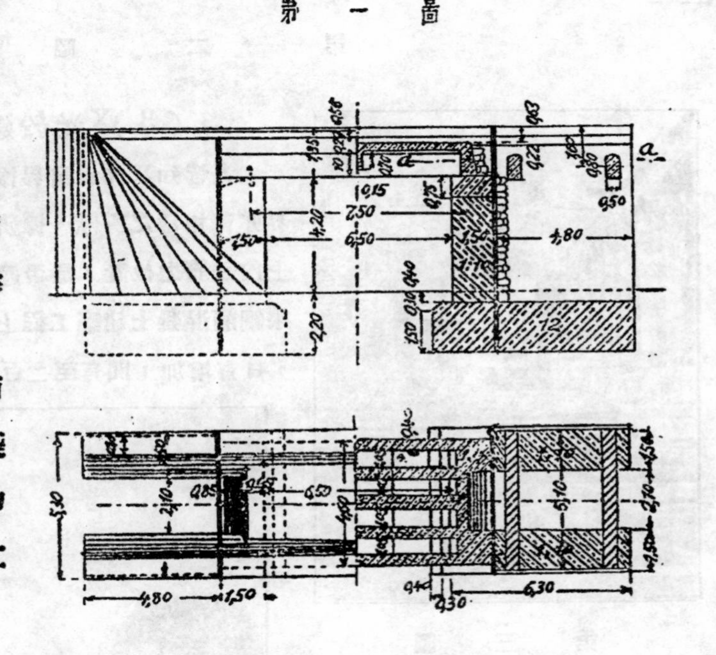

(2)利用混凝土製成之金字架以建築屋頂之方法

意大利因鐵料缺乏，木材昂貴，對於屋頂之設計，多用洋灰鋼筋混凝土。惟建築時，需用木料甚多，故有將屋頂之金字架，先就地製成，然後利用起重機升高安置者。第二圖為該金字架之詳細圖則，第三圖為安置時之情形，其下所陳列者，即就地製成之金字架也。

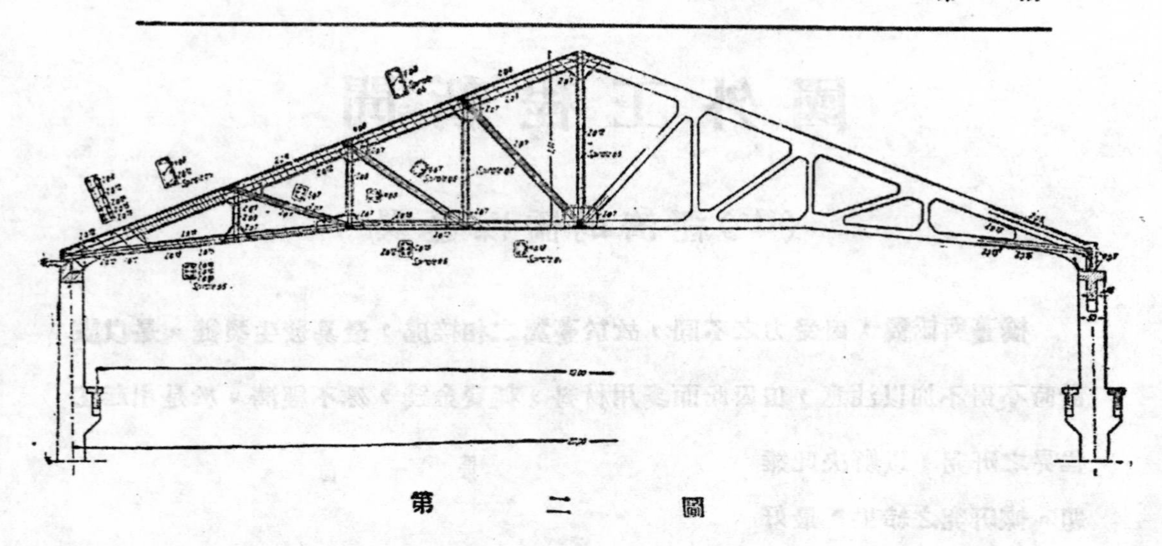
第二圖

第三圖

(3)X光於建築界之新用途

人皆知X光爲醫界檢查病人之利器，而不知於建築界亦有相當之貢獻。據研究所得，X光可用爲觀察混凝土內鉄筋之位置，是否適合，與乎鋼筋之鍛接。誠以年來鋼筋混凝土建築工程上之進步，日新月異，樑陣跨度，日有增加，間有至二百餘英尺者。而鋼筋之長度有限，不能不駁接，故鋼筋之接合，遂成問題。主張鍛接者日衆，而X光遂因此成爲研究此問題之重要助力。在我國則不防利用之擲驗像工減

第四圖

料之工程。第四圖乃檢驗混凝土內鋼筋位置時之攝影也。

(4)二十四小時內完成之混凝土建築物

一九三〇年匈牙利首都Radapest舉行之國際建築展覽會，曾有洋灰工廠，用其所出之快結洋灰，建築一菌形之屋面，由落洋灰混凝土，而至拆木模，不過二十四小時，卽時可受載重之試驗，經來賓之觀察，絕無裂縫，而載重之重量，用二十餘人立於屋面之上，觀衆則環立其下。第五圖卽試驗載重時之情形也。

第五圖

(5)混凝土製成之水厠箱

水厠之水箱，普通皆用鐵製成，惟成本頗鉅，且易生銹，於修理方面，殊不經濟。故有改用洋灰混凝土，以其製造易，成本廉也，查混凝土透水最易，宜加注意。惟今日科學之發達，此點已無問題。閙鐵料缺乏及昻貴之地，對此極力研究，極受用者之贊美，第六圖甲爲該箱之外觀，第六圖乙則爲其剖面也。

第六甲圖

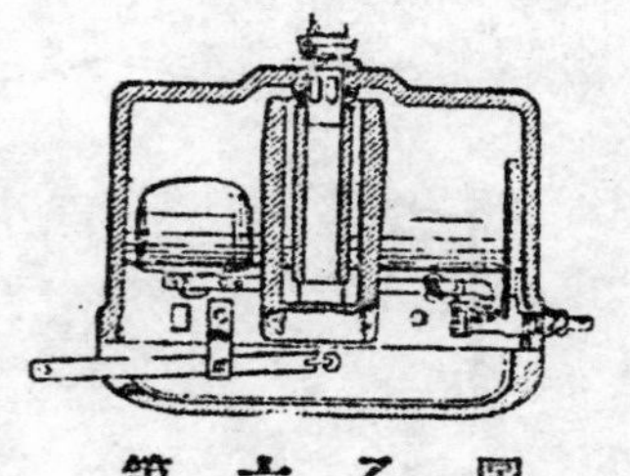

第六乙圖

(6)不用木模之混凝土樓面

建築混凝土樓面，需用木模甚多，木料幾居樓面建築費三分之一，木料缺乏之地，尤爲假昂。故有利用鐵架以替柱陣，厚紙以替木板者。其法先安置輕便之鐵架，其上鋪以厚紙。此厚紙之上，爲鋼絲網，與厚紙相連，捲成一捆。第七圖爲展開鋪蓋於鐵架上時之情形，而第八圖則鋪蓋妥當後，用鐵勾將厚紙塊固實於鐵架之上，使其平直。該紙塊堅韌而不透水，故能承載濕潤之混凝土，有如木板。此種方法對安置及拆卸木模之煩雜工作，可免除不少，誠混凝土工程中別開生面者也。

第七圖

第八圖

(7)利用機械以節省計算力學之勞

力學無定式之計算，極其繁難，有利用近似之公式，或詳細之圖表以求之者。惟手續繁多，易生錯悞，故有利用機械以解決此難題之發明。其法卽以有彈性之鋼片及小鉗若干，按建築物之式樣，以相當之比例，製成模形。然後觀

第九圖

察其變態，求其彈度以爲計算之根據。第九圖乃求屋架，第十圖則求拱形橋力之情形。此種方法，雖不能謂爲絕對準確，惟于實用上已綽有餘裕。既可省卻時間，而又免除計算之錯悞，實力學計算上一大改革也。

第十圖

(8)最大跨度之鋼筋混凝土桁樑橋

支架橋爲桁樑橋之一種。普通多以鋼鐵製成，惟年來多有用鋼筋混凝土以建築者。聞最大之跨度，首推法國專家 Considere 及 Prof Cagnot 兩氏所設計在巴黎之支架橋，如第十一圖。其最大跨度爲76.845公尺，該橋兩旁之支架式桁樑，高約10.40公尺。全橋建築費約六百萬法郎，合大洋約一百三十餘萬元。實心桁樑橋之最大跨度，首推德國 Thalfingen 多腦河橋。該橋中間之跨度，最

第十一圖

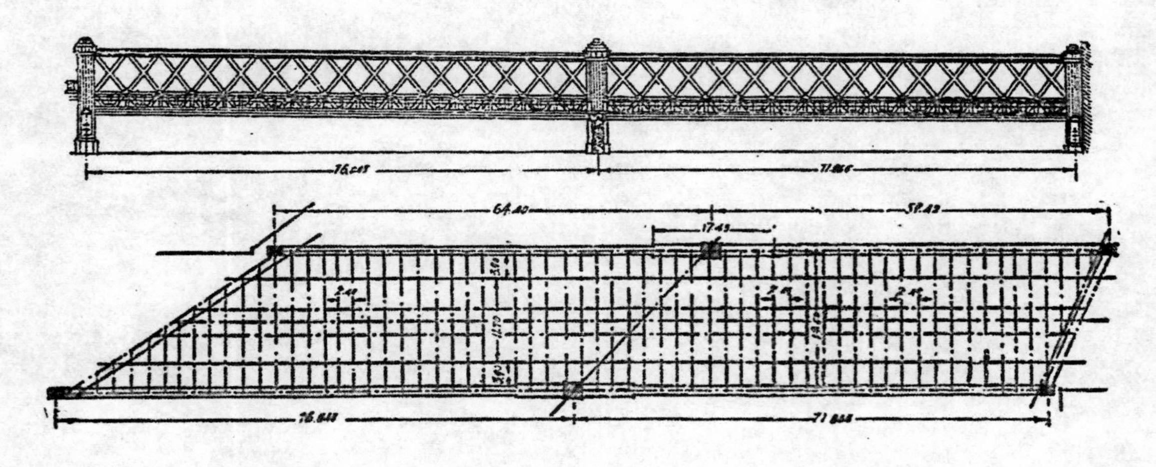

大約33.80公尺，中間桁樑之高度，2.40公尺，在支點上約3.80。第十二圖乃該橋之全圖，實鋼筋混凝土桁樑橋中之最偉大者也。

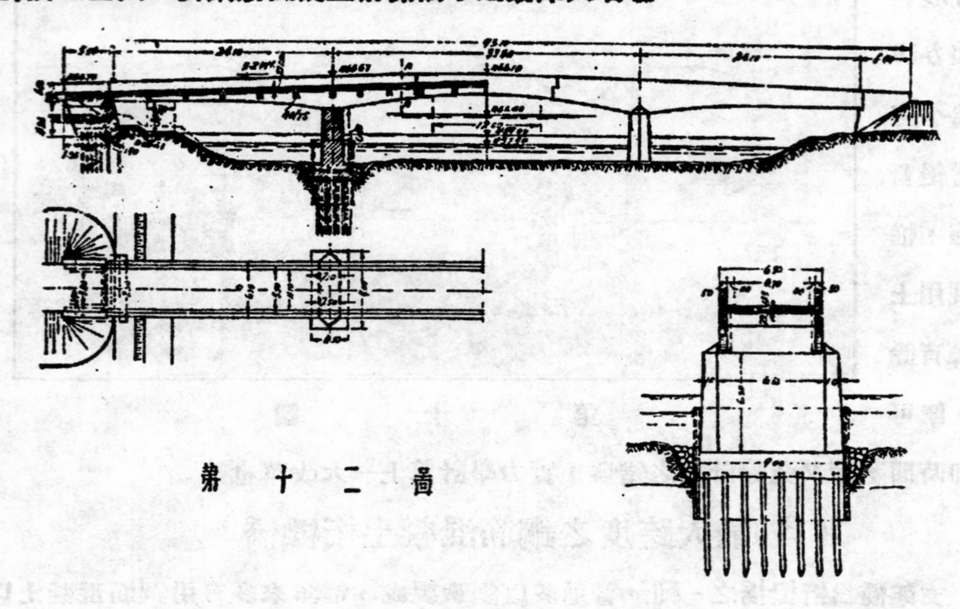

第十二圖

國內工程簡訊

(一)南京浦口間之火車輪渡　南京浦口兩站，一衣帶水，前此輪運來往，殊感不便。現聞鐵道部經向英國訂造火車輪渡，以資啣接。該輪渡全長372尺廣58.5尺，輪面鋪軌道三列，載重可二千八百噸，容車輛二十一架。此後津浦快車，可直達南京，毋庸轉運云。

(二)上海市自動電話完成　上海市弍年前即改裝自動電話，至本年即告成功。聞共改裝電線長一百七十英里，電話三萬三千箇，私人搭線機一千箇云。

(三)隴海鐵路工程近況　查隴海鐵路最困難為跨函谷關之一段，即雲竇至潼關一段，計路長七十二公里，年來因軍事影響，迄未完成。近兩年來，軍事結束，工程由該局鴻勛主持，始有長足進展，年內即可通車，計該段共須開山洞十座，其最長者為1080公尺，其峽石驛之山洞，則長1779.58公尺，為國有鐵路山洞之最長者云。

(四)上海市之垃圾燃燒機　上海市所出垃圾數量，每日約一千噸，上海租界當局，為謀清潔的整理起見，年來建有五十噸之燃燒機一座；最近續增至百五十噸。本年復向慎昌洋行，訂造二百四十噸燃燒機一座，在庇唻路設廠。我國都市，有垃圾燃燒廠者當以上海租界為嚆矢。深望其他都市，踵起設立，以免後人。

純用皮尺兩條劃出曲線法

陳 良 士

大凡測畫曲線於地上，如中心點不能取得時，則必須用平板或經緯儀等器定之。但有時儀器不便，或時間匆促，亦有比較簡便之法。即用皮尺二條及做些少乘數便得。此法根據幾何原理，該原理為「譬有一點於此，其距離一定點之長度，與距離第二定點之長度，其比例常為K，該點之轉移，即成一圓曲線。」茲述其實用法如下：——

先將兩切線之交點PI及兩切點PT_1 PT_2量出，釘樁於地上。由切點一至切點二，即為弦長。將弦分中，得C點，亦樁釘於地上。以弦長之半，與交點至任一切點之距離（即切線之長度），相比得常數K。以一皮尺鈎於C點樁頭，一皮尺鈎於交點PI樁頭，兩尺相交而兩長度之比例等於K時，該點即在曲線內。如此可任定多點，足以劃成一圓曲形為止。算式如下：——

譬　切線長＝40'，弦長70尺

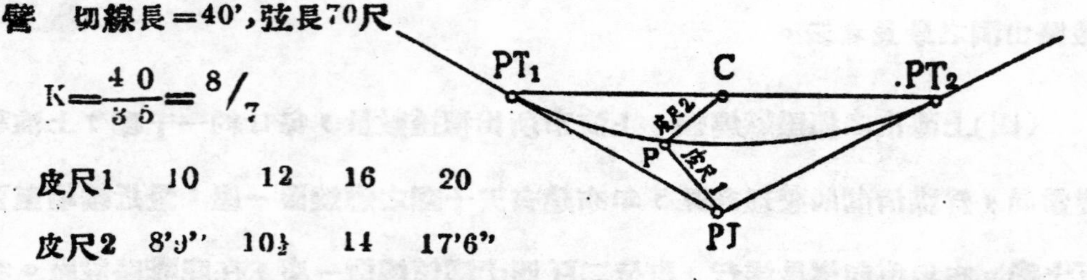

$$K=\frac{40}{35}=8/7$$

皮尺1	10	12	16	20
皮尺2	8'9"	10½	14	17'6"

此法對於測量馬路公路轉角，有時甚為利便，一般工程界及測量員，或可資臂助也。

私立嶺南大學建築材料力量試驗章程

本校工學院所辦土木工程一科其材料試驗室設備徧週置有建築各種材料力量試驗機士敏土力量試驗機等均屬最新式者以之試驗力量極爲快捷準確所聘各教授俱留學歐美領有高級學位學識豐富且曾在國內外任工程要職多年對於試驗建築材料極富經驗茲爲應社會需求及提倡使用國產建築材料起見特訂定辦法公開代工商各界試驗各種建築材料凡屬國產之士敏土磚瓦石階磚木材等物依照下定辦法請代試驗者尤所歡迎

試驗建築材料力量辦法

(一)凡公司團體或個人委託本學院試驗建築材料無論該項材料係國產抑屬外貨經本院認爲可代辦者即與接受

(二)委託試驗之材料無論磚石鋼鐵灰木或士敏土概由委託人自行供給註明出產地或製造廠及物名分量須足敷三次試驗之用如係士敏土或灰必須封固免受濕氣發生變化所有材料試驗後留院陳列概不發還

(三)試驗三合土或灰沙等製造品爲求準確起見委託人須將各種原料交本學院配合若委託人自行配合後始交來試驗者必須將各項詳細紀錄連同交來

(四)試驗費暫酌收如下

士敏土牽力試驗　　廿五元

士敏土全部試驗　　一百元

士敏三合土壓力試驗　　廿五元

磚或石磨擦試驗　　廿五元

木材或鋼鐵或鋼筋三合土之牽壓剪扭屈各種力試驗每種　　五十元

(五)其他材料之試驗費視乎手續之繁簡及消耗電力或其他物料之多寡而定均臨

時面訂

（六）本學院接受委託人材料及試驗費後卽發回收據收據係兩聯式一給委託人一

留院存查

（七）本學院接受委託後卽發交主任教授試驗工作完畢卽將試驗結果詳細說明送

交委託人妥收如未得委託人同意本學院永遠代守秘密不向外發表

（八）委託人如居住本市以外可將材料及試驗費由郵局掛號寄交本學院惟委託人

姓名住址必須詳細註明以便寄發報告所有一切郵寄費用均由委託人自理

（九）凡土木工程師會會員委託試驗其試驗費照七折計算

會務報告

第一次議案報告

（二十一年六月廿三日下午七時半地點歐美同學會）

出席會員共三十三名

主席李卓　紀錄陳榮枝

甲　報告事項

(一)主席報告選舉職員結果當選監察委員卓康成劉鞠可林逸民袁夢鴻黃謙益當選執行委員李卓朱志龢梁啓壽梁綽餘陳國機黃森光陳榮枝

乙　討論事項

(一)主席臨時憲議當選監察及執行委員是否合法

(二)袁夢鴻同志提議當選監察及執行委員認爲合法案

議決通過

(三)黃謙益同志提議修改會規及租借會所事宜交監察及執行委員辦理案

議決通過

(四)陸鏡清同志提議會費照原定數目徵收如有不足時由監察及執行委員擬定增加案

議決通過

第一次監察執行委員會議

二十一，六，廿二日六時地點歐美同學會

出席監察委員劉鞠可　袁夢鴻　黃謙益

出席執行委員李卓　陳榮枝　朱志龢　黃森光　梁啓壽

主席 李卓 紀錄 陳榮枝

(一)黃委員謙益提議每季會員會費十元仲會員會費五元案

議決交大會議決

(二)李委員卓提議組織圖書館案

議決交圖書館委員及籌欵委員辦理圖書委員 黃玉瑜 李炳垣 林克明 麥蘊瑜 利銘澤郭秉琦陳頁士籌欵委員卓康成袁夢鴻劉鞠可黃謙益陳國機李卓林克明

(三)李委員卓提議組織季刊委員案

議決交大會討論辦法

(四)劉委員鞠可提議先向各委員繳交會費十元爲臨時會務費用議決通過

廣東土木工程師會第二次大會議案報告

日　期：二十一年七月四日下午八時

地　點：文德路廣東歐美同學會

主　席：李　卓

紀　錄：朱志龢

出席會員：共三十名芳名開列於後

甲 報告事項

(一) 主席報告上次開會情形

(二) 主席報告執監委會會議情形

(三) 袁夢鴻報告今夕本應由德商西門子映打鋼樁工程影片惟該商未能如期將片送到故不能開影

乙 討論事項

(一)主席提議：前次執監委會會議議決本會普通會員會費擬增加至每季十元預備會員會費增至每季五元一案應交大會會議決定案

(議決)應照前次會議第四項議決案辦理不敷時再由執監委員妥定會費額數

再行提交大會決定

(二)主席提議：本會應否辦理季刊案

(議決)應辦定雙十節出版

(三)林逸民提議：關於辦理季刊應否指定一總編輯並副編輯數人以利進行案

(議決)指定陳貢士担任總編輯並指定陳國機　麥蘊瑜　梁綽餘　梁啓壽　潘紹憲　黄謙益　胡棟朝　林克明　朱志龢爲副編輯

(四)主席提議：本會會址應即設立案

(議決)先由陸鏡清代表本會向歐美同學會商借地方

出席者

陳國機　李　卓　李兆球　陳　崑　劉慶勳　伍澤元　余瑞朝　陸鏡清　袁夢鴻　梁永鋈　劉鞠可　關以舟　蔡杰林　陳君慧　何海濤　梁泳熙　鄺天民　蔡榮操　曹朝敬　鄺偉光　黄東儀　林逸民　司徒彼得　劉仰舒　譚天送　朱志龢　李文邦　楊永棠　胡棟朝　陳錦松

會員簡訊

關汝舟君 曾任本市工務局技士現設事務所於惠愛西路

鄭成祐君 曾任本市工務局技士數年現設事務所於豐寧路一百二十一號

楊永棠君 新設事務所於惠愛西路

梁綽餘君 設事務所於楊永棠君樓上

譚天送君 譚君對建築設計極有經驗於月前得華安燕梳公司徵求圖式首賞現在廣東信托公司當職

孫炳南君 孫君因承建台山女子師範學校新校舍工程故孫君近日少在本市查該校圖式由陳榮枝李炳垣二君設計

蔡榮操君 曾任台山建設局技士及本市工務局技士現得馬克敦公司聘請爲該公司工程師

陳錦松君 聞陳君於本月底與劉女士結婚

林 恰 君 曾任中山縣建設局技士現返本市設工程事務所

趙 煜 君 曾先後任本市工務局及台山縣建設局技士現已返本市設工程事務所

廣州市建築工程師及工程員取締章程

第一條　凡在廣州市內以計劃建築工程繪製圖樣等項爲業務之建築師土木工程師等均應經本章程之取締領有執業証書方准執行建築師之業務

第二條　凡年滿二十五歲品行端正並無精神病具有下列資格之一者得向工務局申請領工程師執業証書

(一)凡經國民政府主管部署准予登記爲建築技師或土木科技師者

(二)凡曾在國內外大學或高等專門學校修習建築科或土木工科三年以上得有畢業証書並曾主持建築工程二年以上得有証明文件者(如証書或照片圖樣等)

(三)凡曾在國內外大學或高等專門學校修習建築科或土木工科有二年以上之學力並有六年以上(內有三年以上係主持建築工程)之實習經驗得有証明文件者(如証書或照片圖樣等)

(四)辦理土木工科或建築科技術事項有改良製造或發明之成績或有關于上列學科之著作在本市工務局審查合格者

(五)凡領有工程員執業証書並繼續執行業務十年以上經本市工務局審查合格者

第三條　凡年滿二十五歲品行端正並無精神病具有下列格資之一者得向工務局申請領工程員執業証書

(一)普通工業學校畢業或具同等學力有實習建築經驗三年以上得有証明者

(二)凡具有五年以上之建築經驗並知建築工程繪圖及計算經本市工務局審查及格者

第四條　凡申請領執業証書者須塡具領證申請書三份連同半身四寸相片三張文憑或明書及審查費二元繳呈工務局審查無論及格與否除文憑及證明書發還外其餘概不發還

第五條　建築工程師員資格之審查由工務局長及其選派工務局建築工程師三人並聘請市內富有經驗之建築工程師三人共同組織行之

前項會議規則另定之

第六條　凡經審查委員會審查合格認爲適合第二條或第三條所規定之資格者由工務局分別給予工程師或工程員證書一律征收證書費大洋十元

第七條　申請人對於審定資格有不滿意時得呈請工務局准予攷試須呈繳閱卷費二十五元無論攷試及格與否閱卷費概不發還試題範圍及攷試規則另定之

第八條　凡經領有第二條或第三條之執業證書者得在本市設立事務所接受委託辦理一切計劃建築工程繪製圖樣及監理工程事項並准以其所繪各項建築圖樣向工務局請領建築憑照

第九條　凡領有工程員執業證書者祇得以其所繪圖樣向工務局請領非鋼筋三合土或鋼鐵結構建築物之建築憑照

第十條　建築工程師員對於所規劃建築物之圖說力學計算書及建築之實施監理須依照工務局取締建築章程之規定負責辦理

第十一條　凡領証人有左列行爲之一者由工務局傳訊屬科以三個月以上一年以下停止執業之處分

（甲）以所領証書轉讓他人使用或代他人簽押圖則及計算書者

（乙）違犯工務局取締建築章程或本章程之任何條項經工務局通知更正至三次仍不遵改者

第十二條　領証人自行停止業務或地址變更應呈報工務局備案

第十三條　凡遺失執業証書者應先登市政日報聲明茲呈請工務局分別註銷補發

但須繳手續費大洋五元

第十四條　自市政府公佈本章程之日起三個月後仍未領証者不得執行業務

第十五條　本章程自公佈之日施行

第十六條　本章程如有未盡事宜得呈市府修正之

廣州市保障業主工程師員及承建人規程

第一章 總則

第一條 簡稱

一·業主 上蓋建築物或上蓋連土地之主人或團體均簡稱業主團體則以法定代表人或代表人等爲業主代表該團體一切之權利與義務土地所有權無論是否與上蓋建築物同一主人抑另屬一地主但因批約或其他契約關係適合工務局取締建築章程報准建築者亦稱爲業主

二·工程師或工程員（以下簡稱工程師員）凡經領有工務局執業証書准予在本市執業之工程師員受業主之委托計劃及監督建築工程在工作期間稱工程師員其助手與工程師員成爲一體所有工作均由有工程師員完全負責

三·承建人 凡受業主確用實施工程師員之計劃及受工程師員監督之人爲承建人其助手及工人與承建人成爲一體所有用料及作工均由承建人完全負責

四·計劃 計劃係指經工務局核准之圖則及說明書幷業主與承建人訂定僱用契約暨建築章程及工程師員隨時發出之大樣圖等而言

五·監督 監督係指承建人實施工作期間受工程師員之指導監督而言

六·通知 通知係指書面通知並有發書人之簽名蓋章者一切口頭通知均不能作通知解釋

七·簽名 簽名係指親筆簽名工程師員須常用執業登記之簽名

八・蓋章　工程師員須用執業證之登記圖章承建人須用報建之圖章業主須用其個人私章如係團體代表須加蓋該團體之担保圖章除上列註明之章外不作蓋章論

第二條　工程師員執行業務之限制

一・凡在工務局服務期間內不得執行工程師員業務

二・不得兼任承建人如得業主同意者不在此限

第三條　承建人担保店之責任

承建人之担保店應担保其建築工程至解除僱用契約爲止

第四條　過期

承建人須於規定期限及加增工程期限內竣工如有過期業主及工程師員因過期所受之損失均由承建人賠償其應賠償各數目應依照僱用契約辦理

第五條　罰則

凡有違背本規程之規定或違背本規程所允許之特別契約至對方受損失者經對方呈報工務局查明屬實得處以五元以上五十元以下之罰金如係業主到期應支之欵延不交付經對方呈報工務局查明屬實得處以五元以上五十元以下之罰金並責令業主將欠欵清償如欠至一月以上應補回利息以八釐計算必要時工務局得將建築物釘封拍賣以償欠欵

第六條　修正

本規程如有未盡事宜得隨時提出市行政會議修正之

第七條　施行

本規程經行政會議通過後施行

第二章　工程師員與業主之關係

第八條　工程師員之委托

業主按廣州市建築工程師員取締章程第八及第九條之規定得自由聘請工程師員全權代理一切計劃及監督工程事務其委托契約須用第二十條之格式繕

成同樣二份各執一份但一經委托須遵守本規程之規定此項委托契約須經雙方簽名蓋章方發生効力

第九條　計劃完妥之期限

工程師員應視委托計劃之繁簡自定計劃完妥之期限幷須在委托契約內註明

第十條　酧金

工程師員接受業主委托計劃及監理工程事務應視該件工程之繁簡得依其建築費所值向業主領受酧金其酧金定額不得少過建築費總值百份之三不得多過百份之十其數目應在委托契約內註明

第十一條　酧金定金及酧金支付

業主與工程師員訂立委托契約時工程師員得在酧金總額內預支一部份作爲定金其數目不得少過總額百份之二十不得多過百份之五十其餘數分爲二等份開工及工竣時各領取一份(由工務局覆勘後作爲工竣日期)上列各項酧金數量須在委托契約內註明

第十二條　計劃及監督之工程員

業主得委托某工程師員計劃而另委托工程師員爲監督工作其圖則部份由計劃工程師員負責而建築部份應由監督工程師員負責兩者酧金之總額仍不得超出第十條之規定分配計劃者或監督者之酧金定額不得少過建築費總額百份之二不得多過百份之五監督工程者如遇圖則或章程及其各種原因未能明瞭時得向計劃者請求解釋不得推諉

第十三條　更改計劃及增加工程

工程師員接受委托之後計劃未完妥之前須將擬定草圖及工料大意通知業主如業主覺有更改之必要工程師員須妥爲更改不另加酧金但一經業主通知過意後如再事更張或在工程進行中增加工程得視更改工作之繁簡照原定酧金之外另加相當費用作爲更改酧金但此項酧金不論一次或數次合計不得多過原定酧金之數如增加建築工程其酧金以增加之總值照原定百份率計算

第十四條　工程預算

工程師員於計劃完妥之後須將全件工程價值估計清楚并將應有一切開支或訂約章則預備全數交與業主其估計價值有代業主嚴守秘密之義務免爲承建人操縱

第十五條　竣工

承建人建築工程竣工時須將工務局所發之照先交工程師員簽名蓋章証明完妥呈繳覆勘俟覆勘完妥後工程師員之責任方得作爲完滿委托契約同時與業主解除

第十六條　解除委托契約

工程師員與業主互訂之委托契約依下列各節之一者得解除之但須呈報工務局備案

一・覆勘完妥同時業主亦已盡該契約之義務

二・工程師員在委托期間業主對於工程師員有不滿意時得隨時解除契約而另委托他工程師員但前委托之工程師員應視工作進行之多寡向業主領取酧金之一部其數目不得少過全部酧金百份之五十並不得多過酧金之全部及更改及增加酧金亦依照上列數目比例計算

三・業主因土地所有權或其他轇轕至延遲竣工或竣工無期工程師員得通知業主解除契約并應視工作進行之多寡向業主領取酧金之一部其數目不得少過全部酧金百份之七十并不得多過酧金之全部及更改及增加酧金亦依照上列數目比例計算

四・承建人經業主授意違章或不依僱用契約辦理有相當証明經工程師員三次通知仍不更正者工程師員得向業主解除契約並不論工作進行多寡應向業主領取全部酧金及更改增加等酬金

五・如業主不履行委託契約內之義務經工程師員通知至三次而仍不履行者其應領酬金適用本條第四工部之規定

六・業主如未得工程師員許可而擅發工程費者其應領酬金適用本條第四節之規定

第十七條　另立委託契約

初次委託契約依前條規定解除後業主得自由聘請其他工程師員繼續未完之工作但仍須依照本規程辦理

第十八條　解除委託契約之限制

工程師員除依照第十六條規定外不得解除契約

第十九條　贈送本規程

工程師員與業主簽立委託契約收定銀時須無代價的贈送本規程一本與業主收執

第二十條　工程師員與業主所訂之委託契約欵式

工程師員委托契約　　字　第　號

業主　　委托工程師員　　計劃及監督下列建築物經雙方同意簽立契約願遵照

廣州市保障業主工程師員及承建人規程及下列各條辦理

業主住址

建築物所在地

土地所有權

自業抑批租

酧金(計劃及監督在內)照建築物百份之　計算

酧金定金

酧金支付期限

計劃擬定期限

計劃完妥期限

工程師員住址

工程師員事務所住址

特別註明

業主簽名　　蓋章

工程師員簽名　　蓋章

中華民國　　年　　月　　日

第三章　業主與承建人之關係

第二十一條　承建人之僱用

工程師員計劃完妥業主得自由僱用承建人實施建築工程其僱用契約須用第三十二條之格式繕成三份業主承建人及工程師員三方各執一份但一經僱用須遵守本規程各條之規定此項契約須經業主及承建人雙方簽名蓋章工程師員簽名蓋章作為見証人方發生効力

第二十二條　更改工程或增加工程

在工程進行中如業主更改或增加工程須通知工程師員計劃核算妥當幷由三方訂明另立契約

第二十三條　竣工期限

工程師員應視實施建築工程之繁簡擬定建築工程竣工之期限經業主及承建人之同意在僱用契約內註明此期限係由工務局核發建築執照之日一星期後起計

第二十四條　增加期限

上列之期限中如遇公衆例假當然補計如因風雨及其他故障除在僱用契約特別註明外例不補給如建築進行中業主增加工程自應增加期限由工程師員擬定經業主及承建人之同意另立帖註明

第二十五條　建築物總值

建築物總值須在僱用契約內註明但打樁費不必包含在內但須將每樁單位之價值在章程內列明俟試樁時視地質之鬆實由工程師員酌定用料然後按單位價值伸算

第二十六條　僱用定銀

承建人與業主簽定僱用契約之時應視工程之繁簡得領受僱用定銀其數目由工程師員擬定不得少過建築物總值百份之五多過百份之十但經業主及承建人雙方同意在僱用契約特別註明者不在此限

第二十七條　分期領欵

工程師員應將建築物總價除僱用定銀外分爲若干期發給其擬定標準當以所完成建築工程部份爲比例幷在建築章程內註明

第二十八條　領欵手續

凡承建人完成工程之一部或同時完成數部須卽通知工程師員如其所用工料無違章及背約時工程師員應於四十八小時內發給領欵證承建人收到領款證後得持該證向業主處領欵須於四十八小時內支給不得稍有延遲

第二十九條　解除僱用契約

承建人與業主互訂之僱用契約依下列各節之一者得解除之但須呈報工務局備案

一、覆勘完妥同時業主亦已盡該契約之義務者

二、在建築期中如承建人向業主請求解除契約業主當通知工程師員核算其未完妥之工程需值若干在承建人未領之工料費內多除少補如承建人不服得委託其他工程師核計倘雙方仍有爭執時得呈工務局核辦

三、業主因土地所有權或其他轇轕至延遲竣工或竣工無期承建人得通知業主請求解除契約其應領欵項得由工程師員核計其所完妥之工程及所存未用之材料共値若干承建人已領工料費內多除少補如業主不服得委託其他工程師員核計倘雙方仍有爭執時得呈工務局核辦

四、承建人在工程進行中如因業主或工程師員有僱用契約以外之要求不能照辦經將理由向對方解釋至三次以上有相當證明者得向業主請求解除契約其應領欵項適用本條第三節之規定

五．承建人在工程進行中如因業主或工程師員不依第二十八條之規定不予發證或延期發給領欵證或欵項者得向業主請求解除契約其應領欵項適用本條第三節之規定

六．承建人在工程進行中違背僱用契約或違章有相當證明經工程師員三次通知仍不更正者業主不必徵求承建人之同意得解除僱用契約並無條件的沒收其一切已完成或未完成之工程及放存工場內之一切材料仍得呈

請工務局究辦

第三十條　另立委託契約

初次僱用契約依前條規定解除後業主得自由僱用其他承建人繼續未完之工作但仍須依照本規程辦理

第三十一條　解除僱用契約之限制

除依照第二十九條之規定外不論何方面不得解除契約

第三十二條　承建人與業主訂之委託契約欵式

承建人僱用契約　字　第　號

業主　僱用　號建造下列建築物經雙方同意簽立契約願遵照廣州市保障業主工程師員及承建人規程取締建築章程及依照工程師員之圖樣說明書章程臨時發出之大樣圖及下列各條辦理

業主住址

建築物所在地

土地所有權

自業抑批租

建築物總值

僱用定銀

竣工期限

承建人店號

司理人

承建人担保店地址

工程師員事務所地址

特別註明

業主簽名　蓋章

承建人簽名　店號蓋章

承建人担保店簽名　蓋章

見證人工程師員簽名　蓋章

中華民國　年　月　日

第四章　工程師員與承建人之關係

第三十三條　報建

工程師員計劃完妥後須將應呈繳工務局之圖樣說明書四份力量計算表一份親筆簽名蓋章然後交承建人簽名蓋章由承建人呈報工務局上列圖樣說明書力量計算表等以國文爲限但於工程各名辭上得附註外國文字

第三十四條　材料之監督

承建人在工程進行中所用材料及尺寸須依照計劃內所註明者工程師員有隨時監督之權承建人須絕對服從不得推諉惟購置材料由承建人自擇店號除在僱用契約內特別註明外工程師員不能干涉或介紹

第三十五條　業主自辦材料

如業主自辦材料其受力部份之材料當然受工程師員之監督適用前條之規定

第三十六條　工作之監督

承建人在工程進行中所用工人及作工方法須依照計劃內所註明者工程師員有隨時監督之權承建人絕對服從不得推諉惟僱用工人或管工由承建人自擇除在僱用契約內特別註明外工程師員不得干涉或介紹

第三十七條　業主自僱管工或工人

如業主自僱管工或工人其受力部份之工作當然受工程師員之監督適用前條之規定

第三十八條　重要部份工程之監督

凡打樁落地脚各部份三合土紮鐵及落三合土鋼根柱陣金字架打鍋釘或安螺絲門等工作均屬受力重要部份工程師員及承建人務須依照下列手續辦理

一、打樁時工程師員須到場監視如派助手監視時應將每條樁至後三鎚入土情形按日報告與工程師員經核算足力後通知承建人方得落三合土

二、每部份紮妥鋼根之後未落三合土之前承建人須通知工程師經工程師或其助手到場察驗如認爲妥善通知承建人方得落三合土工程師並派助手

常駐工場監視

三、鋼鐵柱陣金字架等承建人須於未安之前運到工場之後通知工程師親自親察如認爲妥善通知承建人方得安設工程師並須派助手常駐工場監視

四、上列各節無論工程師認爲妥善與否須於接到承建人通知後四十八小時內用書面答覆

第三十九條　承建人不依計劃建築之處罰

如承建人偸料減工有相當證明者工程師員得先行卽刻停止其工作幷着承建人將各該部份挖起從新建造

廣州市李參事等審查工務局
訂定工程師員試驗規則案

案查本年六月二日第九次市行政會議，關於工務局提議訂定工程師員試驗規則一案，決議交參事室審查在案。查該局所提試驗規則第四條，定閱卷費爲二十五元，似覺太高，應酌量減少。第五條第七次，及六條第三次，污水工程，應改爲渠道工程。蓋渠道爲污水流通之道，改爲渠道工程，似較妥當。至第五條第七次之「採集證據」，應改爲「污水流源」，因窮究污水來源，亦爲渠道工程中之重要問題也。此外原試驗規則各條，尚屬可行，是否有當，仍候

公決

附條正廣州市建築工程師及工程員試驗規則一份

審查人參事李枚叔

黎藻鑑

黃謙益

本案經第十二次市政會議議決修正通過

廣州市建築工程師及工程員試驗規則

廿一年六月廿二日第十二次市政會議議決通過

第一條　廣州市建築工程師員試驗，每年舉行二次，（定一月及七月舉行）

第二條　試驗委員會，由工務局長，及其選派工務局建築工程師三人並聘請市內富有經驗之建築工程師三人，共同組織，處理一切考試事宜。

第三條　本規則係根據廣州市建築工程師及工程員取締章程第七條之規定而設，凡適合該條之規定者，得呈請工務局准予考試。

第四條　申請人須呈繳閱卷費大洋二十五元，無論試驗及格與否，閱卷費概不發還。

第五條　工程試驗科目如下。

（一）平面測量：

經緯儀與水平儀整理法，儀器之用法，直線與角度之測量法，土地面積與城市街道測量法，水平測量，地形測量，及上項各種測量，計算，與實地試驗。

（二）材料力學：

內應力，受力後之伸縮，（材料之拉壓灣剪扭等）陣，及其內應分配，陣之變形，連接式陣及拱陣，柱，及其工程常明之公式，聯合內應力，彈性及破碎之限度。

（三）材料試驗：

鐵綱，水泥，混凝土木，石磚等之拉壓灣剪扭試驗。

（四）結構學：

靜力學，加樑內應力之分配，各種架樑內應力之構造，及乘托活載，及固定重量之分析，計算，及圖形計算之方法，各架樑之連接，架樑之計劃。

(五)鋼筋混凝土：

鋼筋混凝土，各部材料之選擇，試驗，混合，及閘板樁頂等，鋼筋混凝土樓面，柱陣脚之力學，及計劃。

(六)地基及磚石之構造：

坭土或石層之載重力，木樁混凝土樁，鋼筋混凝土樁鋼樁及打樁方法，各種地脚等，設計構造，磚或石之砌結法隅數，及各種灰口，磚或石拱，一字拱護壁之設計，及構造。

(七)：渠道工程

污水之成分，污水之總量，污水來源，污水排泄及消毒方法，污水管或渠之計劃。

(八)契約及規範契約之原理，工程契約之種類契約與規範之作法。

(九)屋宇計劃外頭尺寸佈置：

內部尺寸佈置，各部份之用料尺寸，質地顏色之說及，空氣之流通，光線之支配等，及各部份之大樣。

(十)取締章程：

取締章程之原理，及解釋。

第條六　工程員試驗科目如下。

(一)測量：

開地盤，打平水。

(二)磚石之構造：

磚或石之砌結法，隅數，及各種灰口，磚或石拱。及一字拱。

(三)渠道工程

污水排泄，污水管或渠之計劃。

(四)契約及規範：

契約之原理，工程契約之種類，契約與規範之作法。

(五)屋宇計劃：

外觀尺寸佈置，內部尺寸佈置，各部分之用料尺寸及大樣。

(六)取締章程：

取締章程之解釋。

第七條　每科試驗積分，由考試委員評定，每科分數，滿六十分以上者爲合格。

第八條　其不及格之科目，准予下屆再行試驗，不論試驗次數多少，以及格爲止，但每次試驗，其閱卷費，照初次折半繳交。

第九條　每次試驗，其及格科目，由工務局發給證書，下次免予試驗。

第十條　各科目及格後，由工務局通知准其一個月內，到工務局領取執業證書。

第十一條　試驗日期及地點，由工務局定之。

第十二條　本規則如有未盡事宜得呈請市府修正之。

第十三條　本規則自市行政會議通過後施行。

中華土木工程師會在廣州成立之經過

中華土木工程師會呈

呈爲呈請事竊惟我國現當訓政開始從事建設時期關於土木建築事宜亟須合羣策羣力共同研究進展庶學術日見昌明營造可期發達查全國素無土木工程師會之集合末由聯絡羣情交換智識欲求進步戛乎其難同人等有見及此因籌擬組織中華土木工程師會設總會於廣州市並在國內各處設分會其宗旨不外研究一切工程學術上爲國家宣勞下爲社會指導謹將訂擬草章一份具文上呈伏乞俯賜鑒核備案併轉詳

廣東省政府核轉

廣州政治分會備案實爲公便謹呈

廣東建設廳廳長馬

計呈草章一份

中華土木工程師會籌備員卓康成

容祺勳

彭回

李卓

陳國機

黃肇翔

桂銘敬

中華民國十七年十月二十日

廣東建設廳訓令第七九七號令中華土木工程師會

爲令知事現奉

廣東省政府建字六七六號指令據本廳呈據中華土木工程師會籌備員呈繳該會組織章程查核尚無不合連同章程二份轉請察核備案分別存轉由令開呈及章程均悉除抽存外業將章程一份函轉

政治會議廣州分會察核備案矣仰即知照並轉飭知照等因奉此合行令仰該會知照此令

中華民國十七年十一月二十四日

馬超俊

中華土木工程師會章程

第一章　定名

第一條　本會定名爲中華土木工程師會英名用Chinese Society of Civil Engineers.

第二章　宗旨

第二條　本會以聯絡同志硏究土木工程學術對於社會有指導之義務對於國家有服務之精神爲宗旨

第三章　會址

第三條　本會總會設在廣州市幷設分會於國內各地

第四章　會務

第四條　本會爲貫澈上述宗旨設立各種委員會次第擧辦下列各事

(一)發刊雜誌

(二)著譯土木工程學書籍

(三)編定土木工程學名詞

(四)設立圖書館

(五)設立材料試驗室幷調查各項建築材料

(六)保管及籌集欵項以爲發展本會一切事宜

(七)擧行土木工程學術演講

(八)受公私機關之委託硏究及解決關於土木工程學上一切問題

(九)關於審查事項

(十)關於選擧事項

(十一)關於其他事項

第五章　會員

第五條　本會會員分下列四種

(一)會員

(二)仲會員

(三)贊助會員

(四)名譽會員

第六條　會員　凡在國內外大學或工程專門學校土木工程科或建築科畢業得有學位並有二年以上之實地經驗者或無上開學歷而有八年以上之實地經驗具有同等技能者經執行委員會之通過監察委員會之認可得爲會員

第七條　仲會員　凡在國內外大學或工程專門學校土木工程科或建築科修業三年以上者或無上開學歷而有六年以上之實地經驗具有同等技能經執行委員會之通過監察委員會之認可得爲會員

第八條　贊助會員　凡非土木工程師而贊同本會宗旨予本會以精神上或物質上之授助者經執行委員會之通過監察委員會之認可得爲贊助會員

第九條　名譽會員　凡非土木工程師而道德學問同爲世所景仰且對於土木工程學術有特殊之成績者得會員十名以上提出並經大會通過得爲名譽會員

第十條　本會會員以會證爲憑

第十一條　會員有選舉權及被選舉權仲會員有選舉權而無被選舉權贊助會員及名譽會員則無選舉權及被選舉權

第十二條　凡有志入會者除贊助及名譽會員外須塡具申請書經會員或仲會員兩人簽名介紹送由執行委員會審核辦理

第十三條　凡仲會員學識經驗能及昇級資格升爲會員時得由會員兩人證明由本人塡具升級申請書經執行委員會之通過監察委員會之認可得爲會員

第十四條　凡入會或升級之會員一經認可後須照章程第六章繳清會費後方給會證

第十五條　凡各種會員自願出會者得具函聲明並繳還會證經執行委員會認可准其出會

第十六條　凡各種會員行為有損及本會名譽者經會員或仲會員十名以上署名報告由監察委員會查實宣佈除名或無宣佈除名理由之必要

第六章　會費

第十七條　入會費凡屬本會會員及仲會員均須繳納入會費會員二十元仲會員十元於入會時清繳

第十八條　常年會費會員十元仲會員八元須在每年三月三十一日以前一次清繳

第十九條　仲會員均准升級時應照會員入會費及常年會費補納

第二十條　凡會員或仲會員如到每年六月三十日尚未繳納本年會費者本會應停止其會員資格但有特別事故得由本人具函聲明理由送由執行委員會審查屬實不在此限

第七章　組織

第廿一條　本會組織係採用委員制由大會選舉執行委員及監察委員成立執行委員會及監察委員會

第廿二條　執行委員會之職權如下

(一)有代表本會對外之資格

(二)處配本會事務

(三)執行大會議決事項

(四)組織各地分會

第廿三條　執行委員會設委員七人均由大會公舉之并由執行委員七人中互選正副主席各一人其餘中文秘書英文秘書會計幹事等職務得由執行委員兼任之

第廿四條　監察委員會之職權如下

(一)稽核本會財政之出入

(二)覆核會員之資格

(三)監督一切會務

其辦事細則另定之

第廿五條　監察委員會設委員五人均由大會公推之

第廿六條　本會定於每年選舉前兩個月招集大會預選若干人爲執行委員及監察委員候選人

第廿七條　選舉職員大會定期每年年會前一個月舉行

第廿八條　每年於選舉職員大會前一個月如得會員十人以上之介紹仍可舉一人爲執監察委候選人函知執行委員會以便列入候選人名單內

第廿九條　執行委員會於必要時得設各委員會其職權爲辦理執行委員會交辦之事務

第三十條　各委員會人數之多小視該會事務之繁簡由執行委員會定之

第卅一條　各委員會委員由大會公舉之或由執行委員會自定之

第八章　任　期

第卅二條　執行委員會委員及各委員會委員任期定爲一年但得連任

第卅三條　監察委員會委員每年改選五份之二但得連任

第九章　集　會

第卅四條　全體年會每年一次

全體常會每月一次

全體特別會遇必要時由執行委員會召集之或由會員十人以上提議由執行委員會主席召集之執行委員會委員最小每月開會一次

監察委員會委員最少每兩月開會一次

第卅五條　年會定每一月舉行應議事項如左

(一)關於選舉事項

(二)關於一年內預算決算事項

(三)關於大宗欵項之出入事項

(四)關於增修會章事項

(五)關於演講土木工程學理及應用事項

(六)關於交際事項

(七)關於其他特別緊要事項

第十章　修訂

第卅六條　本章程如有應增修之處經會員二十人以上之提議得於年會時議決修訂之

中華土木工程師會

入會申請書

茲願恪遵中華土木工程師會會章特具後開履歷敬希審核請准加入爲……………會員此上

中華土木工程師會

姓　名……………………籍　貫…………………省…………縣

年　歲……………………現在職務……………………………

學　歷…………………………………………………………

工程經驗………………………………………………………

……………………………………………………………………

……………………………………………………………………

……………………………………………………………………

通訊處…………………………………………………………

………　………　………　………

申請人簽押

介紹人…………　…………………

中華民國…………年…………月…………日

民國＿＿＿年＿＿＿月＿＿＿日

通過＿＿＿＿＿＿＿＿＿＿＿＿＿＿＿＿＿＿

執行委員簽名

民國＿＿＿年＿＿＿月＿＿＿日

認可＿＿＿＿＿＿＿＿＿＿＿＿＿＿＿＿＿＿

監察委員簽名

精一石印
廣州市永漢北西湖路十七號
電話一五〇八一號
工精料美
趕貨依期
忠實有信
價格廉宜
承印圖測書籍
股票証書錢票
美術商標中
西文件如蒙
光顧倒屣
歡迎

廣告目錄

聯興公司

經理物業 接建工程

總公司：香港文咸東街五十三號

駐省辦事處：長堤新填地

電話一三五七六

豐昌行

LAM CONSTRUCTION CO.,

HONG NAME (WAH YICK)

18 LUEN FAT STREET, HONGKONG. TEL. NO 26125

3 CHING PING BRIDGE, CANTON. TEL. NO 13957

香港

華益建築公司

啓者本公司承接建造
樓房屋宇各款洋樓地
盆碼頭堤磡橋樑所有
海陸一切工程連工包
料并代計劃繪圖快捷
妥當如蒙光顧祈爲
留意

香港聯發街十八號
電話弍六壹弍五號
廣州市沙基清平橋三號
電話壹三九五七號

何聚興花階磚廠

總經理處在一德中路二百八十八號達興洋磁潔具店自動電話一五八六九

製造工場在河南南華東路二十四號至二十四之三連壹四間

總批發處在河南南華東路一百七十號自動電話五〇一八〇

價廉質美及業主猶利其樂用而建築家得工程師之所偉之花階磚廠廠爲廣州最宏何聚興花階磚

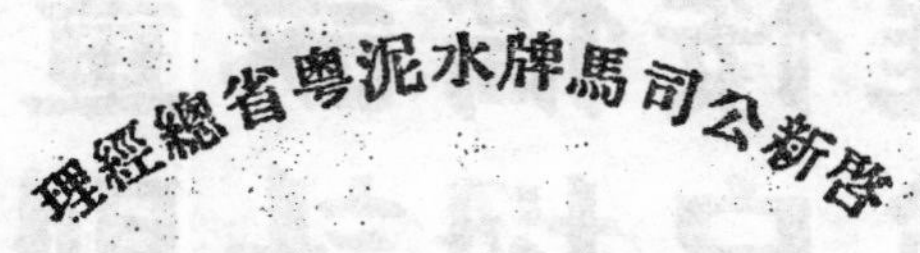

通安昌記

有線無線電報掛號零九八三

建築材料

平靚國貨

自動電話壹三弍二弍

廣州市同文馬路門牌四十五號

振興製磚廠

廠址南海平洲細海口

本廠專製厚格堅實紅磚久蒙各用家同聲讚美加以起貨迅速所有大帮定製均皆依期交貨信用素彰顯營造建築家留意採辦焉此佈

總批發　廣州市白雲路東和祥杉園

通訊處　廣州市沙基路聯興隆米埠

廣州市白雲路

東和祥杉園

本園專辦各江杉料樣木貨式美備貨客大帮採辦無不照式依期交貨此佈

專理
畫則
設計
橋樑
楼房
建築
華東工程公司
一德路三六六号三楼
電話一二七七四

工程季刊

THE JOURNAL

No. 1 Vol. 1

OF

THE CANTON CIVIL ENGINEERS ASSOCIATION

FOUNDED — MAY 1932 — PUBLISH QUARTERLY

Office — Returned Students Club, Man Tak Road, Canton.

每期廣告價目表

Adverting Rates Per issue

地位 Position	全面 Fall Page	半面 Halft page
底封面外面 Outside back cover	\$100.00	——
封面底面之裏面 Inside front or back cover	\$60.00	——
普通地位 Ordinary page	\$40.00	\$20.00

廣告概用白紙，文字電版由登廣告人自備，如由本會代辦，價目另議，欲知詳細情形，請函本會接洽。

本刊價目表

全年四冊零售每冊四角

Price per copy..................\$0.40

冊數	書價連郵費 本市	國內	國外
2	八角	一元	二元
4	一元四角	一元六角	二元六角

中華民國二十一年十一月出版

工程季刊第一期第一卷

發行者　廣州土木工程師會（廣州市文德路歐美同學會）

總編輯　陳良士

印刷者　炯輝廣告社（越秀北路東方里第四號）

分售處　各大書局　靖海西二巷裕泰公司

第一卷第二期
工程季刊
中華民國二十二年壹月出版
廣東土木工程師會會刊

本刊啓事

「徵稿」本刊爲吾粤工程界之惟一刊物，同人等鑒於需要之殷，故力求精進，凡會員諸君及海內工外程人士，如有鴻篇鉅著，闡明精深學理，發表偉大計劃，以及各地公用事業，如電氣，自來水，電話，電報，煤氣，市政等項之調查，國內外工業，發展之成績，個人工程上之經營，務望隨時隨地，不拘篇幅，源源賜寄，本刊當擇要刊登，使諸君個人之珍藏，成爲全國工程界之軌道，建築家之南針焉，本部除分酬本刊自五本至十本外，如著者有工程事務所之設，可登載下期五元通訊錄一幅，酬贈著者，以答雅誼。

「推銷」凡海內外各機關，各學校，各書局欲代銷本刊者，請函本會工程季刊編輯部接洽是荷。

工程季刊編輯部啟

廣州市工程師事務所通訊錄

鄺偉光工程師 （事務所） 文明路一九四號二樓 電話：一五五二八	黃殿芳工程師 （事務所） 大南路八號三樓 電話：一二七八二
姚得中工程師 （事務所） 杉木欄馬路一七〇號三樓 電話：一六二二六	林華煜工程師 （事務所） 大南路二十號四樓 電話：一六一五〇
趙煜工程師 （事務所） 惠愛西路一零一號二樓 電話：一六一四三	工程師 余瑞朝 張紹衡 （事務所） 惠愛西路一四一號三樓 電話：一五三二七轉

廣州市工程師事務所通訊錄

關以舟工程師 （事務所） 大南路三十二號三樓 電話：一六一〇三	梁綽餘工程師 （事務所） 惠愛西路三十三號三樓 電話：一六二一三
楊元熙工程師 （事務所） 西湖路三十八號三樓 電話：一六一六七	李卓工程師 （事務所） 靖海路西三巷第一號 電話：一三六五二
鄭成祐工程師 （事務所） 豐寧路二八一號二樓 電話：一六〇九一	黃伯琴工程師 （事務所） 下九市西路一百一十九號四樓 電話：一一三八四

廣州市工程師事務所通訊錄

楊錫宗工程師

（事務所）

永漢南路四十一號三樓

電話：一二一五六

林柱工程師

（事務所）

楊仁南三十八號二樓

陳應權工程師

（事務所）

素康路八十八號三樓

電話：一六一一八

陳良士工程師

（事務所）

惠愛西路四十七號二樓

電話：

陳榮枝
李炳垣 工程師

（事務所）

大新路一二四號二樓

盤阜昌工程師

搾粉新街十四號

廣州市工程師事務所通訊錄

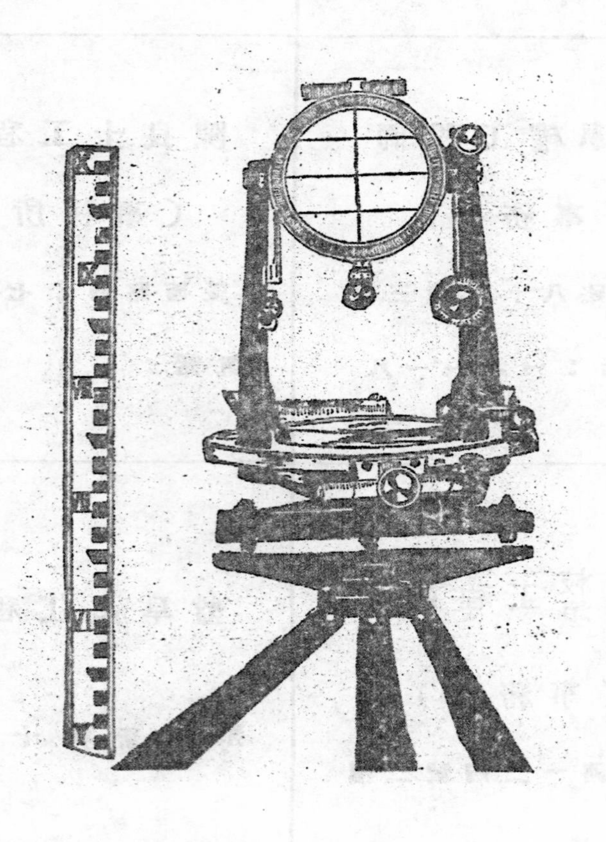

工程季刊

廣東土木工程師會會刊

中華民國二十二年壹月出版

編輯

朱志龢
黃謙益
陳國機
梁啓壽

總編輯　陳良士

編輯

麥蘊瑜
林克明
梁綽餘
胡棟朝
潘紹憲

第二期一第卷目次

譯　叢：

工程界須知：

會務報告：

附　錄：

廣東土木工程師會發行

會址：廣州市文德路門牌三十九號歐美同學會　電話：12203

分售處：靖海路西三巷一號　電話：13652　各大書局

本刊投稿簡章

(一)本刊登載之稿，概以中文爲限，原稿如係西文，應請譯成中文投寄。

(二)投寄之稿，不拘文體文言撰譯自著，均一律收受。

(三)投稿須繕寫清楚，幷加圈點，如有附圖，必須用黑墨水繪在白紙上。

(四)投寄譯稿，幷請附寄原本，如原本不便附寄，請將原文題目，原著者姓名，出版日及地址詳細敍明。

(五)稿末請註明姓名，別號，住址，以便通信。

(六)投寄之稿，不論揭載與否，原稿概不發還。

(七)投寄之稿，俟揭載後酌酬本刊，其尤有價值之稿，另從優酬答。

(八)投寄之稿經揭載後，其著作權爲本刊所有。

(九)投寄之稿，編輯部得酌量增删之，但投稿人不願他人增删者，須特別聲明。

(十)投稿者請寄廣州市文德路門牌三十九號廣東土木工程師會工程季刊編輯部收。

廣東土木工程師會職員一覽表

執行委員

朱志龢　梁啓壽　李　卓　梁綽餘　陳國機　黃森光　陳榮枝

監察委員

卓康成　劉鞠可　林逸民　袁夢鴻　黃謙益

籌欵委員

劉鞠可　黃謙益　卓康成　袁夢鴻　陳國機　李　卓　林克明

圖書委員

黃玉瑜　陳良士　李炳垣　林克明　麥蘊瑜　利銘澤　郭秉琦

執行委員主席　李　卓

副主席　朱志龢

中文書記　陳榮枝

英文書記　黃森光

會　　計　梁啓壽

幹　　事　陳國機　梁綽餘

事務員　譚　俊

季刊幹事　劉炯輝

廣東西村士敏土廠辦公樓（其一）

廣東西村士敏土廠鳥瞰全景（其二）

廣東西村士敏土廠透平機及火油渣機（其三）

廣東西村士敏土廠爐窰（其四）

廣東西村士敏土廠汽爐房(其五)

廣東西村士敏土廠石坭漿池(其六)

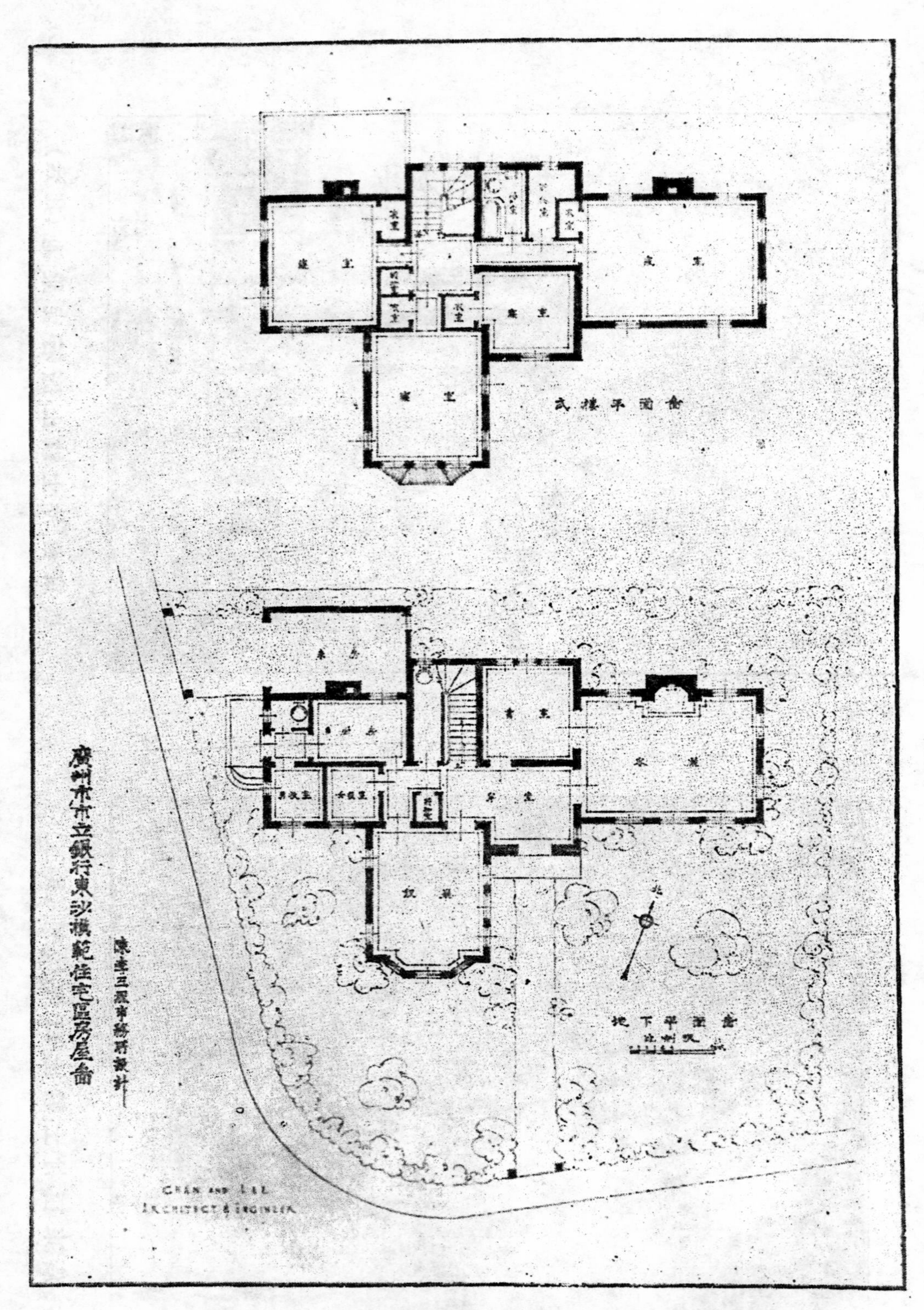

廣州市市立銀行東沙模範住宅區房屋圖

（專門論文）

士敏土麥加當路面之研究

麥蘊瑜　陳崑

士敏土麥加當路面(*Cement-bound macadam*)者，其建築方法與水結麥加當路面同。(*Water-bounb macadam*)惟所異者，彼則用水，而此則用士敏土沙漿爲結合之原料而已。此種路面試用於歐美甚久，未見有任何特別成績，加之以瀝青路及士敏混凝土路之建築法日益精良，遂使工程師之目光爲之轉移，而教科書中士敏土麥加當路之名辭，亦爲消沉之泯滅，幾不知有此種路面之建築法矣。乃近年以來公路交通特形發達，路面建築法特加研究。欲求一經濟而又適應汽車交通之路面，水結麥加當路面，既不能應繁劇交通之要求，而瀝青及士敏混凝土等路面，又爲經濟所限，故不能不于兩者之中，折衷而求一「價廉物美」之路面。而士敏土麥加當路，乃乘時復出，不知者，幾疑爲新發明之路面，而不知已有三十餘年之歷史也。查第六次國際道路會議，對於此種路面，亦認爲良好及經濟之路面，於是引起世界上工程界之研究。廣州市工務局亦以此種路面，有研究之價值。特於新築之試驗路內，加入一段以觀其結果，是否適用。玆特將研究所得，書之如下，幸國內道路界有以指正之。

（甲）歷史

十九世紀之末，歐洲已有多數之城市，試用士敏士麥加當路，而尤以附近屠場之馬路居多。惟當時，因士敏士質及工作之關係，結果不甚完滿，其中更有須加蓋瀝靑路面于其上者。玆特將一八九九年，栢林市政府對於該種路面之報告，節譯如下：

士敏士麥加當路面之最大劣點，則爲修理時，于交通上阻碍期間甚長，約需十餘日，因其凝結甚緩也。以現在觀察所得，則此種路面，只適宜於車輛稀少之路，惟仍不敢以此爲其最後之判斷也。

於次年，卽一九〇〇年，對于此項路面續有報告，再節譯之如下：

最令人不滿意者，則此種路面，每每發現橫斷裂痕於路面之上。而其面層之碎石，往往分離，使人悞認其爲普通之水結麥加當路面。

據以上報告所言，則其結果不甚佳，惟德國教授 *Loewe* 氏，則認此爲士敏士之質劣，及施工不妥所致。而仍以此種路面有相當之價値也。

西歷一九〇五及一九〇六年間，有美人 *Hassam* 氏者，以此種路面建築法，呈請美國政府立案。要求專利，而名之爲「夏深路面」故美國又稱此種路面爲 *Hassam Pavement*，美國各大城市多有採用之者。卽鋪築鋼軌之馬路，亦有用此種路面建築，第一圖卽該種路面之情形也。十年前此種路面仍通行於康省 *Connecticut* 及麻省 *Ma* ssachusetts其他如Detroit城，竟築有四十餘英里，在美國道路史上實占相當之位置也。

第一圖

近五年來，士敏土麥加當路面大有復興之勢。幾與士敏混凝土，及瀝青等路面爭優劣。首倡之于中歐，如法國，奧國，英國，比利士，及荷蘭等國，遠如澳州，亦加以相當之研究。我國之工程出版物。如工程譯報，亦曾提及，惟畧而不詳，未能引起國人之注意，殊屬憾事。

（乙）建築方法

如上文所言，士敏土麥加當路面之建築法。與水結麥加當路面無異，所不同者，多用士敏土沙漿而已。此種路面之構造原理，以碎石爲乘托壓力之中堅，而士敏土沙漿則不過填塞其一部份之空隙，及使碎石得有互相聯結之力，以抵抗車輪及馬蹄之衝擊。故其構造非完全將碎石之空隙塡塞，有如士敏混凝土者。

者以注入法之瀝青麥加當路面，喻之最爲適宜。所用之碎石，如玄武石 *Basalt*, 花岡石或名之白麻石 *Granite* 最爲適合，其次如石灰石 *Lime Stone* 及雲班石 *Porphyry* 亦頗適用。士敏沙漿所用之沙，須尖銳起稜角，而性堅韌者爲合格，間亦有用化鐵爐磨細之渣滓以代沙者。法國及比利士最爲樂用，其餘士敏土則以普通士敏土(即 *Portland cement*)爲多。在法，比，兩國，亦有用化鉄爐渣滓所製之士敏土者，(即 *Slag cement*)，其建築之方法，及手續甚繁。茲試詳述如下：

(一)由上注入法

於堅實之路基，或於原有之水結麥加當路面上鋪五吋至六吋厚碎石（以英尺計），其大小約在一吋半至二吋半之間，用十五噸重之三輪轆路機轆實之，務使碎石彼此互相壓實，而空隙則務求其少。當轆路時，須用水將碎石洒濕，然後將已撈好之士敏土沙漿，分鋪於已轆實之碎石層上，如（第二圖）。用竹掃將

第二圖

士敏土沙漿，往返撥掃，務使士敏土沙漿，使入碎石

之空隙間，再用輾地機，乘濕輾實，至路面不見士敏土沙漿，復行用象皮帶將路面弄成平滑為止（如第三圖）。後用濕麻包鋪蓋，並須使麻包，常保存其濕度

第三圖

，如是者約兩三日，一星期之後，即可開放。此法最普通，而結果亦佳，足多取法者也，亦有將士敏土沙漿多加水量，使其易于流動，然後斟注於碎石層內，以填塞碎石之空隙者，惟此法不常用，而仍以前法較為妥善也。

(二)由下壓入法

在德國*Dresden*城曾試用此法，先將士敏土沙漿鋪於堅實之路基上，然後鋪碎石於其上，其厚度約五至六寸，用輾地機輾壓之，碎石受壓力而壓入士敏土沙漿內，而同時士敏土沙漿因受碎石之壓入，不得不向上擠抗，以填塞面層碎石之空隙。惟此法之最大劣點，則士敏土沙漿逼近面層時，變為稀薄之士敏土漿，其膠粘力銳減，故面層失其堅硬，據該城市政府之報告，則此法遠不及由上注入法也。

（三）夾心法

先鋪二寸厚碎石於堅實路基上，復將士敏土沙漿鋪蓋之約一寸厚，再鋪二寸厚碎石，用轆地機滾壓，使士敏土沙漿向上下逼壓，以透過碎石層塡塞空隙，此法可謂第一及第二法之折衷法，英國最多用之。

（四）乾鋪士敏土沙漿法

以上所舉，皆將士敏土及沙開水混和，然後鋪蓋于碎石層。此法則不同。先將碎石鋪蓋路基上，厚度約五寸，乃將乾撈之士敏土及沙之混合料鋪於碎石上，用轆地機滾轆，使碎石壓實，同時士敏土及沙之混和料，因受轆地機之震動，及碎石展轉之壓逼，將向下漏侵入碎石之空隙，遂爲塡塞，同時用水洒濕之，此法於歐州大陸最爲通用，在澳國亦樂用之，惟手續畧繁，其方法如下。先鋪四公分至六公分大。之碎石一層，厚約十二公分，用轆地機轆實之，于其面上鋪蓋三公分厚之乾撈士敏土，及沙之混合料，再用轆地滾壓其上，但同時復將轆壓過之路面，用鐵钯扒鬆之機，又再用轆地機滾壓，其所以再用钯扒鬆者，不過使士敏土及沙之混和料，得此機會將碎石之空隙完全塡密，成一與士敏混凝土相似之路面。

（五）氣壓噴射法

用高氣壓空氣，將士敏土沙漿，從喉管噴射於轆壓之路面上，使其藉氣壓噴射之力，侵入碎石空隙內以塡塞之。查此法普通用以批蕩山洞內部，以防透水，其噴射及侵入力頗強，普稱之爲*Torkret*。法德國*Dresden*

城，昔曾試用此法，以築士敏土麥加當路面，惟未有見何特殊效果，而建築費反爲增加，故用之者甚少。

(丙)美國之士敏土麥加當試驗路

經歐洲各國之提倡，乃再引起美國工程界之注意，而用科學的方法，試驗此種路面之抵抗力，及其建築費之經濟問題。於是在*Morris*城，有試驗路之建築。查該路長約五百尺，路寬十八尺，厚六寸，路冠四寸，即路面橫斜坡約百份之四。其路基係原有之水結麥加當路面，經已破壞，而加以修補者，復於兩旁加四尺闊之碎石。路肩先用汽車運載一寸半大之碎石，鋪築路之一邊，如(第四圖)。鋪妥後即用十噸重之輾地

第四圖

機，將碎石層輾實，以路線非長，自無設伸縮縫之必要，但爲避免表面破裂，除在路之中央，安置二寸高，一寸闊之木枋外，並于每距離五十尺之處，安置同

樑之木枋，如（第五圖）。士敏土沙漿之份量，約占碎

第五圖

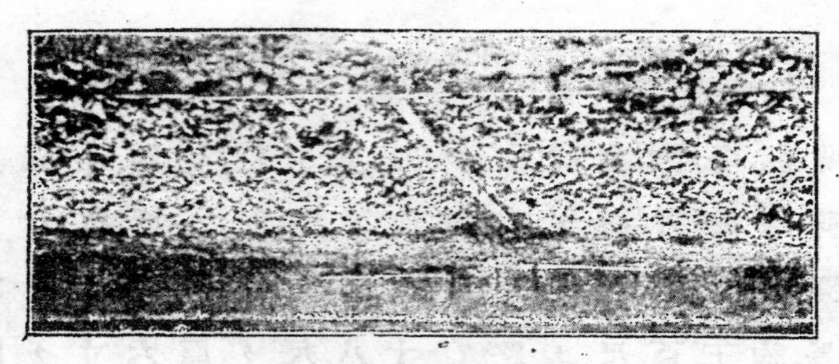

石容積百分之四十，蓋即根據碎石空隙之數，而以士敏土沙漿填塞之也。其初之一段，所用士敏土漿，其份量爲一與二之比，沙以普通之粗沙，而經四分一寸篩者爲標準，水之份量，每包士敏土，用水八加倫半，在最後之八十八尺，則用$1:1\frac{1}{2}$敏沙漿，而每包士敏土用水量，則不過五加倫半而已。士敏土及沙之混合，利用鼓形轉動混合機，及于機口置一鉄槽，使士敏土沙漿，沿鉄槽而傾瀉於轆實之路面上，如（第六圖）。並用竹掃平均分配，再用輕量轆地機轆壓，使水

第六圖

漿侵入石層，約半小時後，再用重量輾地機輾壓至堅實止，然後用象皮帶蕩之，使平滑如第三圖，乃用濕蔴包，或禾草等遮蓋之，約經四日，始行移去，並開放行車。

路鋪成開車後，用圓形鑽筒，將路鑽取六寸徑之圓塊路面，如（第七圖），以試驗其抵抗力，各塊厚度

第七圖

，平均爲五寸又四分之一，即比原有六寸厚，厚度減少四分之三，是即原有路面之厚度，經輾壓後，減少厚度百分之二十是也。鑽出之路面圓塊試驗後，所得之抵抗壓力，結果列之如下：

地點	士敏土沙漿份量	試驗時所隔之時日	受壓力井/口	L=2L時應得之壓力
2十00	1：2	33日	3666	2980
4十50	1：$2\frac{1}{2}$	29日	4429	3810
4十62,5	1：$2\frac{1}{2}$	29日	5555	4670
4十75,5	1：$2\frac{1}{2}$	35日	4540	3730

該試驗路有一點值得吾人注意者，即上文所述用木枋造成之暗伸縮縫 *Dummy-joint*，於造妥之四星期後，曾發現於木枋上，發生裂痕，而其形狀又幾成一直線，所得之結果，實足與伸縮縫之効力相等也。

經建築時所得之經驗，及完工後詳細之觀察，對于士敏土麥加當路面，可得下列之結論：

（一）所有碎石，須小過二寸半，而大過一寸又四分一。

（二）普通用于士敏混凝土之粗沙，而能通過四分之一寸篩者，均適用于此種路面。

（三）一份士敏土，二份粗沙之沙漿，混合時所用之水量，每包士敏土，不得多過八加倫

（四）路面厚度經轆實後，其縮小之厚度，應在百分之二十之間。

（五）未舖士敏土沙漿前之碎石路面，須有充分之轆實。

（六）舖沙漿後，所施之輕量轆壓工作，只須帮助沙漿侵入碎石空隙之用。

（七）最後轆壓之工作，須在舖妥士敏土沙漿後二十分鐘。

（八）路面多餘之士敏土沙漿，須行移去。

（九）在路面中央，須安置直伸縮縫，每距離一百尺，須安置橫伸縮縫。

（十）每路成後，須鑽取圓塊，以驗其厚度，及士敏沙漿，是否完全侵入。

(十一)　路面鋪妥沙漿，及轆實後，須用濕水之麻包禾草等遮蓋，約經四十八小時。

(十二)　在路面鋪妥後四日可以開放行駛輕量車輛，六日後可以可行駛任何種車輛。

(丁)廣州市之士敏土麥加當試驗路

廣州市工務局，鑒於年來築路日多，而養路費用亦屬不貲，對于路面之構造，加意研究，以求一經濟耐用，而又適合廣州市各種交通情形之路面，故擬將龍王直街，闢爲試驗路，誠以該處交通繁劇，頗適合於路面之試驗。查該路共築路面種類及材料不同之路面九種，而士敏土麥加當路面，亦居其中之一，惟其表面則塗掃瀝青一層。其結果則須於建築妥後，復經長期之觀察，始能決定其效用也。同時如太平沙，及花塔街等馬路，亦擬採用此種路面。查該試驗路，長約七十尺，行車路面寬度約五十尺，厚度五寸，所用士敏土沙漿爲一與三之比，路面橫斜坡約$2\frac{1}{2}\%$，每四立方尺碎石，用士敏土沙漿一立方尺，其詳細辦法可參閱該局之建築章程,玆特將該章程附錄於本文之後：

(戊)與別種路面聯合之士敏土麥加當路面

士敏土麥加當路面，對於磨擦，及重量車輛壓力之抵抗，遠不及瀝青，及士敏混凝土等路面，故有主張於其面層加別種路面，以保護之。最普通者，則塗掃瀝青，或用水玻璃之溶液以塗掃之，以增加表面之堅韌力，其溶液之份量，水玻璃(*Natrium silikat*)一份，開水四份是也。或乘士敏土麥加當路轆實，而未凝結之時，加冷瀝青碎石面於其上，再用輾地機輾實之，使其互相結合，而成一雙層之聯合路面。冷瀝青中，以英國所發明之 *Colas*，德國之 *Kiton*，美之 *Ccflex*，皆頗適用，惟此皆外貨，以少用爲佳也。

結論

經上述各種之研究，可分士敏土麥加當路爲兩種。其一種則利用士敏土沙漿，塡塞碎石一部分之空隙，而利用其凝結力，免面層碎石受磨擦後，易于分離，同時外觀上，又須類似混凝土路面，而價錢上則又較之眞混凝土路面爲廉，故此種路面之壽命，及建築費，界乎水結麥加當路面，及士敏混凝土路面之間。此歐洲士敏土麥加當路鋪築之方法，亦即其目的也。在美國者則不然，其建築方法，務使碎石之空隙完全爲士敏土沙漿所塡塞，而使碎石與士敏土沙漿凝結而成一整塊之路面，簡言之，即欲利用此法，及低廉之費用，而建築與士敏混凝土同等堅硬之路面是也。然則吾國究採何種方法爲合，此則又視乎交通之情形方能決定。在普通之交通，如大城市之住宅區，小城市之商業區，或交通繁盛之公路，則宜採用歐洲所用之方法，以其價較其他堅硬耐久之路面爲廉，如在大城市之商業區，或交通較爲繁盛之馬路，則宜採用美國方法，以其抵抗力較強，而建築費尙較眞混凝土路面畧廉也。年內我國用瀝青鋪築路面者日多，若長此以往金錢外溢，何堪設想，甚願能以士敏土麥加當路面代之。

廣州市工務局士敏土麥加當碎石路面建築章程

第一條　建築材料。

(一)士敏土：以西村士敏土廠之五羊牌士敏土爲限，所有士敏土須在施工地點開用，並須搭架棚廠遮蓋，如潮濕或結成顆粒者，不得使用。

(二)黃沙：以堅硬潔淨無雜質者爲限，其大小須在五公厘至二公厘之間，並須用竹笪或木板乘墊。

(三)碎石：如係黑灰石。則以英德出產者爲准，如用白石，則以堅硬之白麻石或蕩石爲限，如遇某一種碎石缺乏供給時，可改用别種石料，惟必須呈准本局方得採用，其大小須在三十五至六十公厘之間，所有碎石俱須用水，冲洗潔淨，并須用篩篩妥方准採用。

(四)水：以清潔及無雜質者爲限，必要時須經本局化驗，方得採用。

(五)路面瀝青：其規定須照塗掃瀝青路面建築章程辦理之。

第二條　士敏土沙漿之份量。

所用之士敏土沙漿爲一與三，或一與四之比，卽每立方公尺士敏土沙漿須含有三百五十或四百五十公斤士敏土。

第三條　士敏土沙漿材料量度方法。

所有士敏土及沙必須依照規定份量用木方斗量度，各方斗之大小，須由技士按其份量之多少規定之，用木斗量度士敏土時，不得任意放落，須用木尺括平，以求準確。

第四條　士敏土沙漿混合法。

凡混和士敏土沙漿，須先將士敏土及潔淨之乾沙和勻，然後用花洒洒水撈透，其狀如稀漿。

第五條　路面地基底。

路面地基底如係塡坭，則須用轆地機轆實，如係舊路面，則須將凹凸不平之處修補，然後始准將碎石鋪築於地基之上。

第六條　路面横剖面。

路面兩旁横斜坡，須有1.25%至2.5%之傾斜，在水平之路面則用2.5%在有傾斜之路面則用1.75%，路中心卽路冠，則用弧線聯接，使路冠成圓弧形，其厚度爲十二公分。

第七條　路面鋪築。

(一)先將地基轆完後，乃鋪築碎石約十五公分左右，碎石之大小如第一條之規定，然後用十五噸之三輪轆地機，將碎石路面轆實，在轆地工作之時間，須用淸水淋洒於碎石路面之上，使碎石濕透。

(二)碎石路面轆實後而其厚度亦相符合，卽用士敏土沙漿鋪放碎石路面之上，用竹桿分配均勻，使沙漿侵入碎石空隙內，再用輾地機輾輾，以增加碎石互相壓實之力。

（三）每平方公尺及十二公分厚之路面，須用士敏士沙漿三十公升卽每立方公尺碎石須含有四分之一立方公尺沙漿，卽一份沙漿四分碎石。

（四）輾路工作之時，須用竹掃將沙漿掃勻，使沙漿完全侵入碎石空隙內，然後用鏟背或其他器具，將面打至半滑，與橫剖面所規定尺寸相符爲止。

（五）如圖內注明路面須用瀝靑塗掃者，則其辦法照塗掃瀝靑路面建築章程辦理。

第八條　路面保護。

凡路面平滑輾妥後，承商須用蔴包將路面完全遮蓋，並每日洒水，使蔴包水份充足，使路面得以保護，最少十日後始准將蔴包揭去，如未有蔴包用濕沙鋪蓋亦可，在蔴包未揭去前，不得置放重量物件於其上，又凡工程完竣而未得本局驗收者，承商須負責保護，絕對不得開放任令何種車輛行走，否則所有損壞部份，由承商從新修理。

第九條　士敏土之試驗。

在鋪築路面時，本局得隨時會同承商，將士敏土沙漿製成模形，於一定之時間內試驗其壓力及拉力。

半圓形飄樓陣之計算法

李文邦

半圓形飄樓，乃城市中常有之建築物。如街道轉彎處之騎樓或其他飄樓（*Balcony*），倘其平面爲一半圓形，突出於樓身之外者是也。乘載此等飄樓外緣之陣，遂爲半圓形之陣，兩端與樓內他陣相連，或固定於柱身之上，但陣下並無支點，此等陣同時抵抗彎力（*Bending*）剪力（*Shear*）及扭力（*Torsion*），其計算之法，在平常力學書籍多未及載，茲將其計算法推演如下。

1. 集中力在陣之中點（*Concentrated lead at mid-point*）細察該

第一圖

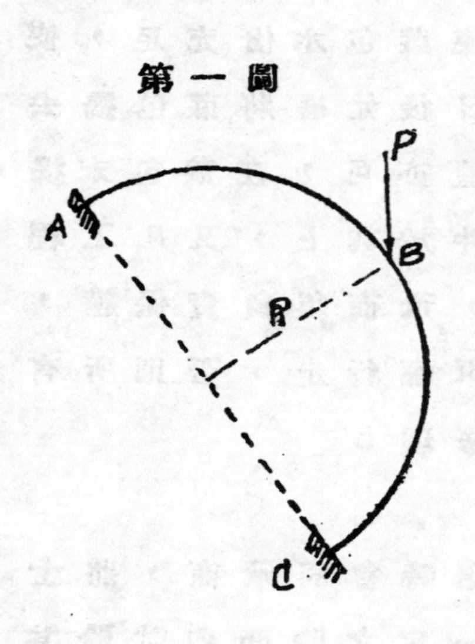

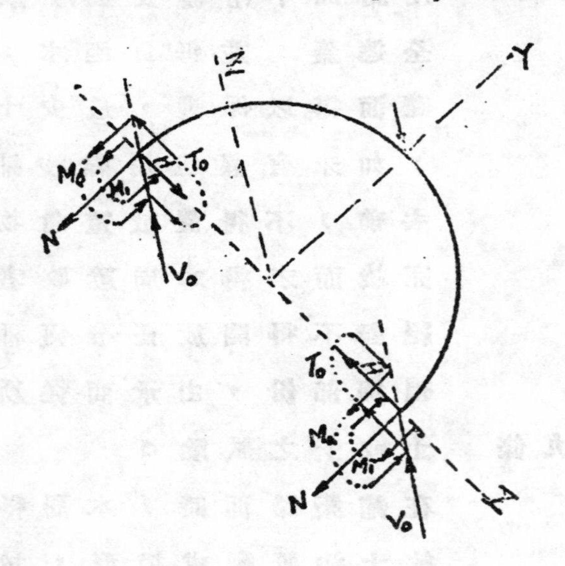

第二圖

陣勻稱之狀態(*Symmetry*)，可知該陣兩端之反應力(*Reactions*)，必相同而互相等。有如第二圖所表示。欲求此反應力之值，可由三向量之靜力學(*Statics forthree dimensions*)而得下列各式。

$\sum F_x=0$, $H=0$; $\sum F_y=0$, $N=0$; $\sum F_z=0$, $2V_0=P$, $V_0=\frac{P}{2}$;

$\sum M_x=0$, $2M_0=Pr$, $M_0=\frac{Pr}{2}$。

因集中力P不能發生一旋量(*Moment*)環繞于一與P力平行之軸，故$M_1=0$.

現各反應力均已求得，祇有扭轉旋量(*Twisting moment*) To 尚爲未知數，欲求此值，可擬想將陣*A*端割開，即除去在A端對于扭轉之阻力(*Torsional restrain*)，如是，A端必扭轉，而與原來之方向成一扭角，此角之值，可應用彈性能率原理(*Theory of Elastic Energy*)以求之，

$$\epsilon=\int\frac{Ttds}{EsJ}$$

T＝在陣之任何段內，因外力而發生之扭轉旋量，

t＝在陣之任何段內，因受一單位假想的扭轉旋量而發生之扭轉旋量，該單位假想的扭轉旋量，須施于求算扭角之處，且與扭角之方向相同。

ds＝陣內一極短之長度，

Es＝剪力及扭力之彈性係數(*Shearing modulus of Elasticity*)

J＝垂中軸之惰性率，(*Polar moment of Inertia*)

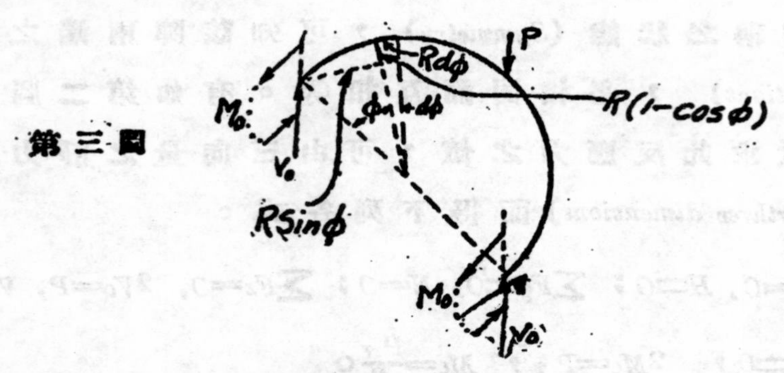

第三圖

$$T = M_o \, Sin \, \emptyset - V_oR(1-Cos\emptyset)$$

$$= \frac{PR}{2} \, Sin \, \emptyset - \frac{P}{2} \, R \, (1-Cos\emptyset)$$

$$t = 1 \times Cos \, \emptyset$$

代入公式　$\Theta = 2\int_0^{\frac{\pi}{2}} \frac{Tt.ds}{E_s J} = \frac{PR^2}{E_s J}\int_0^{\frac{\pi}{2}} (sin\emptyset cos\emptyset - cos\emptyset + cos^2\emptyset)d\emptyset$

$$= \frac{pR^2}{E_s J}\left[\frac{Sin^2\emptyset}{2} - Sin\emptyset + \frac{\emptyset}{2} + \frac{1}{4} Sin \, 2\emptyset\right]_0^{\frac{\pi}{2}}$$

$$= \frac{pR^2}{E_s J}\left(\frac{\pi}{4} - \frac{1}{2}\right)$$

惟因該陣A端，原非割開而且固定，故此扭角Θ，必與在A端內抵抗的扭轉旋量所發生之扭角$\emptyset$相抵消。

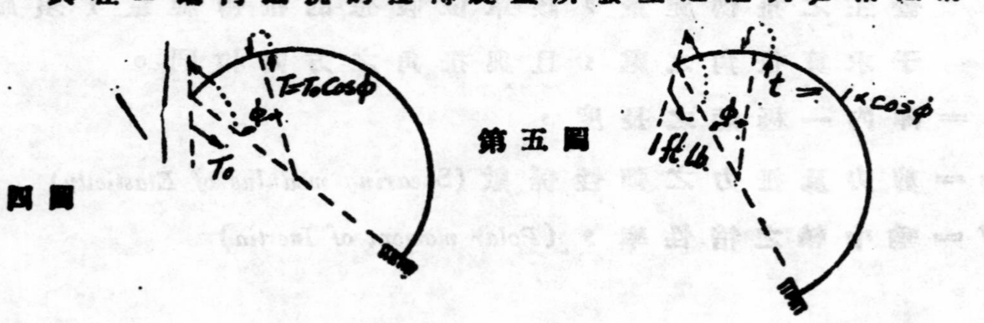

第四圖　　第五圖

$$\Theta' = 2\int_o^{\frac{\pi}{2}} \frac{Tds}{E_s J}$$

$$= \frac{2}{E_s J}\int_o^{\frac{\pi}{2}} To\cos\varnothing . \cos\varnothing . Rd\varnothing = \frac{2ToR}{E_s J}\int_o^{\frac{\pi}{2}} \cos^2\varnothing \cdot d\varnothing$$

$$= \frac{2ToR}{E_s J}\left[\frac{\varnothing}{2} + \frac{1}{4}Sin2\varnothing\right]_o^{\frac{\pi}{2}} = \frac{ToR}{E_s J}\frac{\pi}{2}$$

因 $\Theta' = \Theta$ 故 $\frac{ToR}{E_s J}\frac{\pi}{2} = \frac{PR^2}{E_s J}\left(\frac{\pi}{4} - \frac{1}{2}\right)$

$$To = PR\left(\frac{\pi - 2}{2\pi}\right) = \underline{\underline{0.182\ PR}}$$

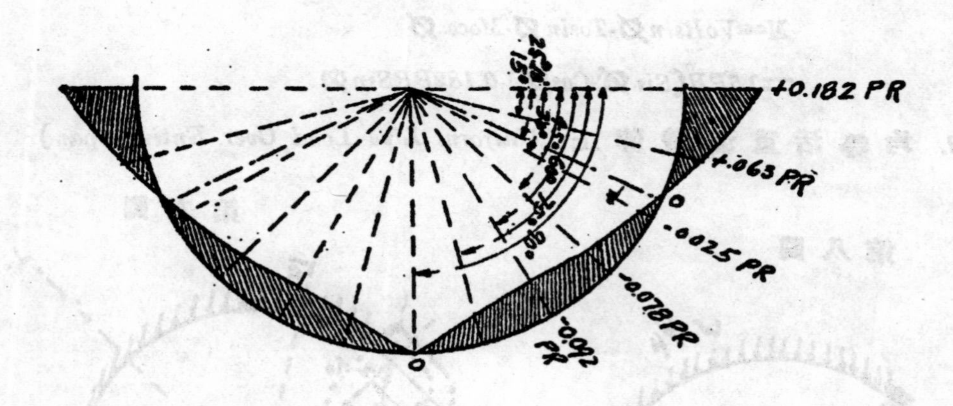

第六圖　　*T--Diagram*

$$T = VoR(1 - \cos\varnothing) + (To\cos\varnothing) - (Mo\ Sin\varnothing)$$

$$= 0.5PR\ (1 - \cos\varnothing - Sin\varnothing) + 0.182PR\cos\varnothing$$

10975

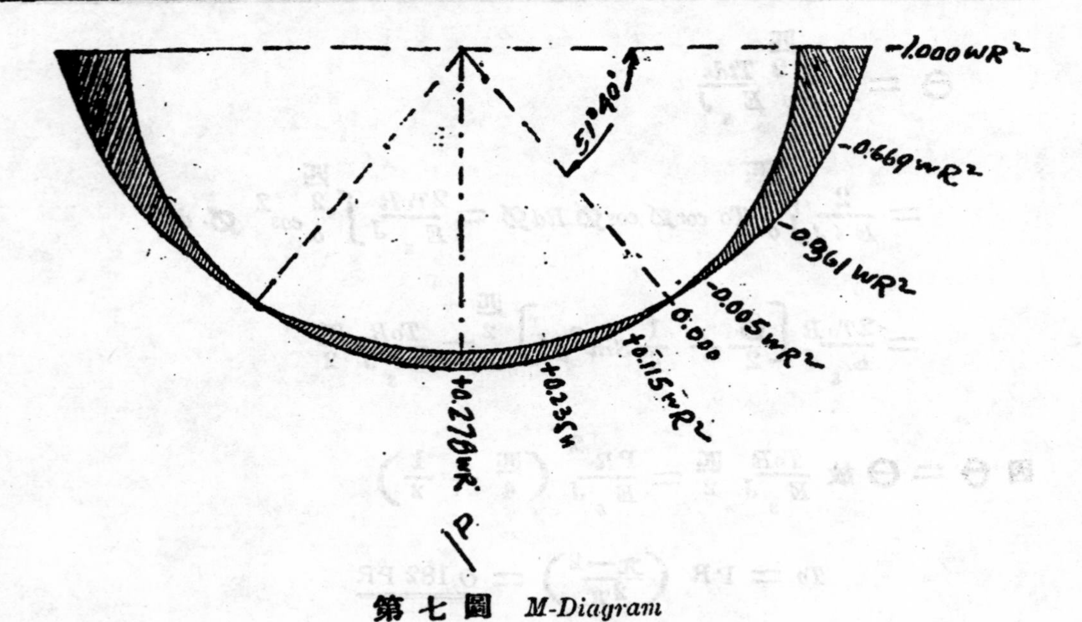

第七圖 *M-Diagram*

$M = V_o R\sin\varnothing - T_o\sin\varnothing - M_o\cos\varnothing$

$= 0.5PR(\sin\varnothing - \cos\varnothing) - 0.182PR\sin\varnothing$

2. 均等活重滿載陣上（*Uniform Live Load Over Entire Span*）

第八圖　　第九圖

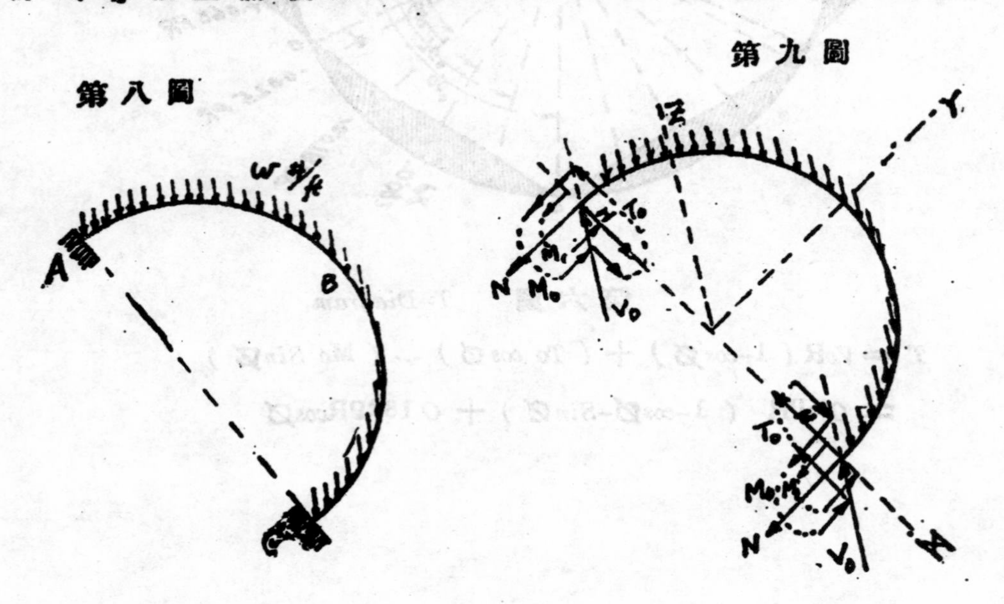

照第一節所述之理 $H=0, N=0, M_{,}=0$. 如第十一圖，

在一極短之長度 ds 上所受之活重 $=wds=wrd\varnothing$

全陣所受活重 $=2\int_{0}^{\frac{\pi}{2}} wRd\varnothing=2wR[\varnothing]_{0}^{\frac{\pi}{2}}=\pi wR$. ds 上活重

對 X 軸之彎曲旋量 (*Bending moment*)，

$$\triangle M=wRd\varnothing . R\sin\varnothing=wR^{2} \sin\varnothing d\varnothing.$$

全陣活重對 X 軸發生之彎曲旋量，

$$M=2\int_{0}^{\frac{\pi}{2}} wR^{2}\sin\varnothing d\varnothing= \quad =2wR^{2}[-\cos\varnothing]_{0}^{\frac{\pi}{2}}$$

$$=2wR^{2}$$

$\Sigma F_{Z}=0$　　$2V_{0}=\pi RW$　　$V_{0}=0.5\pi WR$

$\Sigma M_{X}=0$　　$2M_{0}=2WR^{2}$　　$M_{0}=WR^{2}$

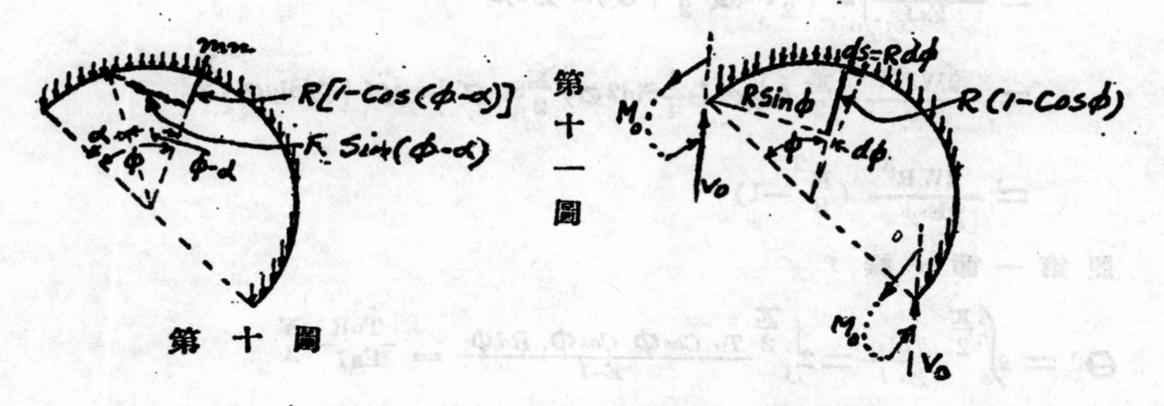

第十圖　　第十一圖

由第十圖，在一極短長度 ds 上活重對于 mn 剖面發生之扭轉旋量 $=WRd\alpha\, R(1-\cos(\varnothing-\alpha))$. 而在 mn 剖面左方陣上活重對于 mn 剖面而發生之扭轉旋量，

$$=WR^{2}\int_{0}^{\varnothing}(1-\cos(\varnothing-\alpha))d\alpha$$

$$= WR^2\phi - WR^2\left(\int_0^{\phi}\cos\phi\cos\alpha\, d\alpha + \int_0^{\phi}\sin\phi\sin\alpha\, d\alpha\right)$$

$$= WR^2\phi - WR^2\cos\phi\,[\sin\alpha]_0^{\phi} - WR^2\sin\phi\,[\cos\phi]_0^{\phi}$$

$$= WR^2(\phi - \cos\phi\sin\phi - \sin\phi + \sin\phi\cos\phi)$$

$$= WR^2(\phi - \sin\phi)$$

由第十一圖，$T = Mo\sin\phi - VoR(1-\cos\phi) + WR^2(\phi - \sin\phi)$

$$t = R \times \cos\phi$$

故 $\Theta = 2\int_0^{\frac{\pi}{2}}\frac{Ttds}{EsJ} = \frac{2}{EsJ}\int_0^{\frac{\pi}{2}}\left(Mo\sin\phi - VoR(1-\cos\phi) + WR^2(\phi - \sin\phi)\right)\cos\phi\, Rd\phi$

$$= \frac{2}{EsJ}\int_0^{\frac{\pi}{2}}\left(WR^2\sin\phi - \frac{\pi}{2}WR^2(1-\cos\phi) + WR^2(\phi - \sin\phi)\right)\cos\phi\, Rd\phi$$

$$= \frac{2WR^3}{EsJ}\int_0^{\frac{\pi}{2}}\left(\frac{\pi}{2}\cos\phi - \frac{\pi}{2} + \phi\right)\cos\phi\, d\phi$$

$$= \frac{2WR^3}{EsJ}\left(\frac{\pi}{2}\left(\frac{1}{2}\phi + \frac{1}{4}\sin 2\phi\right) - \frac{\pi}{2}\sin\phi + \cos\phi + \phi\sin\phi\right)_0^{\frac{\pi}{2}}$$

$$= \frac{2WR^3}{EsJ}\left(\frac{\pi^2}{8} - 1\right)$$

照第一節一樣，

$$\Theta' = 2\int_0^{\frac{\pi}{2}}\frac{Ttds}{EsJ} = 2\int_0^{\frac{\pi}{2}}\frac{To\cos\phi.\cos\phi.Rd\phi}{EsJ} = \frac{ToR}{EsJ}\frac{\pi}{2}$$

因 $\Theta' = \Theta$ 故 $\frac{ToR}{EsJ}\frac{\pi}{2} = \frac{2WR^3}{EsJ}\left(\frac{\pi^2}{8} - 1\right)$

$$To = \frac{4}{\pi}\left(\frac{\pi^2}{8} - 1\right)WR^2 = 0.293\, WR^2$$

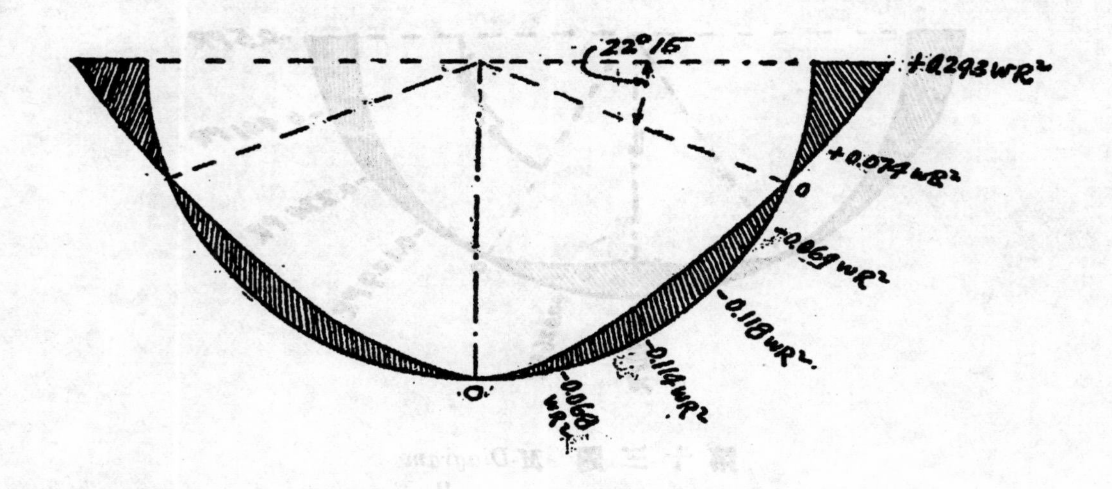

第十二圖 *T-Diagram*

$$T = T_0 Cos\varnothing + V_0 R(1 - Cos\varnothing) - M_0 Sin\varnothing - WR^2(\varnothing - Sin\varnothing)$$

$$= (1.571 - \varnothing - 1.278\ Cos\varnothing)\ WR^2$$

由第十圖，在一極短長度 ds 上活重對于 mn 剖面發生之彎曲旋量 $= WRd\alpha \cdot R\ Sin(\varnothing - \alpha)$ 而在 mn 剖面左方陣上活重對于 mn 剖面而發生之彎曲旋量

$$= WR^2 \int_0^{\varnothing} Sin(\varnothing - \alpha)\, d\alpha$$

$$= WR^2 \int_0^{\varnothing} (Sin\ \varnothing Cos\alpha d\alpha - Cos\varnothing sin\alpha d\alpha)$$

$$= WR^2 \left(Sin\varnothing \cdot (Sin\alpha)_0^{\varnothing} - Cos\varnothing\ (-Cos\alpha)_0^{\varnothing} \right)$$

$$= WR^2 \left(Sin^2\varnothing + Cos^2\varnothing - Cos\varnothing \right)$$

$$= WR^2\ (1 - Cos\varnothing)$$

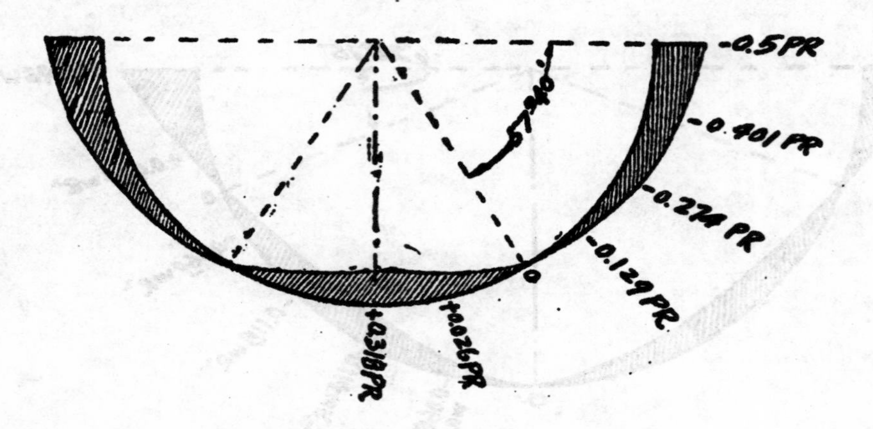

第十三圖 *M-Diagram*

$$M = VoR\sin\varnothing - Mo\cos\varnothing \cdot To\sin\varnothing WR^2 (1\cos\varnothing)$$

$$= WR^2 (1\ 278\ \sin\varnothing \cdot 1)$$

3. 單位扭力 (Torsional Stress) 之計算

在此半圓矩形陣內之單位內應力可分四種，卽壓力，引力，剪力及扭力，前三種之計法，日常習用，無需贅述，至矩形陣內單位扭力之計算，似有介紹之必要，玆將 Bach 氏及 St. Ve'nant 氏公式述之如下：

Bach 氏理論的公式

$$max.S_s = \frac{9}{2}\frac{T}{b^2 d}$$

St. Ve'nant 氏的應用公式

$$max.\ S = T\ \frac{9b+15d}{5b^2d^2}$$

S = 單位扭力

T = 扭轉旋量

b = 矩形之短邊

d = 矩形之長邊

根據上列公式所算，吾人當知扭轉旋量，影响于陣之能力之重要，如計算此類之陣，祇求其彎曲旋量，而輕忽其扭轉旋量，難免危險，故吾人如遇與此類同之陣，必須依照最大壓力，引力及剪力與扭力之合併力設計，且宜將樓面之鋼筋鈎入陣內以減少其扭轉之量也。

讀者如欲對此類問題深加研究可參考下列各書。

1. F. Dusterbehn, Der Eisenbau 1920 P.73
2. G. Unold, Forschungsarbeiten,nr. 255, Berlin 1922
3. C, B. Biezeno, De Inginiem, 1927
4. Vau Den Broek, Elastic Energy Theory; P.160
5. Seely, Advanced mechanics of materials P.277
6. Zeitschr, f. Angew. Math. U. Mech., Vol.8, 1928, P.237.

廣州市地質之載重能率

梁綽餘

凡建屋造橋，各部份材料之重量，謂之固定重。能移動物之重量，（如傢私貨物居民等）謂之活載量。震動所發生之力量，（如機器車輛等）謂之震動重。總上數端，謂之總重。建築物各部份之總重，輾轉相載，而壓於地面，是以地面坭土，必須能負載其應受之總重，否則必至傾陷，其上蓋之穩固，根本動搖矣。

地質坭土，每平方尺能載重若干，簡稱爲地質之載重能率。此能率因地質之不同，隨地而異。作者本其數年之經驗，畧舉所知，以貢獻于工程界。他日建設當局或工科大學，加以系統之研究，則我輩工程界，可得較正確之參考矣。

未談坭土載重能率之先，須明瞭地質之天然構造。此點大致可分別爲三：

(甲)：山地。

山坭之廣義，不單指崗陵起伏之地，并包含一切實地而言，其天然構造，係在不知年代以前。測驗山地之方法，其最簡陋者，係掘入地下數尺，驗其坭土，多係紅色或深黃色，其中或有沙質參雜，而沙質與坭土，混合和勻結構堅實，其位置在河南北之山，及山脚之高田平地，即廣州市內豐寧路，長庚路之東，大德路，大南路，文明路，前鑑路，紫萊街，寺背底之北，及河南中部一帶之邱陵，而海珠附近之石層，即連貫二地之山脉也。此類實地，距地下十餘尺，至卅尺，即有鬆石層。此石層係沙石，原質與上層之坭土相同。據此推測，則上列各地，在不知年代之前，均屬沙石山，因氣候之變化，雨水之冲刷等天然力量所陶鎔，故其較近地面各層變爲紅坭，而離地面較深者，變爲鬆石。

(乙)：河積地。

本市前臨珠江，其現在寬度，約由六百尺至千餘尺。在不知年代之前，其寬度實多于現數三倍以上。珠江位在西江及北江之下流，一則發源于廣西，一則發源于湖南，經本省各縣而流入珠江出海。故過上流下雨，山坭河石等物，隨急流而來，及至珠江一帶，河身較寬，且支流錯雜，故水流速率較慢，其較幼之坭土，仍隨波逐流，以至於海，稍大之沙石，流水不能冲進，遂沉澱于河底，日積月纍，于是原日之河邊，變爲陸地，其地點位于沿江兩岸寬度約千餘尺，及大沙頭，二沙頭，沙面等。

西北二江，均屬嫩河，河身淺狹，河底斜度甚大，且上流山地，多屬沙石山，是以流至省河之沙石，其質粗大，故此類地點，其載重能率不弱。

(丙)：新塡地

新塡地者，其原日或河邊，或水田池塘等，（河邊新塡地如長提等是）用瓦礫沙坭煤屑等物塡築而成。初塡時甚鬆，但一二年之後，經雨水冲實，其載重能率，亦頗不弱也。

地質坭土之構造既明，則載重能率，比較自易。今將廣州市工務局取締建築章程，及其他試驗結果比較如下。

案民國十九年十一月廣州市修正建築取締章程第十五條。地質每平方英尺應受之壓力如下。

（第一表）

浮砂二千磅•

鬆坭四千磅•

幼砂及乾坭六千磅•

硬坭八千磅•

層石八噸至十五噸（每噸作二千磅計）•

民國二十一年八月廣州市修正取締建築章程第十五條地質每平方公尺應受之壓力如下

（第二表） 伸每平方英尺•

浮砂一萬公斤•………………二三八〇磅•

鬆坭二萬公斤•………………四七六〇磅•

幼砂及乾坭三萬公斤•……七一四〇磅•

硬土四萬公斤•………………九五二〇磅•

層石八萬至十五萬公斤•九噸半至十七噸八五•

下列之表譯自「壁加」之『地基與石工』一書，係總合各方試驗之結果。

（第三表）

泥土種類：	每英方尺能受壓力：
流動浮砂	一千至二千磅．
乾燥淨砂	四千至八千磅
乾燥結實及粘連之砂	八千至一萬二千磅
鵝卵石或粗砂	一萬六千至二萬磅
軟性粘坭	二千至四千磅．
頗乾燥粘坭層	八千至一萬二千磅．
常乾燥粘坭層	一萬二千至一萬六千磅．
等于最鬆磚料之鬆石	五至十噸．
等于最堅磚料之鬆石	十五至二十噸．
普通堅石	廿五至卅噸．
堅石層	二百噸以上．

試將上列三表比較，第一及第二表，實根據第三表再參照地方情形而成．本市并無流動浮砂，常濕之砂坭混合物則有之．此類地質屬于（丙）項新填地．其載重能率，介于流動浮砂及軟性粘坭之間，故定爲二千餘磅；鬆坭則介于軟性粘坭，及頗乾燥，粘坭層之間，（乙）項河積地屬之．故定爲四千餘磅；幼砂係介于乾燥淨沙，及乾燥結實及粘連之砂，乾坭等于頗乾燥之粘坭層，故均定爲六千餘磅；硬土等于常乾燥之粘坭層，故定爲八千餘磅；層石則介于兩種鬆石之間，故定爲八噸至十五噸餘．

第一及第二表雖未經科學式之試驗．但第一表則自有市政公所以來，向少更改。第二表亦不過參照第一表，化爲公尺制之整數而已。是以依據第一表，經工程師妥爲計劃之建築物，其最初完成者，留存至今，已十餘年，尙稱穩固。是則第一表所列舉之地質載重能率，經實地試驗，已十餘年矣。

第一表所列舉者，不過將地質分爲數大端，以便設計之參考。每一建築物，其位置不同，則地質各異，即一建築物所占之面積，其地質有時亦鬆實不同。是以設計者須用其已往之經驗，方能得確切之判斷。

地質坭土，無論其質如何，若同一坭土，濕潤者則載重能率，少于乾燥者，而濕潤之情形如何，又不能一慨而論。且吾粵雨水繁多，秋冬時確爲乾燥之坭土，而春夏則變爲濕潤矣。是以設計者，不獨應具判別坭土之智識。且須視其建築物之環境。而預斷雨水深入地下，至若何情度也。故欲保持坭土之鉅量載重能率，則須使之常乾，酌量地方情形，施以人工補助。如建築明渠及暗渠等，使雨水不至深入地下，即有之亦易排出，此種方法，適宜于高地。

本市地勢，多屬低窪，僅高于普通高潮一二尺，是以上列方法，多不可能。對于此類低地，欲增加載重能率則打樁尙焉。而打樁之方法，則以杉木樁爲最經濟。木料之天然構造係合無數纖維質而成。每纖維通心，形如筆管，中有微生物，蠶食木質，久之則木質腐爛。此類微生物，賴空氣及水以生存，缺一則死。故木樁須常在地中水平線之下，全爲水淹，則空氣無存，微生物自滅，而木樁則永保不朽矣。故木樁祗

適宜於低地○山地則須用鋼筋三合土樁，或沙樁等○

樁之載重能率，係合兩種力量而成（一）坭土與樁週圍之助力，（二）坭土與樁嘴之乘托力○本市打木樁，除特別規定外，工人習慣，大都將樁嘴削尖○故第二項之乘托力甚少・倘幸天然坭質不劣，故單靠第一項之週圍阻力，亦已不薄，至此項力量之如何計算，可根據下列公式

$$P=\frac{2wh}{S+1}$$

此公式P.謂樁之載重能率，w.謂樁錘之重量，h謂樁錘下墜之高度，S.謂在最後一錘入坭之深度○此公式于五十四年前，爲美國工程雜誌總編輯威寧頓所訂定，故名爲工程雜誌公式，又名爲威寧頓公式○此公式與實地試驗結果之比較，其保固能率約由二至六，爲至可靠之公式是以各國工程界，多引用之，至今已數十年矣○此公式之用法，祗限于絞錘式打樁法，至其他式樣之打樁法另有公式，此編限于編幅，恕不列入，而本市打樁，亦多用此法也○其用法係先量度樁錘之尺寸，而計算其重量○例如一千五百磅，于未打最後一錘之先量度由錘底至錘頂之高度○例如十英尺打最後一錘量度樁入坭之深度，譬如三英寸，則此樁之載重能率爲伸合三噸七五○此公式○可于打樁時

$$p=\frac{2\times1500\times10}{3+1}=\frac{2\times1500\times10}{4}=7500\text{磅}$$

引用，而確定每樁之載重能率，故甚利便○其他直接試驗方法，則較爲煩瑣○其法係打妥一樁後，支架于樁頂，再逐漸加砂石等重量物體于架上，而測驗該樁

有否下墜。及下墜之深度如何，由此則載量能率，可直接擬定矣。

總上各節，大概山地較高，且頗乾結。其載重能率較大，不必打樁。如必需打樁，則木樁不適宜，須用鋼筋三合土或其他不腐爛之材料，方能久用。而不打樁，則常使地土乾燥。為維持鉅量載重能率必要之條件。（河積地），其地勢多屬低窪，且載重能率較少。欲增此能率，以打木樁為宜。（新填地）泥質至鬆，樁為必需之物。其低窪者，木樁當然適宜。而偉大建築，或重量甚鉅者，建于新填地之上，則須用其他較為複雜之方法矣。

上落平安

陳榮枝

「上落平安」四字，在我國舊式家庭中，樓梯左右，常貼有此種標語，事雖屬迷信，但此中確有極大之意義，蓋梯樓爲上下交通要道，隨時有危險發生之可能。然吾人只知祝其平安，而不知如何設備然後可以使其安全。普通梯樓之施設，對于便利安全上，實無切實完善之計劃，如吾人每當上下樓時，常有滑足

不安全梯級發生危險之漫畫

，溜足，或其他危險之發生，此實因所用之材料，日久變其原質，遂與吾人之鞋底發生不良之反應，或因等級之距離；斜角度之大小，未適吾人之步伐，故今日建築界・對于此數點，應有相當之研究，絕對不能任意構造。

安全樓梯之設計應注意之點：

(一)樓梯之斜度及等級之大小

樓梯等級之高及其活度，在外國建築家，採用各種公式求得之，例如兩倍級之高度加級之活度等於二十五吋，即 2 Risers ＋ tread ，或用級之高度乘其活度等於

梯級高及活度比例表

梯與樓面之角度	級之高度	級之活度
22°—00'	5 "	12 1/2"
23°—14'	5 1/4"	12 1/4"
24°—38'	5 1/2"	12 "
26°—00'	5 3/4"	11 3/4"
27°—33'	6 "	11 1/2"
29°—03'	6 1/4"	11 1/4"
30°—35'	6 1/2"	11 "
32°—08'	6 3/4"	10 3/4"
33°—41'	7 "	10 1/2"
35°—16'	7 1/4"	10 1/4"
36°—52'	7 1/2"	10 "
38°—29'	7 3/4"	9 3/4"
40°—08'	8 "	9 1/2"
41°—44'	8 1/4"	9 1/4"
43°—22'	8 1/2"	9 "
45°—00'	8 3/4"	8 3/4"
46°—38'	9 "	8 1/2"
48°—16'	9 1/4"	8 1/4"
49°—54'	9 1/2"	8 "

最為適用之角度（30°—35' 至 36°—52'）

級之活度＋級之高度等於$17\frac{1}{2}$"

TREAD＋RISER＝$17\frac{1}{2}$"

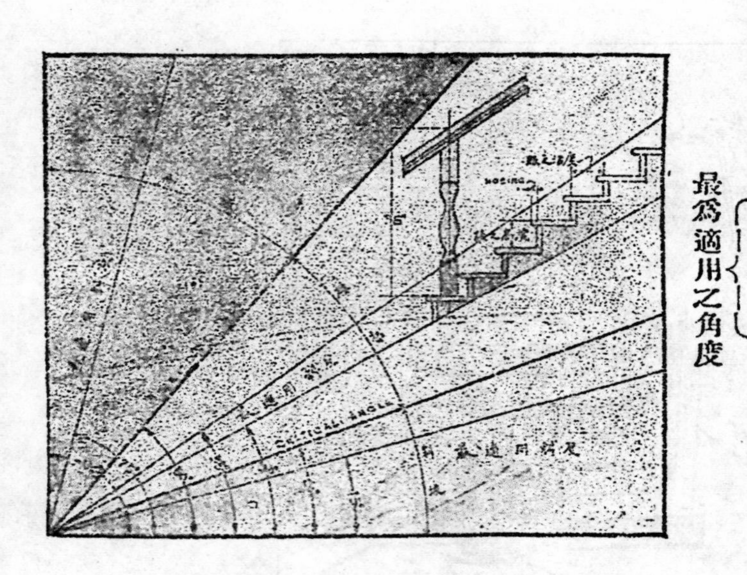

安全梯級及斜度之計算圖

七十而不能超過七十五，卽 R×T＝70 or＜75。但據美國工程安全研究會採用之公式係級之活度加其高度等於十七吋半，卽 Tread＋Riser＝$17\frac{1}{2}$"。此種公式較爲普通，但是否適用於中國之建築，又成一問題，因中國人之步伐之大小，未必與外國人相等，於此建築界當有詳細攷慮與計算，酌量增減，但未有的確完善方法之前，吾人相信採用美國工程安全研究會所規定公式，較爲妥當。

（二）樓梯構造之材料

現廣州市普通新式之建築物，梯之活度部份多用三合土沙漿或以雲石碎批擋，在茶樓酒家，且另鑲銅板或鐵板於級之上，意欲使其久用，殊不知此等設備，實最易發生滑足；溜足之弊，或其他之意外。至于

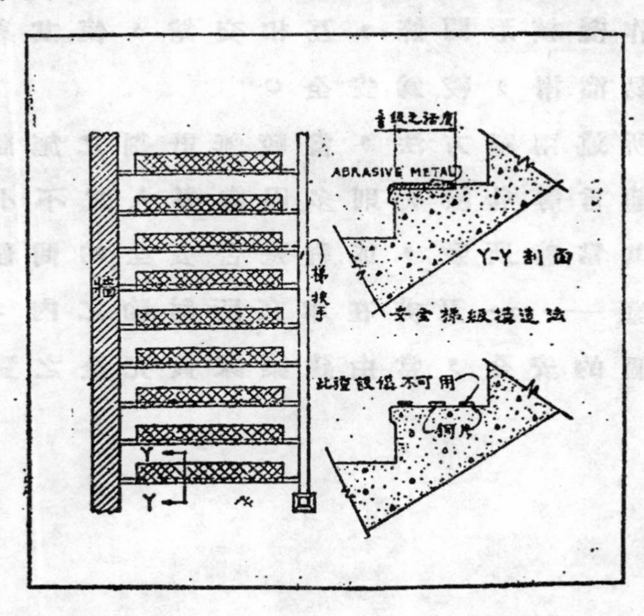

安全梯級與不安全梯級比較圖

採用梯級安全之材料，當取其不易發生溜滑反應等爲最適宜，在外國建築界對于梯級所用之材料，大概不外以下各種：

1. *Cork* 枳木

2. *Asphalt-mastic* 瀝青膠

3. *Abrasive metal* 堅硬不易磨損之金屬物

4. *Carborundum* 炭化石

5. *Anti-Sliptile* 不滑之磚塊

6. *Masonco Saftred.* 某商號之安全梯料

7. *Rubber.Tile* 膠塊

以上各種料材，現在中國實極少用，因建築界對于建築材料未有研究，或因經濟問題所影響未定，但若用普通三合土沙漿，及雲石碎批擋，則切不可磨滑，幷須劃作欖核形間條，互相交錯，使其與鞋底發生阻力，不易溜滑，較爲安全。

以上所述兩種方法，當較無計劃之施設爲安全，但倘仍有前言等危險，則多因當事人之不小心或筋力一時忽失其常態所致，或鞋是否安全的問題——如高踭鞋之類——又非在本文所討論之內，但此外對于樓梯盤個的安全，當由建築家負完全之責任。

廣州市之居住問題

梁啓壽

研究廣州市之住宅問題，範圍極爲廣汎，然大概可分爲兩項：(一)租值問題，(二)建築問題，本編祇就此兩項爲簡單之評論。

(一)現有租值問題

近數年來，廣州市因道路之開闢，工商業之發展，加以各鄉不靖，人口忽呈尖税之增加。而道路之展築，幾將廣州市之原有面積，減小十份之二，居住地面，有求過於供之勢。隨之而租值奇昂，爲歷年所僅見。市民所付之房金，超出其入息之一半，尙不易得一適宜之住宅。於是限制租值，拓殖郊外，種種問題，應時而生。然(甲)限制租值，則政府之收入減小，阻礙市之繁榮，且辦法亦難公平，并損害個人營業自由，此非根本之方法也；(乙)拓殖郊外，固爲一根本之方法，然以廣州市現在交通費之奇昂，非普通市民所能移居於遠郊，電力供給之困難，水量供給之缺乏，亦非中上市民所願移殖。故非候五年十年後，公用事業充量發展，及交通費盡量減低，實無法能令市民移居於遠郊也。

上列兩種計劃，既非一時所能實現。自不能不另行攷究，然欲另行攷究，非先明瞭租值高昂之原因不可。其原因以現目而論，簡單言之。(一)因人口之增加，隨之住居地位求過於供，(二)因政府收稅過重，業主提高租值，以取償於租客，(三)因藉賣買產業，爲投機事業者過多，而地價高漲，(四)因建築材料價值昂貴，上蓋之成本過重，(五)因業主多無工程常識，藉普通工匠設計，每虛耗房屋實用面積甚多。吾人既明瞭租值高漲之原因，欲其自然減低，惟有(甲)增加廣州市之居住面積，(乙)減低建築房屋之價值，(丙)指導業主採用實用之房屋計劃。玆分別論之。

(甲)增加廣州市之居住面積。　前既言之，離城較遠之地位，不能使普通市民移居。故欲加增居住面積，應從附近城市之空地着手調查。查廣州市除東山方面已展拓外，尚有西部近郊，(即在宜民市馬路之西南，包連粵漢鐵路之東南一片塘地)及南部近郊，(在河南珠江鐵橋以東，即在草芳基立村蟠龍里部份之一片塘地)在此兩部近郊，應由政府計劃建築適量之道路，附設足量之給水管，及安置足力之電線，規定廉價之車輛，則一二年間，過量之居民，可移殖於近郊。

(乙)減低建築房屋之價值。　房屋建築費昂貴之原因，常因材料價值之高昂建築方法之不善，政府取締之過嚴。故須由政府設法減低建築材料之價值，指導工匠利用適宜廉價之建築方法，在安全範圍內，修改不良之取締章程。

(丙)指導業主採取實用之房屋設計。　實用之房屋計劃，非有工程學識者之工程師莫屬，然以今日廣州市業主工程智識之淺薄，極難望其信用工程師計劃其房屋，故應由政府徵求普通適用經濟之房屋計劃圖則，指導業主採用之。

(二)房屋建築改善問題

欲改善今日廣州市之房屋，須先明瞭廣州市現有房屋不良之點。查廣州市現有房屋取締章程，過於偏重於安全方面，而對於空氣，光線，渠道，之取締，失之過簡。尤其是對於給水洗濯，處置污物烹調。及其他諸般衛生設備，均無充份取締或指導之明文。其餘對於房屋之佈置間隔，及美術，道德，各問題，亦欠完善。玆分別將應改善之點，列舉如下。

(甲)空氣光線之改善。　廣州市內除小數新式住宅外，大部份之房屋均係相連，故空氣及光線，極不充足。雖有取締章程之限制，然其限制極不完善。(一)如通天之大小只有面積之限制，而不定其位置，故房屋內部光線，每有過多及不足之弊。(二)如通風之設備，只限制房屋之高度，遂至有新氣入屋，而無濁氣流出之弊。故應由上列兩點，加以改善。

(乙)渠道排洩之改善。　廣州市房屋渠道之限制，雖有章程取締，但頗難切實執行，常至蚊蠅叢生，污穢推積，甚則傳染病症，殊爲危險。故對渠道之設備，應從切實執行之。

（丙）厠所浴室之改善。舊有房屋厠所之位置，常在寢室之內，而浴室幾全無設備。新建房屋，雖有厠所浴室之設置，但其位置及設備，亦極簡陋，應就此點切實加以改善。

（丁）厨房之改善。廣州市房屋之厨房佈置之不善，空氣之不足，面積之短小，及衞生設備之不週，亦應設法改善之。

（戊）佈置之改善。廣州市房屋內部之佈置，極不妥善。寢室之短小，間隔之不良。遂至成年子女與父母同室而居，及成年兄妹同房而寢。對於道德及風紀上常發生不良之影響，故應就其間隔等設法改良之。

（己）裝飾之改善。因政府取締過嚴，每苦不易通融辦理。故所建房屋，不免過於單調，缺少變化，由此而缺乏美術觀念。

以上各點，就不佞所見，皆宜由當局注意改善，以求市民居住之適宜，蓋衣，食，住，行，爲民生問題之重要部份也。

（計劃及意見書）

發展瓊崖全屬交通計劃

胡棟朝

（續上期）

十二·建設海口碼頭之計劃

作者以陳委員一番好意，代理瓊崖公路事務，三個月辦好，然後交回，至爲可感。遂於八月七日搭輪船回廣州復命，留函辭謝綏靖公署陳委員瓊山縣鄭縣長及海口商會李常務。八月八日到達香港，九日回廣州，復入省政府及建設廳辦事。於是赴瓊之舉，可以暫告一段落矣。然當此休暇之時，就管見所及，調查所得，擬具發展瓊崖交通計劃數則，以爲異日當道之採擇焉。查瓊崖位處南方，孤立海上，氣候温和，萬物滋長，環島有漁鹽之利，腹地且多林礦之饒，土地遼闊，生產繁豐。言交通則外接海洋，內有河流舟楫之便，言地理則沿海道途平坦，皆可自由行車。腹部山嶺雖多，然崇峻險阻者尚鮮，且土山較石山爲多，開墾極其容易。苟能注意交通妥定計劃，切實經營，肅清土匪，不數年間，黃金世界，可拭目而俟也。

查海口市位於瓊崖北部，距雷州半島之徐聞，約八十餘里，與之對岸，船舶交通，頗稱便利。香港海防航綫，必由此而過，且處於人口繁盛人區，遂成暢旺市塲。然其岸邊多沙，水淺而道狹，大小輪船，均不能駛入，須停泊於七里外之海心，客貨出入，須藉帆船接駁；稍遇風浪，輪船不能下梯，旅客上落，須用繩吊；若風浪太大，或潮退水淺，則貨物絕對不能裝卸，如遇颶風，則危險更甚。前者廣元廣庚兩艦，在此失事，可爲明證。且海口市東北有木蘭頭急水門等處，種種危險，爲航行所必經之地。凡五六千噸以上之大船，則不能行駛。故對於該市之設備，祇可謂爲治標辦法，而其根本計劃，終以開闢清瀾島爲宜。幸而該市與雷州廉州密邇，交通便捷，且爲香港海防輪船所必經之地，則此港口極爲重要也。今爲交通利便起見，當以建築碼頭爲最要。

查民國十七年前瓊崖實業專員黃強，於建築海口碼頭計劃，已具有規模，可查案辦理。其建築費估計爲六十萬元，工程辦法既定，則當進而籌欵，其法有三；

(一)徵收瓊崖全屬建築海口港碼頭工程費，照繳納田賦額徵收一年。查海口爲瓊崖精華薈萃之區，全島物產泰半由此出口，海口市之盛衰，全島皆受影響，使之繁榮興盛，實爲全島人民所當盡之義務。若照民國十九年財政廳所公佈之田賦徵收數目，瓊崖十三屬一年之收入，爲三十萬零八千元，依額徵收一年，由各縣代繳，除去五厘手續費，實收二十九萬二千六百元。

(二)徵收海口市租捐一月，建築海口港碼頭，爲該市切身關係，全島民衆，已有田賦負担，則該市負担租捐一月，亦爲公允。據調查所得，全市租稅爲八萬五千元，應托瓊山縣政府代繳，除去五厘手續料理費，實收八萬餘元。

(三)瓊州海關進口貨附加百份之十。案查民國十七年六月廿八日廣東省政府第三届委員會第六十九次會議議決，建字第四百四十七號令，據南區善後委員呈稱，海口築港計劃已得總稅務司贊助，向海口關稅出入口貨附加百分之十，徵收一年，可得大洋十萬元，今可援案辦理。二年有半，可得二十五萬元，除去五厘手續料理費，實收二十三萬七千餘元。

以上三項合而計之，可得六十餘萬元，應交存海口市商會保管，以爲建築工程之用，以昭大信。

十三・完成環島公路之計劃

瓊崖北部，川流甚多，交通利便，故居民麕集，而瓊西瓊南等縣，川流不通，故居民鮮少。雖西南地大物博，而貨物出口，多用帆船海運至瓊北，方能暢銷。且帆船往來遲滯，動輙十餘日，更以瓊北海盜甚熾，擄刧人貨，每有所聞，然土地肥美，其未墾之地甚多，從事開發，當以瓊西瓊南，最有可圖。查瓊西儋縣昌江等處，居民雖少，然自治力強，鼠竊狗偷，完全絕跡，治安之善，爲全島冠。海產甚豐，價值低廉，漁船取以佐餐，向不索值，其賤視如此，比之繁盛商埠，其視魚鮮爲無上珍品者，不啻有天壤之別矣。故對於西南部之開發，宜先從公路交通入手，因而環島公路之建築，實爲要圖。昔者瓊崖公路分處，已定有進行計劃，路基亦已築成甚多，惜其計劃未週，指導不力，故完成之期，尙須有待耳。今爲促進瓊崖繁榮計，必須努力進行，務使於最短期間完成環島公路，則其種種實業計劃，必能易於着手也。

十四•分配行車路線之計劃

查瓊崖地方，道途平坦，土質堅實，開闢公路，至爲容易。故該島公路之發展，遠非他處所能企及。現計全島公路，凡四千餘里，通行汽車，凡七百餘輛，其中以島之北部文昌瓊山定安澄邁臨高瓊東等縣爲多。惟闢路容易，人民競爭，各自爲政，重要市場，無完滿之幹線，行車時刻，無一定之標準；公路則隨意興築；時刻則任便開行，毫無規定；故行客乘車，每多窒碍。此種混亂狀態，整理實刻不容緩。其法不外規定幹線，分配時刻，使人民利便交通迅速而已。

十五•建築海榆鐵路之計劃

瓊崖面積，黎境約居三份之二。黎境之內，森林密佈，向未開採。因其氣候温和，滋長倍速，且該島孤峙海中，颱猛風力，常相壓逼，故產生樹木，抵抗

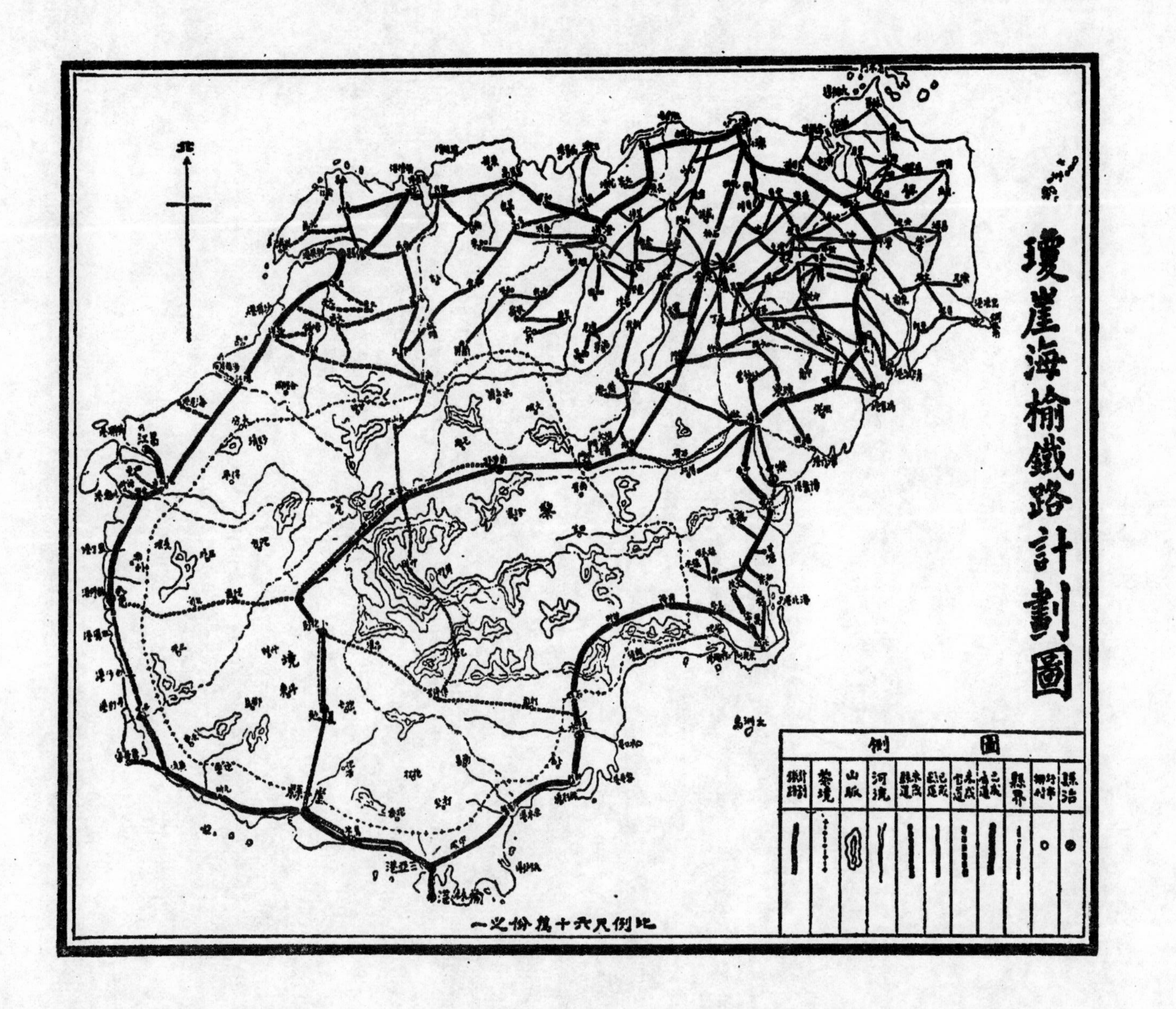
瓊崖海榆鐵路計劃圖
圖例
計劃鐵路
黎境
山脈
河流
縣界
縣治
比例尺六十萬份之一

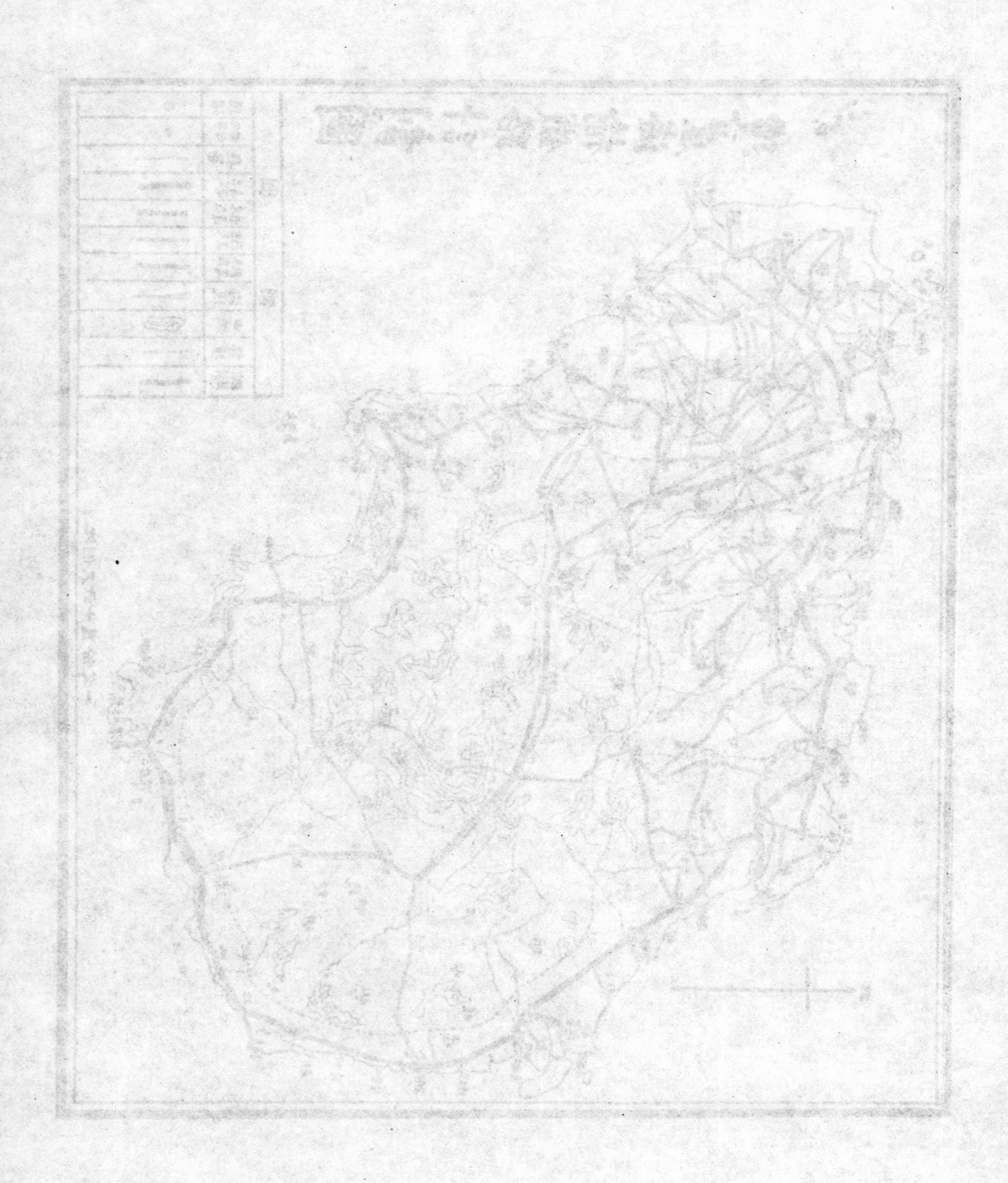

力倍強。木質堅實，以作棟梁或器皿，則其耐久性無與倫比。其他物產如穀米牛羊之屬，出產繁多，且荒地遼濶，墾植最宜。然交通不便，無以運輸，苟欲開闢黎境，非建築鐵路不可。

建築鐵路宜從海口市起，道經定安縣城，入嶺門橫過黎境，經樂安城崖縣城三亞港而至榆林港，是為海榆鐵路，計路長七百六十餘里。又自龍門經嘉積瓊東築一支綫，以達清瀾港，是為龍清支路，計長壹百五十里。此項計劃，甚為偉大，似難實現，然當道既有決心定為計劃，切實進行，則未有不達其目的者，不宜鰓鰓過慮也。或以為漢黎界別，誠恐黎人反抗，殊不知黎人智識雖陋，而對於公路交通，願望倍切。作者嘗晤深知黎情之人，據言黎境出產，每因不能運出而棄置之，其防患之穀倉，每隔十年，即焚燒一次，以其餘贋過多故也。若能開通道路，使物產得以出售，當必為黎人所馨香而祝者也。

進行建築鐵路計劃當非一蹴可辦。現擬依此鐵路綫先築路基，以作公路，其所定灣度坡度，務期適合鐵路為主旨。若有工程過於困難者，亦當詳細考慮，以便將來易於更改。且築路之進行，必先聯絡各峒黎頭，使為之助。因黎頭對於黎民，有無上威權，苟有所命，即赴湯蹈火，亦所弗辭，若得黎頭協助，全線路基，可徵工建築也。間有荒蕪之地，不能徵工者，則招商投標築之，亦復容易。其建築費則在行車牌照項下撥欵充之。至其簡易之橋涵，俟將來行車收益時，陸續改善。再進而改築鐵路，則事半功倍矣。

鐵路枕木，可採諸黎崗各森林之中。至鋼軌機車等件，則不能不購自外洋。購料之欵，則按照其時各項事業發展程度而另行籌劃之。因黎境有若是繁富之出產，經營者有成效，則非鐵路不足以供運輸，而運輸發達，則欵項自然有着也。

至龍門市至清瀾港之龍清支線，則地方平坦，極易施工。且現在有公路由清瀾港而達鐵路之龍門市，以濟目前運輸之需要。則此項鐵路支線，可以暫從緩辦也。

十六·開闢清瀾港之計劃

查清瀾港位於瓊島東部，港身長十五里，港口寬約一里。港內最濶之處，約有四里。港之中部，水度最深約三十呎，其水淺處亦有十八呎。惟港口積有珊瑚暗礁，廣約二里，礁面水深九呎至十二呎，非從事開鑿，則五百噸以上之輪船，不能駛入。幸礁質甚鬆，工程尚屬容易。港之內端有二江灌注於此，其一為平昌江，由東北方流入港內，以小船可通文教市；其他為文昌江，由西北方流入，用小艇可達文昌縣城。其鄰近縣治，如文昌，瓊山，安定，瓊東等處，道途平坦，公路已成者甚多，交通利便，吸收運輸之力頗強，而航海巨舶，亦可隨時進口，裝卸貨物，費時無多，輪船至此，可以避免木蘭頭急水門各處之危險。苟闢作商埠，當大有可觀。發展瓊崖，當以此為最要也。

查民國初年，文昌紳士林天凝及華僑黃有淵陳昌運等，曾組織清瀾港商埠有限公司，招集資本一百萬元，其已收到註册者，有十二萬元。港之堤岸已填者甚多，不幸工程尚未竣工，而歐戰已起，華僑商業，大受影響，已認之商股，亦不能續繳，該公司遂暫行停辦矣。設使舊事重提招商合辦，而政府從而補助之，領導之，則瓊民之歡迎者必衆，而此計劃必可成功也。

十七・組織管理局之計劃

以上所言五項計劃，關乎全島交通建設，斷非一縣之建設局，或一公路之分處，可能主持而管理之，必須另立機關，爲之統籌，方易收指臂之效。且當此瓊崖公路分處裁撤之時，亟應另行組織獨立機關，以辦理發展交通事業。且除上述之五項計劃以外，尚有其他合作建築與實業經營之事，必有機關爲之主持，乃易著成效。故擬設一瓊崖全屬交通管理局，以資統率・爰擬簡章，以備採擇。

十八・瓊崖全屬交通管理局組織簡章

第一條　瓊崖全屬交通管理局，隸屬廣東建設廳，局長由廳呈請省政府任命。

第二條　管理局局長，承廳長命令，管理兩縣以上之合作建築工程及全島之特別建設，規劃全島交通事宜。

第三條　管理局得指揮及監督縣建設局及縣公路局有關係之工程。

第四條　管理局得設基金委員會保管欵項，以示大公。

第五條　管理局設（一）局長一人，管理瓊崖全屬交通事務，（二）總務課長一人，課員若干人，僱員若干人，（三）工務課長兼技正一人，技士技佐測量員若干人，（四）管理課長兼技正一人，技士技佐監工課員僱員若干人。

第六條　課長承局長之命，掌理各該課一切事務。

第七條　技士技佐測量員監工課員僱員，承課長之命，分任應辦事務。

第八條　基金委員會委員若干人，協助局長籌欵儲欵一切事宜。

第九條　總務課掌理事務如左：

（一）關於各項建設欵項之籌撥。

（二）關於撰擬文書及編訂章程規則報告統計各事項。

（三）關於收用土地及注銷粮額等事項。

（四）關於本局會計及出納事項。

（五）關於典守印信收發文件保管案卷事項。

（六）關於購置物品保存公物及一切庶務等事項。

（七）關於不屬其他各課事項。

第十條　工務課掌理事務如左：

（一）關於建設計劃及實施事項。

（二）關於交通計劃及實施事項。

（三）關於建築工料費之核發事項。

(四)關於編造工程預算事項。

(五)關於測量及繪圖事項。

(六)關於收用土地估價及計算面積事項，

(七)關於編纂本課各種圖則表册書籍文牘事項。

(八)關于保管工程及測量儀器事項。

第十一條　管理課掌理之事務如左：

(一)關於各縣人民或地方團體請辦建設事項。

(二)關於審核公路之專利及行車事項。

(三)關於管理公路行車及養路事項。

(四)關於核發交通專利及行車執照事項，

(五)關於經營官辦實業事項。

(六)關於籌劃及監督聯運事項。

(七)關於編纂本課各種圖書表册書籍文牘事項。

第十二條　管理局各課辦事細則另定之。

第十三條　本局職員名額薪俸辦公費，由局長呈請建設廳長核定之。

第十四條　基金委員會委員名額津貼辦公費，由局長呈請建設廳長核定之。

第十五條　本局職員等級自課長以上者，由局長呈請建設廳長任命之。

第十六條　基金委員會委員，由局長函請各機關團體推選，彙呈建設廳長任命之。

第十七條　如有未盡事宜，得由局長呈請建設廳轉呈省府核定之。

第十八條　本簡章自奉省府核准公佈之日施行。

十九·結論

瓊崖全屬既有天然佳勝之地位，又有漁鹽農礦森林之物產。公路有四千餘里之多，每年收入有數十萬元之巨。公路分處，因時局紛亂而裁撤，公路工程因管理缺乏而停頓。長此遷延，公路工程，必多廢弛，而公路之收入，亦因而短少。是以派員主持，實屬不能再緩。當道有見及此，故派作者爲瓊崖全屬十三縣公路技術主任，一則主持公路技術事務，二則以瓊崖地方之欵項，以發展瓊崖交通事業，是二事者，乃當道派員之宗旨也。然瓊崖全屬，自海軍變亂而後，劃爲特別區，設綏靖公署，限三個月肅清土匪。然公路與行軍有密切之關係，則管理交通事業，亦與綏靖公署，有絕大之關聯也。故作者到瓊下車，則赴綏靖公署，謁陳委員，與之接洽二次，議定在綏靖期內，暫由公署接管公路交通收費事宜。於是作者即行回廣州，遂草就發展瓊崖全屬交通計劃。其一建築海口港之計劃，其二完成環島公路之計劃，其三分配行車路線之計劃，其四建築海榆鐵路之計劃，其五開闢清瀾港之計劃，最後則組織管理局訂立組織簡章，此爲是編之大概意義也。至若回羊城復命，呈復建設廳之文義，則畧述如下。此次赴瓊與綏靖公署接洽，統觀各種情形，而爲折衷之計，可分爲兩時期三辦法。

辦法一　交通行政，歸綏靖公署管轄。　查在軍務緊急期間，徵集車輛，搭架軍橋，極關重要，應由交通專員管理。而民有車輛，及搭橋費用，均應由公署支給，不得提用車捐及附加等費。

辦法二　車捐及附加費，歸技術主任辦事處管轄。

前據商會常務委員面稱，瓊崖全屬車輛，約有六百輛，其中有捐者約四百輛，每輛月捐三十元，共計一萬二千元，又附加費約有四千元，二共一萬六千元。此欵係備作完成環島公路橋梁涵洞之用。另有瓊海公路行車公司五家客票附加三成，月得一千八百元，指定爲瓊崖公路分處經費之用。此項分處經費，及完成工程費用，必須存儲有着落，而技術方可設施，擬卽會同海口總商會董事議定殷實銀行，分存數家，該欵必須技術主任及商會主任董事互相簽名蓋章，方能提取。如此辦法，則工程費用，方有着落也。

辦法三　關於瓊崖公路及其他技術事宜，歸技術主任辦事處管轄。　查瓊崖全屬地方，關於公路土方石方橋梁涵洞碼頭等工程，必須體察地方情形，就地籌欵建築，以發展商業，庶不負技術之責任，亦不負廳長整理瓊崖路事之至意。此爲軍事詩期所應有之第三辦法也。至於安定時期，收費與技術二者，固當歸技術主任管轄，而交通行政，亦應歸技術主任管理，以便計劃長途行車最短時刻，最宜路線，發展枝幹商業，此爲技術方面應負之責任也。

都市籌建自來水應採之步驟

陳良士

我國市政，年來漸趨發展，人口稍稠之市，卽感公用品之需要。於是電燈自來水公共汽車等業，遂如雨後春筍，茁然暴發。一般市民，罔不額手稱慶，頌建設之日增矣。而不圖多數開辦未久，窳敗狀況，漸形披露。繼則非重行投資整頓不可。最後停業者有之，為政府所沒收者有之。公用品之供給，乃不免時有窮蹙停輟之虞。一般市民，又罔不謂我國人辦事腐敗，歎建設之無望矣。然而豈眞我國之人，皆庸懦貪婪，建設前途，遂無希望，此一般市民所未深究者也。夫創辦一有科學性質，其內容繁複不易了解之公用品，斷非如設立一柴米油鹽之雜貨店可比擬。其最初計劃，應如何審愼，採擇適當之方法，避免一切之謬誤，保証有常川之供給，應付需用之增加。凡此種種，皆須在創辦期，經過一度之研究。該項研究，容或耗費時日，及動用巨欵，亦不宜有所顧恤，以致貽誤於將來。倘計劃未週，遽行創設，則其事業本身，因未盡適合環境，不問管理若何，必漸行露其窮蹙艱澁之狀。一般市民，昧於科學事業之運用，遂以為公用品供給之不備，實當事人員之腐敗，有以致之。不知錯誤早種於當初，日久始圖窮而匕現。其供給之良窳，固不盡屬管理之無方也。竊嘗閱報章，見各地都市之籌建自來水也，必曰某市已向洋行訂購機器，某市已由洋行計劃承辦機件，某日已安裝機器若干，某日機器已開始運用。種種新聞，幾似自來水之供給，完全爲一種機器之作用，（自來水之供給有時可以完全不用機器），而對於水源之選擇，水廠之位置，蓄水濾水之方法，供水之工具，水管水塔之測量等等，無一語及之。實則此項工作之進行，與方法之決定，乃爲籌設自來水之根本事務，須聘請專門學者先事研究決定，然後如需用機器等件，始列定章程，招商承辦也。如其捨本逐末，開始卽以向洋行訂購機器爲題，則一般經紀式徒以售貨取利之洋行，何能耗時日與巨資，爲政府作此深奥繁複之研究。大多數結果由洋行隨便以一種機器敷衍塞責，求僅能供水了事。常有機件已到而廠址未定者有之，水管未設者有之，浸假或發覺此機件不敷，須添售他種機件者有之，其發覺完全不適用者更無論矣。凡此皆屬事前無一度之研究及決定所致，卽有成功者，其規模亦必草率簡陋，不盡適合環境；久之其窮蹙艱澁情形漸露，而公用品辦理腐敗之名以傳。此其爲最初籌設計劃之不週，可以想見。凡事愼始，豈不然歟。

故不佞竊願以經驗所得，將籌建自來水最初應採之步驟，應有之研究，作簡單之披露，俾關心建設者知其梗概，庶不致盲從盲施，鑄大錯於將來，貽市民之識諸云爾。

凡籌建自來水必須按下列各問題之秩序，逐一研究，決定方針。

(一)水源之選擇 凡吾人設立一工廠以製品也，必先事攷求原料之來源，與製貨之銷路。兩者稍一缺乏，則工廠無由支持，而倒閉將隨其後，設立自來水廠以供水也亦然。水廠之原料，即爲水源，而銷路即爲用水量。在籌設一自來水廠，其首先問題，即爲決定水源之何在，水源之是否充份及適宜。今試將各種水源及其需要條件比列如下：

水源	水量多寡	水質優劣	需要條件
河水	如川流不息者水量較充其有時乾涸者不在此例但無論如何必須有實地測量方可決定	因流域甚廣玷汚必多	如在下游吸水必須添設吸水抽水等工具又因水質不良必須隔濾方可供給市民
海水	水量極充	如有鹹性即不能用	
泉水	視雨量而定不能時有充份水量	水質較佳	大多數須築池閘收集以備冬旱但因由高山流注或可不用抽水
湖水	如屬大湖則無乾涸之虞小湖則反是	水質不定視有無玷汚爲準	不用收集工具但如地勢低過城市則須用抽水工具
井水	有深淺之分淺井易涸深井較足但因水量有限祗能供給一小部份市民	水質較佳	須用收集及抽水工具但可不用清潔工具

以上所列，不過水源之大概需要狀況，俾設計者知爲第一步之選擇。至確定水源之是否合用，對於水量水質方面，尚須爲一度縝密之攷查。以水量言，如屬河湖水，須量其年中漲落尺寸，測其流域大小面積深淺，以計算其最少流量；如屬泉井水源，須因其流域

面積，計算其年中出水份量，最久之乾旱期間，或直接量度其年中流量。此類工作，頗爲繁瑣，非專門家不辦。如艱於統計，并須借助土人。但其目的在求知此水源能否於最久旱期間，仍有充分水量供給。如查其有不足之處，則不宜選用。以水質言，凡一切水源在選用時必須取水一撮，以爲化驗之用，化驗分化學物理微菌顯微鏡下四種。其詳另有專書，玆不及載。惟其目的在求知水源有無過份之玷污，尤其有無傳染病菌之玷污，其顏色嗅味有無特別可惡之處，所含化學物質有無危害之物存在，種種皆待試驗而知。然後水源是否清潔適用，不用隔濾或需用何種隔濾與清潔方法，水源應如何避免玷污，種種問題始可決定。

（二）用水量之預算　與水源同其重要并須同時研究者，厥爲用水量。用水量者，卽擬辦自來水之都市所需用之水量。此用水量非有數可查，須作種種之預算。如工廠之預算貨物銷路一般。但在預算之先，吾人應調查下列情形，方足以資助吾人之決定。（一）該都市之人口增加情形，（二）市民之衞生程度，（三）有無偉大工商業，（四）公共用水途徑若何，（五）都市之天時地利。查知此種種情形後，在開始預算時，先決定所建之自來水廠供量須支持至若干年後，如須支持至四十年後，則應以四十年後該市人口數目爲計算標準。今假定此人口估定爲五十萬，如市民衞生程度不甚發達，市內井水豐富，或地居河流之旁，雨水甚多者，則用水之人，必祗得成數。至究爲若干成，則可以觀察所得，自行決定。如以六成計，則應供水者爲三十萬人，以每人每日用水平均三十加倫。（此數畧多實則我國市民用水每日每人最多二十加倫）計，則應供水每日九百萬加倫。至工商業與公共用水，可依照調查所得估算之。大概普通都市，公共用水不出每人每日十加倫，工商業用水不出二十加倫，以三十萬人計則爲三百萬加倫與六百萬加倫，共九百萬加倫，連前合一千八百萬加倫。但將來水管龍頭必多有滲漏，須預算加多每人每日十加倫，以三十萬計，爲三百萬加倫，則總數今爲二千一百加倫矣。由此觀之，一三十萬人口食用自來水之都市，需水每日二千一百萬加倫，（即全數以每人每日七十加倫估算），供水之量自應以此爲標準。有此標準，然後水源水量是否充份，以至蓄水抽水供水各工具之大小，皆可因而決定。

平均估算用水量數目，（每人每日加倫計），用戶用水三十，公共用水十，工商業用水二十，滲漏十，共七十加倫。

（三）吸水蓄水工具之計劃　水源與供水量既已決定，第一步工程上之計劃，即爲吸水與蓄水工具。吸水工具爲吸水管與吸水井。吸水管須設水制及鉄絲網，以防穢物侵入。吸水井者，所以調劑吸入水量，俾適合於水源漲落，亦設有水掣或水閘。其漲落甚大者，幷可設自動機掣焉。凡此二項，勿論何種水源（井水除外），均須設置也。蓄水工具，爲人工所築之水池，或爲順天然地勢設立水閘而成之水池。若屬人工挖築成池者，其容量大小，須照下法計算。如須供之水量爲每日二千萬加倫，假定水源不竭，則築五池每池容量五百加倫便得，因五池輪流吸水供水，每池可得廿四句鐘之休息澄清故也。但倘水質甚清，毋庸長久休息澄清者，則二池便足，或竟可不用蓄水池焉。如須供之水量爲每日二千萬加倫，假定水源有漲落，則應攷水源退落爲時若干，添築一二池，以資應付。至若水源有時告乏者，則更應攷察竭乏最久時間，加築水池應付。惟因人工築池費用滋鉅，苟水源時虞告乏，則不若築水閘蓄水之爲愈矣。順天然地勢設立水閘蓄水，其容量大小須照下法計算。如須供水量爲每日二千萬加倫，而水源時虞告乏者，先攷歷史上最久旱時間爲若干日，如爲九十日，則水池應蓄水十八萬萬加倫。然後查水源流域在何等高線內方有此水量容積，卽設水閘與此等高線齊，（同時自應並查年中平均流水量能否與供水量相抵不足則應另擇水源），如一閘不足，或須設兩閘與至三閘不等。至水閘之建築，另有專書，茲不詳述。又在吸水蓄水地點之間，如蓄水地高而吸水處低者（同在一處則不成問題），並須於此兩處之間，設立低壓抽水機，（不宜設高壓機卽蓄水池不可設過高）。此抽水機之抽水量卽爲前所定之供水量，如此爲二千萬加倫，則應設四機，每機吸水五百萬加倫，但應增一機以爲預備替換之用。有此機數及所吸水量，與距離吸水地點之高度，卽可以之向洋行訂購而無虞謬誤。若未決定此數項問題，而遽行購買機件，自不免日後有吸水不足吸水不上等弊，此不可不愼也。

(四)濾水工具之計劃 吸水蓄水工具，既已決定，濾水工具，卽第二問題。濾水工具爲沉澱池與砂濾兩項。其計劃形式大小需要視水質與供水量爲標準。以沉澱池而論，如水質清潔濁度不高者。可以免用；如濁度畧高者，則察蓄水池之澄清時間，能否將該濁度消弭，如不能則將蓄水池增加或擴大應付，或另設沉澱池應付亦可；如水質時形汚黃，濁度極高者，則沉澱池爲必需之物，否則砂濾被塞，洗砂頻劇，濾水不清，濾水不速，種種弊端，必因而發生。以不佞經驗，凡水之濁度，時有超過一百度者，則沉澱工具，不宜缺乏。若吝建築小欵於一時，必貽日後洗砂之耗費，此又不可不注意也。沉澱池之種類，大體可分普通沉澱池與灰礬沉濾池兩種。普通沉澱池卽澄清池，其作用爲使水性恬靜，濁質下沉，上述之蓄水池，卽可有此作用，但功用畧慢，而用地亦多。灰礬沉澱池，則利用灰礬與水內濁質之混合結團沉澱，其功用較速，而所需面積甚少。現時各國自來水廠，無論何種砂濾，凡水質稍濁者，皆用此等沉澱池，除去大部份之濁度，以減輕砂濾之負担。至池之計劃，須專門家担任，機件甚少，不必向洋行訂購也。以砂濾而論砂濾分兩種一曰慢性砂濾，一曰急性砂濾。慢性者，濾水最多不過每日每英畝五百萬加倫，急性者可至一萬二千萬加倫。其大致不同之點，爲慢性濾多無灰礬沉澱在先，無水壓洗砂方法，其劣點即爲出水慢洗砂煩佔地廣。急性濾則必須灰礬沉澱，必用水或氣壓洗砂方法，其優點自爲出水快，洗砂易，佔地少。除經費畧多外，幾無劣點之可言。故近代都市，凡有計劃，多採用之，慢性砂濾，將成過去矣。然勿論吾人所決用者爲何種砂濾必須先行決定砂濾池箇數，與砂濾池形式。池數須以供水量爲標準，分由若干池担任，而添設二池上以爲洗砂替換之用，及預留地位，俾可隨時添築。形式則除規模較小者，可用密鉄箱外，大者均宜露天，作長方形，以三合土作墻壁。至池內之水管或氣壓管，水掣，池底間隔，以及砂石層之厚薄等，非專門家不辦。吾人知應採何種，及決定大畧形式數目便得，其內部問題，可委之專門家。除氣壓機外，大都不必借重洋行焉。

（五）輸水供水工具之計劃　輸水供水工具，包涵清水池，抽水機，大供水管，街管，入屋小管，水塔，水掣，龍頭等項。（甲）清水池爲貯清水以便調劑供給，及預防機器損壞之用，但其容量不必如供水量一般，有十分之一便足。即如供水量爲每日二千萬加倫，則池容二百萬加倫可矣。至其建法，大體與蓄水池同，但須盤個加盖，以防穢物侵入，并設氣管通氣（乙）抽水機爲抽清水供給大小水管之用。凡清水池比市地面不甚隆高者，皆得用之。其清水池高過市地面百數十尺以上者，始可不用。其計劃應以供水量爲標準，分由數機担任，而增設一二機，以防不測。譬如供水量爲每日壹千萬加倫，可分四機抽水每機每日抽水二百五十萬加倫，增二機備用，共設六機。該機受壓力之多寡，視水塔水平與抽水機水平之距離，及大水管之大小長度爲標準。如前項爲一百尺，後者爲一萬尺，及直徑三十六寸，卽以一萬尺三十六寸徑鋼或生鉄大管長度，及每日流水壹千萬加倫，依照科學方式計算，得阻力約三十尺，合前一百尺，共爲一百三十尺。以此機數，抽水量及壓力若干尺三項，卽可向洋行訂購而無虞謬誤。又抽水機形式以離心螺旋式爲最普通。其原動力爲電力油渣煤氣或蒸汽發動，可自由選擇。大體油渣機煤氣機宜於小用，况價値較廉，修理簡單易保清潔。蒸氣力電力較大，但蒸氣需用鍋爐焗爐等項，價値稍昂，且管理煩劇，烟煤骯髒，電力則反是。惟用電除有外界供電外，須另有發電機，（此爲簡單比較學者不必拘泥）。（丙）大水管爲供水之幹管，由清水池至水塔，及由水塔分佈全市街管者。其大小長短之計劃，視供水量水管長度爲準。如供水量爲每日壹千萬加倫，水管長度爲一萬尺，則三十六寸三十寸廿四寸徑均可。大抵用過小之管，則阻力增而抽水機須加大，原動力消耗較多，用過大之管，則阻力雖小，而價格加昂。故專門家有所謂最經濟之管徑，蓋合管之大小長短，製造方法，阻力，流水速度，力量耗消等等研究而决定者。至水管管線之測量，以平直無彎拱，埋藏入地爲宜。若不得不設彎拱，應於拱頂處，設置出氣箱，以防積氣。沿途又應多設水掣，以便修理○其經過地點，如土地濕軟，并須築三合土墊承載之。又管料分鋼，生鐵，木及三合土四種○普通受壓力強者，多用鋼與生鐵○鋼力強質輕，但壽命不及生鉄；生鐵則皮厚質重，雖能耐久，但價昂及輸運笨重；各有短長，未可概論○管之接口法，以套筒塞鉛式爲通用，因鉛有伸縮性，水管漲縮轉彎及下墜，均能遷就，不易折斷，但所受壓力，不能過高，過高則鉛口走出，佛蘭接管反是○（丁）水塔爲調劑水力及調劑供水量用水量，并儲水以備救火之用，誠供水工具中不可少之物。其地點宜設在高處，使水力下注街管○如市內無高地，則得就平地建築鋼架承載之，其高度應以超過市內建築物爲標準○譬如市內建築物預算最高者爲八十尺，則水塔高度最低宜倍之，緣街管小耗力甚巨，欲水力到達最高地點，不可不加高水塔也。至其容量，以每日供水量中一二小時容量便得○如依此計算，水塔容量甚大，可分設數個，匀佈市內，尤爲適當○水塔之計劃，以圓筒形，球形爲普通，外圍以鋼鐵板或三合土壁。鋼鐵價廉耐久，適用於離地甚高之塔，三合土則易於施工，較爲美觀，宜於離地低者○（戊）街管入屋小管，爲輸水到達用戶工具，尤不可不加意攷究，以防弊端○在計劃之先，宜求有市內街道全圖，及預備改良街道全圖。如兩者俱乏，則不得不測量製圖○然後在此圖中繁盛區域內，佈置幹管，如十二寸或八寸，於大街幹道，再做魚骨式從幹管出支管六寸或四寸，通各橫街，又再做魚骨式從此支管出小管寸半或二寸，設於人行道旁以便住戶駁管用水，如此計劃，方可免駁接紊亂水力不均之弊。又水管務宜貫通，則挹注均勻，不連接者，管盡處水力必弱也。至幹支管徑之大小，則宜因所經地點之地勢；建築物高度决定之，其製造四寸以上用生鐵套管，二寸以下小管則用白鐵。（己）水掣龍頭爲節制用水及救火必需之物，凡街道口及每幹支管分枝處，卽宜設立水掣，以憑啓閉修理之用。在適宜地點及水管盡頭處，并應加設水掣以爲洩水清淤之用。救火龍頭在稠密地點最少應距離三至五百尺設置一個，冷靜地點，可以畧疏，然終不可缺乏。龍頭須直駁幹支管，最小徑爲四寸。又凡水掣龍頭等物，俱宜設在地下，用沙井密蔽以免阻碍交通。

（五）事務之進行與財政之籌劃　自來水旣爲市民必需之公用品，其提倡自屬政府之責，出於市民自動創辦，雖或有之，然政府終不能漠視。其應如何監督襄助，以求事務之進行，始符官民合作之旨。大抵在今日財政拮据之我國都市，求自來水之完全由政府自辦，未免稍感困難，若與市民合作，共同籌劃負擔，則爲事易舉。以不佞觀之，在今日都市欲創辦自來水，宜先由政府召集坊衆，及名望人物會同政府人員組織籌備處，籌擬財政辦法，呈由政府核准施行，臨時經費及測量費，可由政府先行墊支。該籌備處負實施之責，政府則任監督。如此事或易舉而速成，至籌欵辦法或爲公債之發行，或爲股本之招募，或爲特別稅項之征收，種種辦法，如副以政府之力量，名望市民之提倡，與乎事業之公開，財政之保管，鉅欵之集，旦夕事耳○此篇所載，非爲財政問題，茲不詳論，要其目的在畧舉進行籌劃時所應採之步驟，俾籌辦人知所以進行規劃，作種種根本上之決定，而無虞誤導以致坌事貽殃而已，若工程之詳細計劃，仍須借重專門家焉○

興築欽渝鉄路之計劃

胡棟朝

第一章 工程預算

查欽渝鉄路，係由廣東之欽州起，道經廣西雲南貴州，以達四川之重慶爲止。路線所經連貫數省，惟未經履勘，及詳細測量，且現無各省詳確地形圖，審核非易事。茲就縮小地形圖量度估算，僅得其大概約數耳。計由廣東欽州起，至廣西邊界止，在廣東界內路線佔三十五英里，經廣西界內佔三百二十一英里，經貴州界內有甲乙二線，(一)甲線佔二百一十四英里，(二)乙線佔八十九英里，經雲南界內亦有甲乙二線，(一)甲線佔一百四十三英里，(二)乙線佔三百四十英里在四川界內至重慶爲止，亦有甲乙二線，(一)甲線佔二百六十七英里，(二)乙線佔四百四十六英里。茲擬具工程預算如左。

(一)開辦測量費：包括籌備費，購置儀器費，測量員役薪工每哩約需大洋二千五百元。

(二)購置土地費：每哩約需大洋一千六百元。

(三)建築工程費：包括路基橋樑涵洞水溝山峒等工料費，每哩約需大洋三萬二千元。

(四)鉄軌枕木費：包括鉄軌及附件費，枕木費，轉運費，安設費，每哩約需大洋四萬八千元。

(五)房廠建築費：包括機車廠，機器廠，水櫃車站員司住宅等費，每哩約需大洋一千五百元。

(六)購置車輛費：包括機關車客貨車守車等。

(七)裝置電報電話費：每哩約需大洋六百元。

共計每哩約需工料費大洋九萬二千二百元。

另加意外費百份之五，約四千七百元，統計每哩需款九萬六千九百元。

甲綫共長九百八十二哩共需款九五，一五五，八〇〇元。

乙綫共長一千二百三十二哩共需款一一九，三八〇，八〇〇元。

第二章　進行程序

查民國三年，中央政府，曾與中法實業銀行，訂借法金六萬萬佛郎，爲建築欽渝鉄路之用，其後因事中止。現在該路建築費，如此其浩大，當此中外經濟困難之際，借吸外資，旣難成功，向中央政府籌措亦屬匪易，計惟有就地籌款，五省合辦而已。茲將就地籌款，與築欽渝鉄路，設立鐵路機關，進行程序開列如左。

(一)設立欽渝鉄路局：擬由廣西，貴州，雲南，四川五省政府，各設立該省欽渝鐵路局，以該省主席爲局長，該省建設廳長爲副局長，籌備一切建築事宜。

(二)路綫分段與築：照理應當每省建築該省之一段，今爲平均分負責任及免除省界起見，每省應築鉄路約二百哩，大概計算如下。

第一段　廣東由廣東欽縣起，經邕寧隆安思林至奉議止。

第二段　廣西由廣西之奉議起，經汪白路城南籠至興義止。

第三段　雲南由興義起，經雲南之羅平曲靖宣威至可渡河止。

第四段　貴州由可渡河起，經貴州之威寧黑章畢節而至四川之敘永止。

第五段　四川由敘永起，經古宋納溪隆昌永川以達重慶止。

（三）測量路線：每省鉄路局，呈請該省政府委任總工程師一名，正工程司二人，副工程司二人，技士技佐測量員若干人,組織測量隊兩隊。先由總工程司履勘一週，然後由兩正工程司分隊，分頭詳細實測該省應築之路線，限一年內定妥鐵路中線。

（四）組織建築委員會：各省政府應行組織建築鉄路委員會，由政府委派政界二員，工程界二員，商業界一員，法律界一員，金融界一員共七人組織之，以備籌集鐵路欵項，訂立鉄路法規，處理鉄路重要事項。

（五）籌欵之辦法：籌欵之法，當然屬之專門家，但最普通而容易計劃者，蓋有六項。

第一法　由政府直接撥欵按期交付鉄路局若干萬元以作測量及建築鐵路之用。

第二法　由田畝稅，關稅，及其他稅項附加百分之幾。

第三法　照黨捐辦法，由各黨機關徵集捐欵，以作路股。

第四法　由商會設法招集捐欵，作爲路股及自由購買股票，予以百份之幾作收益。

第五法　由縣市鄉各長徵集人口稅，以作路股，男子十六歲起至六十歲止，每人月捐一毫，女子半毫作爲路股，無力者以工代，暫以一年爲期，期滿繼續與否，由該地方各長酌量辦理。

第六法　其他可行之法。

（六）籌設鐵路銀行：鉄路股欵，必須有銀行爲之儲蓄，及出納方能有濟。該銀行發行通行儲蓄票，分爲半毫一毫五毫一元四種，作爲臨時收據。持票人可向鉄路銀行儲蓄生息，由該行給回相當利息，滿五元者可以換取鉄路股票。

（七）測量經費：測量費用，分爲購置儀器費，及實測路綫費。

第一項　購置儀器費：測量儀器應用者種類甚多，今特舉其大者並價錢約數如左。

（1.）經緯儀二具，每具二千元，共四千元。

（2.）平水儀二具，每具一千二百元，共二千四百元。

（3.）其他應用儀器兩套，每套一千五百元，共三千元。

合共儀器費大洋九千四百元。

第二項 每月測量費：測量費爲每月經常費，以一年爲期。

計開

(1)總工程司一人，月薪大洋五百元。

(2)正工程司二人，月薪各四百元，共八百元。

(3)副工程司二人，月薪各三百元，共六百元。

(4)技士二人，月薪各二百七十元，共五百四十元。

(5)技佐二人，月薪各一百五十元，共三百元。

(6)測量員二人，月薪各一百元，共二百元。

(7)僱員四人，月薪各八十元，共三百二十元。

(8)文具及雜費，每隊九百元，共一千八百元。

合共每月測量費，大洋五千零六十元。

全年需欵六萬零七百二十元。

(八)鉄路與公路之關係：鉄路路綫測量既妥之後，路基一項，應由省政府，飭縣照公路辦法。由各縣徵工築造路基，至合適坡度爲止。其路綫中之水溝，涵洞，亦由縣會同鉄路局派員負責辦理。其

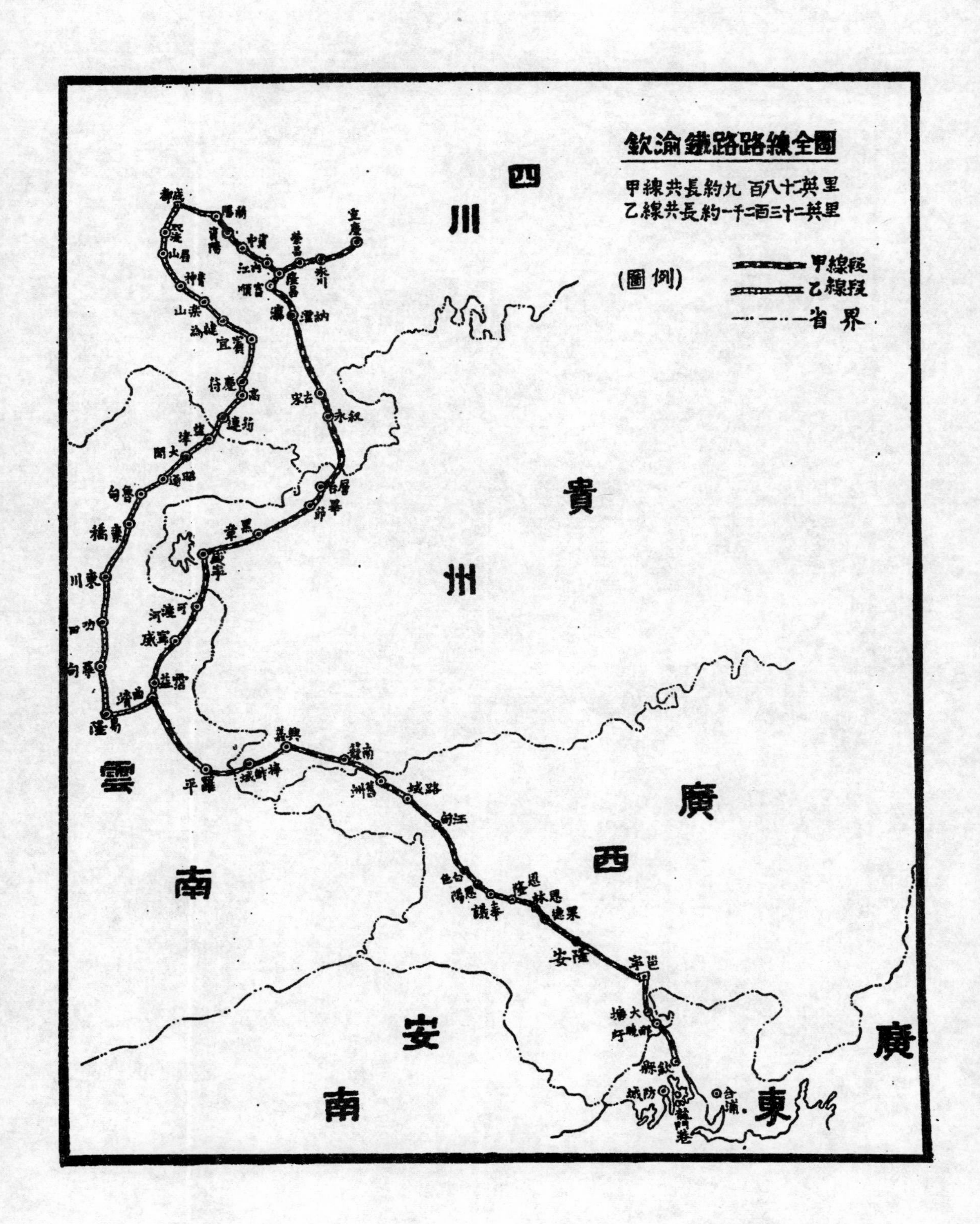

欽渝鐵路路線全圖
甲線共長約九百八十二英里
乙線共長約一千二百三十二英里
(圖例)
甲線段
乙線段
省界
四川
貴州
雲南
廣西
安南
廣東

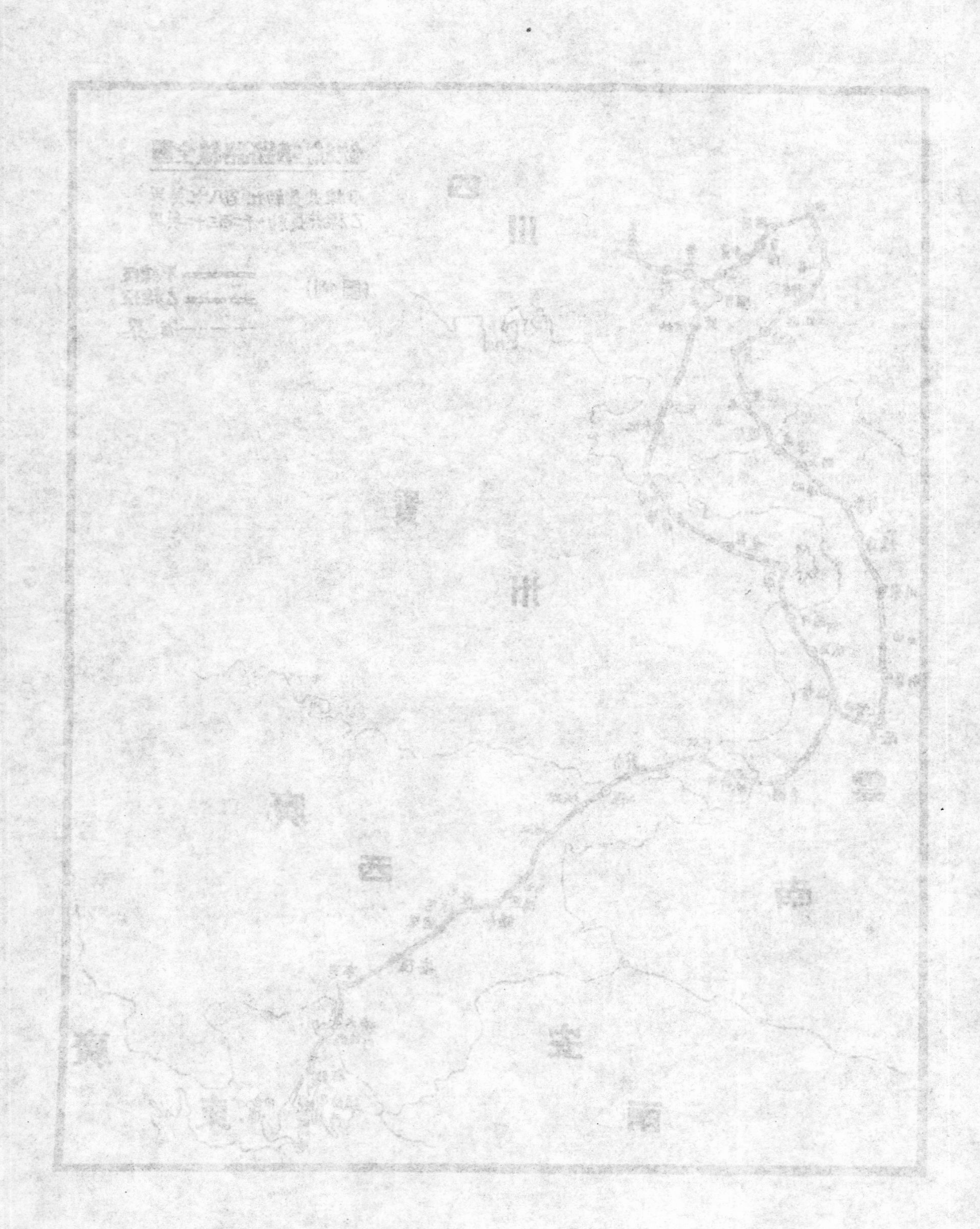

徵工費用，准作鉄路股本抵銷，並限令一年完成路基工作。至其橋梁則暫築便橋以通汽車，其利盖有四端。

(1)用徵工法建築路基，其利一。

(2)路通汽車行軍利便，其利二。

(3)車捐收入可作路股，其利三。

(4)路通汽車，轉運鐵路材料，省費省時，其利四。

(九)橋樑限兩年完成：路基既成，路面通車，則轉運建築木石材料，自是容易，則建築橋樑，事半功倍。橋樑工程，似宜採用鋼筋三合土，及木石爲建築材料。其間可以不用鐵料者，則酌量不用，以免國寶外溢，並限兩年完成橋樑各種工程，則枕木鋼軌亦可同時鋪墊矣。

(十)車站房屋車廠機廠限一年完成：橋樑既已完成，枕軌既已鋪墊，則工程車可以往來。全路通車只差一髮，而沿途車站房屋車廠工廠，或有未能依限完成者，則再限以一年之期，從速完成，亦易事矣。

以上所言各節，總而論之，則第一年，完成測量路線。第二年，完成建築路基。第三第四年，完成建築橋樑，鋪墊枕軌。第五年，完成車站工廠。第六年，可以通車矣。深望有心世道者，振起精神，而提倡之，則西南各省幸甚，中國幸甚。

（報告及調查）

西村士敏土廠籌設之經過

劉鞠可

製造士敏土實爲點石成金之術，而其用途，足佔近世建築材料之重要位置，其關係於國計民生，至爲重大。查吾粵日需士敏土三千桶有奇，而河南士敏土廠機器陳舊，每日產額不過四百餘桶，人民仰給於舶來品者，爲數至鉅，金錢外溢，良可浩歎。政府有見及此，遂有西村士敏土廠之設，爰將其籌設經過分爲籌備，試機，製造，三時期概畧言之。

（一）　籌備時期：十七年春，鐵道部擬完成粵漢鐵路，需用士敏土極多，派員來粵籌劃，另行經營士敏土廠，以應需求。十七年冬，前建設廳長馬超俊奉命擬計劃，審定丹麥史密符公司之設計，及機器爲最良好。十八年三月，乃與該公司之華代表尼路遜訂立合約，確定機器及運費爲九萬六千磅，並定土廠完成之期，爲二十二個月，每日出土爲一千二百桶。曾派中外工程專家，分赴北江及本市近郊選擇廠址。其中堪爲廠址者，僅白石咀及西村兩處。然關於運輸，營業，保養，治安，等等問題。兩相比較，以西村爲優，故勘定西村爲廠址。十八年秋，前鄧廳長彥華，設立西村士敏土廠，建築工程處，委鄧鴻儀爲該處主任。

收用土地，合計一百二十一畝三十八非，傍遷墳墓，平治土地，興築廠址，安裝機器，歷時三十閱月，始克大致完成。廿一年四月中旬，余奉命長廠,察勘情形，工程尙未完妥，而原定預算，業已透支超出。用是一面完成未竣工程，一面着實籌欵。適是時庫欵正在奇絀之秋，而銀業行又因政府取締下家收條，亦患銀根短絀之候，致籌欵益感困難。時有安興公司，願以三十萬元爲保證金，先期繳納，俟製出士敏土後，以所出之土交其全權代理，以一年爲期。政府准其所請,欵項於是有着。是時本廠用水工程，尙未完竣。乃向治河委員會，商借挖坭機船,挖深河道，然後安裝水管。又查全廠洩水溝渠未曾興築,下雨則各部機件時有淹浸之患。全廠輕便鐵道未有路基運輸,則火車時有出軌之虞。碼頭之土方未掘，全廠之馬路未開，各處之路燈未設，多數之地磅未裝，煤堆亦乏遮蓋，土倉亦未足用，乃一一而舉辦之。本廠原料，如石坭，石羔。煤及其他物料，每日所用爲數甚鉅，乃一一而訂購之。以上是歷任及余自四月至六月籌備經過之情形也。

（二）試機時期：六月二號本廠開始燒窰，其他機器亦同時舉行試驗。不幸各石坭漿池之地底，逐一破裂。各部斗鍊機之地基，亦相繼而崩潰，而窰內之火磚及鐵鍊，以安裝不合，計自六月至九月，停窰修理者共有七次，損失實不少也。本廠每日用煤約七十九公噸，計電廠十八•五公噸，窰五十八五公噸，其他各處約二噸。電廠用印度粒煤時，試驗之結果，每一度電之煤耗為〇•七五公斤。透平機開半額時所得之結果，每度電之汽耗為五•四六公斤。開四分之三額時，所得之結果每度電之汽耗為五•一八公斤。電廠初用印度粒煤，後幾經試驗，遂改用開灤特別細煤，以其價較廉而節省經費也。茲將其他各部份試機結果，每月平均每小時製出數量若干，表列於後。

機器名稱	單位	六月	七月	八月	九月
碎石機	公噸	10.0	10.2	17.4	20.6
原料磨	立方公尺	13.4	13.6	13.1	15.9
窰	公噸	8.3	8.17	7.4	9.4
士敏土磨	公噸	8.35	8.35	8.35	8.35

九月廿九日至三十日，省政府胡技正棟朝，符專員澤初等，會同本廠工務處及史密符公司代表,在本廠正式試窰，其結果，在二十四小時內，可出熟土二百四十公噸。每一百公斤熟土，用煤二十二•〇四公斤，比原訂計劃已超過定額也。本廠採用英德花縣之石，及近郊之泥配製士敏土。在此試驗期中，力謀改善，務使本廠出品之拉力超出英國,及本市工務局之規定而後已。查一三士敏土標準,沙之拉力，英國規定三天者，不得少過三百磅；七天者，不得少過三百二十五磅（最近規定為三百七十五磅）；二十八天者，不得少

過三百五十六磅（最近未有規定）。工務局之規定，三天者,不得少過二百磅；二十八天者，不得少過二百七十五磅。本廠之出品平均三天者已達三百一十九磅；七天者，已達三百五十四磅；廿八天者，已達四百三十六磅矣。以上是七八九三月試機時期經過之情形也。茲將七八九三月試製士敏土三天七天及二十八天之拉力結果，列表繪圖附錄如左。

廣東西村士敏土廠試驗士敏土結果表

試法		英國標準	廣州市工務局標準	七月平均成績	八月平均成績	九月平均成績	總平均
幼	一百七十號篩	不得多過百分之十		5 4	4.0	5 9	5.1
度	七十號篩	不得多過百分之一		0.2	0.2	0.3	0.2
凝	初結	不得少過三十分鐘	仝上	一點三十九分	一點二十八分	一點十八分	一點二十八分
結	終結	不得少過十分鐘	仝上	三點二十六分	二點五十六分	二點五十四分	三點〇五分
澎漲度		不得多過十公厘		08	0.7	0.7	0.7
凈土	一天	未規定	不得少過一百七十五磅	433	501	534	579
敏土	七天	不得少過六百磅	不得少過五百磅	630	664	656	620
拉力	廿八天	未規定	不得少過六百磅	673	695	697	629
一三	三天	不得少過三百磅	不得少過二百磅	298	303	347	319

矽土敏土拉力	七天	不得少過三百七十磅	未規定	339	337	386	354
	廿八天	未有規定	不得少過二百七十五磅	414	430	462	436

（三）製造時期：十月一日後，各部重要機器多已試驗，而零部之毛病亦少發生，各項工程之規模亦經粗備，可稱爲本廠製造之時期也。十月十一日，特請工業試驗所長陳堯典，工務局代表劉耀錮。土木工程師會代表李卓，到廠親取貨辦，監督製模。十月十八日，特請廣州各界代表，到廠將幼度凝結澎漲，及各種拉力分別公開試驗。是日到會者，有省黨部代表凌璋，陳治模，歐陽少泉，市黨部陸鐸清，省政府代表胡棟朝，建設廳代表陳元瑛，市政府代表楊華，土木工程師會代表李卓，中山大學代表康辛元，嶺南大學代表趙恩賜，工業專門學校代表胡德元，水坭行代表馬特甫吳渭生，等數十人，監督試驗。其結果，淨士一天之拉力，有四百四十一磅；三天拉力，有六百三十四磅；七天拉力，有六百六十四磅；一三士敏土標準沙，三天者，有四百零五磅；七天者，有四百四十六磅，比九月以前之出品結果更佳也。玆將公開試驗之結果表列於後。

試法		試驗結果						
		1	2	3	4	5	6	平均
淨士敏土拉力	一天	500	400	455	430	415	445	441
	三天	590	670	545	720	625	655	634
	七天	725	610	680	625	680	——	664
一三士敏土英國標準砂拉力	三天	430	390	430	390	410	380	405
	七天	460	450	445	440	450	430	446

試法	試驗結果	
幼度	每吋長一百七十二條線	6.9%
	每吋長十七條線	0.2%
凝結	初結時間	二時〇四分
	終結時間	三時五十分
澎漲度	浸在沸水內三小時	〇，7公厘(m.m)

本廠製土法，爲濕製法○每小時可製二百至二百四十餘公噸，約一千二百桶，至一千四百餘桶○其幼度及拉力，加乎一切舶來品之上○現將各種士敏土之市情列表於後，俾有志于建築者，知有西村士敏土廠之五羊牌，價廉質美，樂而用之，則國貨不期興而自興矣○

市況調查報告表

民國二十一年十月二十六日

類別	桶價		包價		備考
	發行	零沽	發行	零沽	
青洲	11,10	12.00	6.70	7.20	以銀毫爲本位
馬喙	11.10	11 70	4.70	5.10	每包祗二百磅
龍嘜	10.30	11.20	6.30	6.80	
飛機	8 40	9.00	5.00	5.30	
五羊	10.00	10.60	6.00	6.15	每包二百五十磅

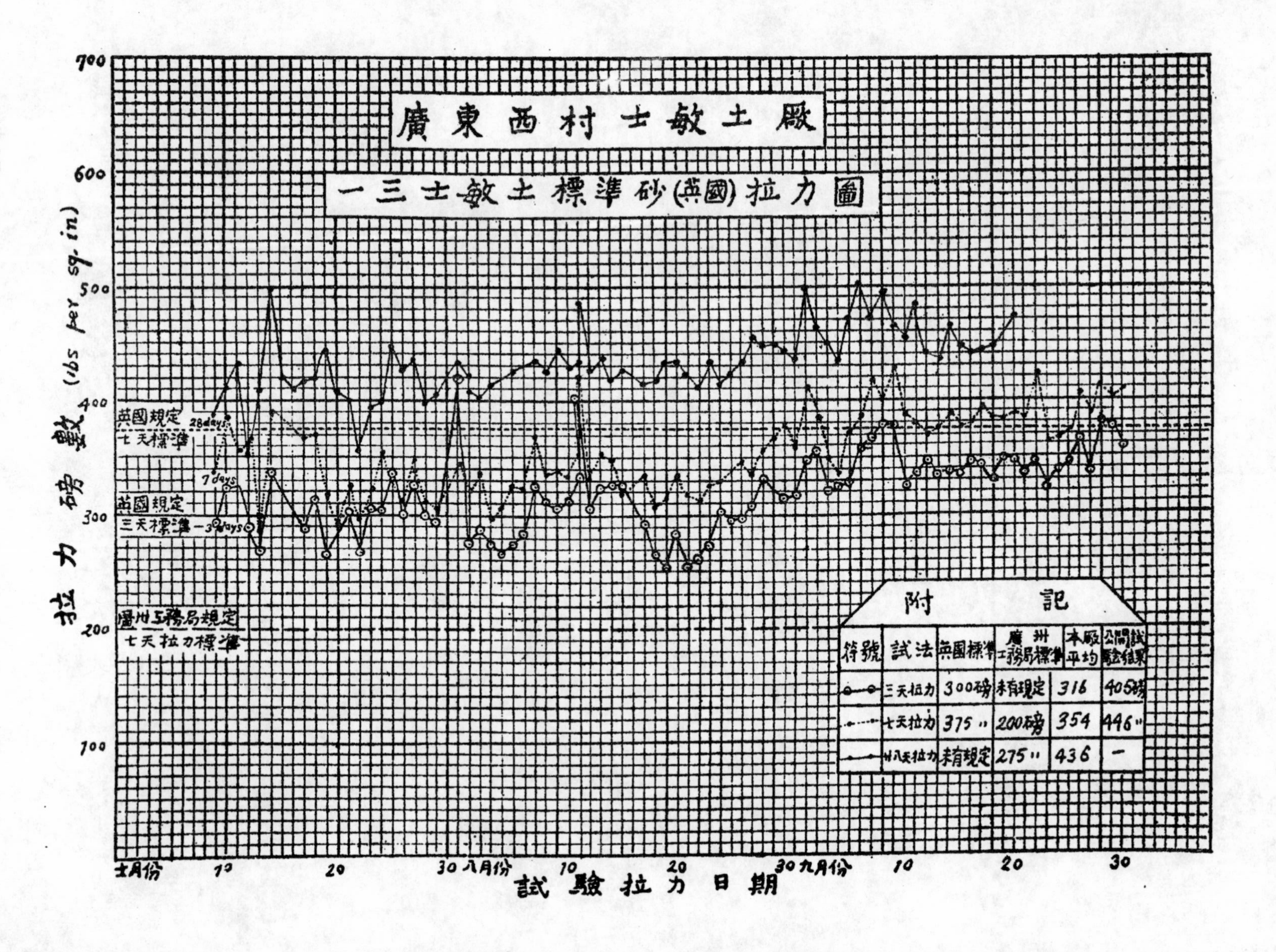

廣東西村士敏土廠
一三士敏土標準砂(英國)拉力圖
拉力磅數 (lbs per sq. in)
700
600
500
400
300
200
100
英國規定 28days
七天標準
7days
英國規定
三天標準 —3days
廣州工務局規定
七天拉力標準
七月份
10
20
30 八月份
10
20
30 九月份
10
20
30
試驗拉力日期
附記
符號 | 試法 | 英國標準 | 廣州工務局標準 | 本廠平均 | 公開試驗結果
三天拉力 | 300磅 | 未有規定 | 316 | 405磅
七天拉力 | 375 〃 | 200磅 | 354 | 446 〃
廿八天拉力 | 未有規定 | 275 〃 | 436 | —

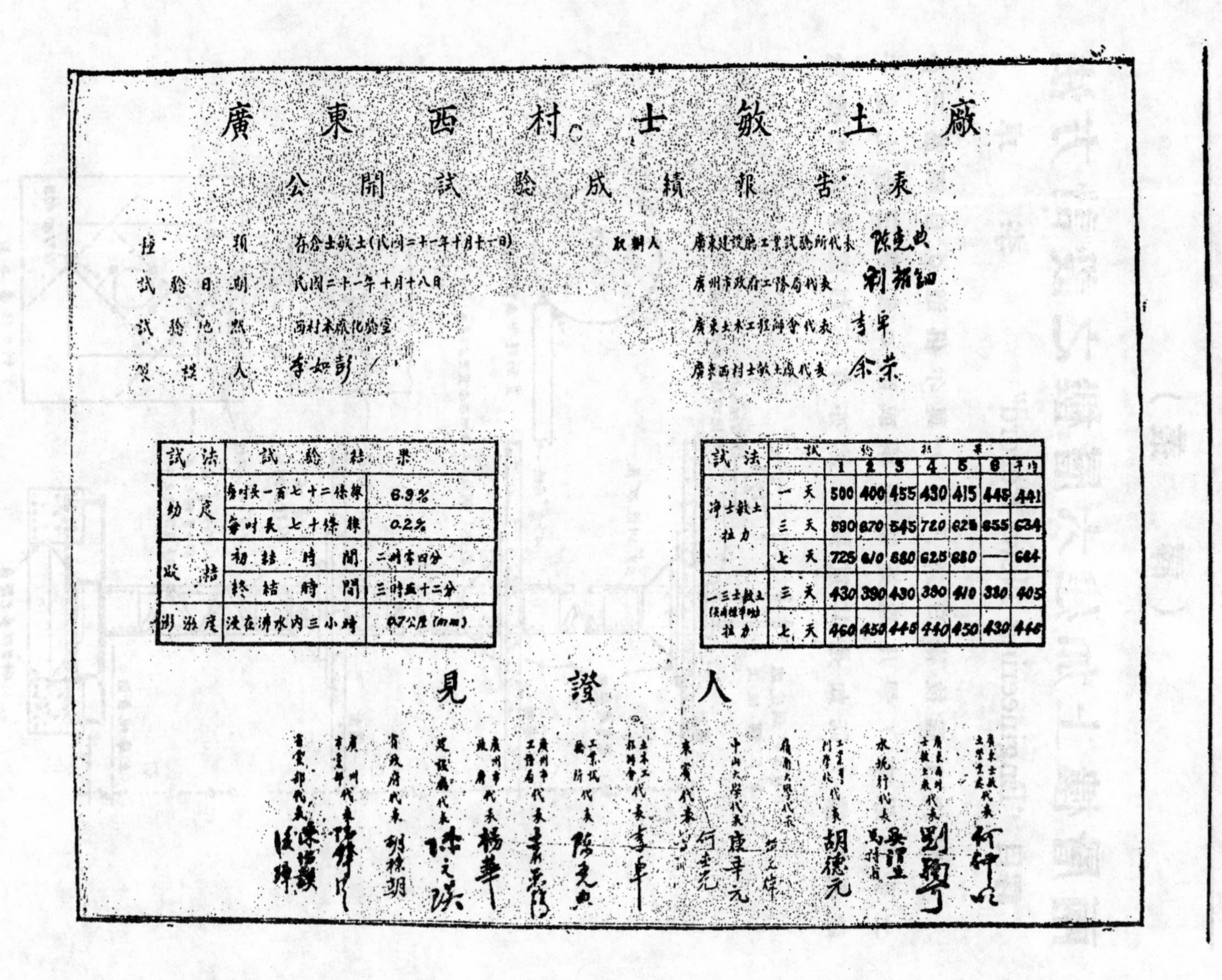

廣東西村士敏土廠

公開試驗成績報告表

種類　存倉士敏土（民國二十一年十月十一日）

試驗日期　民國二十一年十月十八日

試驗地點　西村本廠化驗室

製樣人　李如彭

取料人　廣東建設廳工業試驗所代表　陳竟典(?)

廣州市政府工務局代表　劉[illegible]

廣東土木工程師會代表　李卓

廣東西村士敏土廠代表　余棨(?)

試法		試驗結果
幼度	每吋長一百七十二條線	6.9%
	每吋長七十條線	0.2%
凝結	初結時間	二小時零四分
	終結時間	三時五十二分
膨脹度	浸在滑水內三小時	0.7公厘(mm)

試法		試驗結果 1	2	3	4	5	6	平均
淨士敏土拉力	一天	500	400	455	430	415	445	441
	三天	590	670	545	720	625	655	634
	七天	725	610	680	625	680	—	684
一三士敏土（係用標準沙）拉力	三天	430	390	430	380	410	380	405
	七天	460	450	445	440	450	430	446

見證人

廣東士敏土營業處代表　何[illegible]

廣東省府士敏土廠代表　劉鞠可

水泥行代表　吳習立　馬持肩(?)

工業專門學校代表　胡德元

嶺南大學代表　[illegible]

中山大學代表　康辛元

東實代表　何孟元(?)

土木工程師會代表　李卓

工業試驗所代表　陳竟典(?)

廣州市工務局代表　袁夢鴻(?)

廣州市政府代表　楊華

建設廳代表　[illegible]

省政府代表　劉[illegible]

廣州市黨部代表　[illegible]

省黨部代表　[illegible]

（譯　叢）

兩層樓上加建六層樓之設計方法

譯自“Engineering News-Record”　李　卓

現代工程技術日新月異，與年俱進。自鋼筋三合土發明以來，舉凡建築物無稍或缺。鋼筋三合土之于建築事業，既如是其重要，然亦有不利處，即凡改建

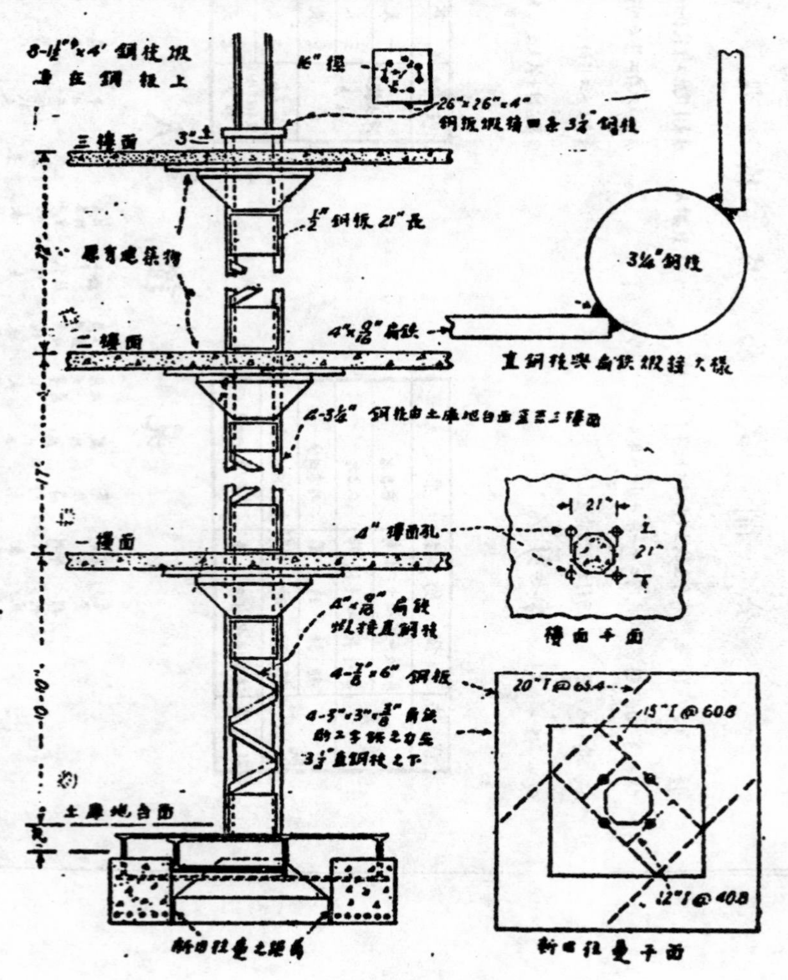

或增建甚感困難，如將原有建築物拆卸，損失綦繁，否則原有建築各部份力量不足，似此情形，工程家不能不尋求補救方法。下列設計方法，乃將原有兩層樓高，鋼筋三合土樓上，加建六層樓之設計方法。

如上圖表示原有建築；係兩層樓高鋼筋三合土純樓面式，（*Flat Slab Construction*），樓之平面深濶爲 80×108 呎，於1922 建築全部柱及躉。當時設計完全無意將來增加層樓，是以各部份柱及躉之力量，僅能乘初時設計之重量。至今因地點轉盛，產價增加，故有叠高增樓之設計。

新增加之六層樓，每柱所受之重量約 440,000 磅，卽將原有下層之柱及躉設計，能負担此重量。其方法係用$3\frac{1}{4}''$徑圓鋼枝四條，每條長四十呎，在原有柱傍，由原有天台面直貫土庫，用 $4''\times\frac{9''}{16}$ 扁鐵將圓鋼枝煅接，（*Welded*）如圖表示後，卽用 2'' 厚士敏土函之。其新落之三合土，不必與原有柱面相黏，因新增加之重，直接可以由新增加之鋼枝負担故也。

新增加六層樓重量，在柱部分既如上述，至柱躉部份則將原有柱躉四週造三合土躉，上用工字鐵乘托，如圖表示。工字鐵各部份之接駁，係用煅接式（*Welded*）而柱鋼枝乃直煅接於工字鐵上。此種設計最可注意者，乃新舊柱躉，完全無關，舊躉乘托原有重量，而新躉乘托新增加部份之重量也。

柱躉地脚圖式計劃法

譯自 "Civil Engineer." 陳良士

大凡樓房柱躉地脚之計劃，必有一定之公式與計算法。惟照公式計算，有時頗感煩難，究不若用圖式之快捷。玆按照美國士敏士聯合會所定公式，製定簡易圖式計劃法如下：

所用公式 $M=\frac{Pb}{2}$ ……………（1）

$$b=\sqrt{\frac{P}{W}} \quad \cdots\cdots\cdots (2)$$

$$d=\frac{\frac{d}{b}P}{\sqrt{W}} \quad \cdots\cdots\cdots (3)$$

$$\frac{W}{S_c}=\frac{504(\frac{d}{b})\ (2\frac{d}{b}+0.325)}{1-(2\frac{d}{b}+0.325)} \quad \cdots\cdots\cdots (4)$$

$$A_s=\frac{0.042Pb}{f_sjd} \quad \cdots\cdots\cdots (5)$$

公式符號說明

M＝力幾（單位爲寸磅）

P＝地脚所受之柱力

b＝方形地脚一邊之寬度

W＝地土能受之壓力每方尺若干磅

d＝有效之深度

Sc＝三合土能受之剪力（現用每方寸四十磅）

As＝需用之一邊鋼筋面積

Fs＝鋼筋能受之牽力（現用每方寸18,000磅）

j＝常數（現用$\frac{7}{8}$）

fc＝三合土最大應力＝每方寸2.000磅

再柱脚一邊寬度等於0.325地脚一邊寬度此係普通比例，各地適用。

第一圖

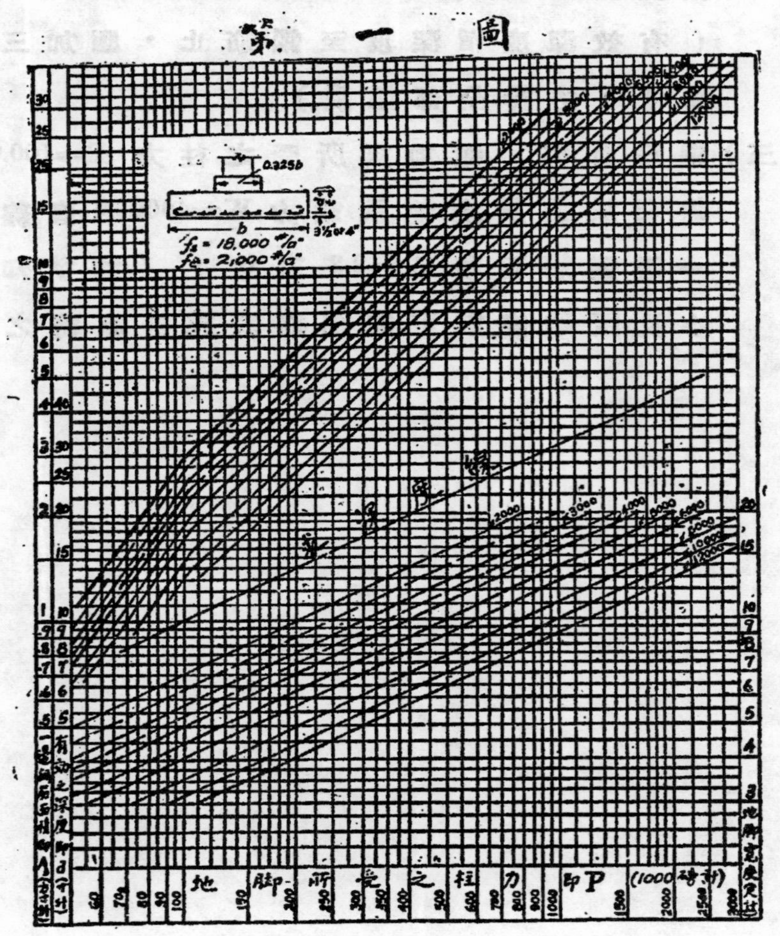

第一圖卽根據上列公式繪畫，其用法如下：

譬有柱受力 100.000 磅，假定用方形三合土地脚，而柱之寬度等於 0.325 地脚寬度，土地承載力爲每方尺 4000 磅，求

（一）地脚寬度　從地脚所受之柱力 P=100.000 磅直線交於下層土地承載力 W=4000 直線，右讀得地脚寬度 b=5 尺；

（二）地脚深度　從地脚所受之柱力 R=100.000 磅直線交於「求深度線」左讀得有効深度 d=10 寸，（有效深度指深度至鋼筋止，應加三寸半或四寸，方得全部深度）

（三）鋼筋面積　從地脚所受之柱力 P=100.000 磅直線交於上層土地承載力 W=4000 磅直線左讀得一邊鋼筋面積 As=2.2 方寸，（如欲知鋼筋大小及距離條數可從鋼筋表或計算得之）。

鐵筋三合土陣內鋼絡簡易編排法

譯自 "Civil Enginecr"　（陳良士）

大凡鋼筋三合土陣，倘其單位剪力過鉅，則必須將鋼筋屈起或另排鋼絡。惟鋼筋屈起之度數，及鋼絡之距離，有時頗煩計算。間有全不計算而任意屈起或編排者，此則更無論矣。茲有比較簡便之法，俾一般人士容易解决此難題，今畧述之如下：

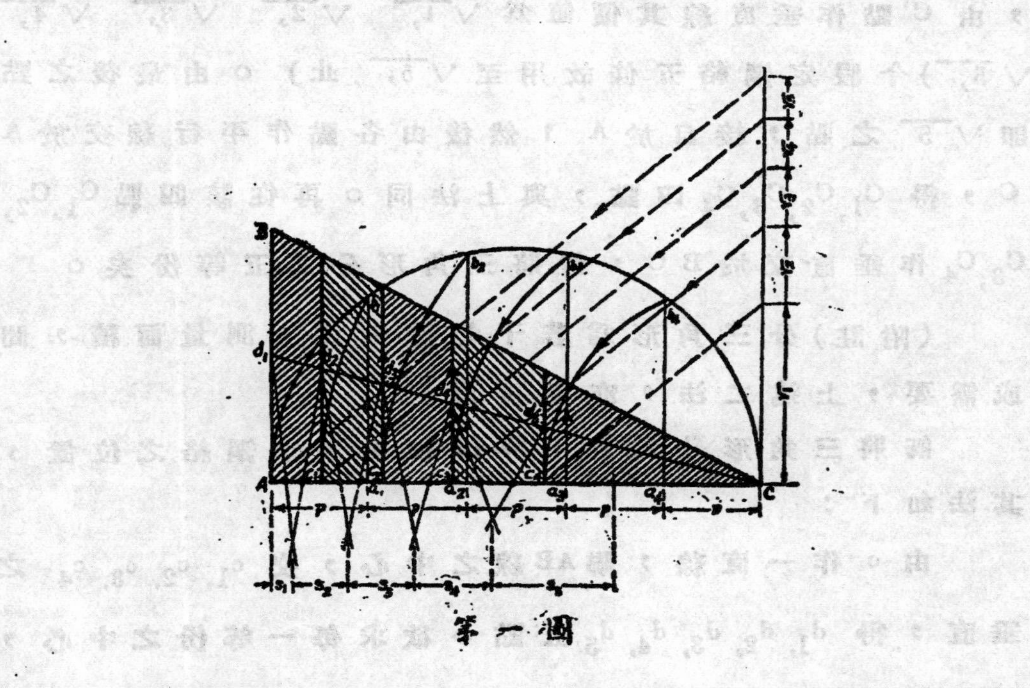

第一圖

先將剪力畫成一三角形圖，（第一圖）吾人需要若干條鋼絡，則須將該三角分爲若干等份，每條鋼絡則位在各該等份之中心。今先研究將一三角形劃爲若干等份之法。

第一法　將三角形ABC之底均分幾段，（今假定須鋼絡五條共分爲五段）。中分底AC，由此中點作一半圓形，以AC爲直徑。從均段a_1, a_2, a_3, a_4四點作垂直交於半圓形，得b_1, b_2, b_3, b_4四點。以C爲中心，用圓規從b_1, b_2, b_3, b_4作圓曲線交於AC得C_1, C_2, C_3, C_4四點。再從該四點C_1, C_2, C_3, C_4作垂直交於BC即將三角形分爲五等份矣。

第二法　在三角形ABC之右邊，以適宜之比例尺，由C點作垂直線其價值爲$\sqrt{1}$, $\sqrt{2}$, $\sqrt{3}$, $\sqrt{4}$, $\sqrt{5}$, ）今假定鋼絡五條故用至$\sqrt{5}$, 止）。由最後之點即$\sqrt{5}$之點，接自於A，然後由各點作平行線交於AC，得C_1, C_2, C_3, C_4四點，與上法同。再從該四點C_1, C_2, C_3, C_4作垂直交於BC，即將三角形分爲五等份矣。

（附註）分三角形爲若干等份一法，測量面積，間或需要，上述二法，亦屬可用。

既將三角形分爲若干等份後，則求鋼絡之位置，其法如下：

由c作一直線，聯AB線之中心，交c_1, c_2, c_3, c_4之垂直，得d_1, d_2, d_3, d_4, d_5五點。欲求每一等份之中心，可將其底如c_1, c_2分作三份，然後聯$d_2 d_4$於此兩點，相交之點即該等份之中心，鋼絡之位置。鋼絡與鋼絡相距爲S，即所欲求編排之距離是也。

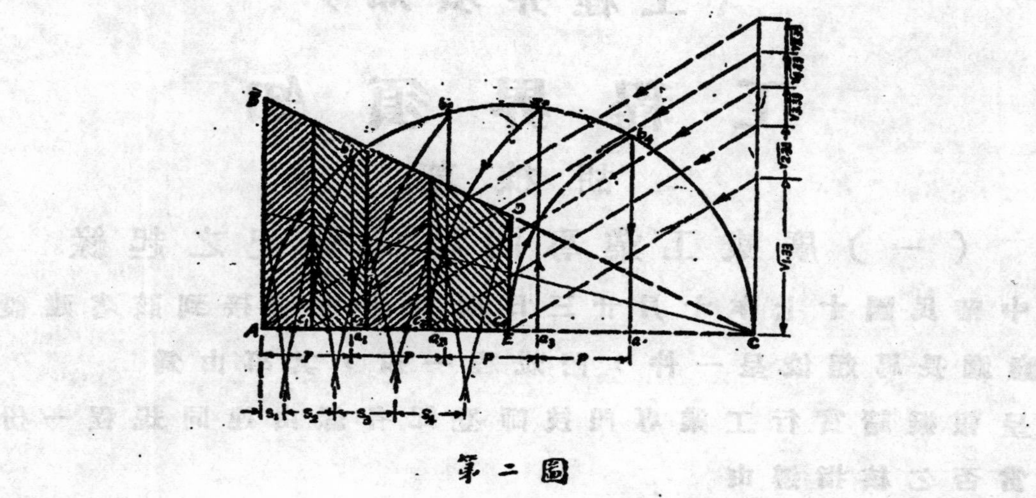

第二圖

如剪力非爲一三角形，而作一梯形者，（第二圖），其求法一如前法，祇數目畧異，閱者覽圖，便知其詳。

（工程界須知）

工程界須知

胡棟朝

（一）廣東工業專門技師登記之起緣

中華民國十七年十月廿三日廣東省政府接到該省建設廳廳長馬超俊呈一件，附規程一扣，其事由爲

呈報擬請實行工業專門技師登記各緣由連同規程一份當否乞核指遵由

是件由省政府秘書處第二科建設股送呈科長擬辦，由秘書長核擬蓋章提出政治會議廣州分會核議辦法

遂於十七年十月三十一日經第四屆委員會第一零三次會議議決，交許委員崇清審查並呈奉政治會議廣州分會核議通過，於是由廣東省政府指令建設廳遵辦，其文如左：

廣東省政府指令建字第某號　建設廳長馬超俊

呈一件報擬實行工業專門技師登記各緣由連同登記規程一扣請察核指遵由

呈及規程均悉，當經本府第四屆委員會第一零三次會議議決交許委員審查，並呈奉

政治會議廣州分會核議通過在案，除俟審查見復再行飭遵外，仰即知照，此令，規程轉　秘書長鍾秦代

秘書

科　長張百川

民國十七年十月三十一日　　科　員陳淞年
監　印李鴻逵
校　對周裕章

(二)廣東建設廳廳長馬超俊呈一件

呈爲呈請事，竊維發展工業，端賴專門技師。際茲建設時期，百廢待興，技師之職責尤重。若不加以審查登記，曷足以示鼓勵而資取締。以蘇俄之共產政策破壞一切，猶且設法羅致技師，戰後之德國，受列強壓廹，因能收集專門技術人才之故，仍以工業稱雄。我國工業雖屬萌芽，而專門技術人才，所在多有，因無集中與支配機關，或改就他途，而學非所用，或供職租界，而晋用楚材。國家之建設，社會之改良，個人之酬報，緣是皆無希望。茲爲集中與支配專門技術人才起見，技師登記，急不容緩者一也。工業設施，學理與經驗並重。我國技師,每多不求原理，恃其普通學識，與粗淺技能，遂濫竽充數。以致考察錯誤，設計不良，損失固不勝言，危險尤爲可慮。若實行技師登記，以勵行種種之審查保證，則工程之實施，可期合適經濟，建設之效率，可期充實偉大。此爲提高物質建設之效率起見，則技師登記急不容緩者又一也。查文明各國，靡不舉行技師登記。卽我國上海市政府，湖北建設廳，近亦均己實行。廣東素稱富庶之區，工業繁賾，對於技師登記一事，似未便獨居人後。職廳有見及此，業經詳加考慮，擬具規程，擬請核准施行，俾覩後效。所有擬請實行工業專門技師登記各緣由

理合備文連同規程一份，呈請

鈞府察核，是否有當，伏乞指令祇遵，謹呈

廣東省政府

計呈廣東工業專門技師登記規程一份

廣東省政府建設廳廳長馬超俊

中華民國十七年十月二十三日

（三）廣東工業專門技師登記規程

第一條　凡具有左列各項資格之一者，不論中外人民，得依本條例，呈請登記，為專門技師。

（一）凡在國內外大學，或高等專門學校，修習工業專門對科，三年以上，得有畢業文憑，並二年以上之實習經驗，能自行設計，得有証明者。

（二）經受中等以上教育，而無上開學歷，曾在工業場所，辦理主要技術事項，具有同等技能，共計有十年以上之實習經驗，能自行設計，得有証明者。

第二條　工業技師，分左列各種名稱。

一、專土木工程科者，得稱為土木工程師。

二、專機械工程科者，得稱為機械工程師。

三、專電學工程科者，得稱為電學工程師。

四、專礦學工程科者，得稱為礦學工程師。

五、專造船學科者，得稱為造船工程師。

六、專建築學科者，得稱為建築師，或建築工程師。

七、專應用化學者，得稱爲化學師，或化學工程師。

八、專紡織學者，得稱爲紡織師，或紡織工程師。

九、專其他關於工程各科者，得依其所專之科，而定其名稱。

第三條　凡在廣東省內之各種工業專門技師，無論在政府服務，或私人設業，均須一律向建設廳登記。凡呈請登記者，應塡具呈請書，呈由建設廳核辦。

第四條　關於技師登記事項，由技師資格審查委員會審查之。

第五條　技師資格審查委員會，以建設廳技正技士，及由廳長聘請各技術專家，爲委員，共同組織之。

審查委員會之規則，另定之。

第六條　凡呈請登記者，應分別呈驗左列各文件。

(一)畢業文憑。

(二)經驗証明書。

(三)計劃圖說。

(四)發明或改良製造之憑証。

(五)專門技師之著作。

(六)簽押及印鑑式樣。

第七條　審查前項証明書物，發生疑問時，除通知呈請人，補繳文件外，得命其到廳試驗，或指定技術問題，命其以口頭，或書面答復。

第八條　凡經建設廳核准登記之工業專門技師，其效力及於全省各縣，第不得有同類的登記。

第九條　審查合格時，由審查委員會，呈請廳長給予登記証，記載技師總名册內，及登廣東建設公報。

第十條　登記技師，得受托辦理，各該專科工程上之設計，製造，化驗，建築，及查核整理，證明審定等事務，但不得受理其他各專科的技術事項。

第十一條　技師因受委託，辦理前條各項事務時，得向委託人，約定相當的報酬。

第十二條　登記技師，由建設廳分科列册存案，或政府或私人，需用各種技術人才，得函廳介紹錄用。

第十三條　技師呈請登記時，先繳納登記費十元，不合格者，原費發還。

第十四條　登記証遺失時，得呈請補發，但須繳手續費五元。

第十五條　凡未經登記，而擅行接受委託，辦理工程業務者，一經告發，或被查出，得由建設廳，飭令停業。

第十六條　技師辦理事務，有不正當行為，經法庭判決時，得由建設廳撤銷其登記証。

第十七條　本條例，自公佈日起，一個月後施行。

(四) 許委員崇清函復之經過

中華民國十七年，十二月一日，許委員崇清，將建設廳擬訂工業專門技師登記規程，審查完竣，函送廣東省政府。

函開

逕復者，案准

大函，附送建設廳，擬訂工業專門技師登記規程一扣，請審查見覆等由，現經審查完竣，相應檢同修正規程，隨函送請提會覆核為荷，此致

廣東省政府，

附修正廣東省工業專門技師登記規程草案一份，

委員許崇清，

十七，十二，一。

於是由省政府，提出會議，經第四屆委員會，第壹一四次會議，議決，照修正通過，公佈，並呈奉

政治會議，廣州分會核議通過，

中華民國十七年十二月八日，由廣東省政府，訓令建設廳長馬超俊照辦，同時訓令，

民政廳長劉栽甫

教育廳長黃節

廣州市政委員長林雲陔

將修正規程抄發，令卽知照，並飭屬一體知照辦理，

同日又用公函，函復許委員知照辦理。

(五)修正廣東省工業專門技師登記規程

第一條　凡在廣東省內，欲爲工業專門技師者，須具左列資格之一，依本規程之規定，呈由建設廳長，核准登記。

(一)在國內外公立私立大學之工科，或工科大學，或高等工業學校畢業者。

(二)在國內舊制，甲種工業學校，或新制高級中學之工業科畢業，並曾任工業專門技術職務，五年以上具有相當學力者。

(三)曾任工業專門技術職務，十年以上，具有相當學力者。

第二條　專門技師所任專門技術，以其所由，取得第一條所規定資格之專門學科或專門業務，所屬門類爲限，以所任專門技術之科目，冠於技師二字之上，爲其稱號，如專任建築者，稱建築技師，專任紡織者，稱紡織技師等。

第三條　建設廳長，認爲有必要時，得令呈請登記者，受檢定試驗。

第四條　建設廳長，認爲有必要時，得設技師資格審查委員會，或技師檢定委員會審查，或檢定，呈請登記者之資格，或學力審查委員會，及檢定委員會，規程另定之。

第五條　凡呈請登記者，須由建設廳，領取技師登記呈請書，依照格式塡寫，呈核，並呈驗左列文件。

(一)學校畢業文憑。

(二)其他足以證明各該員所具資格，及學力之書類。

(三)簽押或印鑑式樣。

第六條　外國人之專門技術者，除由政府特聘，經政府特許者外，照第一條，第一項，所規定之資格呈請登記。

第七條　各市縣政府，不得另設同類之登記。

第八條　非遵照本規程登記者，不得擅稱技師，其不遵照本規程登記，而擅行受託，辦理其所不能勝任之專門技術業務者，建設廳長，得令其停業，或退職。

第九條　凡經核准登記者，由建設廳長，發給登記証，並在建設廳，所發行公報，公佈之。

第十條　已經登記之技師，由建設廳，分科列册存案，如政府或私人，需用技術人材時，得函建設廳荐用。

第十一條　凡經核准登記者，須繳納登記手續費拾元，

第十二條　登記証遺失時，得呈請補發，另繳手續費五元。

第十三條　技師於職務上，有不正，或不法行爲時，建設廳長，得撤銷其登記，餘罪由法院依法處理。

第十四條　本條例，自公佈日起，一個月後施行。

（六） 廣東民政廳飭令所屬一體遵照

中華民國，十八年，一月九日，廣東省政府，第二科，建設股，收到民政廳長，劉栽甫，呈文一件，其事由爲

奉發修正廣東省工業專門技師登記規程一扣，遵卽飭屬一體知照，呈復察核由

其文如左：

呈爲呈復事，現奉

鈞府，建字第七九八號訓令，抄發修正廣東省工業專門技師登記規程一扣，令廳知照，並飭屬一體知照，等因，奉此，自應遵辦，除通令所屬各市縣長，暨廣州市公安局，梅菉警察區署，一體知照外，理合呈復

鈞府察核，謹呈

廣東省政府。

廣東民廳廳長劉栽甫

中華民國十八年一月五日

（七）工商部之來文及前項規程之廢止

中華民國，十九年，五月，二十四日，廣東省政府，收到南京工商部，咨文一件，係關於技師登記規章事，其文如左：

工商部咨工字第二八八二號

爲咨請事，查技師登記法，施行規則，第十三條，規定技師登記法施行前，依各地方政府技師登記之單行

規章取得証書者，應於技師登記法施行後，六個月內，聲請主管部，核發登記証，等語，現據呈繳各地方政府，登記証聲請核發登記証書者，已有多起，本部爲明瞭各地方政府，登記規章，藉便審核起見，相應咨請貴政府，將十八年十月十日以前，所頒行之技師登記規章，咨送過部，以資參攷，而便審核，至紉公誼，此咨

廣東省政府。

工商部部長孔祥熙

中華民國十九年五月十七日

檢送工業技師登記規程咨文

中華民國，十九年，六月三日，廣東省政府，第一科，建設股，擬稿，咨復工商部，抄送廣東省工業專門技師登記規程一份，請查照由，其咨文，照錄於左：

廣東省政府咨建字第八一五號

爲咨復事，案准

貴部，工字第二八八二號，咨請將十八年，十月十日以前，所頒行之技師登記規章，咨送過部，以資攷核，等由，准此，卷查十七年，十一月間，據建設廳，呈擬實行工業專門技師登記，連同登記規程一扣，請示辦理，等情，當經提出本府，第四屆委員會，第一零三次會議，議決，交許委員審查，嗣准許委員函復，審查完竣，檢同修正規程一扣，送請提會復核，等由，復經提出本府，第四屆委員會，第一一四次會議議決，照修正過通，公佈施行，各在案，准奉

中央頒到技師登記法，業將前項規程廢止矣，茲准前由，相應抄同前項修正規程一份，隨文送達，煩爲查照，是荷，此咨

工商部，

附送廣東省工業專門技師登記規程一份，（見前）

中華民國十九年六月三日，

國民政府西南政務委員會技師審查委員會爲舉行技師登記告農工鑛技師書

胡棟朝擬

(一)中國實業的現狀。

中國以連年政治之不安定，致國民經濟之瀕於破產。其關於實業方面者，在政府則以軍書旁午，而未遑過問，在民衆則以政治之不安定，而莫敢投資。結果遂至因循舊制，墨守繩法，不能應用技術與機械，遂使藏富於地，莫由開發，甚而至於崩潰破產，此中國實業之現狀無可爲諱者也。故欲求解決中國現在之困難，必須從經濟方面着手，尤其要從發展實業——農工鑛業——方面着手。

(二)農工鑛技師在現中國地位的重要性。

發展農工鑛業，纔能解決中國的經濟問題，解決中國的經濟問題，纔能解決現中國的困難。然而發展實業，自不能不有賴於專門人才，故農工鑛技師，實爲建設新中國的中堅份子，此固毫無疑義者也。

(三)舉行登記及審查的意義。

農工鑛技師之重要性，已如上述。然經驗有深淺之不同，技術有優劣之各異，雖一人執業之微，而其影响於國家社會前途良非淺鮮，此實業部所以有登記之舉，西南政務委員會所以有技師審查委員會之設，更以審查之責付託於本會，而本會之所以以登記相要也。其重要意義概分兩端。

(a)集中人才，以求技術之向上。　現在一般技師，以環境之殊，執業之別，散處各地，覲面良艱，無比較研究之機會，致技術上之進展，頗形濡緩。茲爲集中人才及鼓勵技術向上起見，所以有舉行登記之必要。

(b)選拔眞才，以謀社會之繁榮。　農工礦技師之重要性既如彼，其負建設新中國的責任又如此，然而良莠不齊，魚目最能混珠，使此重責，交到技術優良者手裏，自能綱舉目張，日臻繁榮，若不幸落在不學無術者掌中，又將治絲益棼，固無望其成功，抑且愈增困難，不特無利於國家，抑更有害於社會，所以又有舉行登記之必要。

登記的意義既如此，故民國十七年廣東建設廳，有工業專門技師登記之舉行。民國十八年工商部，有農工礦技師之登記。民國二十年廣東省政府，有技術人員之登記。民國廿一年春廣州市工務局，又有建築師員之登記。而本年冬西南政務委員會，所以有技師審查委員會之設，及農工礦技師登記之舉行。要皆爲集中人才，選拔優秀，以謀國家社會之繁榮耳。

然登記是量的調查，審查是質的選擇，若徒登記而不審查，則濫竽者，仍可倖進，爲杜絕冒濫起見，不能不平心靜氣，加意考察，以評其甲乙，給予執照，爲執業之保障，此則於登記之後，舉行審查之意義也。

（四）前經登記或甄錄之農工礦技師應有的注意。

登記及審查之意義，已如上述。玆有以下三事，請爲注意。

甲•以前其依國民政府，頒佈工業技師登記暫行條例，取得登記証者，一律有效。

乙•凡曾經北京農商部甄錄合格者，及其依各地方政府技師登記之單行規章，取得証書者，應依法聲請登記。

丙•凡執行技師營業職務，僅在地方政府領有營業執照，而未曾得有技師登記証書者，應依法聲請登記，否則由地方政府嚴加取締，停止其營業

（五）對農工礦技師之希望。

爲甄別技術優劣，而舉行之技師登記，實業部日前已有明令，畧謂若於本年十月十日，尙未登記，則停止其營業云。然以種種關係，及技師散處各地之故，登記匪易，若於此時而遽然執行停止其執業，在各技師雖咎由自取，然亦非爲國珍才之道，西南政務委員會爲顧全事實計，爲中國實業前途計，特議決將登記期限延長六個月，自本年十二月三日起，至民廿二年六月二日止，爲倘

未登記者，登記最後時期，並將登記及審查之實，付諸本會。希望各技師之已執業者，及將從事執業者，依限前來登記，以舒展其異才，為國效力，須知此次登記之舉行，非欲重勞能者，不過為國求賢，謀實業前途之發展耳。總之登記，則有百利而無一弊，不登記則受停止執業之制裁。各技師為國家前途計，為自身利益計，萬望依限前來登記，勿再延宕，自貽伊戚，本會有厚望焉。

（會務報告）

廣東土木工程師會開第二次執監委員聯席會議議案報告

日　期：二十一年十月十四日下午六時。
地　點：文德路三十九號本會。
主　席：李卓
紀　錄：陳榮枝
出席者：黃謙益　袁夢鴻　李卓　梁啓壽　陳榮枝
　　　　朱志龢　黃森光　梁綽餘　劉鞠可

甲　報告事項

（一）　主席報告上次開執監委會會議情形。

（二）　主席報告上次審查新舊會員，通過者四十二名，候查者二名。

（三）　主席報告士敏土廠來函，請派員蒞廠公開試驗，士敏土已派梁綽餘，李卓，為本會代表，前往共同試驗。

乙　討論事項

（一）　主席提議：關於會員會費，擬每年暫收常年會費拾元正，至必要增加時，再由執監委員會妥定案。

（議決）　暫定每年收常年會費拾元。

（二）　朱志龢提議：關於工務局新頒行取締建築章程

11063

，須用公尺繪圖，及計劃一案，查市面營業商店，未有製備此種公尺，書籍及圖表發售，本會執業各會員，對於計劃上，殊多窒碍，應如何決定案。

（議決） 請袁委員夢鴻担任製備，分發本會各會員應用。

（三） 主席提議：關於津貼歐美同學會，每月租項伍拾元，應如何清付案。

（議決） 候歐美同學會林會長回粵時，再行召集討論磋商。

（四） 審查新舊會員寄來入會申請書。

（議決） 審查通過認可者，二十一名，候查者九名。

廣東土木工程師會第三次會員大會議案報告

日　期：二十一年十月廿四日。

地　點：文德路三十九號歐美同學會會所。

主　席：李卓

紀　錄：陳榮枝

出席者：共三十四名芳名列後。

甲　報告事項

（一）主席宣佈開會理由，據有會友數人來函，請求開全體會員會議，討論市工務局頒佈修正取締建築章程事宜。

（二）會計梁啓壽報告本會收支數目。

（三）陸鏡清報告前代表本會向歐美同學會商借地方，爲本會臨時會所經過情形。

乙　討論事項

（一）陳榮枝提議：　每月津貼歐美同學會二十元，爲本會借用會所之用。

（議決）　每月津貼二十元正。

（二）陸鏡清提議：　關於審查鋼筋三合土力學事宜，應組織審查委員會。

袁夢鴻和議：　（議決通過）

（三）主席提議：　關於審查鋼筋三合土委員會，應選七人爲審查委員。

黄謙益和議：（議決通過）

（四）陸鏡清提議：關於審查鋼筋三合土委員會，選七人爲執行委員，應用本會名義聘請之，準於本年十二月一日報告審查結果。

胡棟朝和議：（議決通過）

（五）黄肇翔提議：擬用本會名義，呈請市工務局，頒佈修正取締建築章程內第九章（鋼筋三合土）。第十章（鋼鐵工程）兩章及比例呎條例，於廿二年一月一日執行。

黄伯琴和議：（議決通過）

鄺偉光　陳鉞南　鄭成祐　楊景興　朱炳麟　張紹衡
林柱　朱鼎寰　陸鏡清　林聖端　蔡杰林　朱志龢
楊永棠　黄殿芳　黄伯琴　胡棟朝　李卓　袁夢鴻
梁泳熙　余謙　黄肇翔　陳榮枝　梁綽餘　梁啓壽
關以舟　黄森光　盤阜昌　温其濬　李拔　蔡榮操
劉鞠可　黄謙益　梁仍楷　唐錫疇

（附　錄）

國民政府行政院頒布之技師登記法

第一條　凡願充當技師者，均應依照本法聲請登記。

第二條　本法稱技師者，爲左列三種。

（一）農業技師。

（二）工業技師。

（三）鑛業技師。

第三條　農業技師分左列各科。

（一）農科。

（二）林科。

（三）農藝化學科。

（四）蠶桑科。

（五）水產科。

（六）畜牧獸醫科。

（七）其他關於農業各科。

工業技師分左列各科。

（一）應用化學科。

（二）土木科。

（三）電氣科。

（四）機械科。

（五）紡織科。

（六）其他關於工業各科。

　　鑛業技師分左列各科。

(一)採鑛科。

(二)冶金科。

(三)應用地質科。

(四)其他關於鑛業各科。

第四條　凡具左列各欵資格之一者。得向該管官署聲請登記爲技師。

(一)在國內大學或高等專門學校，修習農工鑛專門學科，三年以上，得有畢業證書，並有二年以上之實習經驗，得有證明書者。

(二)曾經考試合格者。

(三)辦理農工鑛各廠所技術事項，有改良製造或發明之成績，或有關於專門學科之著作，經審查合格者。

第五條　有左列各欵情事之一者，不得聲請登記，其已經登記者，得註銷其登記，並追繳技師證書。

一，曾因業務上之玩忽，或技術不精，致他人受損害者。

二，關於業務上之執行，曾有違法情事，證據確鑿者。

第六條　技師之登記，由各主管部行之。

第七條　技師資格之審查，由各主管部，選派專門人員，組織技師審查委員會行之，技師審查委員會規則，由各該部定之。

第八條　凡聲請登記者，須具聲請書，連同四寸半身相片，并分別呈繳左列件書。

一、學校畢業証書。

二、經驗証明書。

三、發明或改良製造之憑証。

四、關於專門學科之著述。

五、考試合格或其他成績証明書。

第九條　審查前條書件，發生疑問時，除通知聲請人補呈文件外，得命其到場試驗。

第十條　技師審查合格者，應由各主管部發給技師証書，刊登政府公報，并呈報考試院。

技師証書格式由各該部定之。

第十一條　凡聲請登記者，應繳登記費証書費各十元。

前項証書費，如經審查不合格時，須發還之。

第十二條　技師証書遺失時，得聲請補發，但須繳補發証書費十元。

第十三條　凡依本法領有技師証書者，得設立事務所，執行業務，但於設立事務所時，應向附在地之主管官署呈報左列事項。

一、姓名年歲籍貫住地。

二、出身。

三、經歷。

四、技師登記號數及發給証書日期。

五、事務所之地址。

第十四條 領有技師証書者，得受委託辦理技術上之設計實施，及與技術有關係之各種事務。

第十五條 技師辦理各種技術事務，有違反法規者，原登記官署得註銷其登記，並追繳其証書。

第十六條 凡未經登記而擅受委託辦理各種技術事務者，應由該管官署飭令停業外，並得處以二百元以下之罰鍰。

第十七條 本法施行日期及施行規則，由行政院定之。

技師登記法施行規則

第一條 技師登記法，所稱技師指同法第三條所列各科，負有技術上之責任者而言。

第二條 依技師登記法第三條及第六條之規定。農科，林科，農藝化學科，蠶桑科，水產科，畜牧獸醫科，採鑛科，應用地質科，及其他關於農業鑛業各科技師之登記，由農鑛部行之。應用化學科，冶金科，土木科，電氣科，機械科，紡織科，及其他關於工業各科，技師之登記，由工商部行之。

第三條 依技師登記法第三條第四條之規定，聲請登記者，應就其所習學科，或所辦技術事項之性質，向主管部聲請登記。

第四條 聲請登記者，除依技師登記法第八條，呈送相片書件外，應於聲請書內，將姓名年歲籍貫住址出身經歷，登記科別，及現在職務，詳細開列，並須由曾經服務地方之官廳，或職業團體，或著名學術團體，証明其無技師登記法第五條各情事。

第五條　聲請登記，或聲請補發証書者，除依技師登記法，第十一條，或第十二條，繳納各費外，並附繳印花稅一元。

第六條　技師登記法，第九條規定之到塲試驗，由主管部所設之技師審查委員會行之。

第七條　依技師登記法，第十四條及第十六條所稱之委托者，係包含國營，公營，民營，各事業而言。

第八條　技師所承辦技術事務，主管部認爲必要時，得令其詳細報告。

第九條　執行業務之技師，未經登記者，限於技師登記法施行後六個月內，補行登記。

第十條　自技師登記法施行之日起，所有以前中央或地方頒佈之技師登記條例，及一切章程規則，一律廢止。

第十一條　自技師登記法施行之日起，各地方政府關於各種技師登記事項，應即停止。

第十二條　技師登記法施行前，其依國民政府頒佈工業技師登記暫行條例，取得登記証者，一律有效。

第十三條　技師登記法施行前，其依各地方政府技師登記之單行規章，取得証書者，應於技師登記法施行後，六個月內聲請主管部核發登記証。前項聲請，除依本規則第四條，呈驗各項書件外，並須附呈地方政府登記証書，及証書費十元，印花稅一元。

第十四條 曾經北京農商部，甄錄合格之技師，適用前條之規定。

第十五條 外國技師，在中華民國境內，充當技師者，均應依技師登記法聲請登記。

第十六條 本規則自公佈日施行。

工業技師登記聲請書格式

聲請人姓名蓋印

年齡

籍貫

住址

呈爲聲請登記事，竊

謹依技師登記法，第四條，第口項之規定，聲請登記，爲口科工業技師，以便依法執行技術業務，理合開具左列各欵，並附呈各種証明書，暨相片連同登記証書各費，計銀洋口圓。仰乞

鑒核，准予發給技師登記証書，實爲公便。謹呈

工商部長

計開

一、聲請登記科目。

二、現任職務。

三、學歷（如所習不止一校，應分別載明。）

學校名稱。

學校地址。

畢業科目。

修習年數。

四、經驗（經驗如不止一處，應分別載明，凡所任非屬於技術方面者不列。）

廠所名稱。

廠所地點。

担任職務。

任職年限。

合計經驗年數。

五、考試

考試機關。

考試時期。

考試科別。

考取等級。

六、發明或改良

名稱。

方法。

用途。

時期。

七、著作

書名或篇名。

刊行處所。

刊行年月。

著或譯。

附呈學校畢業文憑 件

經驗證明書。 件

考試合格證書。 件

發明或改良之事務及其證明書 件

著作圖書 册

像片 張

證明無技師登記法第五條情事之文件 紙

登記費 元

證書費 元

印花費 元

中國工程師學會廣州分會成立之經過

中國工程師學會總會，係由中華工程師會與中國工程學會，在民國廿一年合併組織成立於上海。各地分會，繼續成立。廣州方面，因會員較少，召集不易，迄未有分會之設。總會曾迭函廣州會員陳良士，胡棟朝兩君，發起召集組設分會，惟開會時人數不足，故未成立。廿一年十一月，隴海局長淩鴻勛君，調長株韶，來粵就職，上海總會即致促其在粵召集各會員成立分會。淩君抵粵後，即於同月廿四日假座梁永鋆工程師事務所，召集各會員討論成立辦法。當日到會會員計共三十餘人，核已超過會員三分之二，當决議即日成立分會，并通過分會會章；又即席推舉出容琪勳，梁永槐，陳良士三人，爲司選委員，辦理選舉會長等人事務。旋於十二月十五日，召集第二次會議，并報告選舉結果，當塲開拆選票。結果以淩鴻勛當選爲會長，容琪勳爲副會長桂銘敬爲書記，李卓爲會計，又通過指定株韶局爲臨時會址，及徵求分會會員辦法，以振與會務。此爲中國工程師學會，廣州分會組織成立之經過，自得有淩會員之提絜，及各會員之踴躍參加，會務前途，定有可觀也。

中國工程師學會廣州分會章程

第一條　(組織)本分會遵照中國工程師學會會章，第一章，第四條之規定，經總會董事部之核定後組織之。

第二條　(定名)本分會定名為中國工程師學會，廣州分會。

第三條　(會員)凡中國工程師學會會員之在廣州，或在附近者，均為本分會會員。

第四條　(職員)本分會設會長，副會長，書記，會計各一人，其職務如左。

(一)會長主持本會一切事務。

(二)副會長襄助會長辦理本分會一切事務，會長不能到會時，其職務由副會長代行之。

(三)書記掌管本分會一切文書事宜。

(四)會計掌管本分會一切收支事宜。

第五條　(會費)本分會會員，應遵照總會會章，第五章，第四十二條之規定，照繳會費於本分會，由本分會照第五章，第四十五條之規定，彙解總會。

第六條　(選舉)

(一)本分會選舉事務，應於每年年會以前，最後一次常會時，由出席會員公 推司選委員三人辦理之。

（二）司選委員推定候選人各三倍，於應選職員人數，通函各會員表决，得票最多者當選，若當選人因事離去本地，或有不得已事故，經常會議决認爲理由充足時得准其辭職，並以得票次多數者遞補。

（三）選舉被選舉之資格，遵照總會會章，第二章，第十二條之規定辦理之。

第七條　（開會）本分會每月舉行常會一次，每年年終舉行聯歡會一次。

第八條　（修正）本會章程得由會員五人以上之提議，及由出席常會員三份之二以上之贊成修正之，並由分會報告總會覆核。

第九條　（附則）

（一）本分會章程，自總會核定之日發生效力。

（二）其他事項均依照總會會章辦理。

廣告要錄

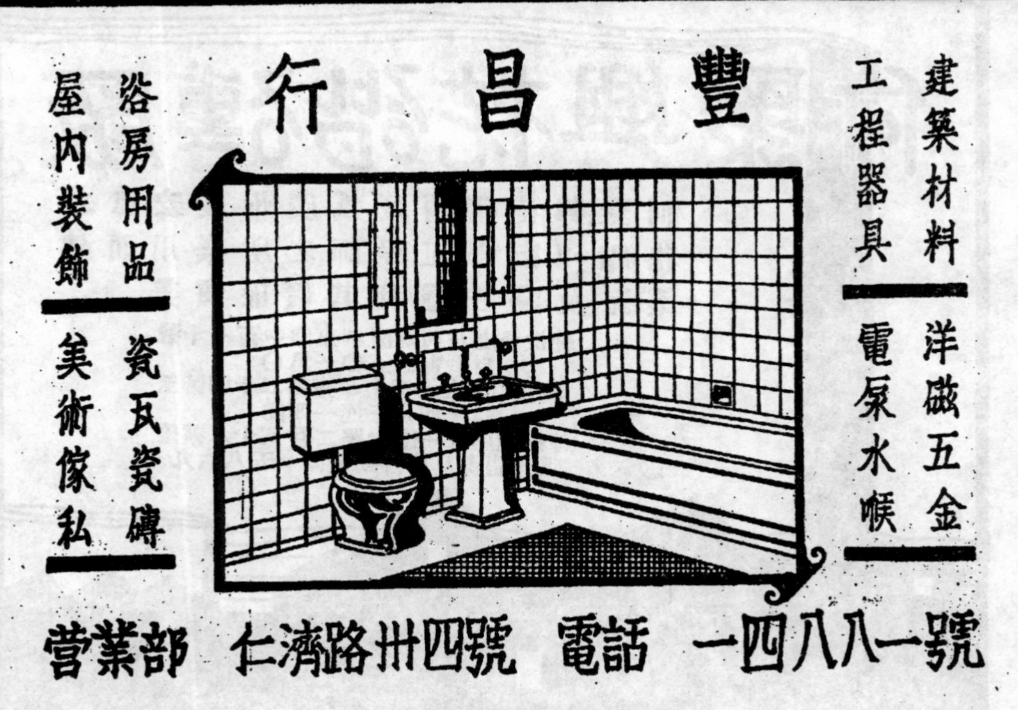

豐昌行
建築材料
工程器具
洋磁五金
電泵水喉
浴房用品
屋內裝飾
瓷瓦瓷磚
美術傢私
營業部 仁濟路卅四號 電話 一四八八一號

請聲明由(工程季刊介紹)　(烟烜圖案)

廣州市

清海路西三巷第一號

電話：一三六五二

請聲明由(工程季刊介紹)　(炯　輝　圖　案)

香港
華益建築公司

LAM CONSTRUCTION CO.

HONG NAME (WAH YICK)

18 LUEN FAT STREET, HONOK
ONG TEL. NO 26125

3 CHING PING BR DGE. CANT
ON. TEL. NO 13957

啓者本公司承接建造樓房屋宇各欵洋樓地盆碼頭堤磡橋樑所有海陸一切工程連工包料并代計劃繪圖快捷妥當如蒙 光顧祈爲留意

香港聯發街十八號
電話弍六壹弍五號
廣州市沙基清平橋三號
電話壹三九五七號

請聲明由(工程季刊介紹)　(炯　庠　圖　案)

聯興公司
經理物業
接建工程
土木工程
樓房畫則
力量計算
土地測量
受理建築
總公司：香港文咸東街五十三號
駐省辦事處：長堤新填地
電話一三五七六
請聲明由(工程季刊介紹)

榮興工程公司

本號專辦大小建築工程歷在廣州市工務局承辦馬路橋樑工程十有餘年築成馬路七萬餘尺向以工堅料美爲宗旨倘蒙賜顧無任歡迎

司理人葉礎明謹識

舖在西堤正興路四號三樓

工程總廠 海珠新堤邊 電話一弍八五〇

工程分廠 八旗二馬路尾 電話一六弍〇九

請聲明由(工程季刊介紹)　(炯　輝　圖　案)

請聲明由（工程季刊介紹）　（炯煇圖案）

請聲明由（工程季刊介紹）　（炯煇圖案）

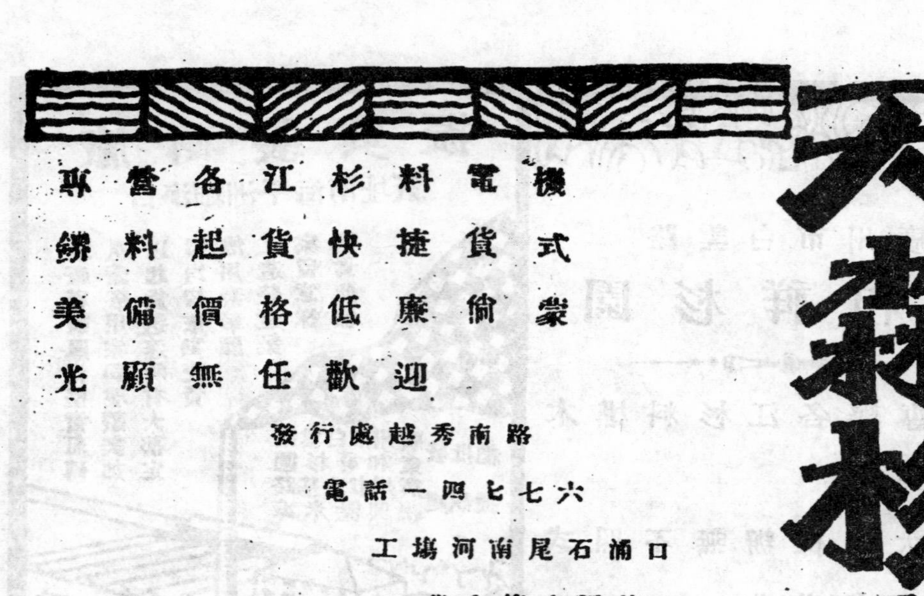

大森杉店

專營各江杉料電機
鎅料起貨快捷貨式
美備價格低廉倘蒙
光顧無任歡迎

發行處越秀南路

電話一四七七六

工場河南尾石涌口

貨倉築南通津

森發杉店

專辦各江杉料

貨式美備　價格低廉
電力鎅木　起貨快捷
倘蒙光顧　無任歡迎

發行處廣州市築橫沙　電話一二二八七
工場川龍口東源東街

請聲明由(工程季刊介紹)　(烱　輝　圖　案)

工程季刊

THE JOURNAL

No. 2 Vol. 1

OF

The Canton Civil Engineers Association

FOUNDED—MARCH 1933—PUBLISH QUARTERLY

OFFICE—RETURNED STUDENTS CLUB,

MAN TAK ROAD, CANTON.

本刊價目表

全年四冊零售每冊四角

Price per copy................$0.40

冊數	書價連郵費		
	本市	國內	國外
2	八角	一元	二元
4	一元四角	一元六角	二元六角

中華民國二十二年壹月出版

工程季刊第二期第一卷

發行者 廣東土木工程師會

廣州市文德路卅九號歐美同學會

總編輯 陳良士

印刷者 烱煇印刷廣告社

廣州市大南路卅一號二樓

分售處 各大書局

靖海路西三巷一號 裕泰建築公司

工程季刊

廣東土木工程師會印行

中華民國二十二年六月出版

本刊啓事

「徵稿」本刊爲吾粵工程界之惟一刊物，同人等鑒於需要之殷，故力求精進，凡會員諸君及海內外工程人士，如有鴻篇鉅著，闡明精深學理，發表偉大計劃，以及各地公用事業，如電氣，自來水，電話，電報，煤氣，市政等項之調查，國內外工業，發展之成績，個人工程上之經營，務望隨時隨地，不拘篇幅，源源賜寄，本刊當擇要刊登，使諸君個人之珍藏，成爲全國工程界之軌道，建築家之南針焉，本部除分酬本刊自五本至十本外，如著者有工程事務所之設，可登載下期五元通訊錄一幅，酬贈著者，以答雅誼。

「推銷」凡海內外各機關，各學校，各書局欲代銷本刊者，請函本會工程季刊編輯部接洽是荷。

工程季刊編輯部啟

廣州市工程師事務所通訊錄

唐錫疇 梁文翰工程師

（事務所）

惠愛西路十四號三樓

電話：一六一二六號

盤卓昌工程師

（事務所）

榨粉新街十四號

黃伯琴工程師

（事務所）

下九甫西路一百一十九號四樓

電話一一三八四號

李卓工程師

（事務所）

靖海路西三巷第一號

電話：一三六五二號

鄭成祐工程師

（事務所）

豐寧路二八一號二樓

電話：一六〇九一號

陳良士工程師

（事務所）

惠愛西路四十七號二樓

住宅電話：一八二二五號

陳榮枝 李炳垣工程師

（事務所）

大新路一二四號二樓

關以舟工程師

（事務所）

大南路三十二號三樓

電話：一六一〇三號

廣州市道

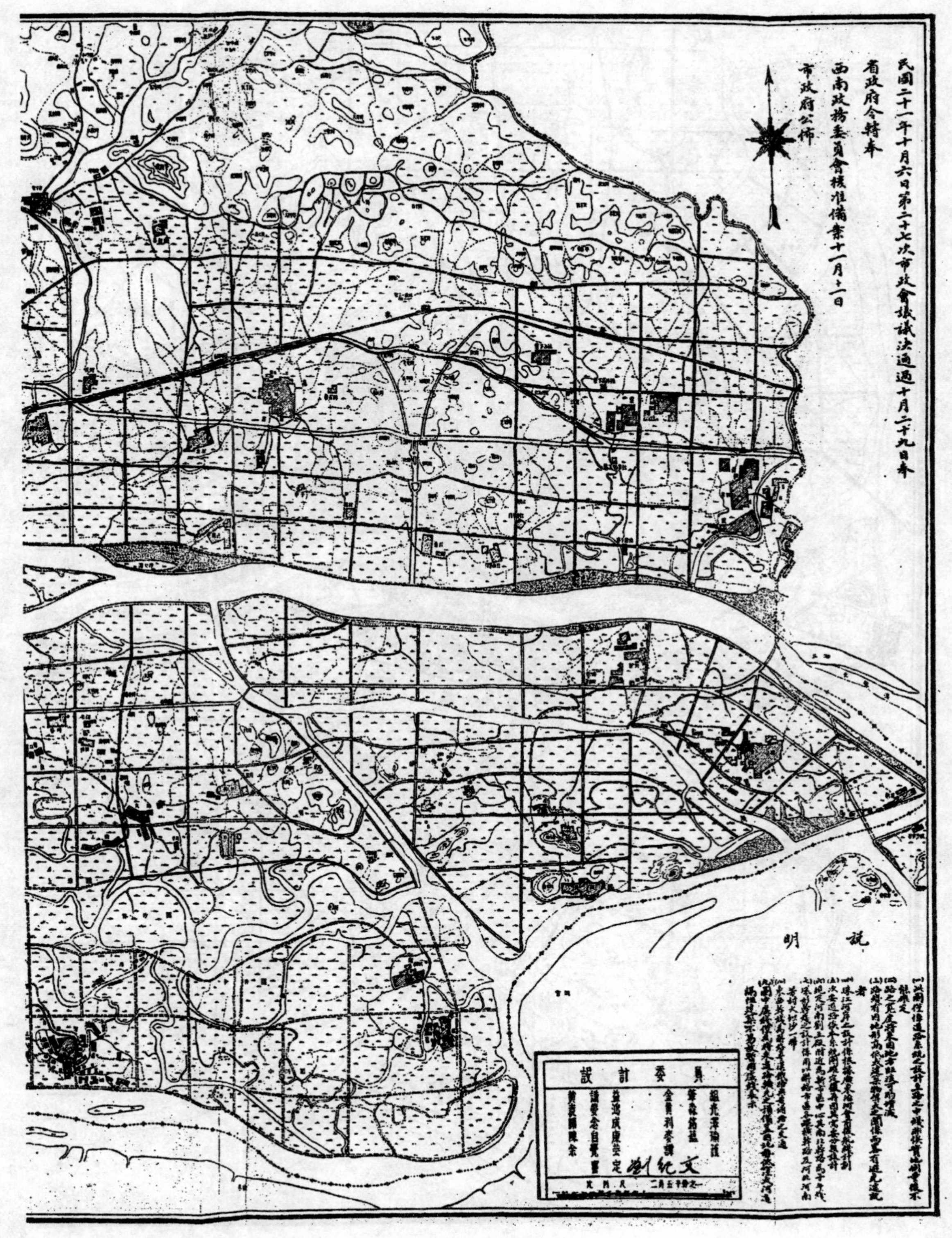
民國二十一年十月六日第二十七次市政會議議決通過十月二十九日奉
省政府令轉奉
西南政務委員會核准備案十一月十一日
市政府公佈
說明
設計委員

路系統圖

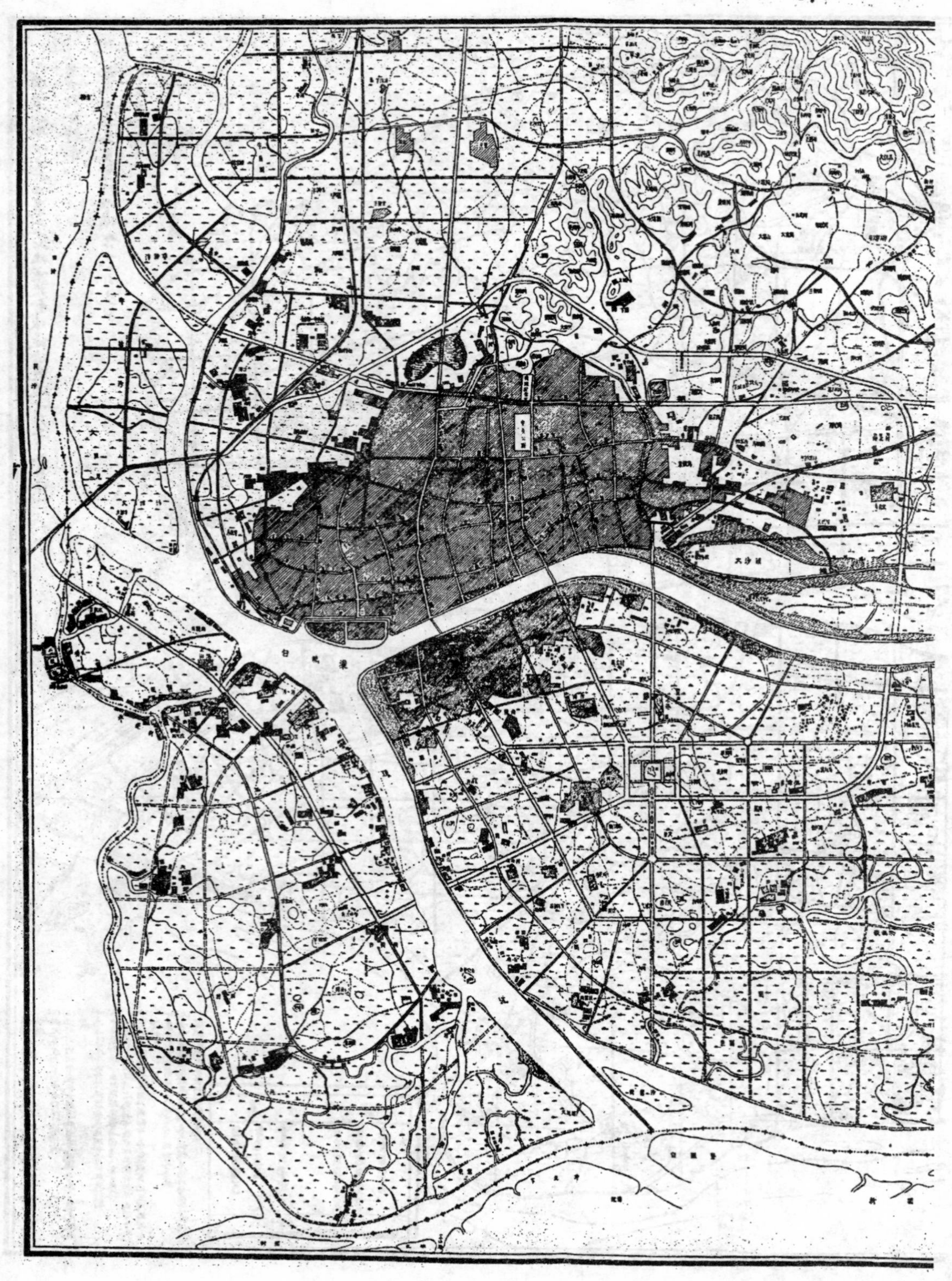

南中國大酒店

廣州市將來之最大建築物

廣州市位於中國之南部，爲東亞有數之市場，華洋雜處，酒店林立，現有港商特聘本市有名之工程專家陳榮枝李炳垣二君設計經營大酒店一座，在海珠新堤潮音街口，全部用鋼鐵建築，需費百萬餘元，他日落成，洵爲東亞最宏偉之建築物。

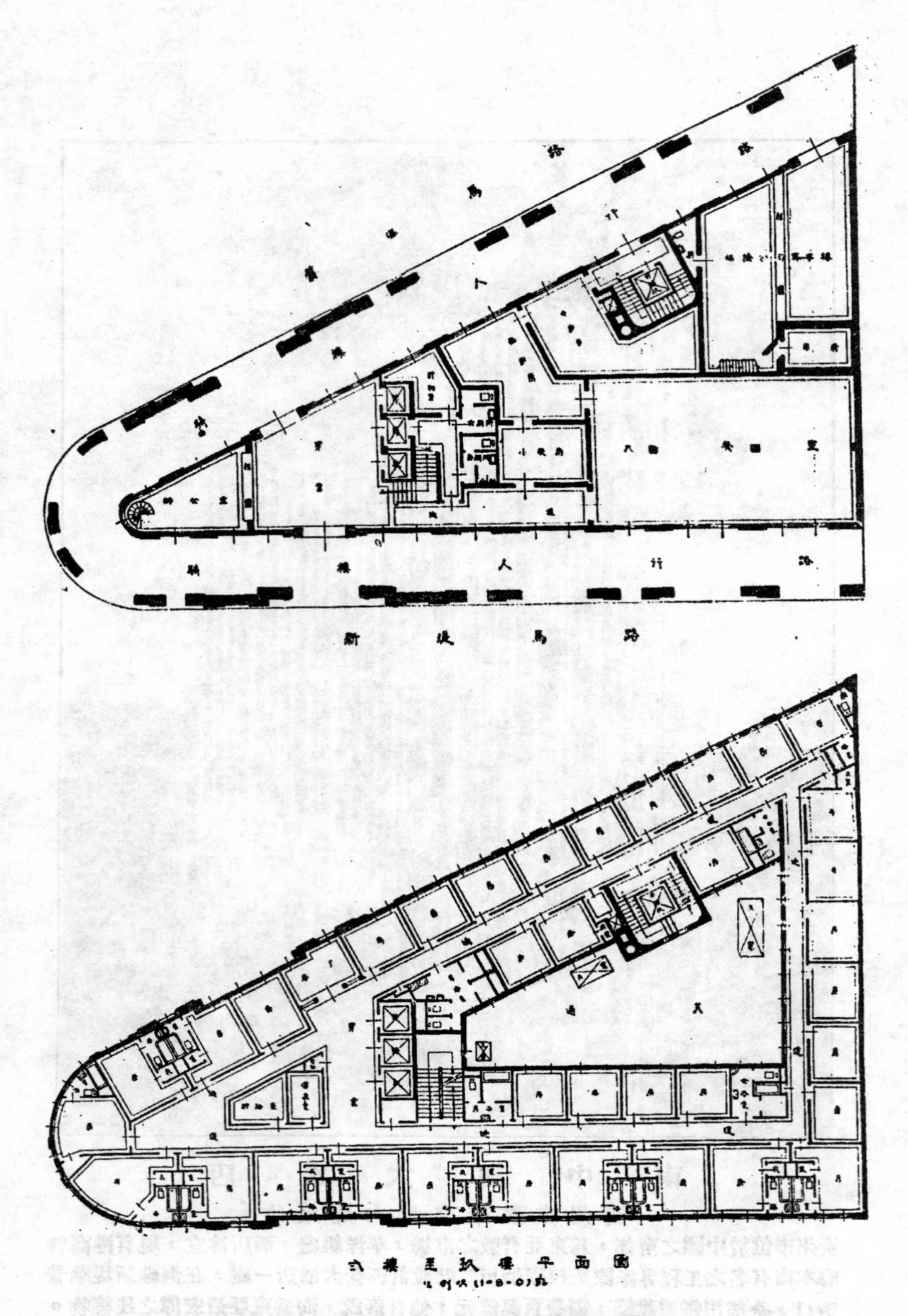

上圖是該酒店由地下至九樓之平面圖測

工程季刊

廣東土木工程師會會刊

(西南出版物審查會許可証第一百三十八號)

中華民國二十二年六月出版

總編輯　陳良士

第二期第二卷目次

本刊投稿簡章

(一)本刊登載之稿，概以中文爲限，原稿如係西文，應請譯成中文投寄。

(二)投寄之稿，不拘文體文言撰譯自著，均一律收受。

(三)投稿須繕寫清楚，并加圈點，如有附圖，必須用黑墨水繪在白紙上。

(四)投寄譯稿，并請附寄原本，如原本大便附寄，請將原文題目，原著者姓名，出版日及地址詳細叙明。

(五)稿末請註明姓名，別號，住址，以便通信。

(六)投寄之稿，不論揭載與否，原稿概不發還。

(七)投寄之稿，俟揭載後酌酬本刊，其尤有價值之稿，另從優酬答。

(八)投寄之稿經揭載後，其著作權爲本刊所有。

(九)投寄之稿，編輯部得酌量增删之，但投稿人不願他人增删者，須特別聲明。

(十)投稿者請寄廣州市文德路門牌三十九號廣東土木工程師會工程季刊編輯部收。

（專門論文）

角磚對于房屋建築之研究

麥蘊瑜

吾粵自拆城闢路以來，不特廣州市之市政，有一日千里之概，卽各縣之市政，亦蒸蒸日上，足見人民與政府，有合作之精神，以致力於市政之建設，堪爲前途賀。惟吾人細加觀察，則所得之利益固多，而新增之痛苦亦不少。何以言之。試以居住問題而論，則租價奇昂，尤以廣州市爲甚，市民對于租價之負担，幾爲收入百之三十至五十，大有長安不易居之嘆。其主因甚多，而建築方法之不善，及建築材料之昂貴，亦一端也。夫建築材料之昂貴，實因求過於供，復無別種材料而替代之。例如廣州市，每遇天雨，時間太久，則磚價奇昂，又如南寧，因多闢馬路兩條，則磚瓦石料，須提前三日預定，職是之故材料每形缺乏，不特屋價因之而增高，卽馬路工程亦因之延悞。此皆材料之不加研究，有以致之也。夫居住問題，實爲民生要政之一，在歐美各國，上有政府之提倡補助，下有人民之研究及合作，以故成績斐然。今試以香港一隅而論，則已足供吾人之借鏡。查九龍塘之闢爲住宅區也，其成功之速，得諸政府之助力者固多，而建築房屋所選之材料，合乎經濟，實爲重大之主因。其所用之瓦，爲自製之士敏士瓦，其所用之磚，爲士敏士磚，其所用之圍墻，係自製之大泥磚，其主要及大部份之建築材料，皆係就地取材，自行製造。因是成本廉而出賣易，轉瞬間已有求過於供之勢，于是在政府一舉手間，得多闢住宅區之利，辦實業者利益豐收，而市民亦得廉價之住宅，實一舉而數得者也。至於歐美各國，對于經濟的建築材料，日事講求，大戰後尤爲急切。今只就磚一項而言，不特對于建築方法上日新月異，即其原料之選擇，及形式之大小，已有四十餘種之多。返觀吾粵，除紅磚之外，只有白沙磚，在香港及澳門，尙士敏士磚一種，此外則絕無僅有，言之浩嘆。不佞不敏，竊願以研究所得，于各種磚類中，而對于我國適用又合乎經濟者，舉其製造及建築方法，詳細披露，俾關心建築及有志興辦實業者，知所取用，庶吾粵安份小民之居住問題，藉以解決，免辛苦半世，而與居無居之嘆云爾。

（甲）角磚之歷史及其優點

廿世紀之初期，歐洲各國，人口銳增，而尤以都市爲最。於是居住問題，乃爲世所重視，在政府則設法取締投機之炒業，同時復予人民以各種之利益，如輕利之借貸，以建築房屋。在建築界則致力經濟的建築材料之研究，查磚乃建築材料中之主要部份，于是對于磚之材料，磚之形狀，大加研究，爭妍鬥巧，以應建築者之需求。故磚之種類，不下四十餘種，其原料皆以士敏土，白灰沙，石煤渣等，爲主。而形狀及大小則不一，有板形者，有工字形者，有丁字形者，有日字形者，有十字形者，形狀百出，非本篇所能具述，而亦非本文之範圍，惟各種之中以角磚最適用，而又最經濟。

角磚者，係用士敏土與沙及碎石，或煤渣，混和而

第一圖

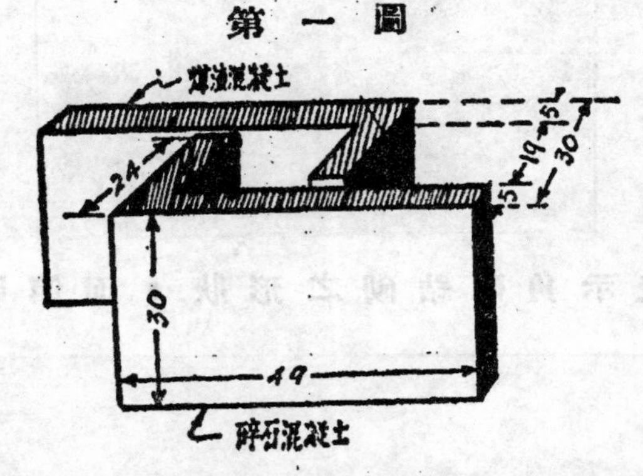

爲原料，而用鐵模製成不等邊之曲尺形，其大小及形狀，有如第一圖所示。其外層角磚之原料，爲一份士

第二圖

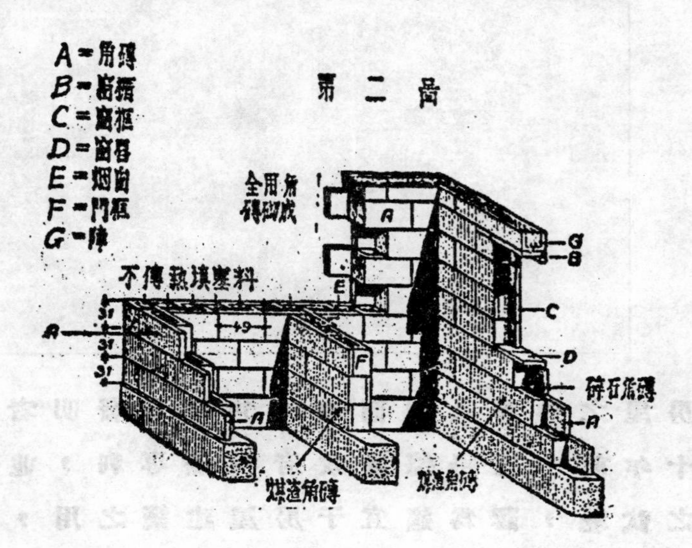

敏土，三份沙，五份碎石或卵石。其內層，則以煤渣代石。結砌時，須互相交錯，而成堅固之墻壁，如第二圖。其空處則用不傳熱之材料，如煤渣等，填塞之

。第三圖係表示角磚結砌之形狀，而第四圖則係用角

磚造成房屋之外形及剖面也。角磚之發明者，乃德國人，二十年前，已得德國政府批准專利，並得政府及工程界之試驗，認為適宜于房屋建築之用，西歷 1912

年，曾用角磚在德國 *Leipzig* 城展覽會場內，建築偉大之陳列館，至今垂二十餘年，猶見其巍峨獨立無絲毫之變動。最近復于西班牙 *Barcelona* 城 1929 年之國際展覽

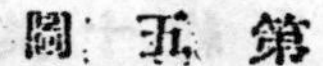
第五圖

會場，亦用角磚建築陳列館一所。第五圖卽該館建築時之形狀，角磚所成之空隙，於圖內牆頭之黑點，猶隱約可見，由此足証角磚於建築上有相當之價值也。角磚旣可用以建築偉大之建築物，而同時因有各種之優點，故對于房屋之牆壁，亦極適宜，尤以建築市郊住屋爲最經濟。玆將其優點敍之如下：

（1）不傳熱

角磚所成之空隙，普通皆以不易傳熱之物體塡塞之。例如煤渣，木屑，海草，反禾草等物，最爲適宜。因其不傳熱之故，所以室內之溫度，在冬季不能傳散於外，故覺室內溫暖，若在夏季，則外間之熱度，

亦不能傳入室內，故覺其清凉。據德國 *Munchen* 工科大學教授 *Irof. Dr. Knoblauch* 氏之試驗結果，則角磚所砌之牆壁，及普通紅磚所砌之墻壁，有下列之比較：

（*a*）二十五公分厚（約十英寸）之角磚牆兩面批盪各厚一公分，其空隙不用物填塞，則其傳熱量

（*c*）＝258（即一平方公尺面積在一小時內其兩面溫度相差攝氏表一度時所傳之熱量）

（*b*）其厚度及一切如前，惟空隙用煤渣填塞，其傳熱量

$c = 1.19$

（*c.*）四十公分厚（約十四英寸）之紅磚牆兩面批盪厚約一公分半其傳熱量

$c = 1.50$

據上述試驗所得，則用煤渣填塞之角磚牆其所傳之熱量，較之紅磚牆爲少。且紅磚牆之原度，比角磚牆尚大十五公分之多，由此足証其不易傳熱。而且粵省氣候更爲適宜，誠以吾粵位於北回歸綫之間，夏季之太陽照射甚猛，向西之牆壁，受熱最多，往往使室內之溫度增高不少。因是，吾粵之房屋多採用南北方向以闢免「西斜熱」之苦。若能用角磚結砌向西之牆壁，則室內溫度不致多增，於衞生稗益甚大，願建築界有以試驗之也。

（2.）不傳聲

凡不易傳熱之物體，其傳聲亦不易，角磚結砌之牆壁，何能例外，故用角磚結砌之牆，可減少聲浪之

傳達。此點對於公共建築物，如學校，旅館，醫院，極爲重要。吾國之住屋亦然，誠以雀戰之戲，通行全國，而發生之聲浪亦甚嘈吵，如不設法阻其聲浪之傳播，則左右鄰居受擾不堪矣。

(3.)重量輕

角磚結砌之牆壁，其外面之角磚，宜用士敏土沙及碎石爲原料。其內面，則宜用士敏土沙及煤渣。如室內間牆不受風雨所侵者，則兩面皆可用煤渣，爲混和之原料。角磚牆壁既留有空隙，須用煤渣填塞。惟牆壁之重量，必較紅磚爲輕。今試以廣州市之磚而論，則每平方公尺之雙隅牆與二十三公分厚之角磚牆，其重量數目如下：

紅磚雙隅牆厚約二十三公分。　400公斤

角磚牆兩面俱用1:3:5士敏土，沙，碎石者　320公斤

角磚牆兩面俱用1:3:5士敏土，沙，煤渣者　260公斤

角磚牆一面用碎石一面用煤渣而份量如上者　300公斤

上列牆之重量，係包括填塞材料之重量在內。假定填塞之材料爲煤渣，而所佔之體積十分一立方公尺，則重量應有八十公斤，如欲知每平方公尺之角磚牆角磚自身之重量，將上列之重量減去八十公斤便得。

從重量之比較，則角磚牆較紅磚牆約輕百分之二十，至百分之三十五。此點對于樑柱之計算，及基礎設計，于其建築費影響甚大。若遇不良之地基，則基礎之建築費，可減省不少矣！

(4)製造易

紅磚及白沙磚之製造，端賴機器及煤力居多，而工廠位置之擇定，與乎土質之選擇，燃料之來源，及工人之訓練皆須經詳細之考慮，復加以運輸搬運等費，成本因之而昂。若角磚之原料，除士敏土外，隨處皆有，價亦相宜。而製磚鐵模，亦極簡單，吾國皆可自製，不必仰求外人，無利權外溢之慮。且製造之方法亦甚簡單，普通工人于數小時內，即可學習。其詳細製造法，另章論之，茲從畧焉。

(5)結砌快

角磚所佔之體積，較紅磚及白沙磚爲大，故同體積之墻壁，其個數較紅磚爲少。換言之，結砌時可減少人工工作，及縮短時間，對于臨時或急速之建築物，尤爲適宜。

(6)成本廉

角磚之製造旣易，原料亦廉，結砌快捷,基上列之優點故角磚結砌之牆壁，成本較紅磚者爲廉。查房屋牆壁之工料費，佔全間建築費甚多，改用角磚建築之房屋，其費用較省，詳細之比較，于下文再討論之。

(7)釘鑿易

普通之磚牆，對于釘掛物件，頗感困難，而尤以白沙磚爲甚。往往因釘鑿關係，使牆壁發生裂孔，殊不雅觀。若煤渣製造之角磚則不然，因其無剛脆之性，且釘與牆發生相食之力，無脫落之虞。吾國人對于牆壁釘掛物件，幾成爲普徧之習慣，則此種牆定必樂於採用也。

角磚既有上列之優點，似可稱爲最完善之磚矣！是又不然，蓋角磚受力之面積有限，而墻壁之空隙居多，其負荷之載重力，遠不及紅磚及白沙磚之大。如用以受力，則只適宜于平房，或兩層樓之住屋。若用以爲間墻，最爲適宜，故無鋼筋混凝土屋架之建築物，而只靠角磚墻受力者，層樓數不能太多，此其劣點一。受風雨之角磚墻壁，對于防止潮濕，須特別注意，此其劣點二。有此劣點，故角磚尚未能謂之完善，其改良之方法，尚有待于工程界之研究也。

西歷1921年，德國柏林國家材料試驗所，特將角磚之壓力載重，詳細試驗，其結果如下列之表所載，該角磚之大小如第六圖，其受壓力試驗時之位置，

第六圖

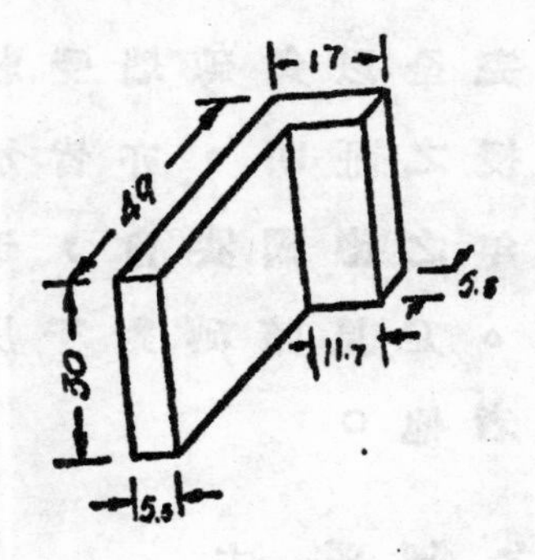

第七圖

如第七圖所經之期間，爲二十八日，受壓之面積，爲六百四十三平方公分。

角磚壓力試驗表以每平方公分爲單位			
次數＼角磚種類	角磚兩塊 1:3:5 士敏士，沙及碎石	角磚兩塊 1:3:5 士敏士，沙及煤渣	一塊碎石一塊煤渣份量如左
第一次	45 斤公	47 公斤	46 公斤
第二次	45 公斤	43 公斤	42 公斤
第三次	49 公斤	40 公斤	40 公斤
平均	46 公斤	43 公斤	43 公斤

柏林國家材料試驗所，爲德國最高之試驗機關。則其試驗所得之結果，總有相當之價値。其後復經各聯邦政府試驗皆與上列之結果，無大出入，遂認爲對于兩層樓以下之建築物，而完全以角磚墻受載重者，極爲適宜。復經各大學校教授之証明，亦皆承認爲適合墻壁之用，乃於西歷1921年之德國賽會，于五十四競賽者中，得第一名之奬章。足見該磚對于房屋建築之價値，而値得吾人之研究者也。

（乙）角磚之製造法

角磚之製造，雖甚簡單，惟在我國，尙屬少見，今欲使有意於此種角磚製造者易于明瞭起見，特詳細敘述，並多附插圖以說明之，望讀者勿以冗贅見笑焉。

(1)工塲地點之選擇

設廠以製造角磚，未嘗不可，惟搬運較難，稍有不愼或車輛行動時過于震動，恐使角磚易受損壞。此種集中製造辦法，似不甚經濟。與其搬運角磚于建築工塲，無寧搬運原料而就近建築工塲爲便於製造。以德國所得之經驗，俱以就地製造爲最適宜，旣可免搬運角磚之昂貴費用，復可減少破壞之損失。普通可如第八圖于房屋四週之空地，作爲製造工塲，其所佔之面積，長約一百英尺至一百五十英尺，闊約二十英尺，或一便則爲工塲，其餘一便則爲疊放角磚之用。如在秋冬之季，不必搭蓋棚廠，不妨露天製造。若在太陽猛烈，或雨水甚多之春夏季，則以搭棚廠爲宜。必要時，亦可用竹笪或葵蓬等物以遮蔽之，庶新製之角

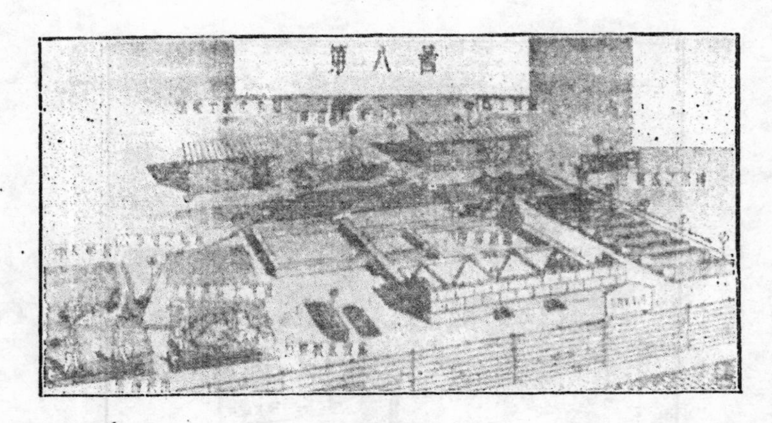

磚，得以快乾，及防雨侵之弊。第八圖於工塲之佈置，已有詳細之圖說，讀者細心閱之，自得其中工作之情形也。

(2)角磚之形狀及大小

角磚之形狀，有如第一圖所示，其大小普通分爲兩種。第一圖所示者，爲受力較重之墻壁所用。如間墻，則其短邊可由二十四公分改爲十七公分。磚之高度，仍爲三十公分，長度仍爲四十九公分，厚度仍爲五公分。如因特別情形，則其曲尺形之兩邊，亦可按需要之程度，酌量加減，上文再另章論之。

（3.）角磚鐵模之形狀

角磚鐵模厚約三英分，係用鑄鐵，按其大小製成之。普通多照第一圖之磚樣製造，誠以製大磚之磚模，可以製造較小之磚，若小磚模，則不能製造較大之磚也。磚模之內面須平滑，無凹凸之起伏，其外面亦然，蓋其內外面皆須與角磚密接。鐵模之邊緣，磚有固定之鐵鉸，及活動之鐵鉸各二，用以連合各鐵模，

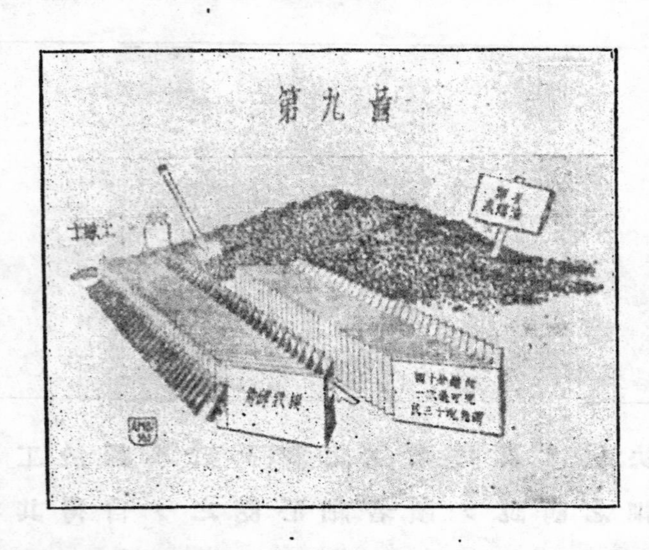
第九圖

始成整個之角磚模形，第九圖即各個鐵模互相連合之情形也。

(4)角磚所用之原料及份量

角磚之原料，爲士敏土幼沙碎石，或卵石，或煤渣等物，玆分別述之如次：

(a)士敏土沙

士敏土須純淨無雜質之混和，方爲合用，但無論如何，須經政府之試驗，而認爲合格者，如西村之五羊牌，唐山之馬牌，上海之象牌，如係雜牌，未經政府認可者，切不可用。我國之士敏土，以 *Portland Cement* 居多，而 *Slag Cement* 亦可用以製造此種角磚，惜我國尙未有此種士敏土耳。

(b)幼沙

以堅硬而尖銳，及無雜質之混合者爲合，其大小須在半英分至兩英分之間。其沙粒之大小，須混合均匀，大粒者不可太多，或細粒者太少，反之，亦然。總言之，大小均匀之沙，其空隙必少，故對製磚最爲適宜。河沙較爲潔淨，故用之者多，如山坑之幼沙，無泥土之混合者亦可適用。

(c)碎石或卵石

碎石以堅硬之白麻石或灰石爲合，而大小須在一英寸以下者爲適用，必要時，須用水冲洗潔淨，或用篩篩妥。如能採用卵石，則更爲經濟，因卵石之空隙，較碎石爲少，而價亦廉，凡沿江或有溪澗之地，應採用卵石。惟大小仍須在一英寸以下，並須含有多量之小卵石，如缺少小卵石時則須打碎之。德國普通俱以卵石爲製造角磚之原料，即鋼筋泥土之工程，亦多用之。查廣州市之所以用碎石者，實地勢使然，英德以上，幾乎隨地皆有，若在廣西，全係卵石，則不必用較昂之碎石矣。

(a.) 煤渣

凡焦炭煤渣或鍋鑪所出之煤渣，而不含有硫酸性鹽類者，皆可用。新鮮出鑪之煤渣，絕對不能用；而須經長期之露天堆放，及受多次雨水冲洗者。因煤渣受雨水之冲洗，可將其所含之硫質鹽類洗去，否則可使角磚發生不合衛生之氣體，而損及住者之健康也。

吾人欲試驗煤渣是否含有硫酸性鹽類，可用下列之簡單方法：用二十格蘭重量（約半兩）之煤渣，以十分一公斤之蒸溜水（約三兩）瓷浸之，然後將煤渣濾清，將所剩之水與同量之綠化鋇溶液（Barium Chlorid $BaCl_2+2H_2O$）混和之，如無沈澱之發生，或只見些少之混濁，則煤渣無含硫酸質鹽類之証明，或其所含之份量甚少，如發生極強之沈澱，則須經再次之詳細化學試驗，以証實其份量之多少，然後始可採用。

如煤渣大塊者居多，則設法打碎之用六英分篩眼之篩篩之。其過篩之煤渣，則用以製磚，其留存於篩內者，則用以爲填塞角磚空隙之材料。廣州市電燈廠，自來水廠，及西村士敏土廠之煤渣，皆可採用。惟須經上述之試驗，較爲安全，誠以煤渣所含之硫酸鹽類，與所燒之煤，有密切關係。但無論如何，經一年露天堆放之煤渣，已可取用，如含極多量之硫酸鹽類之煤渣，則非經兩年之時間，切不可用也。

化鐵爐之煤渣，含灰質之成份甚多，極適宜於角磚原料之用。因士敏土之份量，可畧爲減省也。惟灰質成份之多少，各處不同，最好經詳細之試驗，以求各種原料之份量，較爲妥善。查化鐵爐吾國甚少，有之則自漢陽鉄廠始，而當時所出之煤渣，旣不知以作製造士敏土之原料，復不知以供製造煤渣磚之用，唯有投之漢水，付諸東流，殊屬可惜。今則漢陽鐵廠已告停工，則此項煤渣，不復見于我國矣。

角磚原料之份量，普通可如下列之比例：

用于外面或受載重之角磚，一份士敏土，三份沙，五份碎石。用于內面或間墻用之角磚，一份士敏土，三份沙，五份煤渣。

如無碎石，可用同量卵石代之，若卵石係從河底挖出，而含有沙質，及其份量甚均勻者，則其比例，一份士敏土，八份卵石沙，便得。上舉之比例，係以普通情形而言，最好用數種之比例製成角磚，以試驗其載重多少，然後規定之。如建築偉大樓房，或多量之住宅，則宜作上列之試驗，以求最準確之份量，及適當之穩健，而免耗費材料也。

(5)士敏混凝土之混和

士敏混凝土之混和，可用整板鋪于地上，或用槽混和之。惟須與鐵模相連，使製磚者可將混凝土于一轉身之間，放于鐵模之內。其混和之手續如下：

(*a*)乾撈

先將沙放於槽內，再加以士敏土，用鏟及杷棍混和之，使沙與士敏土撈勻，現一律之顏色，然後再加碎石混和之，方法如前，至顏色一律而止。

(b)濕撈

繼續用鏟及鈀混和，乃用花灑淋水于其上，水量之多少視乎材料而異，不能預爲規定，但求濕潤，有如普通之泥土，用手握之而成球形，但手不覺汚濕爲合。

普通皆用水太多，以其混和較易，此實大錯，因水量過多，則脫模時甚難，而往往發生破散，此點應特別注意，而對於初學之工人，尤須詳細解釋者也。

在攝氏表零度下兩度至零度之溫度，尙適宜於製磚，惟所用之水，須加百分之二綠化鈣(Calcium Chloride)即每百斤水須加兩斤綠化鈣溶和之，但應注意者，則化綠化鈣最易吸收空氣之水份，故宜勤愼收藏，免與空氣接觸。攝氏表零度下兩度以下之溫度，則絕對不能製磚，恐其於士敏土之凝結有阻碍也。

(6)製磚時春實之工作

將鉄模十六個或三十一個，安放於木墊板之上，

第十圖

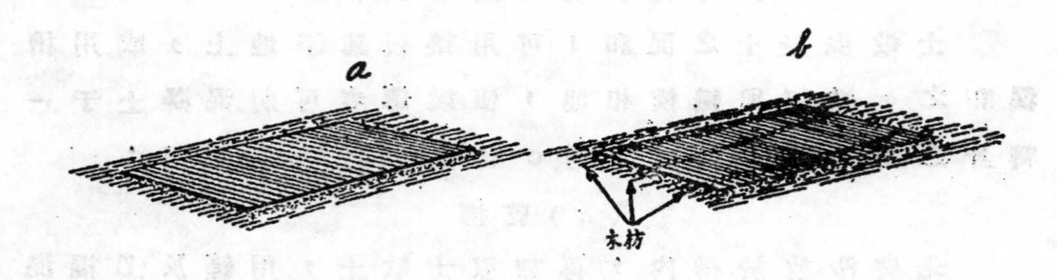

墊板須安置于平實沙層之上，如第十圖(a)方為適合，切不可再用木枋橫墊於板之下，如第十圖(b)因有木枋之聯絡，其墊板成為整塊，則一部份受震動而牽及全部也。墊板之長度，約十英尺，鉄模在墊板上之位置，如第十一圖。

第十一圖

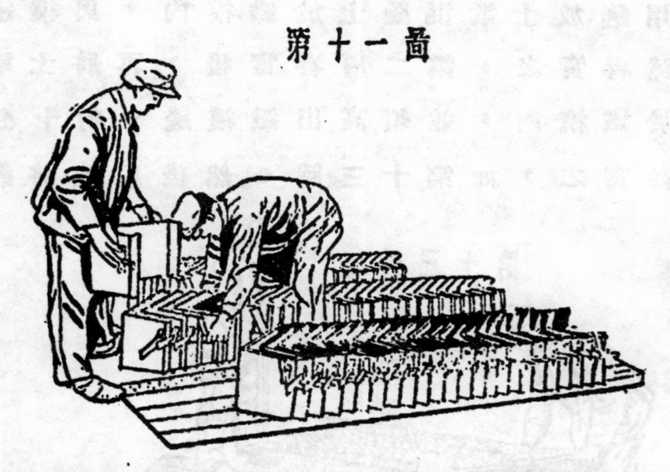

鉄模安妥於墊板之後，用鏟將撈勻之士敏混凝土放於鐵模內，切不可一次放滿，最好約鐵模之高度一

第十二圖

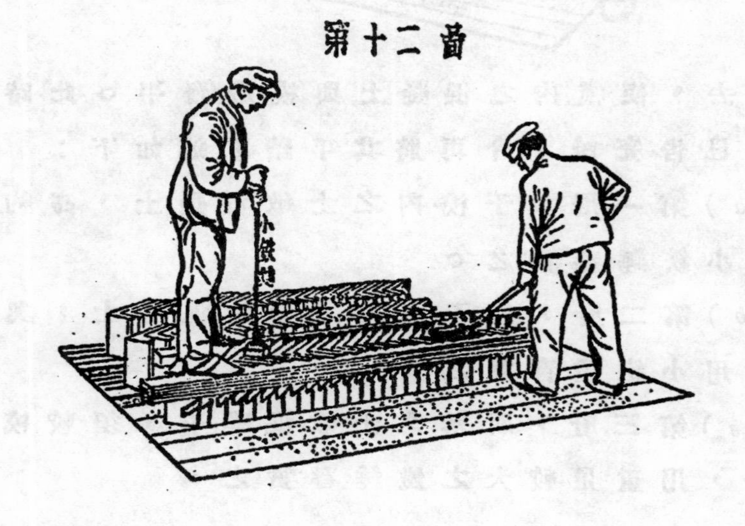

半，即十五公分，然後用小鐵錘在模內舂實之，其工作情形，如第十二圖，並於鐵模之兩旁，各加木枋一條，以便施工者立於其上。該木枋與鐵模密接處，須作鋸齒形，使鐵模除鐵鞁連絡之外，再加以木枋夾緊之力，不致有鬆動之虞。第一層舂實後，繼續第二層之工作，用鏟放士敏混凝土於鐵模內，與模邊齊平，再用小鐵錘舂實之，第二層舂實後，再將士敏混凝土不特放滿於鐵模內，並須高出鐵模邊，約十公分，乃用重鐵錘舂實之，如第十三圖。然後用鏟將剩餘之混

第十三圖

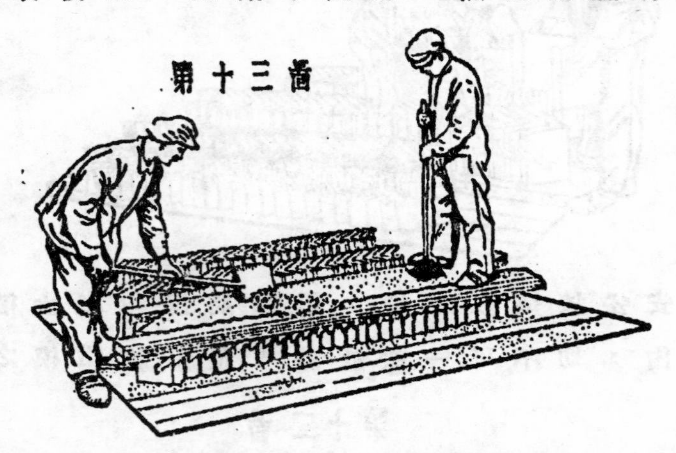

凝土括去，使模內之混凝土與模邊齊平。此時舂實之工作，已告完竣，今再將其手續畧述如下：

（a）第一層放于模內之士敏混凝土，高約十五公分，用小鉄錘舂實之。

（b）第二層，放于模內之士敏混凝土，與模邊齊平，仍用小鐵錘舂實之。

（c）第三層，所落之士敏混凝土，須較模邊高出十公分，用重量較大之鐵錘舂實之。

（d）用鏟或鐵片，將模上剩餘之士敏混凝士括去之，使模內士敏混凝土與模邊齊平。

（e）于未落第二層士敏混凝土之前，須將第一層已舂實之士敏混凝士，用鐵枝括鬆之，使北與第二層之士敏混凝土，易于互相聯合。第三層與第二層之士敏混凝土，亦須經上列括鬆之手續。

角磚之堅硬與否，視乎其舂實時之工作是否妥善爲斷，對于第三層之舂實工作，尤須特別注意，並各層相隔之時間，不可太久，否則恐各層互相聯結之力，必受影響也。

如對于角磚之邊，有減少時，可于鐵模內鑲同厚之木板。例如角磚之鐵模，本係製造邊長四十九公分，及二十四公分之角磚者，今欲製造邊長四十九公分及十七公分之角磚，則須于鐵模內之短邊，鑲一木塊，北長度與磚之高度相等，爲三十公分厚爲五公分濶七公分，餘可類推。

（7）角磚脫模時之手續

角磚舂實後，應卽時進行脫模工作。如稍經時日，則士敏混凝土與鐵模，有互相凝結之可能，則此時脫模，極感困難。故每次或每日停工前，須將模脫去方可放工，切不可稍有延遲也。先將第一個鐵模之鐵鉸打開，輕輕提起，交給另一工人放于墊板之上，乃將第二鐵模之鐵鉸打開，將鐵模及第一塊角磚，輕輕向前移約兩英寸，然後始將第二鐵模提起，如第十四

第十四圖

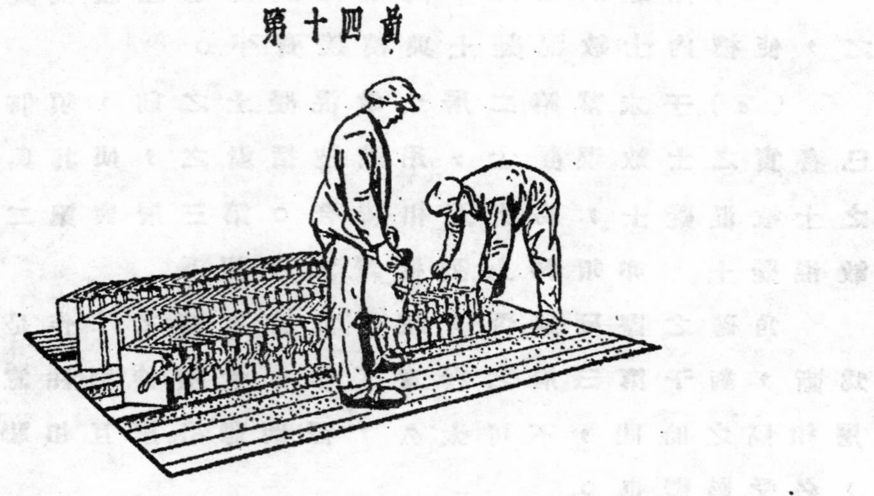

圖及第十五圖所示，如是，繼續如前將第三鐵模之鐵

第十五圖

鈇鉸打開，連同角磚，向前移二英寸，復將鐵模放于墊板上，如是者至角磚各模脫完爲止。脫模之時，須將空模同時砌好，並將鈇鉸關妥，如第十六圖，其工作之分配，脫模者一人，砌模者一人，各司其事，以收分工合作之効。但脫模者動作須鎮靜，兼有相當之

第十六圖

訓練，且用力要適宜，砌模者只有接受脫模者脫下之模，而同時安砌之，故脫模與砌模之工作，可同時完竣。計由砌模起及落士敏混土而至脫模止，所需時間，約四十分鐘，可製成之角磚，約三十塊。脫模時，如發覺困難，可將鉄模之緣邊，輕擊數次，則鐵模受震動後，失其與角磚相黏之力，故脫模較易。但擊力不可太大，否則恐有散破之虞。尤當注意者，則脫模時，須將御脚抽高，免將已脫模之角磚碰壞也。

脫模之工作，雖關乎工人之是否有訓練，但鐵模之乾净否，亦甚重要。故每日工作完竣，須將鐵模洗擦乾净，而對于活動之部份，如鐵鉸等，尤須常時用油塗抹。放置鐵模之地，須空氣乾爽，尤避潮濕，免發生鐵銹之弊。

（8）角磚凝結後之砌叠

已脫模之角磚，經三日或四日後，即已凝結。如因地方或墊板太少，可將已凝結之角磚，疊砌三層至四層，如第八圖所示，每日用水淋洒數次，最快亦須十日後方可作砌墻之用。 （未完）

水之顯微

陳良士

諺云流水不腐，言水流無腐化作用也。靜止之水，日久而孑孓生焉。孑孓者，具體而微之動物，其由水質腐敗化生而來，蓋可知矣。然而其化生之道，吾人每不得而知之，蓋其具體渺微，肉眼無從得見；非藉高度之顯微鏡，不能窺其秘奧。近日生物學昌，顯微鏡之用途大著，水內生物之變化，始由此而闡明，玆篇所論，乃畧將各種水源所慣含之各種動植物，及其變遷之形狀，簡括說明，俾一般學者，知一滴水之微，其間天演進化，一如其他生物。爲學無卒，於此可見矣。

各種水源所含之動植物

研究水內之動植物，必須分別各種水源，蓋水質之良窳，關係動植物之生長甚大也。玆水源可分四類，（一）雨水，（二）地下水，（三）地面水（四）隔濾淸水，卽俗稱自來水。

（一）雨水　雨水爲各種水源之來源，降自天空。從水質方面而言，其淸潔程度，莫與倫比。然其中亦含動植物，蓋雨水下降於地面，經過天空時卽與空氣中所含者混合，故初降之雨，水質較劣，雨久自佳，沙漠之雨黃土，卽此理也。故研究雨水所含之物，不曾研究空氣所含之物，祇空氣中所含之物，隨時隨地而異，且具體極微,即用 *Sedgwick Rafter* 之隔濾集中法，及高度顯微鏡，亦每苦不能見之。然雨水內卽空氣內確含有微細之動植物，則不待顯微鏡之証明。吾人可隨時以一含氫性甚富之水，置空氣中一二星期後，微菌等卽可在顯微鏡下發現，蓋含氫性之水，滋養物至富，空氣中之微菌，下墜水內，極易生長也，(大凡汚穢之水，微菌生長極速,因汚水必含氫氣，斯乃微菌之食料)。新鮮之雨水，雖所含微細動植物不多，且不易見，惟蓄之日久，仍能養成各種苔類 *Diatoms, Alg c* 及最低能動物 *Protozoa* 。其原因卽爲雨水混合空氣內之植物纖維微菌及氫氣，置之日久，因食料之豐，遂成纖維質之靑苔；積漸乃由纖維質之靑苔，進化而爲介於動植物間之靑苔，再進化則成爲最低能之動物，而其各種形狀至此乃大顯明於鏡下。此湖沼澤池之類，由雨水所成者，苔類動物滋多，卽此理也。至苔類之分別形狀性質等等，容在下段論之。

（二）地下水　地水爲在地下流動之水，除用人工鑿井及因地層關係而成泉口外，與空氣日光，無由接觸，細微之動植物，幾完全無之，蓋地水經過地層，一切微物俱爲地層所隔濾吸收故也。然一朝暴露於日光空氣之下，則動植物叢生，緣地質含植物食料至富，外來微生物，卽依附而生存，觀之山上泉水出口處動植物之蕃，足爲明証。此外用人工鑿成之井，微生物亦繞井之入口而生。如用鐵管取汲井水者，常有巨量之鐵菌 *Crenothrix* 發現(參觀第一圖)。其較淺之井有渠水地面水之侵入者，更無論矣。據美國麻省衞生當局試驗，凡二十餘城市之深井水，除少數含鐵菌外，其他苔類最低能動物等，完全缺乏。由此觀之，凡保護週到之深井，其水質必清潔可飲。至淺井則因地質環境種種情形而異，未可並論。卽如廣州市多數淺井，俱受地面水渠水之浸潤，未經厚地層之隔濾，卽由市民汲用，其間所含之動植物等，與地面水無甚差別。間且含蟲類，據著者檢驗，本市井水，每含蚯蚓類之 *Nais* 蟲（參觀第六圖），其不潔情形，毋庸贅述。然亦不乏一二井水有較佳水質者，蓋地層關係使然也。

（三）地面水　地地水分流動水與靜止水兩項。因接觸空氣，冲刷地面，所含之動植物質，自較地下水爲多。凡苔類最低能動物等，俱甚蕃殖。流動紆慢之水，較流動甚速之水，動植物較多；而靜止之水，較流動之水，動植物尤富。大抵河川之水，所含之動植物，多由上游或兩岸比較寧靜之水生養而來，因河流速度之變遷，潮汐之高下，乃與大部份河水混合。故河水所含之動植物與靜止之水所含者無異。其分佈及數目，則隨時不同。在天旱時期，河水缺乏，來源多屬山谷寧靜之水，則所含動植物，數量極鉅。凡水廠沙濾，遇天旱時，即生極厚之青苔，足爲明證。在雨水時期內，河水充足，所含動植物，則比較畧少，蓋河水份量巨，冲淡與洗刷作用至大也。據美國麻省衞生當道檢驗十都市河水報告，所含動植物，平均每立方公糎約一百個(此數幷不算高)，種類不一。著者檢驗廣州市增埗河水，雨水時全無，九月間每立方公糎苔類有數個，低能動物，完全缺之，蓋增埗河水流域至廣，水量甚充，且速度不弱，故動植物甁多也。至靜止之水，如湖沼及人工水池等，動植物滋生至繁。其靜止之水，而無動植物者，實所罕覯。據美國麻省衞生當道試驗，凡湖池水十餘處，苔類每立方公糎，平均一千個以上，高級苔類及低能動物類，每立方公糎一百以上，最低能動物類百數十不等，其數目之大可見。至其分配及生長，則與水之靜止時間，深度，熱度，硬度，炭酸，氮氣，氯化物等問題有關。例如靜止時期長者，動植物多，靜止時期短者較少。淺水動植物多，深水較少。熱度高者動植物生長速，熱度低者生長緩。水之硬度高者動植物生長難，水軟者反是。至水所含氯化物炭酸氮氣等，皆能助動植物之發育，蓋此項物質，皆屬良好之養料也。惟以上各項問題，其關係動植物之生長，雖大概如是，而究影响至若何程度，則各處水質不同，科學方法，亦未能盡解焉。

（四）隔濾之清水即俗稱自來水，凡經沙池隔濾之水，大部份動植物，即留存於沙面之上，照理應無動植物。其間有發現者，必係該沙濾池效能消失，或濾水過量，尤以急性沙濾濾出之水，常發現有三數苔類爲然。蓋急性沙濾，濾水極速，且用水壓洗沙，沙面之動植物，即易脫離，而越過沙濾故也。其用鐵沙缸儲沙者，因鐵之生銹，間有鐵菌發現。此外凡屬良好之自來水，每立方公𨈆中，多無動植物。著者檢驗廣州市增埗水廠所出之自來水，年來從未有發現。祇東山水廠所出之水，每立方公𨈆，間含二個至三個苔類，（對于水質仍無大碍）蓋該廠濾水過量，沙濾常被水力逼裂，沙面所積之動植物，間或有小部份隨之冲洗通過而已。

動植物之分類

各項水源所含動植物之情形，既如上述，茲再就動植物之分類言之。

水源所含之動植物，有屬於植物者，有屬於低能動物者，有介乎兩者之間，而甚難劃分者，蓋造化微妙，生演遞嬗，有以致之也。然其大概分類，約如下開：

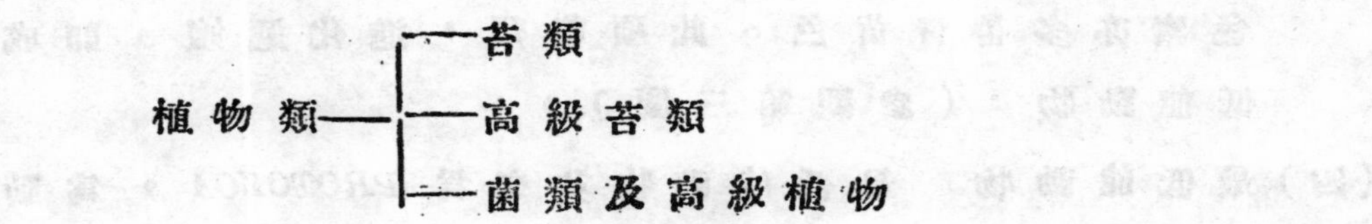

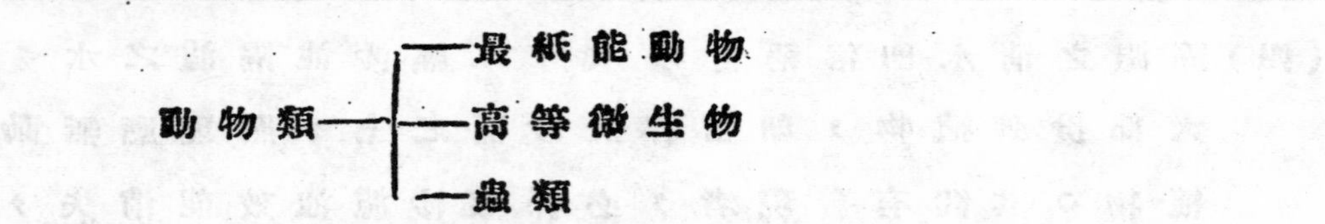

(一)苔類　苔類英文爲*DIATOMS*，乃一種低級植物。其組織全屬單位植物細胞所成，其形狀大小不等，長扁圓橢，種種皆備，(參觀第一圖)。清潔流動之水，種類較少，靜止腐化之水，種類極繁。其剖面直徑由一千份之一公厘至一公厘不等。長度則無定，有長至數尺者。間有能自動之苔類，故一般學者，皆疑其實屬於一種低能動物。其生長之方法，則全由細胞分裂而成，及分裂至微，復凝結而再成爲一大細胞，如是循環不已。

(二)高級苔類　高級苔類英文爲 *Schizomyotes*，其組織情形，大概與普通苔類相等，祇其演進時期，較爲成熟。且每含各種色素，如鐵菌卽爲此種苔類之一，色帶微黃。其他色素則以微綠爲最普通(參觀第二圖)。

(三)菌類及高級植物　菌類及高級植物，英文爲 *FUNGI* 及 *ALGAE*，爲高級進化之植物類。其組織亦皆細胞所成，間與低能動物細胞相類。惟其生長則不必全由細胞之分裂，而可由本身接觸而生，(但無陰陽性)。其形狀多如珊瑚水藻，備極美觀。其色素亦多帶靑黃色。此項菌類，進化遞嬗，卽成低能動物。(參觀第三圖)。

(四)最低能動物　最低能動物英文爲 *PROTOZOA*，爲動

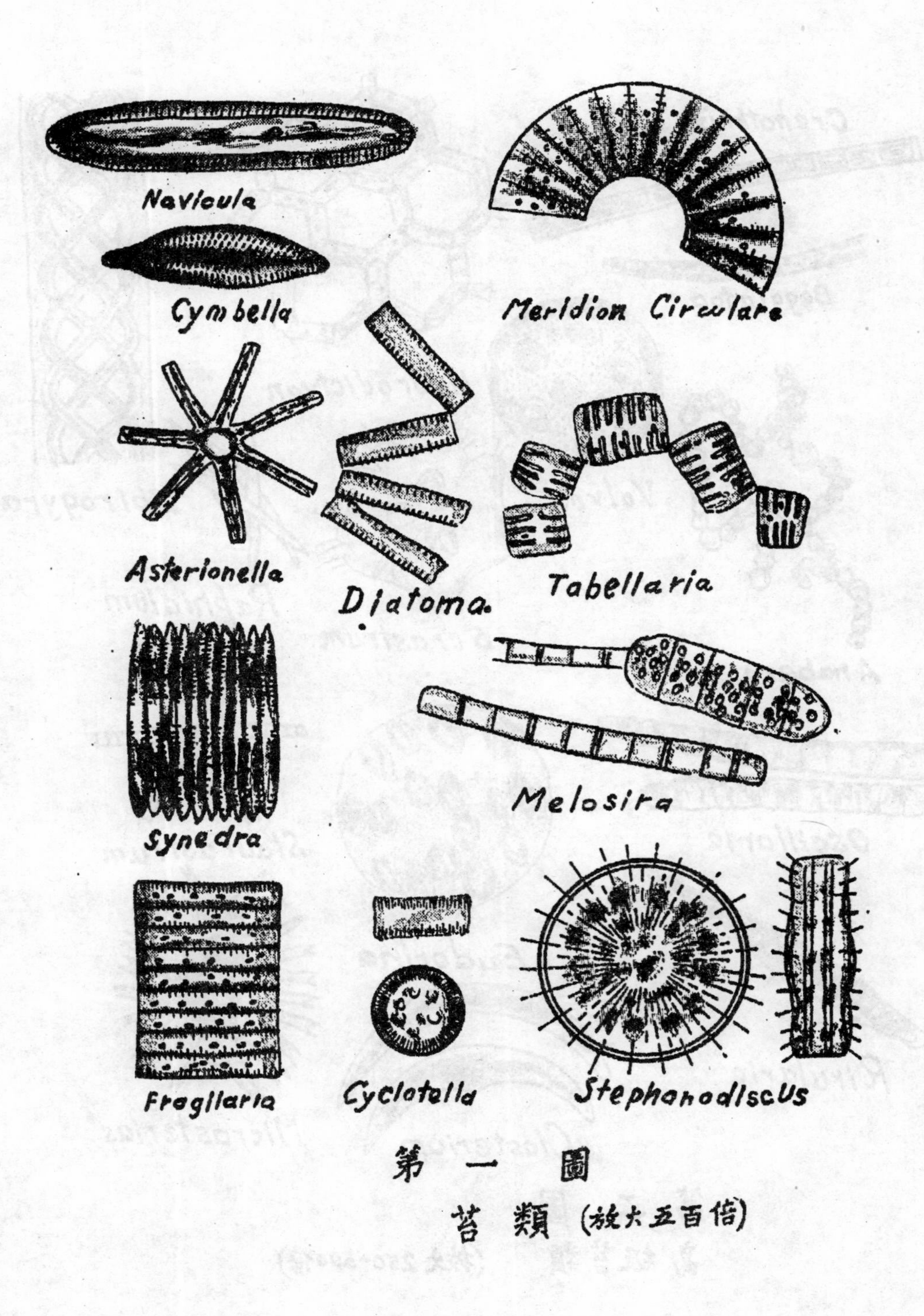
Navicula
Cymbella
Meridion Circulare
Asterionella
Diatoma
Tabellaria
Synedra
Melosira
Fragilaria
Cyclotella
Stephanodiscus

第一圖

苔類（放大五百倍）

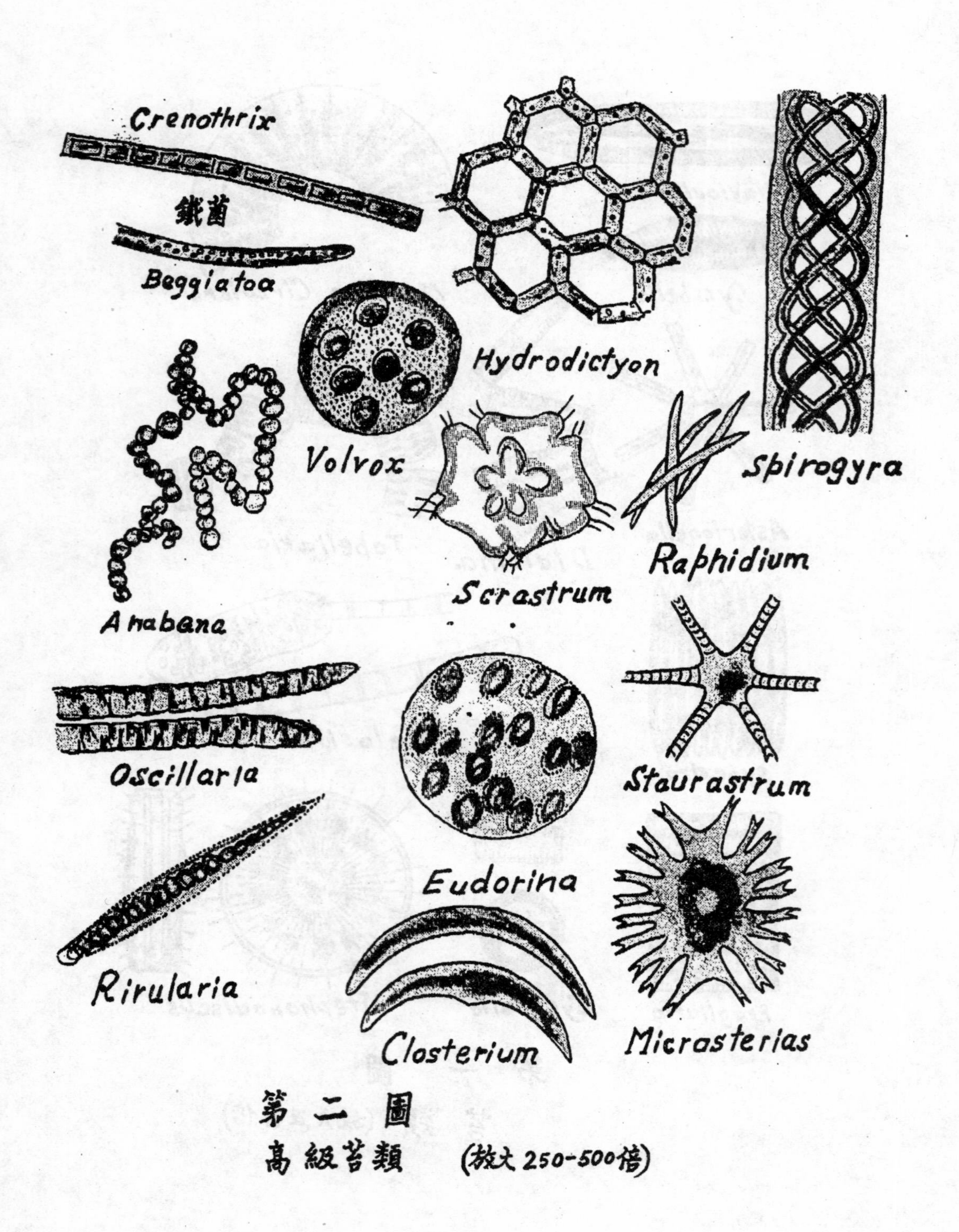

第二圖
高級苔類 (放大250-500倍)

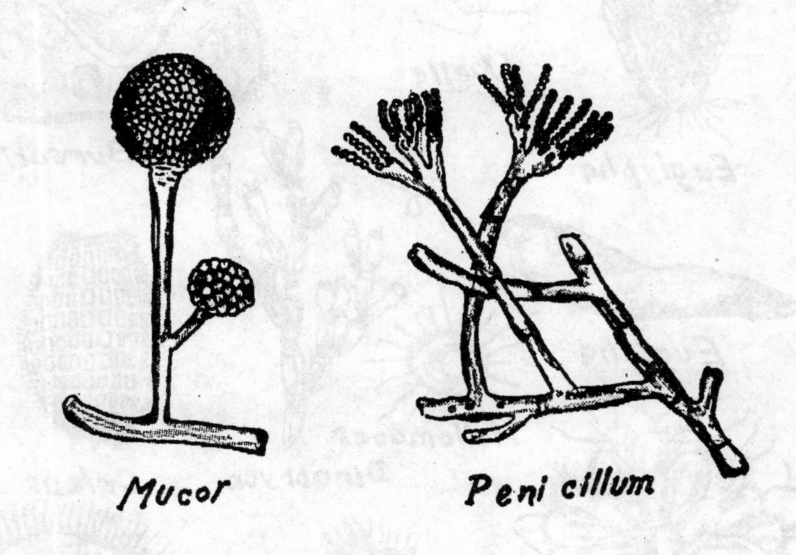

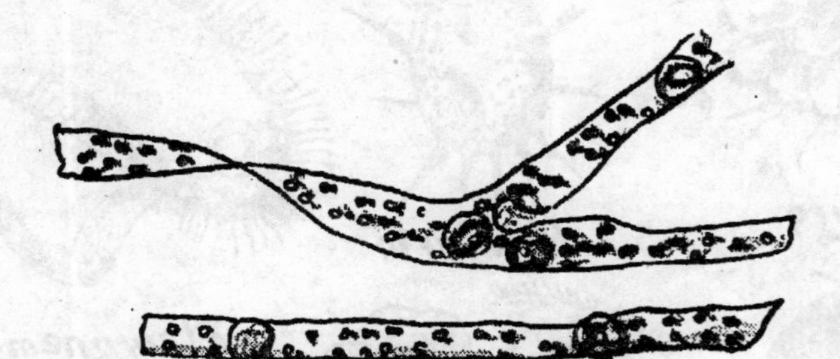

第三圖
菌類（放大250倍）

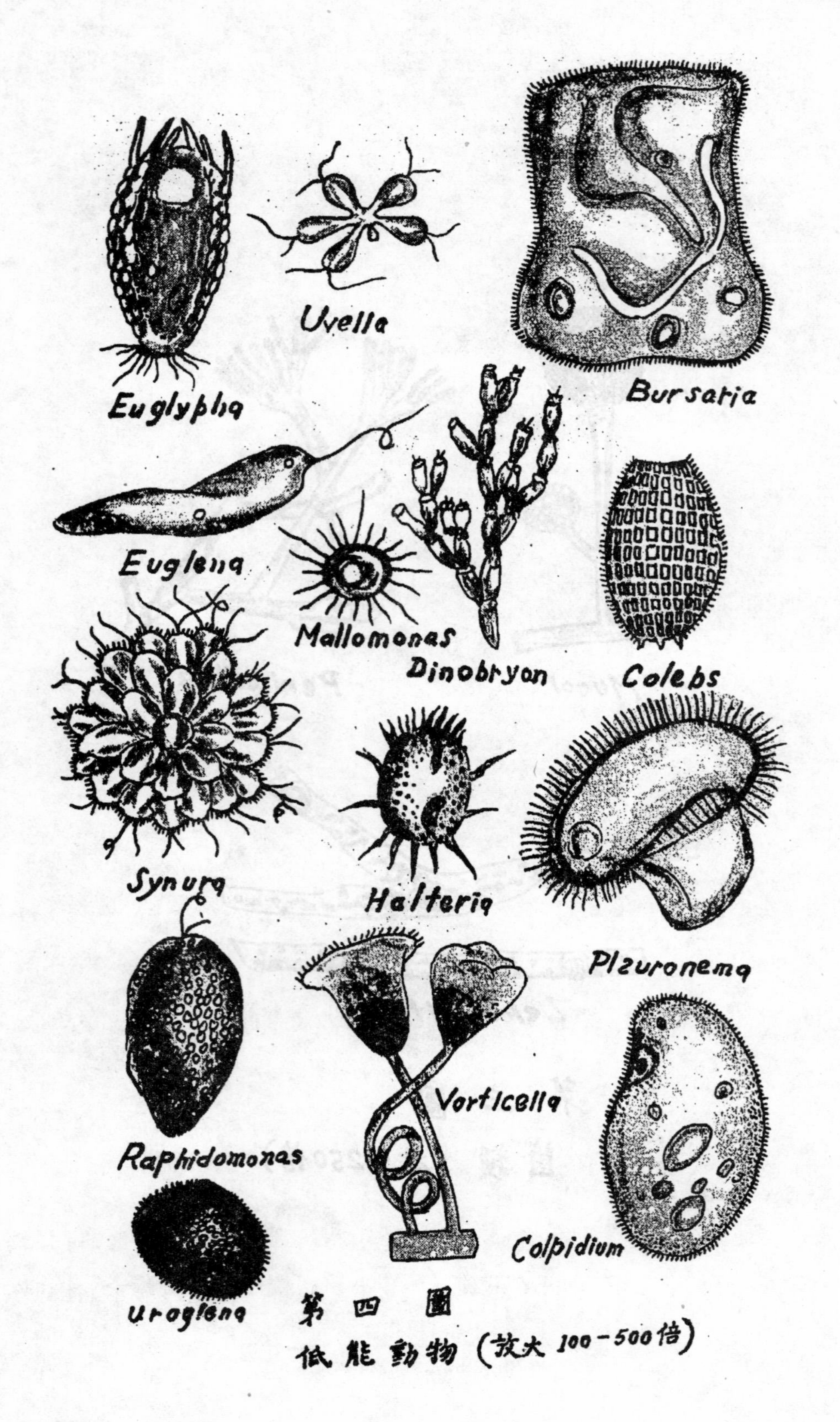

第四圖
低能動物（放大100－500倍）

物中之原始。其組織仍多屬單位細胞，惟該項細胞，漸能活動，吸食養料，並能分裂結合，生長膨脹。在顯微鏡下，所吸食料，尚能於細胞中見之。雖消化系統，尚未成立，而吸入之口，與排出之口，不難辨認。呼吸器官，雖不甚顯明，但其有吸養排炭之作用，則經科學証實。比較上述一切植物類，其不同之點，即在此呼吸與消化器官。蓋植物吸炭排養，動物反是，植物營養，在皮膚之吸收，而動物營養，則直接吞食消化排洩也。至低能動物之形狀，則種類至繁，不能一致，惟比較植物，則迥然特異。蓋其形狀，今已脫植物形，而漸躋於動物。頭爪鬚身，隱然可見。其色素青黃間作，其大小則較苔類鉅大數倍。五十倍之顯微鏡，便能見之，（參觀第四圖）。

（五）高等微生物　高等微生物，為低能動物演進而成之較高動物。其組織今為多細胞，其形狀逐漸與蟲類相仿。有消化器官，呼吸器官，口，腮，肺，腸，胃，生殖器，肛門等官皆備，并有筋絡感應作用，似有神經系統。陰陽性亦可分別，而以陰性為多。屬於Rotifera一類者，則足部頭部之發達，尤為顯著。屬於CRUSTACEA一類者，則爪鬚部份，甚為發達。屬於BRYOZOA及SPONGIDE兩類者，則像珊瑚形，全身有膠質包裹（參觀第五圖）。

（六）蟲類　蟲類為進化更高之水內動物，水源內間有見之，然其範圍，漸躋於昆蟲學，茲不贅述，祇

將水源中常見有之蟲類一二，附圖參考，（觀參第六圖）

動植物與水質之關係

以上所述之動物，與水質發生之關係，關物理方面，與化學方面，無甚影響。物理方面，尤以味嗅方面，關係最大。蓋上述各項動植物，如水源內所含份量甚巨，超過每公厘一百个，則能發生各種特殊之味嗅。并如該動植物死亡，腐化，亦能釀成各種腐惡之氣味。用爲食水，自不相宜。雖該種動植物，具體至微，亦無毒質，食之不能作若病症。然飲料有異味，則當爲人民所共惜也。此外含該項動植物甚多之水源，影響水廠慢性砂濾濾水甚大。蓋慢性砂濾濾水緩慢，該項動植物，多存留於砂面，一二日間，積厚成層，即防碍砂濾出水，非用人工剷去，砂濾功用，不能恢復。又水內如含有鐵菌過多，亦足以令鐵管生銹穿破，或生紅色之苔類，使水量通過困難。至各動植物所發生之特殊味嗅，玆表列如下：

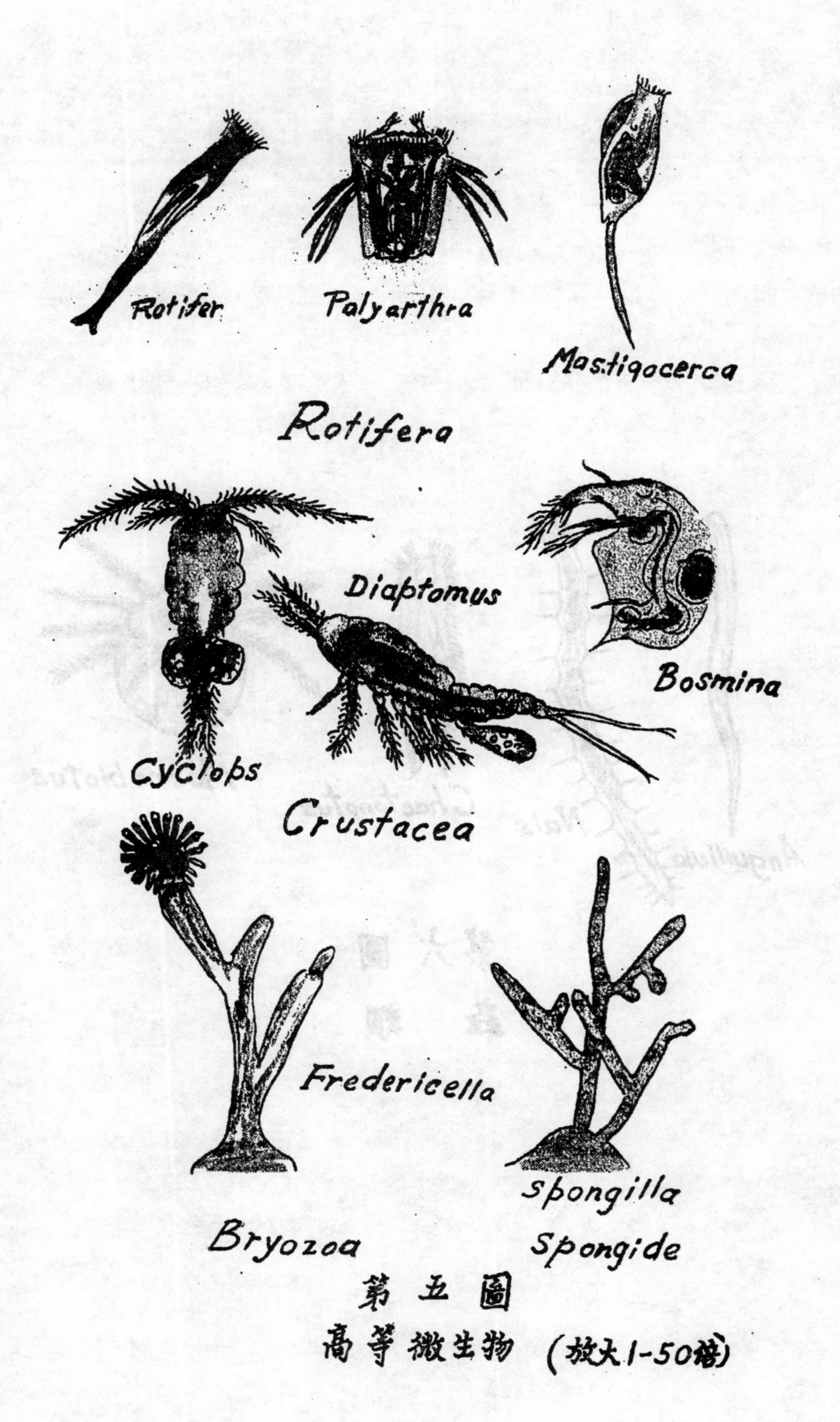

第 五 圖

高等微生物 (放大1-50倍)

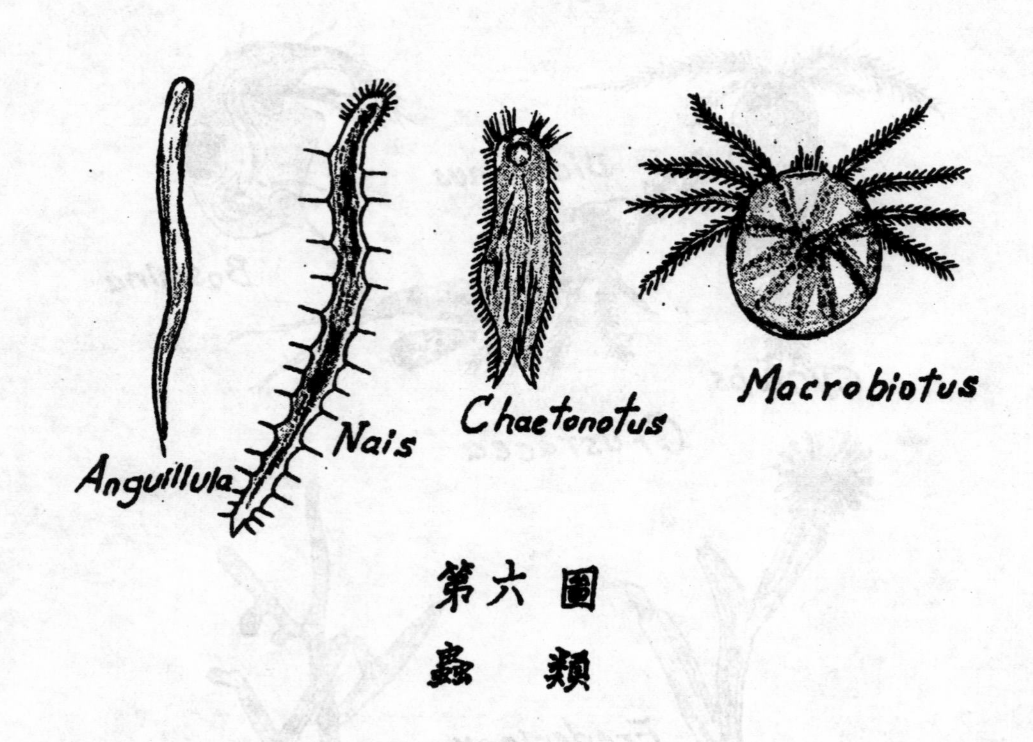
Anguillula
Nais
Chaetonotus
Macrobiotus

第六圖
蟲　類

水之微生［附表］

味嗅類	動植物	原味嗅
微香	苔草類	
	Astuionella	微香中帶腥
	Cyclotella	極微之香
	Diatoma	仝上
	Meridion	微香
	Tabellaria	仝上
	低能動物類	
	Cryplomonas	嗅桨味
	Mallomonas	微香帶腥及嗅桨味
草腥	高級苔類	
	Anaboena	草腥帶霉土

	Rivularia	仝上
	Clathrocyatis	微甜帶草腥
	Coelosphoerium	仝上
	Aphanizomenon	草腥
魚腥	菌類	
	Volvox	魚腥
	Endorina	微腥
	Pandorina	仝上
	Dictyosphoerium	仝上
	低能動物類	
	Uroglena	魚腥中帶油味
	Sgunra	腐爛黃瓜味
	Dinobryon	魚腥中兼藻腥
	Peridurium	蜆腥

	Glenodinium	魚腥
特別味	菌類	
	Begziatoa	氫二硫臭味
	各種動植之腐化	霉濕味，炭氣味

各稱動植物，既能令水質發生味嗅，則其消除，爲清潔用水之一重要條件。凡都市水廠，俱宜逐日研究，尤其以靜正水爲水源者，須特別注意之。遇有此項味嗅時，可施以下列兩法之一。

(一)用胆礬濟化水內，此爲最有效最普通之方法。雖各種動植物應用胆礬份量不同，但每百萬加倫水用一磅胆礬，效能已極顯著。過多則與魚類不宜。至人類飲食該有胆礬之水，如屬上數之微，亦無碍於身體。

(二)激揚於空氣中，此亦有效之消除微生動植物方法，惟其效能不若上法之顯著，對於微生動植物之消除，每苦不能完全，且須用種種機械，以助其激揚，如流水過閘，激水噴射於空中等，皆屬不經濟之事。然近代都市，取水源於山間者，每樂用之，以消除動植物之氣味，且利用其噴射，以增進水廠之美觀焉。

都市道路植樹之研究

莫朝英

都市道路植樹之效用甚大，爲緩和熱度，陰蔽行人，清潔空氣，皆於市民之衞生有關。而樹影扶疎，迎風招展，於點綴城市風景，尤關重要。華盛頓路樹之富，馳譽環球。巴黎一市，夾道而植者，八萬餘株，故一履斯土，但見綠陰繽紛，葱蘢鬱茂，令人心曠神怡，塵囂頓忘，不辨其爲山林城市，與城市山林也。夫以美法市街之廣潔，樓宇之整齊，而資取於路樹者且如此，而我市政落後，馬路初闢，亟須路樹爲之調劑與點綴者，固不待言矣。

廣州闢路之始，本已注意於路樹問題。如長堤，東沙，吉祥，惠福等路，早經栽植，蔚然可觀。比年來馬路日增，所需路樹更夥。獨惜本市林場不廣，未能充分供給。今宜擴展林場苗圃，以供路樹之需要。惟路既多，而對於栽培與管理，不能不加以研究。茲就管見所及，對於路樹栽培與管理問題，分述之如次：

(一)路樹之栽培

(1)選種(2)育苗(3)起掘(4)假植(5)定植

路樹樹苗，原以開闢苗圃就近養成爲原則，因同一地方之氣候，經播種發芽，育苗，假植而成之樹苗，必能適應同一地方之氣候與種種外力之防禦也。倘爲事實上所限制，雖欲開闢苗圃而有所不能，則必須從一處購用。然勿論自行育苗或別處購用，對於路樹應具之性質不可不明瞭，此則選擇路樹之着眼點也。

森林中之樹木，種類雖多，然對於各該處之道路，斷不能具完備之性質。故路樹適合某處道路者，或不適合於其他地方。如中國中部，北部，南部，卽廣東一省之中部北部，南部，均有不能全同或強同者。又同一地方，地段之高低乾濕，與乎土質之不同，均須顧慮。夫樹木係自然生長之生物，吾人利用之爲路樹以裨益人生者，祇能以樹之種類而適應氣候，土質耳，決不能以氣候土質而強爲栽植樹木也。

（甲）種類之選擇

一．適應該路之氣候土質者。

二．移植容易者。

三．風害，蟲害，病害，烟害，塵埃等之抵抗力強者。

四．牛馬及其他畜類嚙食之害少者。

五．傷口容易癒合者。

六．生長不過速而壽命延長者（因生長太速者大抵短命）。

七．不致因剪枝而致枯萎者，（例如楲梅之類每因剪枝而致枯死）。

八．夏季可使庇蔭道路，冬季可使透射日光，總以常綠性爲主落葉性次之。

九，無惡臭或針刺者。

十產生花果無刺激人類之感情者。

十一，花及枝葉不放過度之香氣者。

（乙）樹形之選擇

一•樹幹務為圓柱狀，挺直，且樹皮緻美者

二•樹冠為球形，或半球形，短圓錐形：配置均勻者。

三•夏季樹葉呈深綠或青綠色者。

四•一列並植能增美觀者。

五•幹之下方不生新枝根部無萌芽者。

六•無橫根出於地表致使地表隆起為路面之障礙者。

七。樹葉宜大且厚并宜一齊落葉者。

例如榉櫟之類，樹葉既小，夏季不足以庇蔭，且自九月起，以迄冬季，每為不斷的落葉，致使掃除甚感困難。又如黃槐一樹，亦每因不斷的落葉，致令行人路堆積落葉。

以上為路樹之栽培問題。至於事實上所經之手續凡栽培路樹，必先育苗，因在本地所育之樹苗，將來必能適合於本地氣候，土質而易于生長也。育苗經過之手續，先行整理苗圃，通常必選擇具有下列各條件之地方為苗圃。

1. 土質比較輕鬆。

2. 砂坭各半之砂壤土。

3. 地勢不高，亦不低窪。

4. 水量供給容易，排水亦較容易。

5. 交通利便，易於管理。

6. 東南向西北面有障碍物爲屏蔽，不容易遭風害，苗圃地段，既經選擇到手，即宜分區工作。

普通分區辦法如下：

（1）苗床　苗床用木做成，離地約一呎半至二呎。廣濶之面積，視需要之多少爲定。通常苗地十畝，苗床面積約佔（千份之二至千分之四)。然亦因育苗之種類及數量而定，例如播種體積較大之好籽，或粗賤耐風寒之種籽，則可以直播苗地，不勞苗床之養育。他如體積細小，易遭風雨摧殘者，則苗床之保護必須慣重，苗床之上，須加蓋天遮，用葵，或竹笪，搭成金字形，兩旁活動開閉，上面留通天部份少許，亦可以開閉；苗床之底面用木板，每隔一呎或二呎，須預留空孔，或竟用木板，每條隔離半吋編成，爲排洩水份之用；兩旁木板離可半呎，床中下層較大之坭塊，上置細砂或幼坭塊，各隨種籽性質而異。其他如用瓦盆播種，小木塊播種，亦嘗不可，要皆爲利便起見，減省手續，删繁就簡而已。

（2）播種　通常播樹種，除種籽體積較大，適用「粒播」之外，其餘細小種籽均適用「撒種」或「條種」。播種之先，必在苗床洒水至適當程度，然後將種籽播落，加以草灰蓋面，或幼碎坭粉薄薄蓋面，再加上一層稻稈，以後每日淋水一次至二次。惟據經驗所得，凡種籽之極細小者，如有加利等，必須先行洒水至適當程度，播種後，切不可用幼坭遮蓋，更不可再事洒水，必于用稻稈蓋遮後，每日洒水時輕輕洒過，勿令坭屑遮蓋種籽，至失發芽之力也。

播種之後，每日宜將苗床上之天遮（即通天部份之葵笡）開閉適宜，因播種時期，總在冬末迺至春初，此時氣候，在廣東各地，恒冷暖不常，冷時宜閉天遮，使種籽初發芽時不至冷凍而死，倘陽光照耀之時，亦宜開通天遮，以受和暖陽光增加生長速度。然因特種種籽，其不勝寒冷之侵凌者，則每有密閉苗床週圍，僅餘留小部份，以通空氣，透日光，此亦常例也。

（附）播種之用苗床，係普通辦法，亦即採用本地適宜樹種育苗之通用辦法。諸宜栽植他方樹種，因氣候不甚適宜，必須於濕室內栽植者，或爲科學上研究，而用濕室栽培種籽幼苗者。此係一種特例，本篇爲適用於普通城市及私人栽植路樹起見，對於特殊方法，暫付闕如。

至於播種後情形，如普通播種以一星期至二星期爲種籽開芽時期，亦有延至三十天迺至六十天發芽者。如油相，石栗等，發芽時期甚長。種籽旣經發芽，必經一種淘汰手續。除以粒種之大粒種籽，又須較多手續爲淘汰外，其餘條播撒播方法，發芽後必須將密生者，淘汰留强，使容易生長。此種手續宜在幼苗高度一吋至二吋時行之，仍以樹之種類而定。其生長較遲之幼苗，則有在半吋高時行之。幼苗生長至相當時期，卽有適當之高度時，不能長在苗塲中生活。通常以高度二三吋乃至四吋，卽須擇地遷移矣。遷移之後，仍在苗圃養育，故苗圃除設置苗床外，宜定一段爲「假植區」。幼苗假植手續，有一次假植者，間亦有二次假植者。苗圃之假植區，其設置辦法如下：

（1）假植與起掘前後手續　假植區恒佔苗圃面積三份之一或三之二。整地成畦，每畦三尺至四尺，使幼苗分運行列之多少，以地積之經濟而定，然總以行列少爲宜，多則阻碍生長矣。蓋樹苗自苗床栽育遷出時，假植時期恒在一年半乃至三年期間故假植區樹苗，最好定爲株距一尺至尺半，行距之數亦然。自苗床起出幼苗後，勿令幼苗之根鬚鬆散，最好保持原有狀態，然後照樣移植。至於假植區在整理時，最好施以基肥，如腐爛之牛馬糞，或垃圾亦可。施基肥後然後分別假植，照例灌水。

在遷移幼苗時，倘爲預防幼苗根鬚減少，或

減少葉面之蒸發起見，宜剪去苗葉三份之一或一半，以維持其供給常態，不致枯死。

遷移于假植區之幼苗，仍以天氣較和暖時行之。植苗完畢後，灌水不能缺乏每一日一次至二次。

幼苗在假植區二星期後，可施以適量之稀肥。施稀肥勿在雨前雨後行之，免使散失肥料之效用。通常以每一星期一次，第一次以一與百比之人糞溺稀肥，逐後弍星期或一星期，增加比量，仍以樹苗當時需要，及土質之肥瘠而定。倘人糞溺難於施工，亦可改用硫酸亞摩尼亞之速効肥，其比量由一與一百及一百五十起碼，此種肥料施用與管理較易。

玆將栽培之階段論列之如下：

第一年

以冬末春初播種期計算，其移植于假植區時期，總在春或夏初，從本年春末夏初至明年春末爲第一年時期。此第一年中栽培管理手續如下：

（施肥）

已見于前段，總以樹苗之需用爲標準，不必限於一定時候，玆不贅。

（除草）

雜草叢生，妨碍作物，此係農家常識，不必贅言矣。惟苗圃中雜草蔓生於幼苗畦間，固然爲幼苗生長之障碍，抑亦對於工作上甚感困難也。畦間除草，原有利用良好器械，以行列中爲施工地點，逐行芟除，事簡易而費時少。惟本地情形，仍須利用人工拔草，雜以剷草齒耙而已。剷草每月須有二次至第二年冬季，幼苗漸長，樹蔭漸大時，始可以減少除草工作。

（剪枝）

在第一年初冬時候，即就將來需要之樹形，定爲剪枝計劃，然通常須令樹幹強壯，祇係減小冗枝，除生枝，及過瘦之葉而已。

第二年

第二年施肥，除草等育苗工作與第一年相差不遠。然最感困難者，厥爲剪枝事。剪枝之目的，不外希望得到良好之樹形，爲將來採用之基礎。照此時而論應將樹苗之脚葉，畧畧剪除，使樹幹容易增長其高度。倘有欹斜，亦須加以竹枝扶持使正向上。至第三年春季，則可以任意起掘，爲路樹材料矣。

（2）起掘與定植

在第二年栽培工作完竣之後，第三年春（即舊曆大寒節後清明以前）因需要之關係，可以起掘樹苗爲路樹定植之材用。

第三年

在第三年春，生長迅速之樹苗，其高度恒在

五呎以上，其樹幹周徑在二吋半以上，此時即爲定植需用之樹苗，起出後則栽培工作已竣。今述起掘方法如下：

(甲)就地起掘之方法，爲最普通方法。起掘之前，必須將樹苗冗枝除去，并將樹葉三份之一以至三份之二，蓋樹苗起掘之後，根鬚不減少，或須剪短主根枝根，此時吸收之力量大減，非剪少枝葉減去蒸發量，則此樹當甚難生長，此宜注意者一。

(乙)就地起掘時，苗根所樹着之土塊，須以樹苗之大小爲比例，通常以三份一迺至二份一之立方呎爲準，過大妨碍工作，過小則根髮部減少太多，難於生長，然亦有特種樹苗，不限於根髮者，以下另篇論列，此宜注意者二。

(丙)將樹苗連根部起掘後，除定植地點距離較近，或附着之坭土較堅實者之外，其餘均須用稻麥稈等包裹之，以防坭土鬆散，及根部之蒸發過大；同時旣有包裹之外物，可以保留較多量之水分，爲供給全株樹苗之用也，此宜注意者三。樹苗旣起掘完竣，其定植時間，亦以春季爲原則。至於定植方法與形式又如下：

(方法) 路樹定植時，必須開掘適當之樹穴。樹穴直徑，通常以一呎半至二呎爲度。其中心以距離路面之渠邊石二呎乃至五呎爲最適宜。樹穴深度，最少以壹呎半乃至二呎半爲相當深度。其周圍及下層泥土，幷以掘鬆爲主。定植時樹幹必須位于樹穴之中心。其樹穴之底及周圍，必須加以少許新泥，惟不必施放肥料。

（形式）路樹定植之形式，其種類頗多，茲就通常之形式論列之如下：

（1）雙行式　即在人行路分植兩旁，或在路心分植兩行列，再有人行路各植一行列，而路心更植兩行列者，此係雙路線，其蔭蔽之面積較大者也。

（2）單行式　只係路心植樹一行列，或人行路各植一行列，而路心再植一行列者。以上論列之行列形式，爲普通之形式。在住宅區，各用單行式，其餘須體察路線之闊度如何，始可以定奪其形式也。

（3）距離　定植之距離，通常以路面闊度爲標準，同時以各該種路樹之性質爲標準。在雙行式之人行道植樹，行距以路面加樹幹與渠邊石距離爲行距；株距以二十尺爲最適宜，若蔭蔽面積過大之路樹，須距離二十五尺乃至卅尺。在單式列只係路心植樹者，其株距以渠邊石至樹幹之濶度爲最適宜之距離。倘過于密，則樹蔭之生長，各方不能同時發展，必偏于一方面，致令樹形欹斜，甚不美觀。其餘多行列，如三行列以至四行列之路樹，則以路面濶度，及路樹之性質為標準。至於郊外路樹，因限於各種地形，多係兩旁植樹，使蔭蔽路面，其距離則須較遠，使樹冠盡量發展。惟定植之地點，不能限於人行路，在半山斜坡上定植者較多，故每一樹位宜削土使成平台形，使坭土與水份不易于因傾斜而消失，此為定植距離時之應付。

以上所論係栽植路樹時最普通方法與最簡單之手續而已。如郊外定植榕樹，每每不限于上述手續。其法于初春截取榕樹之枝條每枝長七八呎，徑濶二吋至四吋或六吋，以坭槳厚塗樹枝之四分三（即八呎者兩端留一呎中斷厚塗六呎）復用稻稈纏紮，以減少蒸發。枝條預備妥當後，即就植樹之目的地，分配樹穴位置，用鬆碎坭土填平樹穴，將枝條直挿入樹穴。挿入之深度為一呎，四周舂實，另以坭土堆高，使成土堆形，中有小窩，使易於灌溉。此種方法，係栽培挿枝成數最高之樹種，能直接定植，節省時間與工作之良法。插枝後一個月廼至二個月，枝葉繁榮，三年後綠葉成陰矣。

關於栽培榕樹為路樹者，尚有一種特別方法。本來植物之枝葉係向上性，根為向下性，此係器官與組織及向陽性使然。惟榕樹既可以挿枝，復可以倒挿者。若以之為路樹而倒挿，則將來樹勢不甚過高，而樹冠上之枝條可婆娑成半圓形，較爲美觀也。

（二）路樹之管理

路樹之管理，係包括路樹之保護問題。除特種路樹，不必須要任何形式爲保護工具外，普通路樹，必須經過長期間之保護，始可達到目的。

甲·路架之設置　路樹定植後，爲支持生長防止侵害起見，特設樹架。樹架之形樣，以三柱架爲最普通。至樹幹直徑達到五六吋以上時，然後可以撤去。樹架之高度，通常以高於樹身三份一或四份一爲限度。

乙·灌溉與施肥　路樹之施肥係屬于例外，惟郊瘦瘠土壤，或沙礫過多之土壤，難於生長者，始可以言施肥，蓋路樹之施肥，常使生長過盛，超出需要之範圍也。施肥之法，最利便加入客土或腐植較多之土壤爲宜，其他施用特種肥料者，實不多觀。至於灌溉工作，在定植後三年內爲必需工作，三年後根之生長較深，則以次減少。

丙·樹冠之修剪　路樹之作用既前述矣，然美觀的條件，端賴乎修剪之工作，玆分項如下：

修剪之時期　路樹定植時，減少枝葉以防蒸發過盛，同時決定其形勢，此爲第一期。及第二年後每年於秋末冬初施行剪削，此爲第二期。第二期剪枝每年又可分爲二次，第一次在春夏之交，剪除過密枝葉與陰生枝葉。第二次在秋末或冬初，剪除蟲害枝條，及修飾其形勢。

路樹之形勢，本屬專章之論，本篇祗舉其名目而已。最普通者為半圓形，亦路樹生長最普通之自然形式也。在郊外馬路或路面較濶之路樹宜規定此種形式。其次為圓錐形路樹，除特別路樹如松柏之用，為紀念樹外。可順應其自然形勢，畧加修剪，便成圓錐形。其他如塔形，四方錐形，圓柱形等，皆適應於風景配設而需要者，或根據樹性而順應自然者，總之路樹形式，以順應自然，畧加人工修飾為主，不必過於強求，蓋選擇品種已詳述於前，人工修飾不過補救方法之一種而已。

丁．病害蟲之免除 路樹之敵害，除人畜及風雨之為災，係不能預定，宜隨時防範制止或事後補救外，病害蟲之免除，係一種預定工作。凡已患部份應用人工。藥劑治之。至平時對於管理上宜加注意者如下：

剪枝時之注意 剪削枝條之普通弊點，為破損樹皮，切口不齊，最易使傷口發生霉爛，病菌可以叢生。故遇有切口，宜即切為平滑，次則以他油或士敏土塗掃塞平，以保護而防範之。

蘚苔類之剷除 蘚苔附着于樹之枝幹。或基幹，妨碍樹皮之生長，聚集病菌害蟲，宜洗刷剷除，或在基綫部份塗白灰。

鹽油類污水之害 遴近樓房人烟稠密之道路，路樹樹穴。每受庖厨中棄置鹽油污水，足令路樹枯死，或殘害其一部份，凡住宅區及工商業區之路樹，所最宜防範者也。

塵埃煤烟之侵害 工商業區域之路樹，最宜為塵埃及煤烟所侵害。濶葉樹則受害則更甚焉。宜規定時間洒水噴射，或因風向而選擇樹種，以避免煤烟之瀰漫。塵埃煤烟之爲害，可使路樹發黃葉病，枯葉病，及煤烟病，復阻碍其呼吸蒸發作用也。

（三）廣州市路樹調查表

上述路樹之栽培與管理，僅就普通要點而言，俾路樹之需要，可以普及于一般民衆，而爲城市建設之小補助而已。至於廣州市之路樹，係逐年增植，形式種類，甚不一致，其實在情形，想亦讀者所欲詳悉，因附表于後，以供參攷焉

廣州市各馬路路樹調查表（民國二十一年前）

路名	路樹總數	路樹種類	每種株數
蓮塘路	100	石栗	110
應元路	150	有加利	150
鎮海路	20	榕	20
維福路 長庚路	共351	細葉榕	351
多寶路	461	銀華	227
		石栗	234
六二三路	128	細葉榕	58

		石栗	32
		橙	38
越秀北路	176	細葉榕	176
德宣東路	165	銀樺	55
		有加利	101
		石栗	5
		梧桐	4
德宣西路	122	銀樺	114
		槐	2
		橙	2
		栗石	4
政法路	46	銀樺	46
吉祥路	13	石栗	67
		細葉榕	136
		金合歡	6

		有加利	4
白雲路	266	細葉榕	83
		黃槐	63
		紫荊	28
		有加利	5
		相思	82
		桄榔	2
		葵	3
倉邊(小北)路	152	石栗	106
		楹	46
東川路	42	細葉榕	39
		有加利	3
大東路	61	細葉榕	61
百子路	111	銀合歡	37
		有加利	19

		黄槐	35
		相思	8
		秋風	2
		紅豆	10
沙河路	640	細葉榕	501
		大葉榕	56
		有加利	42
		木棉	3
		合歡	37
		龍眼	1
長堤	242	細葉榕	234
		大葉榕	7
		秋風	1
維新路	154	石栗	122
		橙	32

維新東橫路	16	銀華	16
惠福路	339	細葉榕	203
		大葉榕	62
		石栗	51
		相思	8
		有加利	7
		黃槐	2
		橙	4
		銀華	2
西村公路	411	石栗	220
		有加利	29
		銀華	13
		細葉榕	66
		大葉榕	17
		金黃橙	66

白雲樓	80	細葉榕	66
		相思	11
		金黃橙	3
東山模範住宅區	335	銀華	208
		有加利	127
中山公路	98	相思	86
		有加利	9
		橙	3
禺山路	65	細葉榕	16
		森	12
		黃槐	1
		梧桐	2
		石栗	34
烟敦路	6	細葉榕	2
		森	4

越秀中路	58	細葉榕	25
		相思	33
恤孤院	19	陰香	8
		紫荊	4
		石栗	2
		白槐	4
		膠樹	1
瓦窰街	6	石栗	2
		有加利	4
龜崗南	23	大葉榕	5
		合歡	18
廟前路	10	合歡	10
啓明路	31	楠木	4
		紫荊	4
		有加利	6

		夾竹桃	4
		秋風	1
		石栗	12
造幣廠前路	58	細葉榕	58
造幣廠左馬路	70	細葉榕	70
黃華塘路	8	細葉榕	8
教育路	51	有加利	51
黃大路(近一二巷)	75	有加利	75
廣仁路	16	石栗	16
廣衞路	27	石栗	27
合計	5282		

民國廿一年新植路樹一覽

路名	株數	樹種	株數
執信路	280	石栗	280
越秀南路	221	米樹	221
維新路	47	米樹	47
保安局至水上游藝會	211	米樹	211
西村車站至工場及增步	519	米樹	519
中山路	3000	銀樺	3000
北郊公路	919	米樹	919
廣花公路	1130	米樹	1130
跑馬場路	156	銀樺	156
越秀中路	91	米樹	91
登峯路	1330	銀樺	1330
蜆売岡路	112	石栗	112

鋼筋三合土梁鋼筋絡排列計算方法

梁啓壽

吾人設計鋼筋三合土梁，若其單位剪力超出三合土能抵抗者，則必須屈斜軸筋，或排列鋼筋絡，以抵其過大剪力。在各教科書中，均無詳細之解釋，或較簡易之方法，尤其是對於梁中有集中載重，或其他特種載重之樑，鋼筋絡之排列無一定方法及公式。下列之公式及方法，乃根據吾人實際採用整齊之排列距離而定者。

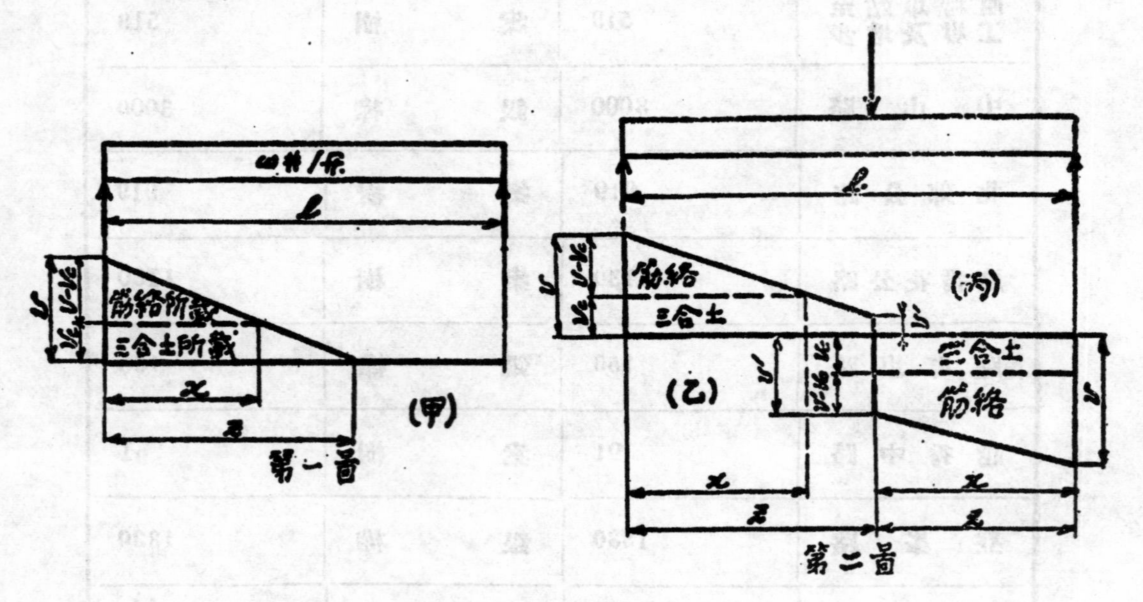

因梁之載重不同，其剪力圖可分為三種（甲）種

爲梁全部受均等載重之情形，（乙）種（丙）種爲梁受集中重量，或其他特載重之情形。

設以　z ＝由支持面至單位剪力爲零之點,或單位剪力正負轉換之點。

x ＝由支持面至不須鋼筋絡之點。

y ＝離支持面之任一距離。

v ＝在梁兩端之最大單位應剪力。

v' ＝離支持面 z 長度梁之單位應剪力。

v_1 ＝離支持面 y 長度梁之單位應剪力。

v_c ＝三合土本身能抵坑之單位應剪力。

s ＝在梁端鋼筋絡所限之排列距。

s' ＝在 v' 點鋼筋絡所限之排列距。

s_1 ＝在 v_1 點鋼筋絡所限之排列距。

（甲）種剪力圖　依美國三合土聯合委員會之規定，須假定在梁中點之單位剪爲兩端最大單位剪力之四份一。故

$$x=\frac{2}{3}l\left(\frac{v-v_c}{v}\right)\cdots\cdots\cdots\cdots(1)$$

（乙）種剪力圖　依圖中之相似三角形故

$$\frac{v-v'}{z}=\frac{v-v_c}{x}$$

$$x=\frac{z(v-v_c)}{v-v'}\cdots\cdots\cdots\cdots(2)$$

（丙）種剪力圖　$x=z$ $\cdots\cdots\cdots\cdots(3)$

在各種教科書中得知

$$s=\frac{A_s f_s}{b(v-v_c)}\qquad s_1=\frac{A_s f_s}{b(v_1-v_c)}\qquad s'=\frac{A_s f_s}{b(v'-v_c)}$$

11161

在此等式中，可知 s（或 s_1，s'）之數值愈大，則 v 之數值愈小，故 s 與 v 成爲反比例。如下兩圖所示，第三圖爲（甲）及（乙）兩種剪力鋼筋絡距離圖。第四圖爲（丙）種剪力鋼筋絡距離圖

（甲）（乙）兩種絡距　　　　（丙）種絡距

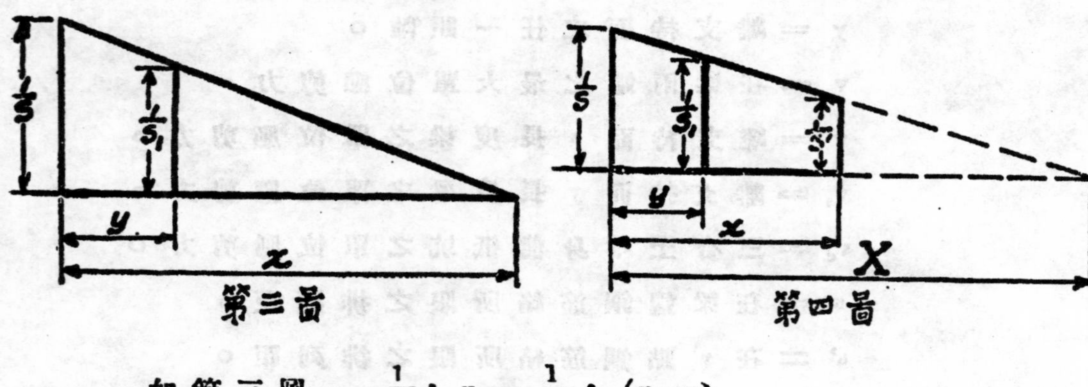

如第三圖 $\frac{1}{s} : x = \frac{1}{S_1} : (x-y)$

$$y = x\left(1 - \frac{S}{S_1}\right) \quad \text{(4)}$$

如第四圖 $\left(\frac{1}{S} - \frac{1}{S_1}\right) : y = \left(\frac{1}{S_1} - \frac{1}{S'}\right) : (x-y)$

$$y = \frac{XS'(S - S)}{S_1(S' - S)} \quad \text{(5)}$$

試延長第四圖上下兩線令底邊長爲X則

$$\frac{1}{S} : X = \frac{1}{S'} : (X-x)$$

$$X = \frac{S' x}{S - S} \quad \text{(6)}$$

依同理 $X = \frac{x(V - V_c)}{V - V'}$ (7)

故 $y = X\left(1 - \frac{S}{S_1}\right)$ (8)

實際上，吾人所用之排列距S_1常係一定之整數，故若依式先求S及x或X各數，則可用上列各式求S_1排列距須離支持面之y距。

設如第五圖，受均等載重之梁，梁端之最大兆剪力爲26000磅，梁之寬度b＝11吋，梁之受力深度d＝22.5吋，其純支距爲21呎，若用三分圓（3/8"ø）企鋼筋絡，則其排列距之設計方法如下，（$f_s=16000$，$v_c=40$）

$$v=\frac{26000}{11\times0.875\times22.5}=120\text{ 磅/吋}^2$$

$$\text{依（1）式}\quad x=\frac{2}{3}\times21\left(\frac{120-40}{40}\right)\times12=112\text{ 吋}$$

$$s=\frac{16000\times.22}{11\,(120-40)}=4\text{ 吋}$$

$$\text{若}\quad S=5''\ \text{則須離支持面}\quad y=112\left(1-\frac{4}{5}\right)=22.4''$$

$$\text{若}\quad S=6''\ \text{則須離支持面}\quad y=112\left(1-\frac{4}{6}\right)=37.3''$$

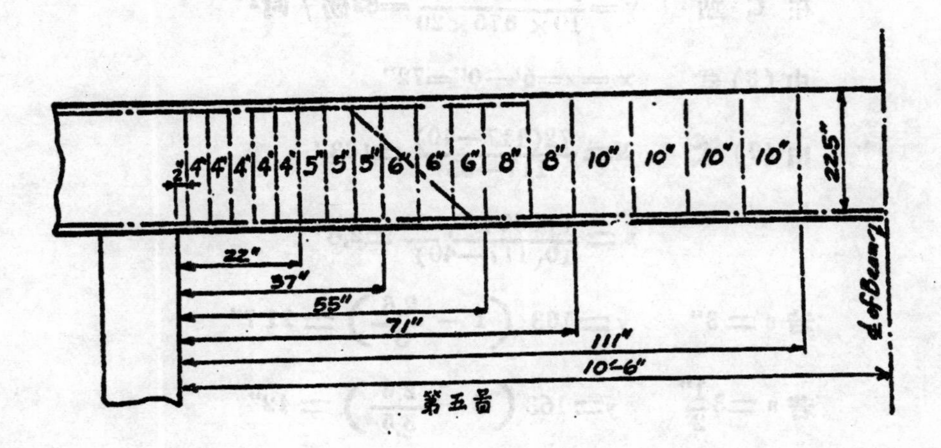

第五圖

$$\text{若}\quad S=8''\ \text{則須離支持面}\quad y=112\left(1-\frac{4}{8}\right)=56''$$

若 $S=10$ 則須離支持面 $y=112\left(1-\frac{4}{10}\right)=67.2''$

限制最大之 $S=0.45(22.5)=10.2''$

設如第六圖為16呎純支距之梁，此梁每呎1000磅之均等重量，及載一集中重20,000磅如圖，$b=10$ 吋，$d=20$ 吋，若用四份之一英吋方形鋼筋U格，則其排列距之設計方法如下。

梁右端之共剪力 $V=\frac{20000\times6}{16}+\frac{1}{2}\times16\times1000=15500$

梁左端之共剪力 $V=\frac{20000\times10}{16}+\frac{1}{2}\times16\times1000=20500$

在集中重左之共剪力 $V=20500-6\times1000=14500$

在集中重右之共剪力 $V=14500-20000=-5500$

(甲)設計由A至C之鋼格排列距

在A點 $v=\frac{20500}{10\times.875\times20}=117$ 磅/吋^2

在C點 $v'=\frac{14500}{10\times.875\times20}=83$ 磅/吋^2

由(3)式 $x=z=6'-0''=72''$

由(7)式 $X=\frac{72(117-40)}{117-83}=163''$

$s=\frac{16000\times0.125}{10(117-40)}=2.6''$

若 $s=3''$ $y=163\left(1-\frac{2.6}{3}\right)=21.7''$

若 $s=3\frac{1}{2}''$ $y=163\left(1-\frac{2.6}{3.5}\right)=42''$

若 $s=4''$ $y=163\left(1-\frac{2.6}{4}\right)=57''$

若 $s=4\frac{1}{2}''$　$y=163\left(1-\frac{2.6}{4.5}\right)=69''$

（乙）設計由 C 至 B 之排列距

在 C 點　$v'=\frac{5500}{10\times.875\times20}=31.5$ 磅／方吋

在 B 點　$v=\frac{15500}{10\times0.875\times20}=88.5$ 磅／方吋

由（2）式　$x=\frac{10(88.5-40)}{88.5-31.5}=8.5'=102''$

$s=\frac{16000\times0.125}{10(88.5-40)}=4.12''$

$s=5''$　$y=102\left(1-\frac{4.12}{5}\right)=18''$

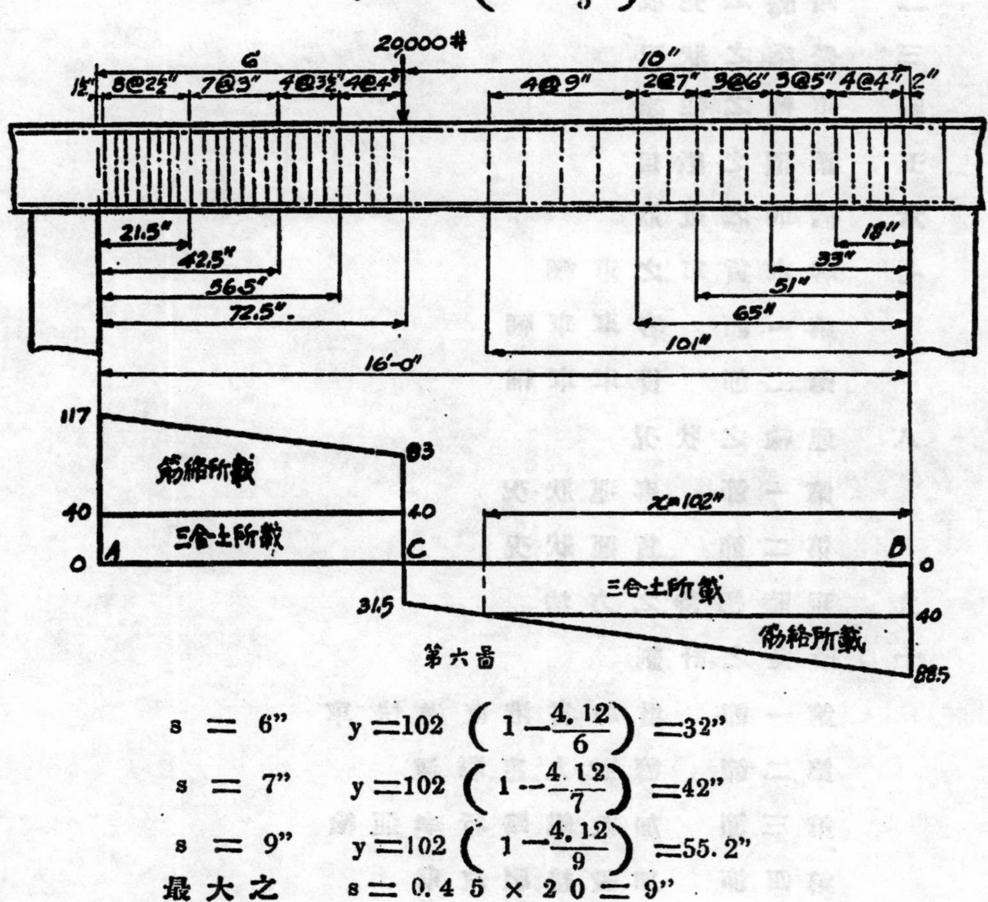

第六圖

$s=6''$　$y=102\left(1-\frac{4.12}{6}\right)=32''$

$s=7''$　$y=102\left(1-\frac{4.12}{7}\right)=42''$

$s=9''$　$y=102\left(1-\frac{4.12}{9}\right)=55.2''$

最大之　$s=0.45\times20=9''$

（計劃及意見書）

廣九鐵路現況及改良計劃

胡棟朝擬

目錄

第五節　改良各站電話桿

第六節　改設三合土電桿

十一　建設之計劃

第一節　加建月台蓬蓋修築車站宿舍

第二節　擴大欄栅範圍

第三節　聯絡公路運輸

十二　將來招徠之計劃

十三　結論　改良之要點

第一節　重訂車利分配

第二節　加開午間快車

第三節　改良深圳站務

第四節　更換廢舊枕木

第五節　改良車站牆欄

廣九鐵路現況及改良計劃

（一）鐵路之位置

廣九鉄路首站，大沙頭，位居廣州市之東，南接九龍，（香港對岸）北迎羊石，中經番禺，增城，東莞，寶安，博羅，等縣所屬地方，延綿一百一十一英里，沿綫設站，凡三十有五，爲全粵交通孔道，對外對內，均甚重要。

（二）路線之完成

廣九鉄路，（下稱廣九或本路）爲息借中英公司債欵國有營業。於前清光緒三十三年七月立約，創辦全路。因與香港九龍接軌故稱華英兩段。華段自廣州之大沙頭，至深圳河之北，計長八十九英里。英段由英租地深圳河之南至香港對岸之九龍，計長二十二英里。各自建築，華段計用毫洋一千三百〇八萬零四十一元，英段計用英金二百五十萬磅，鑿山築橋，經營三載，至宣統二年八月接軌通車。

（三）營業之狀況

廣九通車後,累月經年，幾遭兵燹，車輛車站，機車屢次迭經摧壞。近年積極整頓，今漸見起色。溯自五載以前，卽民國十七年，車利收入爲一百三十八萬九千七百二十九元,續年漸有加增。迨至民國二十一年，是年收入增至二百二十萬六千二百五十元，兩相比較，約增百分之五十九，本年收入，諒必較諸去歲爲多。營業前途洵可樂觀也。茲將最近五年間，營業進欵，列表如下：

第一表　廣九鐵路營業收入表

年分	車利收入	比較數目
民國十七年	一三九萬元	此數作底
民國十八年	一五一萬元	加增百分之九
民國十九年	一六三萬元	加增百分之十七
民國二十年	一八二萬元	加增百分之三十一
民國二十一年	二二一萬元	加增百分五十九

（四）車輛之往來

廣九鐵路，日行列車往來一十二次。廣州九龍間直達快車，上行二次，下行二次。九龍廣州間直達慢車，上行一次，下行一次。華段客車，由大沙頭至石龍，往返各一次。由石龍至深圳，往返各一次。客貨混合列車，由大沙頭至深圳往返各一次。每日各次列車行駛道上，共計一千三百五十六公里。惟清明前後數日,搭客較多,加開專車，臨時酌定，旣云利便行旅而車利收入，亦頗加增，此爲車輛往來之大概情形也。

（五）票價之數目

本路因與英段聯運，直達快車，票價分爲兩種，曰廣幣，曰港幣，廣幣計算者，係華段車輛往港，其票價則以廣幣計算。港幣計算者，係英段車輛來省，其票價則以港幣計算。是以定價不同。由港來省票價，比之由省往九龍票價，約以現時滙水計算，例如由港來省頭等票價，收港幣五元一毛。而由省往港，其票價則收廣幣七元一毛四仙，湊成整數，則爲二毫。故收七元二毫也。

第二表　廣九鐵路票價

省港直逕快車特別價目	由廣州往九龍（廣幣）	由九龍來廣州（港幣）
頭等	七元二毫	五元一毫
二等	四元	三元一毫
三等	一元六毫	一元一毫

往來慢車，頭二等搭客爲數甚少，實際上幾等於零。蓋大半搭客，皆是短程，瞬息卽至，祗求經濟，不計舒適。故本路慢車頭二等票價雖經訂定，亦鮮采用。故頭二等車闕而不掛，茲將三等票價開列於下。

第三表　由大沙頭站至各站三等客票價目表

	站名	票價		站名	票價
1	大沙頭至		2	車陂	二毫半
3	吉山	三毫半	4	烏涌	五毫
5	南崗	六毫	6	沙村	八毫
7	新塘	八毫半	8	塘美	九毫半
9	沙浦	一元半毫	10	仙村	一元一毫半
11	石夏	一元三毫	12	石灘	一元四毫
13	石灑滘	一元五毫	14	石龍	一元六毫半
15	茶山	一元八毫	16	南社	二元
17	橫瀝	二元一毫半	18	常平	三元三毫
19	土塘	二元五毫	20	樟木頭	二元六毫半

21	林村	二元八毫半	22	塘頭夏	三元
23	石鼓	三元二毫	24	天堂圍	三元三毫半
25	平湖	三元五毫半	26	李朗	三元七毫
27	布吉	三元八毫半	28	深圳墟	四元半毫
29	深圳	四元半毫			

（六）機車之近狀

本路機車，其舊有者因頻年軍事運輸，中間一度爲軍事管理處帶調，用久而廢壞。除華段客車堪以拖駛外，直達快車，華段機車之機件，未能適用。前年增置新式機車三輛，雖無中途損壞之躭擱，而英段仍限制拖挂車輛，不使負荷太多。故有時乘客頓增，亦難推廣營業。是以機車不能不從速添購以資行駛也。

（七）客車貨車之車輛

第一節客車車輛：本路客車之車輛，分爲頭二三等，經已先後修改。頭等車廂，原爲房間式，欲求空氣流通，適合南方氣候，改爲座位橫列式。近日應社會需要，更另裝頭等車一輛。舉凡空氣光綫，座位裝飾，風扇，電燈等，莫不事事精良，直與歐西媲美。二等車廂，加設風扇，座位墊褥，增厚彈簧。三等座位，改縱爲橫兩面活動，大爲乘客稱善。且救火救傷、器皿藥品，一一設備。惟客車之車輛總計，僅有三十九輛，時虞缺乏，調度維艱。倘遇軍事運輸，尤爲拮据萬狀。路款支拙，難以添置，鐵路軍輛缺之情形，未有如本路之甚者。

第二節貨車之車輛： 本路貨車計三十噸者，有四十五輛，二十噸者，有二輛，十五噸者，有二十二輛，十四噸者，有二輛，鐵甲車一輛，總計共有七十二輛。分配韓段之內，三十站之多。其不敷調度之情形，與上述客車車輛困難情形無異，此客車貨車之大概情形也。

（八）運輸之狀況

第一節客運狀況： 本路客運，占全路營業百分之八十五，故車利收入，以客運爲大宗。關於此項改善之法，時時積極嚴厲進行。惟本路首站大沙頭，位處東隅，距繁盛商場頗遠。今爲求利便旅客，及與航運爭衡起見，特在市西省港輪船碼頭，商業繁盛之西濠口，加設一站，另備免費汽車，在此接駁下行快車旅客，成績頗有可觀。又查樟木頭站，御接惠樟公路。（樟木頭至惠州往返）爲廣惠兩州交通之樞紐。平山，淡水，博羅，一帶，輸運貨物，皆出其途，且可轉達香港。本路與之聯運，利便交通，自是不少。總計客運，以民國二十及二十一兩年七月分，至十二月分，搭客人數，及收入銀數，互相比較，則廿一年增加人數，百分之十七，增加收入銀數，百分之二十四，此爲搭客運輸之情形也。茲將該兩年六個月內客運人數及銀數，比較統計，開列如第四表。

第四表　廣九客運人數及銀數比較表

旅客等級＼類別＼年份＼月份	民國二十年		民國二十一年	
	七月至十二年		七月至十二月	
	人數	收入銀數	人數	收入銀數
頭等	12,376 人	36,603 元	13,756 人	41,207 元
二等	64,734 人	12,726 元	71,042 人	126,320 元
三等	801,194 人	581,300 人	939,620 人	688,692 元
總計	878,305 人	729,632 元	1024,418人	906,220 元
比較增加百分數目			百分之十七	百分之廿四

第二節貨運狀況：　本路貨運占全路營業十分之一。考其短少之由，計有二端。(一)本路首站遠處於市之東方，而繁華商場則聚於西關一帶。車抵九龍，又須渡江乃能到達香港，運輸較爲隔涉，此其一。(二)本路運費，定價雖廉，終較昂於水運，故營業上未能與他爭衡。前幾經設法招徠、差幸畧有起色。今以民國二十年，及二十一年七月至十二月，貨運噸數比較，今年多而去年少，大約增百分之四。車利收入，則增百分之廿四。茲將比較表開列於后。

第五表　廣九貨運噸數及銀數比較表

年份 / 月份 / 貨物類別	民國二十月		民國二十一年	
	七月至十二月		七月至十二月	
	噸數	銀數	噸數	數銀
農品	13,724 噸	33,895 元	1,880 噸	2,119元
畜類	6•145 噸	23,156 元	11,433 噸	31,857 元
林木	4,748 噸	6,440 元	5,006 噸	7,330 元
礦產	3,041 噸	4,103 元	4,394 噸	20,023 元
製造品	14,387 噸	38,023 元	21,690 噸	71,3.5 元
鐵路材料	4,388 噸	3,091 元	3,906 噸	3,131 元
總計	46,336 噸			
比較增加百分之數目			百分之四	百分之廿四

（九）招待之方法

關於招待搭客一事，除在西濠口設備駁客汽車，以便搭客往來之外。又在大沙頭站上多設脚夫，各穿號衣常備搭客僱用。在客車上，則特派侍役多人，以應途中搭客，招呼西餐，以及茶水之用。車上設備，，所有價目，規定從廉，不能例外苛索。

車務狀況，既如上述，將來策劃整頓，計有「改善」「建設」兩端，茲分別言之

（十）改善之計劃

第一節增加省港直達快車：　近來廣州交通，一日千里。由河北以達河南之鉄橋，現已工峻通車。由市西至石圍塘鉄橋，亦不日興築。郊外公路，與市內馬路，互相聯貫，商業較爲繁盛。且聞中央政府，已規定庚子賠欵一部份，爲本路購置機車與客車之用。趁此時機，加開午車，直達香港九龍往返各一次。屆於省港日船既開之後，夜船未開之前，以便行旅，而挽航利。其理由有四。

（一）現在情形　廣九鉄路英段總理來信云，來示所擬於每星期六多開快車一度，以目下搭客情形而論，逢星期四五六等日搭客必然增多，雖車輛掛至十三輛之長，亦覺擠擁不堪云云。現在情形客多車少，此由事實上而觀察，宜加添快車者其理由一也。

（二）比較車利　查去歲廿一年三月一日至十日，三等搭客共有一萬一千二百三十四人，車利收入共得二萬五千九百七十九元。而今歲廿二年三月一日至十日，三等搭客共有一萬一千七百五十六人，車利收入共得二萬九千九百九十四元。按此而論，則搭客每百加增百分之四又六五，車利收入每百加增百分之十五又四五。搭客加多，車利自厚。由此紀錄上觀察，宜加添快車者其理由二也（見第六表）。

廣九鐵路搭客車利收入比較表 (下行快車)

第六表

月日	民廿二年 搭客數目 頭等 $7.20	二等 $4.00	三等 $1.60	共銀毫 C $	民廿一年 搭客數目 頭等 $6.00	二等 $3.40	三等 $1.40	共銀毫 C $	顏色比較 增數黑 減數紅 搭客數目 頭等	二等	三等	共銀毫 C $
三月												
一號	39	161	1113	2705.60	28½	205	1079½	2379.30	10½	44 紅	33½	326.30
二號	35	185½	1117½	2782.00	36	196	1134	2470.00	1 紅	10½ 紅	16½ 紅	312.00
三號	60	181	1057½	2848.00	45	23[illegible]½	1118½	2704.20	6	58½ 紅	61 紅	143.80
四號	63	228½	1128	3152.40	68	217½	1173	2789.70	5 紅	6	45 紅	362.70
五號	80	232½	1534½	3961.20	54	238½	1108	2686.10	26	6 紅	426½	1275.10
六號	43	195½	1183½	2985.20	73	243½	1409½	3239.20	30 紅	48 紅	226 紅	254.00紅
七號	32½	200	1145½	2866.80	29	233½	1199	2646.50	3½	33½ 紅	58½ 紅	220.30
八號	43	191	1071	2787.20	29	177½	961	2122.90	14	13½	110	664.30
九號	37½	192	1158	2890.80	44	204½	1005	2366.30	6½ 紅	12½ 紅	153	524.50
十號	47	170	1248	3015.20	55½	228½	1046½	2575.00	8½ 紅	58½ 紅	201½	440.20
	480	1 32	11756½	29994.40	471	2184	11234	25979.20	9	252 紅	522½	4015.20
								百分數	1.91%	11.53% 紅	4.65%	15.45%

（三）營業進欵　查營業進欵，內分七項，（甲）客運，（乙）貨運，（丙）渡船，（丁）電報，（戊）機廠,（已）租金，（庚）雜項，統計十七年營業進欵爲一百三十九萬元十八年一百五十一萬元，十九年一百六十三萬元，二十年一百八十二萬元，卄一年二百二十一萬元。而營業費用亦分六項，（甲）總務，（乙）車務，（丙）運務，（丁）維持，（戊）工務（已）雜費，統計十七年營業用費爲一百五十一萬元，十八年一百四十七萬元，卄九年一百五十二萬元，二十年一百五十七萬元，卄一年一百八十五萬元。盈虧比對，十七年營業虧去一十二萬元，而十八年溢得四萬七千元，十九年溢得十萬三千元，卄年溢得二十四萬五千元，卄一年溢得三十五萬二千元，預計卄二年將必溢得五十一萬四千元。近五年來溢利加增，營業發達，此就紀錄上觀察宜加添快車以應時勢之需求者。其理由三也。（見第七表）

廣九鐵路

營業進支帳目一覽表(民國十七年至民國二十一年)　　第柒表

類別	民國十七年 港銀	民國十八年 港銀	民國十九年 港銀	民國二十年 港銀	民國二十一年 港銀	備考
營業進欵						
進—1 客運業務—旅客	1,112,629.70	1,267,291 24	1,365,947.67	1,522,562.49	1.842,889.37	
進—2 客運業務—其他	20,349.30	25,804.18	16,256.02	30.052.64	29,894.72	
進—3 貨運業務—貨物	223,934.13	189,210.79	208,168.71	215,591.96	280,957.15	
進—4 貨運業務—其他	313.20	163.00	62.00	7,461.95	165.81	
進—5 渡船業務	——	——	——	——		
進—6 電報	——	——	3.68	5.08	1.00	
進—7 總機廠贏利	——	14.87	——	317.26		
進—8 租金	14,634.05	11,787.70	12,099.70	10,892.70	14,190.00	
進—9 雜項進欵	17,868.69	19,851.45	24,374.14	29,911.19	38,189.92	
共計	1,389,279.07	1,514,123.28	1,626,911.92	1,816,795.27	2,206.287.97	
營業用欵						
用—1 總務費	387,728.58	297,852.13	304,981.18	353,542.10	X 406,561.95	X內年終獎金及賞薪共港銀八萬四千六百六十八元八角五分 84,668,85,
用—2 車務費	173,300.12	158,725.07	163,677.83	167,344.56	180,974.57	
用—3 運務費	390,330.72	330,579.81	352,884.31	390,910.41	410,516.05	
用—4 設備品維持費	295,805.71	287,041.04	280,513.61	304,603.83	399,952.81	
用—5 工務維持費	344,978.31	389,548.42	419,804.05	353,635.13	452,262.6[illegible]	
用—6 互用車輛	17,981.76	2,916.38	1,737.28	3,007.16	3,625.35	
共計	1,510,125 20	1,466,662 85	1,523,598.26	1,573,343.19	1,853,893.42	
盈或虧 盈黑色 虧紅色	120,396.13 紅	47,460,38	103,313.66	243,452.08	352,394.55	

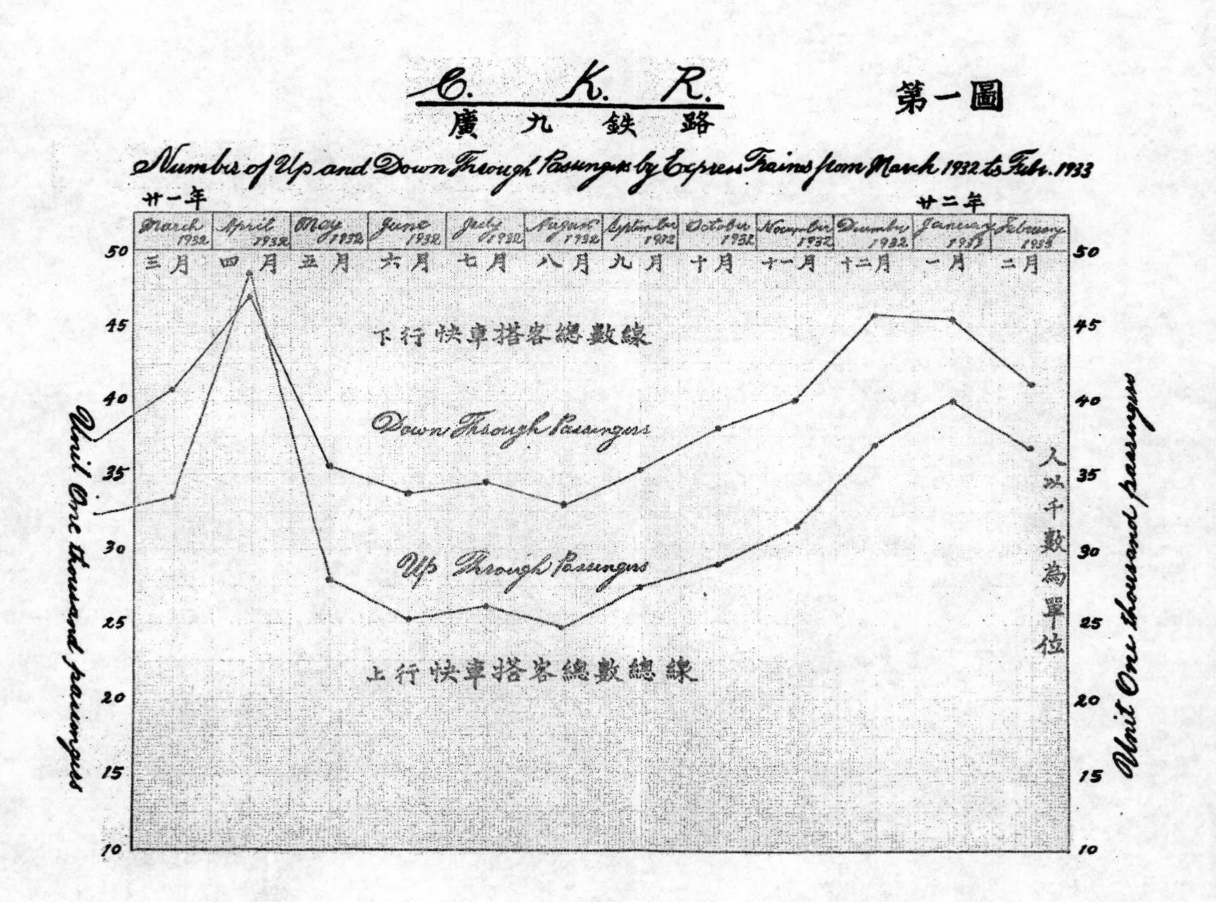

C. K. R.
廣九鉄路
第一圖
Number of Up and Down Through Passengers by Express Trains from March 1932 to Febr. 1933
廿一年
廿二年
March 1932
April 1932
May 1932
June 1932
July 1932
August 1932
September 1932
October 1932
November 1932
December 1932
January 1933
February 1933
三月
四月
五月
六月
七月
八月
九月
十月
十一月
十二月
一月
二月
50
45
40
35
30
25
20
15
10
下行快車搭客總數線
Down Through Passengers
Up Through Passengers
上行快車搭客總數總線
Unit One thousand passengers
人以千數為單位
Unit One thousand passengers

（四）下行車線　由香港之九龍站開行，沿綫而上廣州之大沙頭站謂之上行車。由大沙頭站開行，沿綫而下至九龍站謂之下行車。本路客運多而貨運少，且客運營業，又有旺月淡月之分。每年之中，以四五六月爲淡月，搭客往來較少。由八月起至十二月，又由下年一月至三月爲旺月，搭客較多．而以清明前後搭客往來尤盛。玆就去年統計，由二月起至今年二月止，每月搭客往來總數，列爲第八表,第九表，繪成上下行車搭客總數線，見第一圖。以及客運每月收入總數表(見第十表及總數線第二圖)。搭客之增加，圖線之高下，一目了然，瞭如指掌。且今年廿二年二月之搭客，比之去年廿一年二月之搭客，加增四千四百餘人。此就統計上觀察，宜加添快車，以應時勢之需求者，其理由四也，(見第八第九表第一第二圖)。

廣九鐵路下行快車搭客總數（由大沙頭至九龍）第八表

月份	頭等	二等	三等	總數	備考
廿一年二月	1,319½	5,531½	30,486½	37,337½	
三月	1,465½	6,807	32,683	40,975½	
四月	1,495	6,888	38,641	47,024	
五月	1,253	5,734½	28,765½	35,753	
六月	1,187½	5,687	26,987½	33,862	
七月	1,221½	6,077½	27,266½	34,565½	
八月	1,203½	5,606½	26,271½	33,081½	

九　月	1,276½	5,886	28,128½	35,291	
十　月	1,388	6,339	30,365	38,152	
十一月	1,484½	5,472	32,867	39,823½	
十二月	1,451	5,734½	38,675½	45,861	
廿二年一月	1,469½	5,818½	38,154½	45,642	
二　月	1,253	5,346½	34,838½	41,438	

廣九鐵路上行快車搭客總數（由九龍至大沙頭）第九表

月　份	頭　等	二　等	三　等	總　數	備考
廿一年二月	761　人	5,125½　人	26,463　人	32,34[illegible]½　人	
三　月	995½　人	5,779　人	26,481　人	33,255½　人	
四　月	1,087½　人	6,024　人	31,620　人	48,519　人	
五　月	785　人	5,104½　人	22,170　人	28,059½　人	
六　月	620½　人	4,368　人	20,279　人	25,267½　人	
七　月	736½　人	4,709½　人	20,809　人	26,255　人	
八　月	776½　人	4,510　人	19,551½　人	24,838　人	
九　月	776　人	4,750　人	22,039½　人	27,565½　人	
十　月	807½　人	5,052　人	23,209　人	29,068½　人	
十一月	902　人	4,408　人	26,371½　人	31,681½　人	
十二月	930½　人	4,499　人	31,624½　人	37,054　人	
廿二年一月	898½　人	4,914　人	34,385½　人	40,198　人	
二　月	772　人	4,350½　人	31,655　人	36,777½　人	

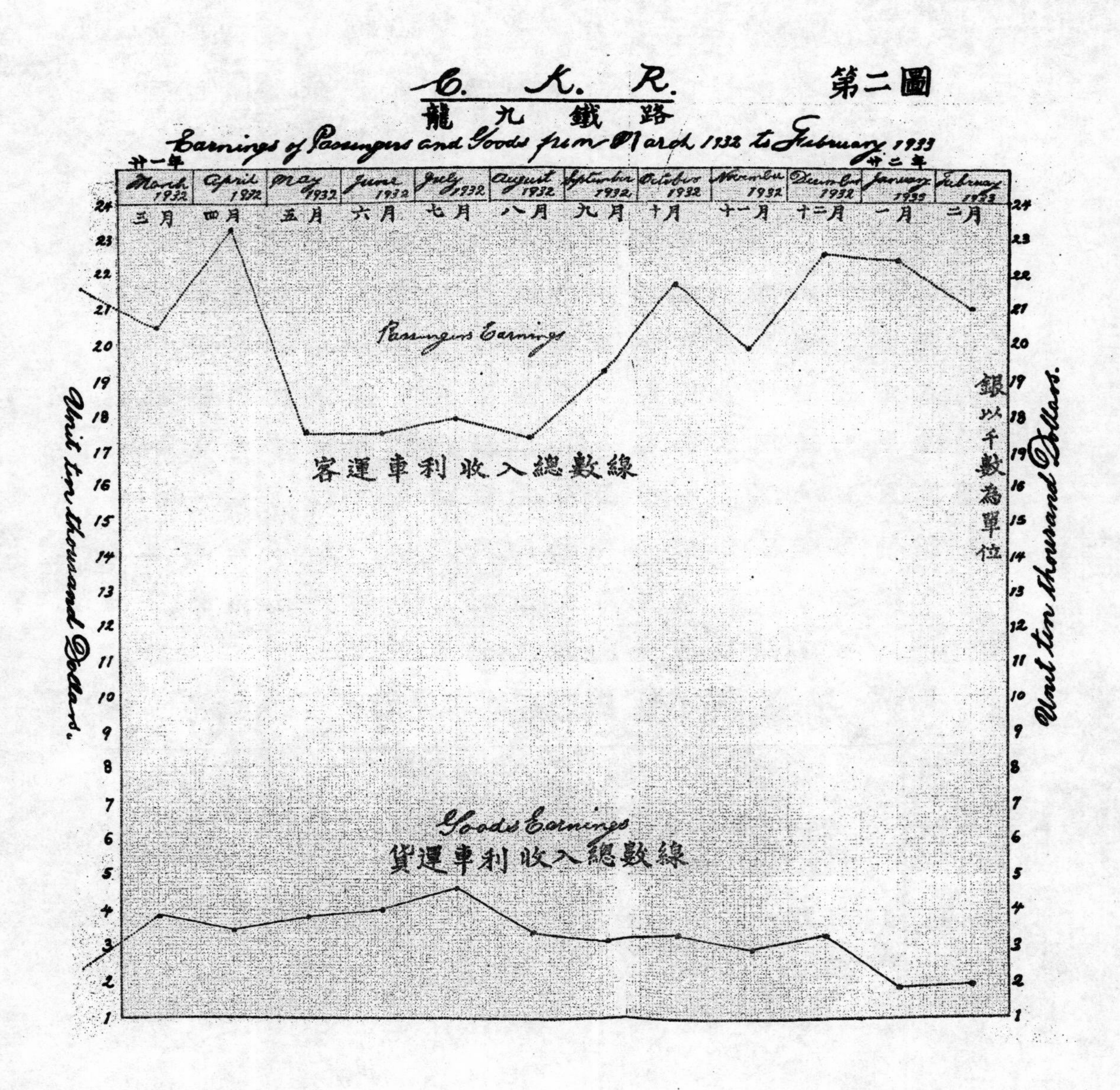
C. K. R.
第二圖
龍九鐵路
Earnings of Passengers and Goods from March 1932 to February 1933
廿一年
廿二年
March 1932
April 1932
May 1932
June 1932
July 1932
August 1932
September 1932
October 1932
November 1932
December 1932
January 1933
February 1933
三月
四月
五月
六月
七月
八月
九月
十月
十一月
十二月
一月
二月
Passengers Earnings
客運車利收入總數線
Goods Earnings
貨運車利收入總數線
Unit ten thousand Dollars.
銀以千數為單位
24
23
22
21
20
19
18
17
16
15
14
13
12
11
10
9
8
7
6
5
4
3
2
1

廣九鐵路搭客車利收入總數 第十表

月份	搭客收入	貨運收入	總數	備考
廿一年二月	212,601.48	23,741 24	236,342.72	實數
三月	205,968 92	38,556 41	244,525 33	實數
四月	232,095 00	33,819 84	265,914 84	實數
五月	175,461.66	38,134 09	213,595 75	實數
六月	175,165.91	40,464 89	215,630 80	實數
七月	179,461.29	46,495 94	225,957 23	實數
八月	173,569 59	34,860 51	208,430.10	實數
九月	192,720 08	31,275.63	223,995 71	實數
十月	217,538.02	33,754 95	250,792.97	實實
十一月	198,666.22	28,800 07	227,466.29	實數
十二月	225,490.47	33,965.23	259,455.70	約數
廿二年一月	223,646.95	18,076.15	241,723 10	約數
二月	210,305 85	19,077 65	229,383.50	約數

由是言之，客運從每年八月起，加開快車，固然獲利，且便旅行。而由比較上觀察，即由淡月五月間起加開快車，亦未嘗不可獲利，而便旅行。總觀以上各節，爲應社會之需求起見，現已飭本路車務處處長，直接與英段車務處處長商妥，定期由五月六日起，每星期六下午一時，由香港來廣州加開快車一次，每星期日下午六時十五分，由廣州往香港加開快車又一

次。此爲本路最近籌擬加開午車之詳細計劃，及規定日期之大概情形也。

第二節籌設九惠聯運：　本路廣州至惠州，互相聯運，久已實行有效。現復籌備九龍至惠州聯運，以謀進展，而增收入。

第三節加設鐵路行李運輸：　查行李運輸一項，載在路章，一方因辦理細則未備，且無專責之人，一方因路綫短促，旅客多不欲假手他人，代爲輸送，以致鐵路行李運輸，形同虛設。現已從新考慮，訂定辦法，日間切實執行，完成鐵路應有之天職。

第四節加設接駁汽車：　查由九龍至大沙頭，上行各次快車抵步之時。市上營業各種汽車，求過於供，又復車費高昂，誠爲旅客之病。現擬與原有駁客汽車公司，訂立合約，准其在上行各次快車上，發售廉價駁客車票，並加設汽車多輛，依時到首站接駁載往西濠口，予旅客時間金錢之經濟。

第五節改良各站電話綫：　本路各站電話綫，係直通之綫，每於講話時，連帶別處聲音，聽不清楚，現擬改爲接駁綫，庶可直接貫通；而無他綫參雜言語，牽連阻滯。蓋電話爲行車開車，各事之重要原素，苟消息不靈，則直接易生危險，而間接致受損失也。

第六節改設三合土電桿：　本路電桿，原係杉木，日久爲霖雨暴日大風浸蝕，漸次朽壞，而換不勝換。爲一勞永逸之計，擬改設三合土電桿，以期永久穩固，而便電政安全。惟需欵甚鉅，竊恐財力或有未逮，然不可無此計劃也。

（十一）建設之計劃

第一節加建月台遂蓋修築車站宿舍： 查本路車站，除大沙頭總站月台有上蓋一半外，其餘各站均付闕如，日炙雨淋，旅客苦甚。不獨於上落車卡不便，且失觀瞻。玆擬先行完成大沙頭上蓋外，擇要增建各站月台上蓋，以蔽蔭行人。至各站宿舍，多已頹舊，亟應次第重建。深圳一站，為華英兩段交界之點，兩段到達列車，日凡二十七次，直通車次，員司成集，於此交替値班，而該站宿舍陋劣，舍少人稠，旣碍居住上之衛生，復與英段相形而見絀，尤宜提前建築。

第二節擴大欄柵範圍： 各站欄柵，破壞甚多，範圍又復不廣，閒人最易闖入。無票乘車，偸運貨物，在所難免。路警防範，自是不易，站長制止頗覺艱難。故修理欄柵，在所必要。並須另就各站情形，加設鐵柵，將範圍擴大，乃以可與英段齊驅並駕也。

第三節聯絡公路運輸： 本路須設法向各地方，提倡建築横行線公路，以與本路聯絡運輸，杜長途汽車之搶奪，而挽本路之利權。

（十二）招徠之計劃

查海珠鐵橋，開幕以來，交通利便，商務日盛，諒可指日以待。一俟長途汽車本准行駛過橋之時，擬就河南方面附近橋頭之馬路，擇一地點，創設賣票分處，仿照西濠口分處辦法，僱用長途汽車，免費駁客，由河南行駛過橋，直達大沙頭站乘車，以利行旅，而廣招徠。

（十三）結論　改良之要點

詳考廣九鐵路路務之情形，博採局員之意見，其急宜變更改良者蓋有五端。

第一節重訂車利分配：　本路由廣州市大沙頭起，道經石龍常平樟木頭深圳而至香港之九龍，路線共長一百一十一英里，全線分華英兩大段，由大沙頭下行至深圳爲華段，路長八十九英里，由九龍上行至深圳爲英段，路僅二十二英里。若以里程而論。則華段占十份之八，而英段祇占十份之二。但車利之分配，則華段僅占十份之六五，而英段竟占十份之三五，分配之不平孰有甚於此者。此應急宜變更者一也。

第二節加開午間快車：　本路客運多而貨運少，近日開行快車，乘客擠擁，卽在客貨混合車之乘客，亦屬不少。是以多加快車，實刻不容緩之圖。奈車輛缺乏，今雖欲加開午車一次，而車輛缺乏，此應急宜補救者二也。

第三節改良深圳站務：　路務發展，以大沙頭至石龍一段爲多，而近日站務發展，尤以深圳一站爲最速。刻擬先從深圳車站着手改良，此應急於籌備者三也。

第四節更換廢舊枕木：　本路廢舊枕木，雖已更換七成，其餘三成，自應從速更換清楚，庶幾行車安穩。

此應急於從事者四也。

第五節改良車站牆壁欄柵：　本路各站牆壁陳舊，欄柵枯朽，殊碍觀瞻，此應急於改良者五也。

以上五點，均關重要，除第一點，中英車利之分配，因事關修約，容另訂辦法，呈請省政府核准，再與英段妥商辦理外，至第二點，添購車輛，自爲目前最急之務。現擬借款購車，計加開快車二次，需用機車三輛，客車十二輛，機車，需款四十二萬元，客車，需款三十八萬，加以借款利息，約十萬元,合共需款九十萬元。預料每日加開快車一次，可加收車利一千五百元，加開快車二次，可以加收車利三千元。如以每日車利五百元，作爲還本及給息之用，則五年之內，便可清還，車輛均爲我所有矣。且每日尙多出一千元之車利，以爲改良路務之用，是一舉而兩善矣。惟未借得款項以前，急欲先行加開快車，日前已與英段商妥，擬先向其借用車輛，援照歷年清明時節，添加快車之辦法，亦經英段工程司，函復允許照辦，刻正籌備實行。至本路前因向中英公司借款，築成斯路，是以該公司有優先借款之權，擬先向該公司籌商，以期實現。至第三點發展站務，刻因應付深圳目下之環境，自應在該處，先行着手，收回深圳車站，路傍租出之餘地，及路有魚塘，俾便建築站傍軌綫，及儲煤貨倉，以謀建設。第四點更換枕木，業已趕緊進行，務期早日完成，用新路政。至第五點修繕站舍，現擬添補各站缺乏之欄柵，將各站房所，從新粉飾，站外餘地栽種花草，以壯觀瞻，路傍餘地，增種樹木，俾資庇蔭。其餘興革諸務均當次第施行，此則廣九鐵路改良計劃之大概也。

工程瑣聞

籌築五省鐵路之進行

西南政務會以粵桂川滇黔各省唇齒相依，爲謀貫通五省交通，繁榮工商事業，並促政治之進展計，曾倡議建築西南五省鐵路，此事經籌議多時，大致已與各該省商妥辦法，準備實施，聞其建築路計劃係分期實施，第一步興築自三水至賀縣一段，第二步興築自賀縣至柳州一段，第三步興築自柳州至貴陽一段，第四步則興築自貴陽至重慶一段，至由貴州迄昆明一段如何興築尚在規劃中，現粵桂兩省當局對於第一步築路工程已在積極進行中。

廣州市工務局擬築小北渠道之計劃

本市本北街道，地處低窪，每過大雨，發橋一帶，多被水浸，自工務局將全市渠濠一度整理後，水已暢流無阻，現更按照建築渠道計劃，在小北區內築成豪賢街大渠，其天官里雅荷塘，大石街，天香街及淵家大街飛來廟附近各街，渠道，亦已分別規劃，即日開築，將來各大渠完成後，水量自能向東濠宣洩，至原日潼關口大渠，祇用以宣洩法政路局部水量，惠老院旁濠涌亦已規劃闢寬，以利水流，此後小北一帶街道，可永無慮淹浸成災云

改善廣州市東堤南堤發展計劃之商榷

李文邦

（一）城市發展優劣之分別

（二）城市發展應受政府之監督及支配

（三）東堤南堤有改善之需要

（四）東堤南堤有改善之可能

（五）東堤南堤衰落之原因

（六）改善東堤南堤之計劃

（七）改善東堤南堤對于廣州市之利益

（八）結論

（一）城市發展，各因其歷史之不同，地理之差異，與乎社會經濟之狀況而有分別。今固勿論其發展之因果如何，但總可由其發展之表相觀察之。凡發展優良者必有良好之表徵。不然者，難免惡劣之現象。所謂良好之表徵者，即城市各部份皆有相當發展，無處不享公安衛生交通之利益，無處有發展太過或缺乏之弊。所謂惡劣現象者，即畸形發展，或發展欠缺是也。畸形發展，乃一部份過量發展，或一部份完全廢棄之謂。其結果，必爲一不經濟之情狀。蓋過量發展之部，則地價高漲，負担綦重，完全廢棄之部，則棄地荒塲，一無用處，亦即所謂發展欠缺也。

（二）城市之本體，乃人民共同營謀良好生活之地。而城市之政府，乃管理此地方，使其人民有良好之生活者也。故城市之發展,政府應隨時監督及支配之。古代城市，對于發展方面,一任自然，不加限制，循至街道零亂，樓宇參差，地方垢穢，秩序不寧。近世主市政者，有鑒及此，乃為城市之計劃，將全市統籌兼顧，以求整個之發展。制定地方用途，樓宇建築等取締條例,以監督之。並隨時隨地考察情形，以調劑方法，使城市各部得相當之發展，以免畸輕畸重。此皆對於市民之生活，大有裨益者也。

（三）廣州市，乃南中國商業之中心，自開闢馬路後。經歷任市政家之建設，暫成為一近代化之城市,曾有長足之進步。但可惜間有畸形發展之憾，不免城市發展之通病。此種情狀，無須作周密之調查，及將各部份為詳細之比較，單就河北堤岸以觀，則瞭然矣。試沿堤由西向東起行，由西堤而長堤，至南堤，迄東堤，則見西堤及長堤，崇樓高閣，繁華燦爛，交通擠擁，其發展為全市之冠，而南堤及東堤，則路面變為垃圾場，糞船密排堤岸，屋宇頹唐，大有荒凉之景。似此堤岸失其效用，城市失其觀瞻，實有改善其發展之需要也。

（四）東堤南堤有改善其發展之需要，已如上述，然則此二處，有改善其發展之可能乎？曰，有。以地位言，東堤南堤，為珠江前航線與廣州交通之咽喉，為裝載起卸之堤岸。由後航線來廣州者，亦可抵達。不過約多三基羅米達耳。水深低於最低水度十五尺，平常來往廣州與三角洲間輪渡滿載時，食水深二，六米達，（即八，五尺）航行灣泊均無阻碍，堤邊柏油馬路亦多，水陸交通，本有便利之可能，其發展當可改善也。

（五）東堤自鶯燕他遷，蜂蝶絕跡後，遂與南堤一同衰落。究其衰落之故，乃因衛生及交通問題。而地方偏僻於一隅，軍事機關尚未遷出郊外，亦未嘗無些少關係。以衛生情形言，現在南堤，乃廣州之垃圾場。垃圾車每日由城中運載垃圾至南堤，而卸諸馬路，然後轉載諸堤邊之糞船上。暴日之下，臭氣薰蒸，經是區者無不掩鼻而過。而涌內污水，蚊蠅孳生，亦有碍於居住之衛生。以交通情形言，因糞船灣泊堤邊，小艇重重停留河面，致輪船無駛近堤岸之可能，而堤岸遂失其交通之效用。此二堤無長途汽車經過，使與城市他部聯絡。涌上橋樑之斜坡，斜度太大，行人及手車，每視此二橋為畏途，故水陸交通，咸感不便。

（六）如欲改善東堤南堤之發展，其計劃可分取締，建設，及徵稅，三方面，茲分述之。

（甲）取締方面：

1. 取締垃圾傾卸路面。
2. 取締糞船灣泊堤岸或停留河面。
3. 取締船艇在離堤岸二百呎內停泊。
4. 取締頹墻，及其他危險不潔建築物。

（乙）建設方面：

1. 填築新堤，使與大沙頭聯成一片。
2. 在新堤邊築碼頭，為輪渡裝卸之用。

3. 在新塡地上，建貨倉：以備貨物，尤其建築材料之儲藏。

4. 開闢此區之一部份，爲建築營業區，而聚市內之建築營業工廠於此地。

5. 塡塞內涌，按照宣洩量之需要建築巨大暗渠，，上築馬路。

6. 拆毀舊橋，改爲馬路。

7. 興築黃埔公路，由東堤向東，經大沙頭而至黃埔。

8. 設長途汽車，經南堤及東堤，以聯絡廣州他部及黃埔。

（丙）徵稅方面：

1. 徵收荒地稅，以促樓宇之建築。

（七）東堤南堤自改善之後，可決其有良好之發展。倘衞生情形遠勝疇昔，交通日見便利，則樓房必與時俱增，地價逐漸起漲。對于城市美觀，城市衞生，城市發展之調劑，均有裨益。而政府由碼頭貨倉土地增加等稅，商業牌照，及其他之收益亦當不少。

（八）結論

以上所述，乃由城市設計方面觀察商權將來之改善發展計劃大綱。至其詳細計劃，建設預算，及收益之估計，則非本篇之範圍，而有俟於市內之建設家矣。

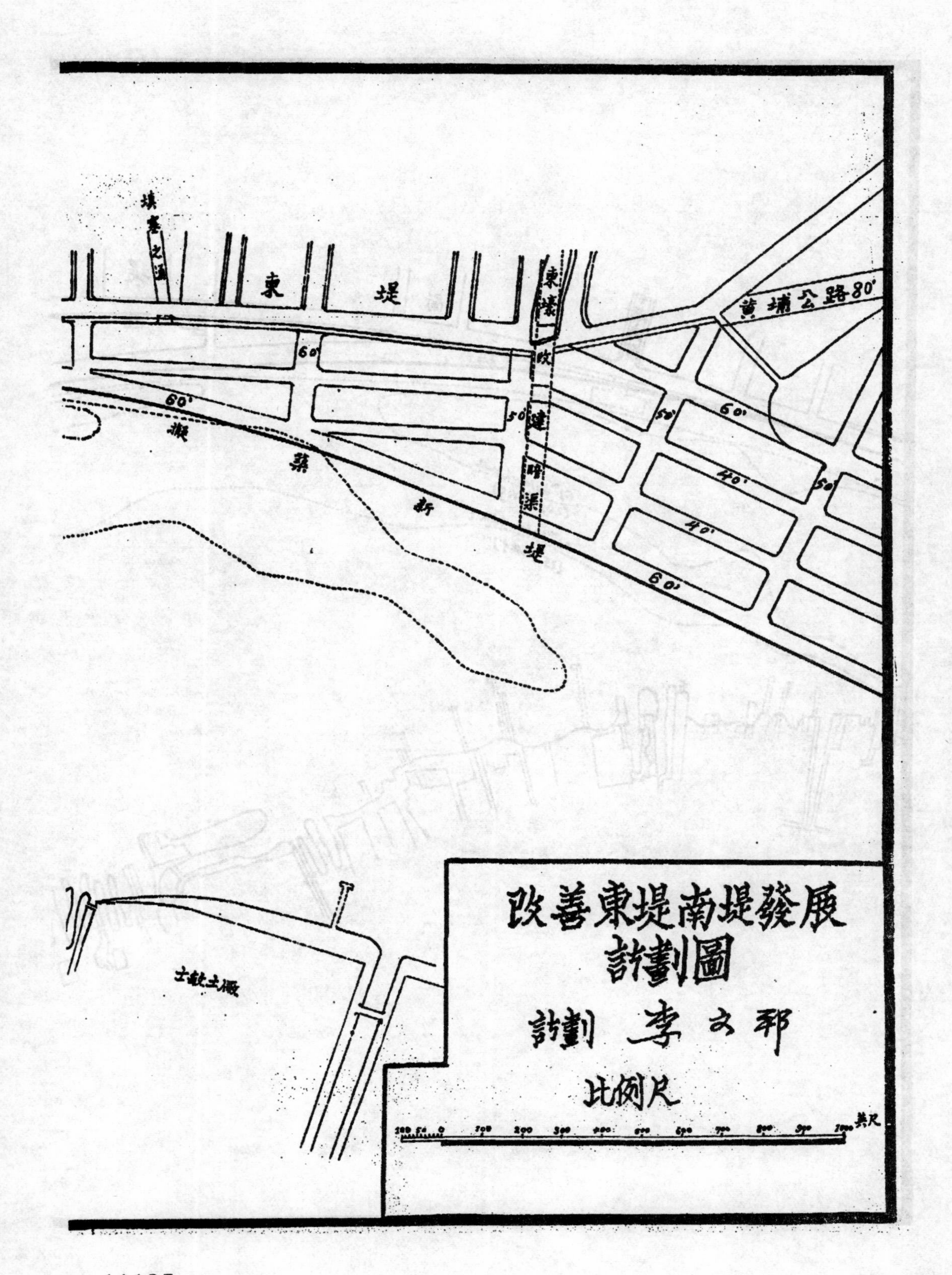
改善東堤南堤發展計劃圖
計劃 李文邦
比例尺
東堤
東濠
改建暗渠
新築堤
黃埔公路80'
60'
50'
40'

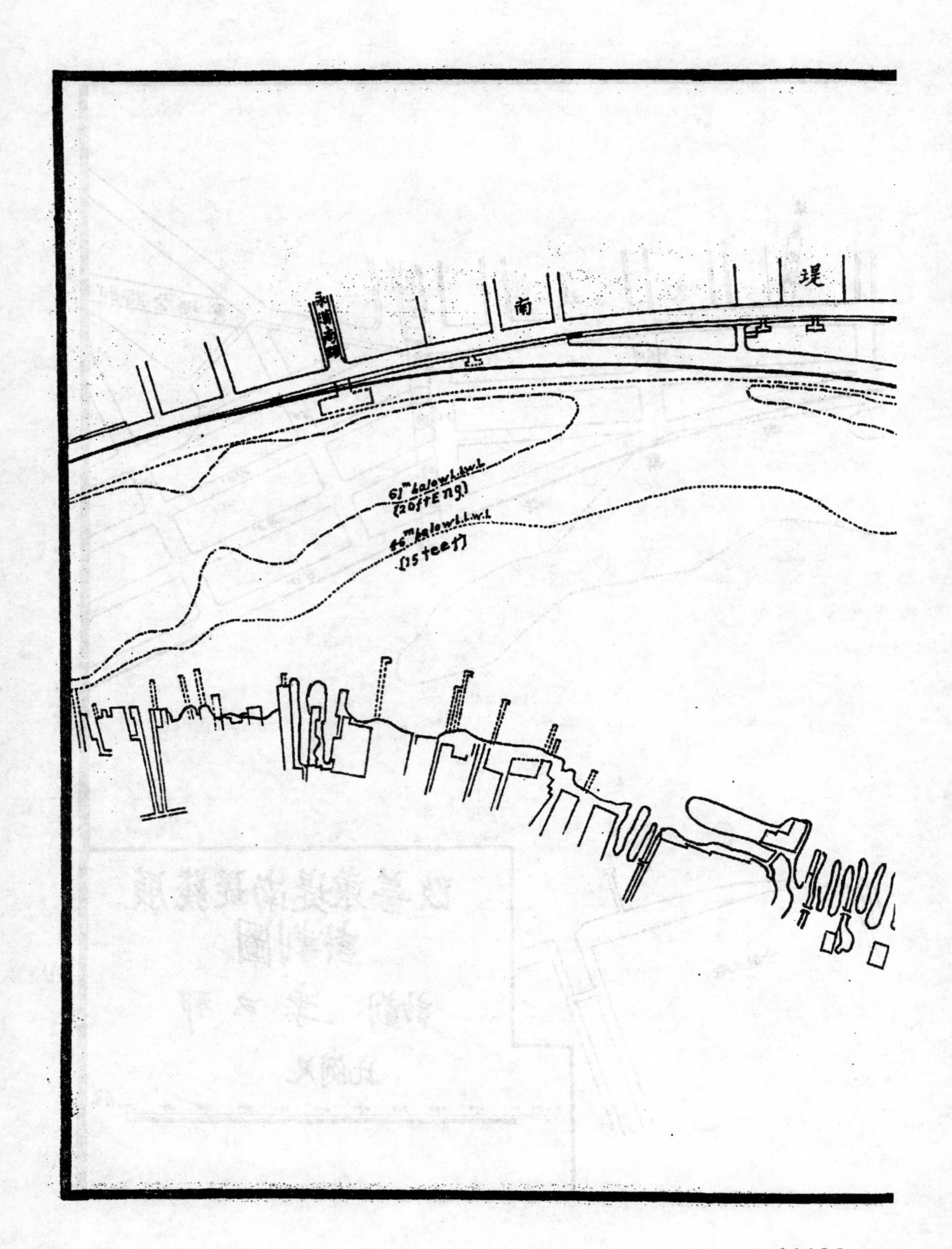
南
堤

展拓江門市區及促進物質建設計劃書

譚毓樹

第一章　緒論

建設事業，雖經緯萬端，然促進交通，發展實業，則為今日首要之圖，不容或緩。新會位於南路要衝，商業輻輳，民物殷繁。近年建築公路，改良市政，雖有相當之成績，然對於水運之交通，實業之發展、與及公用事業之進行，尚無幾個計劃。查會城江門北街三埠，均屬新會之精華，而會城困乏水運之關係，已成民居之安樂土。北街一埠，前臨大海，為省港巨輪灣泊之所，出入口貨必經之路，又為新寧鉄路之終站，水陸交通，堪為本邑工業區。江門則向為四邑通商大埠，生意素稱興盛，而自關路築堤與及縣府遷署之後，商業更見繁榮，人口亦因而增加，地狹人稠，求過於供，非拓市區，不足以資容納。觀於商店之頂手價值，日見高漲，魚塘水坑，填築殆盡，此其明証也。且江門河道廣狹深淺不一，游牙坭洲，隨處交义，時有急灘過流之危；次復船舟之灣泊，杉竹排之按放，又無限制，航行多生障害。擬於第一期由沙仔尾起至上淺口止，開鑿新河，盡量拓濶建築宏大碼頭，規定灣泊，并將舊河填塞。酌量正當價值，收用民田，開闢新式模範市區，即在展界之中，建築行政縣府，以應現在之需求。同時亦由會城之東，計劃模範住宅，務使村庄市區，互相貫連，而縣府藉此可得多量之地價。凡百建設，均可進行，誠莫善之舉也。第二期復由江門之東，北街之西，繼續展築，庶幾工商政住各區牽連，建成一新新會。惟是開辦伊始，首須開河與及建築新署，表示進行，則民無觀望，認地自必踴躍，事方速成，際茲縣庫空虛，欵項勢難劃出，擬先將會城江門二處縣府舊址變價，以爲開辦經費，觀於現在之情勢，可共得產價十二萬元。

第二章　計　劃

（甲）展拓江門市區

（1）改善河道　江門河道，由沙仔尾起，至上淺口止，共長八千七百餘呎，成一弓背形。北經文昌廟附近，背向蓬山，航行尤屬困難，故擬另開新河，即將舊河填塞，以廣市區。又在白沙公園，河口再開小河，直出新河，以資流通。計新河比較，短縮一千七百餘呎，航行何等利便。

（2）填地　展界內地，多屬禾田，高低不一，將來開掘新河，即將土方填築，以江門現成馬路高度爲限，其不足之數，及填河土方，均由江嘴村右山坑掘取，運輸亦便，無礙鄉村。

（3）街道　展界東段，因有天沙新河關係，該處道路，多爲長方格子形，其橫過河道，均建鋼筋三合土橋，設計務期美麗耐久，用以點綴市區風景，至與沙仔尾一帶之舊街，均有縝密之設計，務使大道小徑，一氣貫聯。中段定爲行政區域，各幹道總滙之處，特設圓形通衢，以利行車。西段道路，因取光綫之平均，定爲長方格子形，子午偏向南北長而東西短，再貫以斜綫幹道兩條，聯絡全區之交通。各道寬度定爲七十呎，六十呎，五十呎，四十呎四種，汽車馬車人力車,均可來往。

（4）渠道　全區渠道，分爲大陰渠，陽明渠，及邊渠，支渠四種。大陰渠用二呎內徑三合土筒接成，位居馬路中央。明渠分渠面石，渠邊石，渠邊埶底石三部。均用三合土造成，設在馬路兩旁，邊渠係在明渠之下，支渠則在渠井之間，均用一呎內徑三合土筒接成。留砂井及進人井設施，務求稠密，以便清渠而利水流，并在留砂井附近所有邊渠支渠，均造隔氣山筒，防免鼠類之生存。

（5）長堤碼頭　通商大埠,在沿河方面，咸視建築堤岸碼堤，爲惟一要政，以堤岸有保固地盤之功，碼頭有起卸貨物之利，積極建築，非無因也。現在江門沿河至沙仔尾一帶，雖已築有堤岸碼頭，但因河面狹窄，船泊太多，且水勢湍急，有碍航行，擬於新河北岸，展築筋鋼三合土堤墻，規定碼頭位置，所有來往江門較大的船隻，限制灣泊於此，則河道上流，可無船艇梗塞之虞，而展界內亦可因此而益增繁盛矣。

（6）行政機關　現在縣政府，地勢既屬陝隘，地點　又非適宜，外觀全類廟宇，有失莊嚴，令人生一種惰氣。此縣府之亟應建築者一也。辦理政務，貴省時間，節勞力。新會爲一等一縣，政事殷繁，職員亦較別縣爲多，但以辦公地小,不敷於用，故職員多另擇地辦公寄宿，辦理政務，窒礙殊多。若建新署，則公事之會議，計劃之進行，政令之宣布，職員之連絡，統制之容易，既無壅隔停滯之虞，可免跋涉費時之患。此縣府之亟應建築者二也。新會縣府原在會城內，後因奉令遷往江門，地點偏東，人心咸懷不滿，請愿再三，惟格于功令，莫可如何耳。故建署地點，一日不定，人民終懷觀望之心。此縣府之亟應建築者三也。此次展界係在會城江門之間，縣府建築於此地點，較爲適宜。且市區發展，可操勝算。餘如職員宿舍，縣府監倉，江門市黨部，郵電總局，均宜附建於此，務使氣象崢嶸，堅美久遠，以壯市區之雄偉。

7,市場　市場爲供給市民買賣新鮮肉食菜蔬瓜菓等日常食料，場所擬擇適中地點，多設市場，以構造耐久空氣光線流通明亮爲主。

（8）公共貨倉　貨倉爲出入口貨物存儲之所，對于貨物之統計,均有密切之關係。擬在展界東西兩頭，各設共公貨倉一所，使小販商人，均有相當貯貨之所，安心營業，而輪船亦可得隨時裝卸之利。

（9）公園　市區公園，不獨能增進市民之健康，且可以陶養市民之性情，而轉移其不正當之娛樂，於社會教育，關係匪淺，是蓋足以補助教育之不及也。白沙公園，位於展界之北，天沙河之旁，地點適宜，前因人事荒廢，未成壯觀，現擬加意整理，擴大範圍，務求設施完備，以供市民遊玩憩息。

(10)圖書館陳列所　擬在縣府附近，建造圖書館，廣蒐圖書，分別儲藏，以供市民究研學術。館內附設商品衛生兩種之陳列所，一則間接誘起人民振興工商之意志，一則直接增進人民必要之知識。

(11)戲院　展界之東，應擇適當地點，建一平民大戲院，所演劇曲，須合教育上要求，以資感化使市民日趨於正軌。

(12)浴堂　市政之設施，原以增進市民之安全與幸福爲主旨。關於公衆衛生，得以法律助其施行。對於市民個人衛生，舍教育以外,僅賴乎公共浴堂耳。蓋住宅浴室，欲設備完全，爲費頗鉅，既非普通市民所能辦到，亦非社會經濟所宜，且未能遍及於傭僕與一切勞働階級。故公共浴堂之設置，所以供社會之需求。市民因得洗浴之便利，可以增進其健康，減少其疾病，昇高其作工能率。小之有益於其身，大之有益於國家。日本公共浴室，遍地皆是，故其一般市民，顏形壯健，是其明証。至此項建築，擬在展界之中，對於通風採光保溫，務期兼備。其浴器擬採雨浴式。收費　宜從低廉，以便市民，勤于入浴，造成市民清潔習慣，減少市內傳染諸病。

(13)平民宿舍　近年來會城江門，改造市政，開闢馬路，地價日昂，屋租陡起，數倍於前，貧民大受打擊。常見三五成羣，日則彳亍於市中，夜則就寢於騎樓廟角，直等於牛欄馬廐。其影響所及，非僅物質方面，即精神方面，與及市民之死亡率，亦有密切之關係也，故平民宿舍之建築，不容再緩。查展界之西，貼近會城，擬在該處建一宏大平民宿舍一所，以謀臨時之救濟，而圖貧民之樂利，保障人類之道德。

(14)厠所　我國市鎮，對于公共厠所，多不講求，間有設立之處，亦必建築簡陋，不合衛生。擬在展界馬路交义之附近，及公園等處，多設公厠。其構造總以適合衛生爲主旨，外面均有顯明之標誌，雖初到者，亦易於尋覓。

(15)電燈　江門電燈公司，資本有限，內容設置，尙未完備，將來市區展拓，戶口日增，供求比較，不敷懸殊。擬令其逐漸擴充，政府亦宜附股。以現狀論，先付官股十萬元，并應訂定取締條件，以無妨公益爲限。並擬在岡州馬路兩旁，密設電燈，俾沿路宵小，無所遁形，以利行人。

(乙)其他建設

(16)縣立農林蕃殖場　墾荒造林，實爲當今之急務，而模範林場與苗圃，尤爲重要。蓋無模範林場，各鄉人無所借鏡；無苗圃，各鄉林場無樹苗之供給。且新會農物，如水菓蔬菜葵扇木瓜等，素著名聞，若能加以科學方法之栽培，進步應無限量。現擬擇會城北郊場岳王廟一帶山坑，闢爲全邑農林蕃殖場。其屬民有之土地，則由政府收用，或租賃，處以相當辦法，人民自當樂從。該處水分充裕，土壤肥沃，地勢高低，均得其宜，東西北便三面皆山，足防風患，南便空曠，向出圭門，且有岳王廟一所，足爲臨時辦事處。而圭峯山腰，更有玉台古寺，爲新會名勝，重陽佳節，遊客如雲。將來農林蕃殖，數年之後，將見葱葱鬱鬱，倍增風景已。

（17）公醫院　國以民爲本，國民康健，國乃富強。故講求民衆康健，減除人生疾病，實爲國家要政。蓋平民每因智識與經濟能力薄弱之故，每有疾病，祗囿於祖宗傳下的死法子醫治，因此犧牲性命者，不可勝計，民命保障之謂何。此創設完備醫院不容稍緩也。查會城之西，大雲山下，有龍興寺，地方幽靜，林木陰翳，正面朝南，後方左右環抱皆山，堪充全縣公醫院地址。且原有之建築物，均屬公有，附近地畝，亦屬官荒，將來改建，事半功倍，不須多費地價與及填土工程。對於交通亦有公路馬路相接駁，通達全邑，誠不可多得之地址也。

（18）自來水　水爲吾人日用，不可缺少之物，沐浴身體，洗滌器皿，無一不需乎水，而尤以飲用之水，爲最有關係於人身。止渴潤燥，維持吾人之生活者水。傳染病毒，危害吾人之生活者亦水。是水之在衛生學上，講求不容忽畧。會城江門，人口繁雜，日用之水，多半皆取給於河流，穢物充斥，細菌尤多，以資飲料，危險萬分。茲擬採用官民合辦性質，設立自來水廠，由會城江門各舖屋，按其租金多少，額征股份五十萬元，政府付股五十萬元，務期早日實現，以利民用而重衛生。

(19)開闢新河　水利工程，足以防禦災害，推廣耕地，增加生產，古今中外，皆視爲國家要政。邑之東北，爲在西江下流，每見水災爲患，禾田失收。茲擬由北街起至江門東炮台對面竹園一帶，盡量改直，另開新河。又由上淺口起，繼續開鑿，直至岡州埠地接汾水江而通厓門大海。則四邑船隻，來往江門，無須環繞匯區，短縮數倍之水路。且可分散西江水量，以利農耕，而營桑業。更可沿河立埠，展拓商區。種種利益，未能縷述。惟茲事體大，應由縣政府提倡，召集四邑紳商，組織官民合辦公司，徵集鉅資，規定營業並及地方公益權利之分配，事當有成。

(20)開闢古兜山　古兜山跨據新會台山兩縣，綿亘六十餘里，橫則三十餘里，林木五金，隨處皆有。惟因山峻嶺高，道路崎嶇，　行者畏途，聞者裹足，遂爲匪類所盤踞，刧掠焚殺，危害鄉閭。歷任有司，雖經多次痛勦，卒無善後之方，蓋兵力勦匪一時之計也，非治本之策也○若能於清匪之後，即行招人分區開墾，則山無堆積之貨，匪無混集之所○既可容納多量游民，亦能多得種種新出物質，補助民生○一舉數善，國利民福，皆基於此○

（辦法）

子•速成新兜公路（由會城至古兜山）及都兜公路○（由都斛至古兜山由台山縣辦理）新兜都兜兩路，爲開闢古兜山之要途○由新會三村，（會城至三村一段巳由沿途居民負責建築）經大王廟，企人角，較杯石，田邊，仁字里，東洋，黎洏，美園，華村，以達都斛，全長約有六十華里，需費約計二十萬元○此路告成，即行購車行駛，非特軍運便利，而將來古兜山所產各物，亦得直接運銷於外，無艱涉堆積之弊○新台兩縣，藉此可以交通，培增合作之精神○其餘山內之交通，一俟地圖測量完妥，亦即體察情形，分區建築支路，以利交通○

丑•測量精密地圖　測量地圖，爲將來設施之張本○其主旨則在調查土質地勢之情形，爲統計農工之生產，而定進行之程序○如某處巳開墾，某處未開墾，某處有五金，某處多森林，某處可畜牧，某處宜造林，均有詳明之標記，瞭如指掌，諸事進行，自必迅速○

寅•安置失業歸國華僑　迴來失業歸國之華僑，源源不絕，政府應予設法安置，勿使流離失所，無所依皈。惟開闢古兜山，工程浩大，需工極繁，自能容納多量華僑。築道路，屯墾荒，開礦造林，墾非畜牧，各就其所長，而分配工作，庶幾人人自食其力，各得其所，財源旣開，國自殷富。

卯•開辦水力電廠　開闢古兜山，需工旣繁，若無相當機力以補助，收效必至遲緩。查山內嶺坡頭，地勢高聳，瀑布數丈，若用工程學上的建設，改聚水源，多蓄水池，增加水量，設立水力電廠，利用天然之水力，以供農工之發展，則直接之利，可救涸旱之災，間接之利，可代人力之用，收效甚大，爲利至溥，實爲各種實業振興之本源，而利用厚生之道，當以此爲急務也。

辰•開闢厓門港口　古兜山下，有厓門焉，爲新會名勝之一。其海岸與南洋羣島，非律濱羣島，及中國沿海各通商巨埠，相埒，交通利便，最爲適中之地位。若能於開闢古兜山之後，再行考察情形，測量水度，開闢良港，大舟巨舶，均可灣泊。今四邑民衆，滿布泰西各國，將來出入時，經濟何等便宜（該處常有外國艦駛至窺測海面非無因也。）

己，以下各項，工費浩繁，非一二年可以完成，必須由新會台山兩縣合辦，規定權利義務之分配，方昭公允。

第三章　預算

（甲）展拓市區

（1）地畝　展界面積，統計約有一千六百三十畝，舊河約佔二百零五畝，新河約佔二百七十一畝，公地約佔十八畝，應收用民地約共一千四百零七畝，每畝給價二百五十元，共需三十五萬一千七百五十元。

（2）土方　新河掘土，約有一十九萬九千三百五十華非。（白沙河在內）塡地約有五十一萬三千一百華非（塡河土方在內）全部預算工程費一百九十六萬元。

（3）渠道及渠井　全區統計約需四十萬元。

（4）長堤碼頭　海旁長堤約七千五百呎，建築鋼筋三合土堤墻附公共碼頭二座，預算工程費三十二萬元，另白沙新河堤墻約共三千五百呎，預算工程費八萬八千元。

（5）橋梁　鋼筋三合土橋梁三座，約需工程費四萬五千元。

（6）關于行政機關，市場，市塲，公共貨倉，公園，圖書館，陳列所，戲院，浴室，平民宿舍，廁所各項之建築，各有格式之規定，設計自期週詳。現因迫於時間，圖案尚未製定。預算方面，縣政府約需建築費一十五萬元，職員宿舍約需建築費五萬元，監倉約需建築費七萬元，市黨部及郵電總局共需建築費一十萬元，市場約需建築費五萬元，公共貨倉約需建築費八萬元，白沙公園修理費一萬元，圖書館陳列所約需建築費四萬元，開辦費約需二萬元，戲院建築費約需四萬元，浴堂建築費約需三萬元，開辦費約需五千元，平民宿舍建築費約需四萬元，開辦費約需一萬元，厠所建築費約需一萬元，電燈官股十萬，統計約需八十萬零五千元。將來計劃實行時，苦能兼程并進，收効自易，否則畧分先後緩急，亦無妨也。

以上六項，統計約需三百九十六萬九千七百五十元。

（7）舖地　展界地畝，除退馬路公園及公共建築等項，統計尚有五萬八千華井，每井底價定爲一百元，共得五百八十萬元。

（8）碼頭　新河沿岸，可定碼頭七十三座，共得產價二十九萬二千元。

（乙）其他建設

（9）縣立農林蕃殖場　第一年開辦費七萬元，其餘四年，每年經常費各一萬元。

（10）縣立公醫院　第一期改建費三萬元，開辦費六萬元，每年醫藥經常費一萬五千元。

（11）自來水　及開闢新河，共附官股約一百五十萬元

（12）開闢古兜山　開闢古兜山經費，乃根本問題，在山內情形未經調查清楚之前，需費多少，固難預

定，然事前大略計算，免至臨時感受經費困難，約計建築新兜公路測量山內地圖及開辦經費等項，預算第一期需二十五萬元，第二期因各種計劃之進行，至少亦需二百萬元。

最後二項，需費較大，當體察展界地價收入如何，酌量辦理。

第四章　收放畝地

關于土地收放之章程，分條大畧說明之。

1. 此次展界，北以蓓河，東以沙仔尾，西以上淺口，南以新河爲界，其詳細界限，以測圖爲準。
2. 凡展界內購收地畝，均適用公用徵收法，地主不得違抗。
3. 收用地畝，每畝發給地價二百五十元。
4. 展界地畝，各業主均有優先承領之權，但承領之地畝，以原地十分之三爲限。
5. 原地主雖有承領各地之優先權，但政府爲地畝整齊起見，地界應由縣府從新劃定，地主不得異議，惟劃給之地，以附近其原有地畝爲標準。
6. 原地主之地，爲已建築者，如有隙地，亦須按折扣出。如全部均已建築，并無隙地者，則扣出之成數，照時值繳價。但在路線之內，必須拆除，及未曾建築者，不得援例。
7. 本章程公布後，各地主應于一月內，將地契呈繳縣府，舉回收條，公同按契丈量，由縣府先行扣算其承領地畝，劃給地形方正之地畝,通知地主承領。

8 各地主如有逾期呈繳地契者，應按四鄰地契丈量中間所餘之地，即作該地主之地，照章扣算劃分，該地主以後不得發生異議。

9 如地上原有建築物，爲馬路經過之地，均須拆退，除地價外，另酌發拆費。

10 各地主應得承領之地，劃定後，由縣政府布告，各地主應即憑收條領契繳價。

11 展界地畝，除由地主承領與及留爲公用之外，其餘地畝，則公開投放。

12 優先承領展界舖屋地段，每井收價暫定一百元，所有地盤渠道工程各費，均在此價之內。

第五章　地價之保管

展界地畝開放後，地價收入，爲數必鉅，若不自行組立保管機關，難免時生危險。故設立縣立銀行，旣得有相當之營業，而各建戶亦可按揭置業，互相提携，誠一舉而數善備矣。

第六章　結論

以上各項，現祇言其概畧，將來實行時，當另有具體計劃。際玆時會多艱，或恐金融阻滯，然能否實現，胥關人事天時。所望能將現定第一期新河開鑿，則基礎已成，其他建設，縱有遲速，但旣已定有次第之步驟，終久亦必底于成也。

（工程報告）

建築海珠鐵橋之經過情形

袁夢鴻

（甲）緣起

世稱繁盛都市之廣州，中隔珠江一水，界分南北，交通往來，既難直接，徒恃舟楫之濟，一遇風雨，危險殊甚；更因交通阻碍，以致河南一隅，文化因而落後，商業因而凋敝，而一切之建設事業，均不能與河北並駕齊驅。前清光緒年間，亦已見及，故有發起建橋之議。當時甚欲利用海珠礁石，安設橋柱，橫架橋樑，貫通南北，獨惜欠缺整個計劃，且乏建設的款，亦無巨大眼光，大好河橋，未能實現。年來建設事業，蓬勃緊張。林前市長及程前局長，皆以廣州市爲繁盛之區，非有整個建設，無以厚裕民生。基此主張，於是內港築堤矣，海珠填岸矣。工程急進，形勢變易，氣象一新，商務轉機，當隨地利而新換一新局面。顧商務與交通，實有連帶關係，因勢利導，首宜溝通南北，聯成整個的陸地都市，使交通完全無阻，然後可躋進於無量繁榮。市政當局，慘淡經營，遂有建築海珠鐵橋之成議，打破交通障碍點，使廣州市一躍而爲世界名都。其籌劃進行，在民國十八年春，由城市設計委員會規劃。當時徵求圖則，應徵者計有三家，一為德國人，建築費約需四百餘萬元，一為中國人，建築費約需三百萬元，一為美國人即慎昌洋行是也，需費最廉，（以大洋計）為數一百零三萬二千両。幾經研究，始由市政府訂立合同，交與美商慎昌洋行承建，而由馬克敦公司建築，工程則由本局監理。今者海珠堤岸，不日完成，內港河堤，亦將告竣，而海珠鐵橋亦於中華民國二十二年二月十五日正式通車。從此珠海烟波，儘堪橋頭領畧，宜車宜馬，不徒欵乃中流。此則建築海珠鐵橋之緣起也。

（乙）鐵橋各部之規定

（子）鐵橋之位置

廣州市城市設計委員會籌劃建橋，幾經研究，始議定維新路直達河南廠前街，即南華東路，俾得南北貫通。且以該處河面，為全河最狹之處，寬度約六百餘尺，建橋於此，最為適宜。而維新路位於市內中心地點，既滙通全市道路，自屬商務要樞。河南廠前街者，則位居河南地帶之中央，東出基立村而至小港，西出洲頭嘴而達內港新堤。利便交通，莫過於是。城市設計委員會遂選定維新路口為第一鐵橋之位置焉。

（丑）河牀地質之鑽探

珠江河床地質，大致可分為三層。上層為浮沙汚坭，中層則幼沙與粘土混合，下層全屬紅色硬性粘土，厚度不一，當鑽探紅色硬土於出水面時，土質凝結，乾後與紅沙石相同，且更堅硬。橋躉地基，得此地質，不特增加全橋之堅固承力，並可使工程較爲順利也。

其鑽探河牀法，用四寸徑鐵管一條，先由水面縋下，深達河床，再用人力打落，深約數呎，務求鐵管豎立而止。四週復用木架撐持，使鐵管不能搖動。然後用鑽機在鐵管內旋轉，更用人力壓下，約深尺許，始將鑽機抽起，將鑽出之地質檢查成份如何，深度若干，逐一爲之備載。此鑽探河床地質之大畧情形也。

（寅）鐵橋活動部份之選擇

凡規劃橋樑，首應相度地勢實情如何，宜於何種式樣，詳審細選，以期適應環境之需求。查省河一段，地處衝繁，軍艦帆船，輪渡貨艇，往來如織，水面交通，連綿不絕。欲求船行無阻，則固定式之橋樑，實不適用於海珠。當海珠橋式之集中選擇也，幾經研求，方有成識。良以橋式如屬固定，而又必須維持水

第一圖

面交通，則橋底距離水面必高三高則兩岸斜坡必長。此種橋樑，誠非適宜於海珠河道。因此而有採用活動式議。活動式者，有旋轉式，有舉高式，有推動式，有開合式，以海珠情形而論，則開合橋式，較爲適宜

，如第一圖及第二圖，係該橋展開及關閉時之情形也

第二圖

。展開之力，純為電機發動，其馬力約六十四匹，為時不過五分鐘，全部便可開合。為減輕開合橋重量起見，橋面改鋪木塊，而以瀝青鋪砌之，並於該橋之旁，設一屋為司橋工人之住宅，俾得隨時啓閉。對於水陸交通，兩稱其便。如此選擇，可云用得其當矣。

(卯)橋面之平水

當建築海珠橋時，首先調查往來輪渡帆船之高度，總在二十五尺。因此而有架高橋蓋之議。今海珠橋最高橋面標高為四十八呎五寸三分，而每年普通最高水位約廿三尺左右，則最高水位時，河中水面至橋底尚有二十尺，在十六英尺七之平均普通水位時，計有二十五尺有餘，足敷小輪渡之往來。如超過此高度，該橋中部，則扳機展開，始能通過。此係河中往來輪渡之情形。至於橋頭斜坡下之馬路，均可通行，照現在規定維新路口高度，亦有十五呎，即市上現有之最高車輛，均可通過，絕無窒碍也。

(辰)兩岸斜坡之設計

長堤與維新路及海珠橋，幾成直角之相交點。今橋面之平水，既超出路面十餘英尺，如欲保存其原有

之交通，則長堤與維新路不能不利用斜坡以為之接駁。惟長堤東西方向之交通甚緊，每次通行必須上落斜坡一次，海珠橋又為通達河南之惟一孔道，則車輛往來相交之次數必多。且因斜坡之關係，減少安全程度，實有違背交通管理之原則。迭經詳細考慮，始決定放棄長堤斜坡之議，祇於維新路建築斜坡，橫跨長堤，而與海珠聯接。斜坡之傾斜為百份之五，跨過長堤地點則為百份之一．一六，同時於長堤方面另建梯級，使行人可由長堤步登斜坡，而達海珠橋。長堤之車輛則由斜坡下通過。如欲往河南，則須轉入泰康路，因此特加闢五仙直街及增沙南馬路，以聯絡長堤及一德路與夫泰康路之交通。此種辦法對於河南與長堤之車輛交通，雖畧覺不便，但交通上之安全則增加不少也。

（巳）力學計算之條件

海珠橋共長六百英尺，橋躉凡四。第一躉與第二躉，及第四躉與第三躉之距離，各二百二十英尺。橋之中段，即中間開合處，共長一百六十英尺。如展開時，即遇每句鐘能吹五十英里速度之南北向颶風，橋之啓閉効力並不消失。橋之寬度為六十英尺，除兩旁各留出十英尺為人行路外，中間之車路寬度為四十英尺。橋之高度約離普通水面二十五英尺，普通小輪及四鄉渡皆可於橋下往來。橋之負重量，能負二十噸重之貨車，同時可二輛往來。車行道之行人載重，為每平方英尺負重一百磅，人行路則每平方英尺八十磅，另加多百分二十五爲震動力。全橋橋架共用鋼鐵一千七百噸，其他鑄鐵及助力鋼筋約八十五噸。橋之保固期，以三十年爲限。

（丙）鐵橋位置及橋躉距離之測定

興築海珠鐵橋時，須將該橋躉位置妥定，始能進行工作。而河南河北兩岸，距離寬度爲六百英尺，當北岸河中橋躉開工之始，即先規定北岸橋躉至北岸河中橋躉之距離。其法於夜間在維新路之行人路面，用鋼尺精密量度一長二百二十英尺之直綫，即等於該兩橋躉相隔之距離。然後於綫之兩端相離數尺之處各設三脚木架一個，懸鋼綫一條，乃利用吊鉈兩個掛於鋼綫上，將木架左右移動，使鋼綫與人行路面上曾經精確量度之直綫。在一垂直面內，鋼綫之末端，各掛重鉈一個，使鋼綫拉直，免其下垂之灣度太大。兩鉈之重量，須有一定，並記錄之。然後將鋼綫移動，使兩端吊鉈，與人行路面上已量定二百二十英尺直綫之兩端，在一懸直綫內。換言之，即將人行路面上之距離，移於拉直之鋼綫上。幷銒一幼細鋼綫，掛以吊鉈，以爲記號。同時並將該夜之溫度記錄之。乃於翌日於兩躉之上，各搭木架，並用經緯儀，規定橋之中綫，劃於木架上。俟至夜間，乃將昨夜之鋼綫掛於橋躉木架之中綫上。此時之鋼綫，即橋之中綫。乃將鋼綫移動，使其一端之吊鉈，適與北岸橋躉之中點在一懸直綫內，此時他端所銒之吊鉈，即北岸河中橋躉之中心也。其兩端鋼綫所掛重鉈之重量，須與昨夜相等，使鋼綫垂下之彎度，與昨夜相同。同時觀察溫度，與昨夜之溫度有無差異。如相差甚大，則按其澎漲率計算之，並將其距離加減。但普通夜間之溫度，相差甚少，可無增減之必要，所以於夜間舉行者，職是故也。爲檢驗其距離是否準確，復於日間在北岸橋躉之中點，作一直綫，長二百二十英尺於堤岸之上，並與橋之中綫成直角。乃於綫端置一經緯儀，觀測北岸橋躉中點，與河中橋躉之中點，所夾之角，是否四十五度。如有出入，則屬錯誤，應即修改之。但當時所得之結果甚佳，並無出入。北後仍繼續用此法，以規定其他各橋躉之距離。此乃當日規定該橋中綫及橋躉距離之大畧情形也。

（丁）橋躉施工經過之情形

（子）北岸橋躉施工之困難

第三圖

維新路口橋墩工程，自十八年十二月一日興工。其橋墩週圍，如第三圖，概用鋼板長椿，以作圍檣，免河水淹入，然後施行工作。圍檣工竣，即抽水出外，施行挖坭。將面層浮坭掘去之時，發現亂石無數。隨即施工炸碎，繼用起重機將石繳出圍外，如第四圖。又發現石碎士敏三合土地基後，如第五圖，後以人

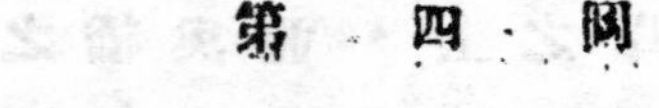

第四圖

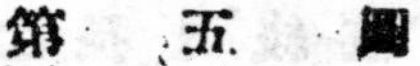

第五圖

力鑿碎起出。最下一層尚有舊時橋址木椿滿佈，全由人工拔起，繼續掘坭。同時並用水泵抽出浮泥，加以

第六圖

第七圖

水力機器衝
工，浮坭出
土，逘用十
木椿，施以
重量爲五噸
再下時，然
既完全打公
，始落石碎
。第六圖係
情形第七圖
近影也。
(丑)北岸河中
河中橋墩，
工建築。其
，先將橋墩

勁，以便施
淨，驗明實
二时方形椿
汽錘。錘之
，打至不能
後停止。椿
，修正椿頭
士繳三合土
打木椿時之
則蒸汽錘之

橋墩發生意外

自十八年興
始要定位置
基礎外圍裝

妥。外圍係用鋼板樁造，如第八圖至第十圖，深入河牀之下，約有二十餘尺；連下層高度，總共五十二尺，以為阻抑河水淹入便於工作而設。裝妥後，與工挖

第八圖

泥，並用水力機器衝動浮泥，同時亦用水泵連同浮泥散沙，一併抽出，抽至實土時，施行打樁工作。所打

第九圖

之樁木，為英尺十二吋方樁，施用汽錘打下，汽錘重量計有三噸，打至該樁不能再下時為止。打妥後遂著

石碎士敏三合士，此係橋躉基礎。所打下之木樁，間有淹在水內，打樁者故不能不設法減去水之阻力。其法係另用一種汽錘，能在水內打樁者。汽錘打下樁頭時，樁身附有一噴氣管，能將樁頭之水，先行吹開，汽錘方始打下。打下之際，樁頭並無水浸，故汽錘打下自如，絕不受水之阻力。所噴之氣，係由壓氣機所出，而該機則係將多量之空氣，裝入存儲，以備打樁時及其他工程之需用，可稱利便。

（寅）橋躉基礎發生意外

橋躉頭層士敏三合士基礎，厚約九呎，先經造妥，正欲賡續造上層工作，以便將圍檔內之水，用泵抽出，然後施工。不料抽水出圍後，圍檔之內，完全封密，有如鐵船，而本身之重量及木樁之拉力，遠不如浮力之大。遂將全座圍檔連同九英尺厚之三合土基礎及木檔百餘條浮起。事後計算，浮力約大於全座圍檔所有之重量及樁之拉力，約百餘噸。加以汽輪往來，水力衝激，又受風力搖盪，地基樁木，連帶搖動，木樁與泥土之摩擦，因之減少，圍檔遂致浮起。工程經過數月，一旦化為烏有，殊屬可惜。此乃二十年一月底之事也。此次意外之變，實因珠江河床上層係沙質，下層浮泥，再下係紅色硬土。硬土如稍露出沙面，其質與石無異。樁頭若非鑲有鋼嘴，勢難打入，最下層。此次所打之樁，均在紅色硬土之上，樁嘴經已打爛，并未深入硬土部份，以致因受波浪湧盪，圍檔搖動，水由浮沙泥面滲入圍檔士敏三合士底下，圍檔因此

力拉之椿以誤時當則此○廢盡功前，出拔椿連，起浮

相力浮與足，量重之基地土合三厚尺英九同連檔圍及

第十圖

抵而有餘，故有此次之意外發生，誠為意料所不及，亦為工程界增加經驗不少也。

(卯)河中橋墩變更計劃之經過

橋墩發生意外後，隨將所造之石碎士敏三合土基礎鑿碎，並將所打之樁木，一併起出清除。繼用水泵水力機，抽出餘泥，抽至紅色硬土。本應進行打樁工作，惟河底紅色硬土，土質堅實，樁嘴雖經打斷，未能入土些微。不得已而擬將打樁計劃取消。第是地腳土質所受壓力若干，未能明瞭，故用角鐵組合而成之鐵柱，其底則連以鐵板一塊，使鐵板坐實硬土處面積，共有兩平方英尺。乃於柱頂施以一十四噸之重量壓下，如第十一圖，歷時五日夜，其變動結果，紓過二三日後，僅壓下約英寸七分，迨後則絕無變動。乃根

據此次試驗之結果，計劃自應變更。遂即飭工下水，將該地脚四圍審察，，絕無沙石浮泥，同時特製大鐵箱，以備水內落士敏三合土，其厚度一十六呎，作爲地脚頭層之用。復將圍檣內之水，完全抽出。此次既知已往之失敗，係因圍檣之重量不足，故此次特向粵漢鐵路局借用鋼軌，加壓於圍檣之上，務使其重量大於最高潮水時之浮力。然後賡續進行，建造橋躉工作，東便橋躉，亦如法建築。

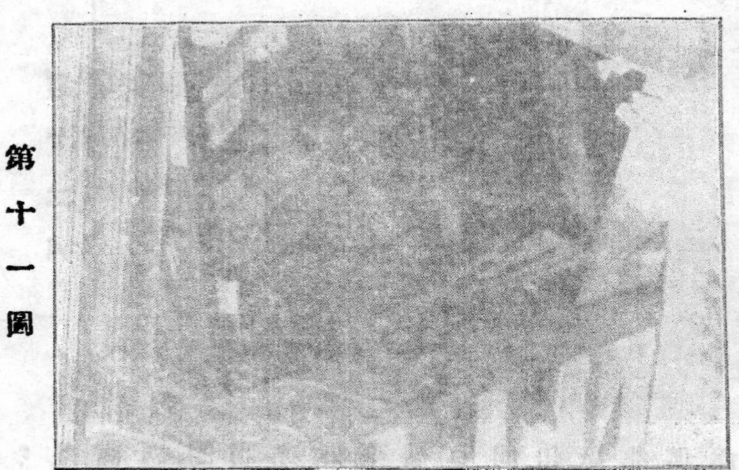
第十一圖

（辰）南岸及河中橋躉施工之順利

河南橋躉，位置既定,即行興工打鋼板椿，如第十二圖。該項鋼板椿有內層外層之別。內層即橋躉地基，此層鋼板椿，深入河床之下，阻擋浮沙坭滲入，便於工作。外層鋼板椿，作圍檣，抵欄河水，以免河水侵入,致碍工作，即用水力機器衝動浮泥，同時亦用水泵連同浮動泥沙一併抽出，抽至實土，隨即打椿，其打椿方法，仍照河北橋躉施工，打椿至水面時,改用另一種能在水內打椿之氣錘，施工打至不能再下時然後停止。椿既完全打妥，修改椿頭，始落石碎士敏三合

土。橋躉工程浩繁，故經過兩載有餘，始能告竣。南

第十二圖

岸河中橋躉，亦與北岸相同。橋躉外亦用鋼板圍檔，如第十三圖，深入河床之下，阻擋浮沙泥滲入。隨用

第十三圖

水泵水力機抽出浮沙泥，抽至紅色硬土，即飭工人下水，將該地脚四圍審察，有無沙泥不平之處，務宜修正平整，始行落士敏三合土。所有一切工作，亦與河北河中橋躉相同，建築兩橋躉工作之順利，有如上述。

（戊）鐵橋橋身建築之經過

（子）托架之建築

橋墩造妥後，隨即架橋。該橋樑陣等件，均由外國造妥運粵，裝設手續甚繁。玆將進行情形畧述如下：先在河中設架，該架在兩墩之中，用十二吋方木樁，打在河中，列成一排，俾作柱用。每排之距離，相隔約十餘呎。如是於兩墩之中間，分列排樁，復於其上橫架十二吋方木樑，均用螺絲收妥，以免搖動，（參閱附圖）。每樁距離處均用斜撑，以求穩固，如第十四圖及第

第十四圖

第十五圖

十五圖。此乃建築托架之情形也。

(丑)橋身之建築

當托架造妥後，隨即裝設橋樑。安設時先從橋頭安起，賡續裝置。該橋各樑陣等件，均有號數標記載明，各件安裝時，依照圖則，並按標記號數裝上。先用螺絲旋緊，安裝完妥後，無須改變，認為妥當，方能鍋釘。因鍋釘後。如發覺不妥，必須變更時，則非鑿斷鍋釘，不能施工，故此節須格外愼重也。橋之物料，有重十餘噸者。如此笨重，轉運不易，必先裝一起重機，於木托架上，以備起重鋼樑鋼陣等件。其吊起樑陣及安裝橋樑之情形，如第十六圖，以備讀者參閱。所有橋樑等件，係用西們氏馬丁鋼。安較妥後，隨用鍋釘鍋緊。其鍋釘法係用空氣壓力推動鉄鎚，工作極其迅速，而鍋釘冷時伸縮覺甚貼服，勝用人力鍋造，因人力鍋釘，時間過久，鍋釘已冷，收縮無多，若遇颶風震動時，鍋釘恐有折斷之虞，利用空氣壓力以鍋釘鐵橋，為現代最完善之法。

第十六圖

蓋工業之進步，日新月異，而構造上之選用，自當以

STRESSES IN APPROACH TRUSSES

Member	Dead load	Bascule open: Live load, Road-way	Bascule open: Live load, Side-walk	Bascule open: Rolling load + impact	Bascule open: Total	Bascule closed: Live load, Road-way	Bascule closed: Live load, Impact	Bascule closed: Live load, Side-walk	Bascule closed: Total	Uplift + impact	Total	Maximum combined stress	Design stress	Allowable unit stress	Area required: Gross	Area required: Net	Area used: Gross	Area used: Net	Section
L_7U_8	-739	-254	-116	-122	-486	-316	-61	-146	-523	+78		-1282	-1282	15.0	85.5		89.3		1 pl 26"×½, 2Ls 4×4×½, 4 pls 24"×½, 4Ls 4×4×½
U_8U_9	-750	-243	-112	-135	-490	-310	-60	-143	-513	+83		-1263	-1263	15.0	84.2		86.3		1 pl 26"×½, 2Ls 4×4×½, 4 pls 24"×½, 4Ls 4×4×½
U_9U_{10}	-780	-242	-112	-160	-514	-320	-62	-148	-530	-88		-1310	-1310	15.0	87.3		89.3		1 pl 26"×½, 2Ls 4×4×½, 4Ls 4×4×½, 2 pls 24"×½, 2 pls 24"×½
$U_{10}U_{11}$	-830	-243	-112	-198	-553	-338	-65	-156	-559	+122		-1389	-1389	15.0	92.6		95.3		1 pl 26"×½, 2Ls 4×4×½, 4 pls 24"×½, 4Ls 4×4×½
$U_{11}U_{13}$	-869	-235	-109	-245	-589	-383	-68	-163	-584	+151		-1458	-1458	15.0	97.2		101.3		1 pl 26"×½, 2Ls 4×4×½, 4 pls 24"×½, 4Ls 4×4×½
$U_{13}U_{14}$	-846	-193	-92	-296	-586	-336	-65	-155	-556	+182		-1432	-1432	16.0	95.4		98.3		1 pl 26"×½, 2Ls 4×4×½, 4 pls 24"×½, 4Ls 4×4×½
$U_{14}U_{15}$	-852	-163	-75	-376	-613	-317	-61	-147	-525	+231		-1436	-1435	15.0	95.6		98.3		1 pl 26"×½, 2Ls 4×4×½, 4Ls 4×4×½, 2 pls 24"×½, 2 pls 24"×½
$U_{15}U_{16}$	-822	-139	-63	-540	-742	-308	-57	-142	-509	+332		-1564	-1564	15.0	104.2		105.3		*
$U_{16}L_{17}$	-872	-124	-57	-1048	-1223	-311	-60	-144	-615	-641		-2096	-2096	15.0	139.7		144.1		1 pl 26"×½, 2Ls 4×4×½, 4 pls 24"×½, 4Ls 4×4×½
L_7L_8	+373	+192	+68	+98	+373	+241	+46	+111	+398	-57		+971	+971	18.0		54.0	72.6	55.4	1 pl 26"×½, 4Ls 4×4×½, 2 pls 16"×½, 4 pls 24"×½, 2Ls 4×4×½
L_8L_{10}	+670	+218	+101	+120	+439	+278	+54	+168	+460	-74		+1130	+1130	18.0		62.8	91.0	71.5	2 pls 24"×½, 2 pls 24"×½, 4Ls 6×4×½
$L_{10}L_{11}$	+745	+233	+108	+181	+452	+306	+58	+141	+506	-93		+1251	+1251	18.0		69.5	91.0	71.5	4 pls 24"×½, 2 pls 12"×½, 4Ls 6×4×½
$L_{11}L_{12}$	+822	+243	+112	+192	+547	+336	+65	+155	+556	-118		+1378	+1378	18.0		76.8	104.6	81.8	4 pls 24"×½, 2 pls 12"×½, 4Ls 6×4×½
$L_{12}L_{13}$	+848	+202	+93	+289	+584	+336	+65	+155	+556	-178		+1432	+1432	18.0		79.5	104.6	81.8	*
$L_{13}L_{14}$	+806	+162	+75	+360	+597	+310	+60	+143	+613	-222		+1403	+1403	18.0		77.8	104.6	81.8	*
$L_{14}L_{15}$	+778	+133	+62	+496	+691	+291	+56	+134	+481	-305		+1469	+1469	18.0		81.5	104.6	81.8	*
$L_{15}L_{17}$	+723	+102	+47	+863	+1012	+255	+43	+118	+422	-532		+1736	+1736	18.0		96.5	132.0	96.9	2 pls 24"×½, 2 pls 24"×½, 2 pls 12"×½, 2 pls 22"×½, 4Ls 6×4×½
U_8L_9	+117	+68	+57	+37	+122	-37 / +74	-7 / +15	-17 / +34	+123	-23		+240	+240	18.0		12.3	19.8	15.7	2Ls 15" @ 33.9#
U_9L_{10}	+110	+54	+26	+80	+129	-36 / +76	-7 / +16	-17 / +35	+127	-31		+239	+239	18.0		12.3	19.8	15.7	*
$U_{10}L_{11}$	+130	+44	+26	+74	+183	-41 / +87	-10 / +20	-23 / +40	-147	-46		+283	+283	18.0		15.7	19.8	15.7	*
$U_{11}L_{12}$	+80	+37	+17	+92	+146	-41 / +78	-13 / +19	-34 / +37	-88 / +138	-36	-166	+286 / -64	+260 / -96	18.0		14.3	19.8	15.7	*
$L_{12}U_{13}$	+41	-17	-5	-92	-108	+74 / -61	+19 / -13	+37 / -34	+136 / -98	+86	+191	+232 / -67	+246 / -101	18.0		14.8	19.8	15.7	*
$L_{13}U_{14}$	+80			+124		+87 / -31	+20 / -10	+29 / -19	+107 / -70	+76	+223	+303 / -64	+323 / -66	18.0		18.1	23.6	18.8	2Ls 15" @ 40#
$L_{14}U_{15}$	+56			-217		+76 / -36	+16 / -9	+36 / -17	+127 / -62	+136	+261	+316 / -168	+337 / -243	18.0 / 13.4	18.1	28.1	29.3	23.7	2Ls 15" @ 50#
$L_{15}U_{16}$	+72			-465		+74 / -57	+16 / -7	+34 / -17	+173 / -46	+196	+409	[illegible] / -393	+478 / -590	18.0 / 13.9	42.5	37.7	50.3	41.6	2Ls 15" @ 50#, 2 pls 14"×½
U_8L_8	+83			0		+41	+15	+20	+96	0	+96	+179	+179	18.0		10.0	16.3	12.5	4Ls 5×3½×⅜, 1 pl 13"×⅜
U_9L_9	+14	-27	-13	-23	-63	+49 / -37	+12 / -9	+23 / -17	+84 / -63	+14	+98	+118 / -49	+137 / -74	18.0		7.6	14.6	11.1	2Ls 12" @ 25#
$U_{10}L_{10}$	-1	-28	-13	-38	-79	+36 / -45	+14 / -10	+26 / -21	+96 / -76	+23	+119	+118 / -80	+138 / -120	18.0 / 15.7	9.4	8.8	14.6	11.1	*
$U_{11}L_{11}$	-18	-24	-11	-61	-96	+66 / -53	+14 / -12	+26 / -24	+96 / -88	+37	+133	+113 / -116	+178 / -171	18.0 / 12.9	11.2	9.6	12.8	10.7	2Ls 15" @ 33.9#
$U_{12}L_{12}$	-12			0						0		-12	Nominal						4Ls 6×3½×⅜, 1 pl 13"×⅜
$U_{13}L_{13}$	+25	+12	+6	+102	+120	-37 / +66	-12 / +16	-24 / +26	-68 / +96	-63	-151	+146 / -126	+208 / -189	18.0 / 13.4	13.6	11.5	13.8	10.7	2Ls 15" @ 33.9#
$U_{14}L_{14}$	+46			+170		-48 / +86	-10 / +16	-21 / +26	-74 / +96	-105	-181	+318 / -173	+280 / -200	18.0 / 14.8	14.1	15.8	12.8	10.7	*
$U_{15}L_{15}$	+50			+221		-37 / +49	-9 / +12	-17 / +23	-83 / +84	-173	-236	+331 / -186	+424 / -279	16.0 / 12.5	20.7	23.6	48.9	41.6	2Ls 15" @ 33.9#, 4Ls 6×4×½, 1 pl 13"×½
$U_{16}L_{16}$	+130	0	0	+714						0		+844	+844	18.0		47.0	68.7	52.7	4Ls 6×6×½, 1 pl 18"×½, 2 pls 18"×½, 2 pls 18"×½

Note + indicates tension
- indicates compression
Stresses given in 1000#
Areas given in sq in

*Section increased for moment due to eccentricity
**Section increased for moment due to dead load of member
‡ Section increased for lateral forces
∘ Pl. not used for section

STRESSES IN FLOOR BEAMS & STRINGERS

Member	Shears in 1000 lbs: Dead load	Shears in 1000 lbs: Live load	Shears in 1000 lbs: Impact	Shears in 1000 lbs: Total	Moments in 1000 ft lbs: Dead load	Moments in 1000 ft lbs: Live load	Moments in 1000 ft lbs: Impact	Moments in 1000 ft lbs: Total	Section
Stringer S3	5.4	14.0	3.5	22.9	31.8	65.8	16.4	114.0	7-I 15" @ 54.7#
Stringer S4	8.0	14.0	3.5	25.5	27.4	61.2	15.3	103.9	7-I 15" @ 54.7#
Stringer S5	2.1	3.3	0	5.4	15.1	16.3	0	31.4	1-I 12" @ 20.7#
Stringer S6	1.9	2.7	0	4.6	10.4	14.9	0	25.3	1-I 12" @ 20.7#
Floor beam F7	34.5	25.6	12.8	72.9	361	139	70	570	4Ls 6×4×7/16, 1 web pl 36"×⅜
Floor beams F8-F15 incl.	63.6	61.4	15.4	140.4	750	807	202	1759	4Ls 6×6×⅝, cover pls 14"×⅝, 1 web pl 48"×⅜
Floor beam F16	82.0	396.0*	112.0	603.0	672	1486*	298	2665	4Ls 8×6×¾, cover pls 14"×¾, 1 web pl 70"×½, 4 pls 8"×½
Floor beam F17	36.2	62.4	31.5	130.1	371	634	317	1322	4Ls 6×6×½, cover pls 14"×½, 1 web pl 42"×⅜

*Stress from Rolling Load

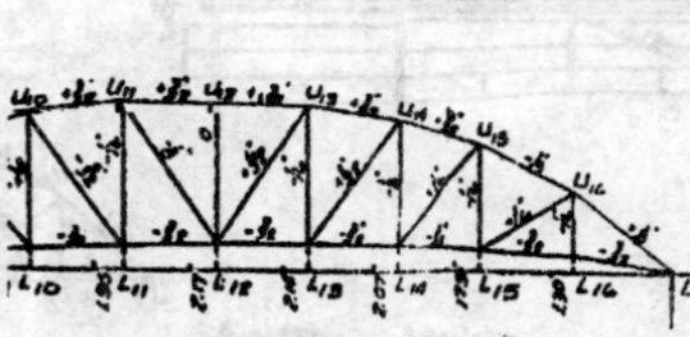

U10 +.32 U11 +.32 U12 +.32 U13 +.32 U14 U15 U16

L10 L11 L12 L13 L14 L15 L16 L17

CAMBER DIAGRAM

Camber note:
Truss members are to be lengthened or shortened as shown + indicates lengthening, - indicates shortening

Note
For general notes see sheet #2

廣州市工務局

比例每寸作十六尺

日期 廿一年十一月 印圖 [illegible]

繪製

廣州市珠江鐵橋

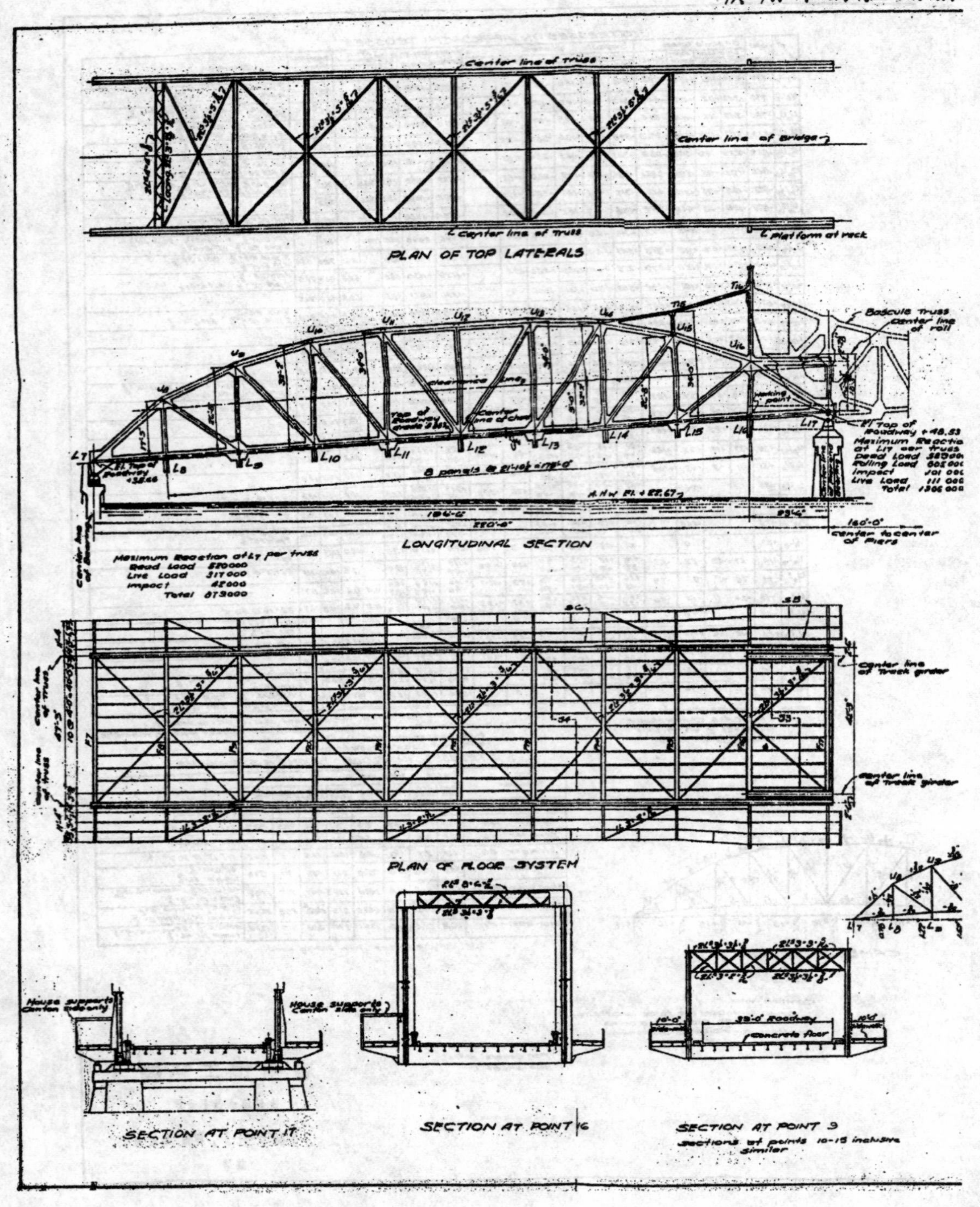

Center line of truss
Center line of Bridge
Center line of truss
Platform at rack
PLAN OF TOP LATERALS
Bascule truss
center line of roll
Top of Roadway
Clearance line
8 panels
LONGITUDINAL SECTION
Maximum Reaction at L7 per truss
Dead Load
Live Load
Impact
Total
Maximum Reaction at L17 per truss
Dead Load
Rolling Load
Impact
Live Load
Total
Center to center of Piers
Center line of Bearing
PLAN OF FLOOR SYSTEM
Center line of truss
Center line of track girder
House supports Canton side only
Concrete floor
SECTION AT POINT 17
SECTION AT POINT 16
SECTION AT POINT 9
Sections at points 10-15 inclusive similar

第十七圖

最新者爲合格也。第十七圖則安妥橋身支柱樑陣，而尚未拆去木架。第十八圖卽該橋身各部分之大小及受力之多寡，皆可於表內得之矣。

(己) 南岸橋躉两旁堤岸

橋躉現已竣工，橋躉兩旁堤岸，現亦進行開始工作。緣該橋躉位置係在河邊，離原有岸地約數十呎，茲依照河南堤岸,先行將該橋躉兩堤岸建築，俾作護墻。其建築法在堤岸線內打鋼板樁一排，復於原日堤岸邊亦打鋼板樁一排，並用二吋半直徑之鋼條聯絡之，使新堤岸線之鋼板，向內牽扯，以圖堅固。並於新堤岸線之鋼板樁頂，先築三合土之堤基，始准結砌石堤。但因潮水關係，三合土之堤基，極難施工。乃改變辦法。

第十九圖

先於岸上用三合土製成丁字形之堤基，俟其完全凝結後，乃用起重機逐塊吊下，砌結於鋼板樁頂之上，如第十九圖。潮水漲退，於工作絕無障碍。參閱附圖，卽知其大概情形也。三合土堤基安妥後，乃繼續堤身工作。查堤身之表面，係用四英寸白石塊砌成。今欲使結砌上工作利便，及穩固起見，特用士敏三合土與石塊製爲盤塊，成一立方形，然後砌結於丁字形堤基之上。此法於堤工頗稱利便，故誌之以作參考。

工程瑣聞

省府合署圖案選定給奬

省府合署圖案，業經評定甲乙，玆將入選八名及得奬品價值列下，第一名范文照李惠伯，奬金八千元，第二名天中營造局，奬金四千元，第三名楊錫宗，奬金二千元，第四名光南藝術社，奬金一千元，第五名林克明鄰學淮，奬金六百元，第六名建廠技術委員會，奬金三百元，以六名均另奬金牌銀鼎各一座．每份價值二百五十元，第七名至第十名，各奬金牌銀鼎各一座，每份價值二百元。

（工程常識）

測量濕度之方法

梁日昇

濕度測定之實用

測候台由濕度之觀測，可預知風雨之將臨，及氣候狀態之變化。農林試驗場及苗圃等常用之，以測定各種植物對於當地氣候之適宜與否，而作培養之標準。若與水利除水患之行政設施，則藉每年氣候濕度等之紀錄以為比較，而資施工設計之參考。氣壓測量，用以求氣濕之如何，而助測量之更正。此乃實用上之重大者。至若培養植物之溫室，與公共院所個人私宅等，亦用之以測空氣之如何，而設法使乾濕之調和。此乃為衛生上所必需者也。

所謂衛生濕度，即相對濕度百分之五十至六十時為最宜。

濕度計

濕度計有乾濕球濕度計及自記濕度計等之別。今僅舉乾溼球濕度計畧說之。

乾濕球濕度計，為應用蒸發減熱原理搆造之器，（如附圖甲）。此器之搆造，甚簡單，即由兩溫度計組

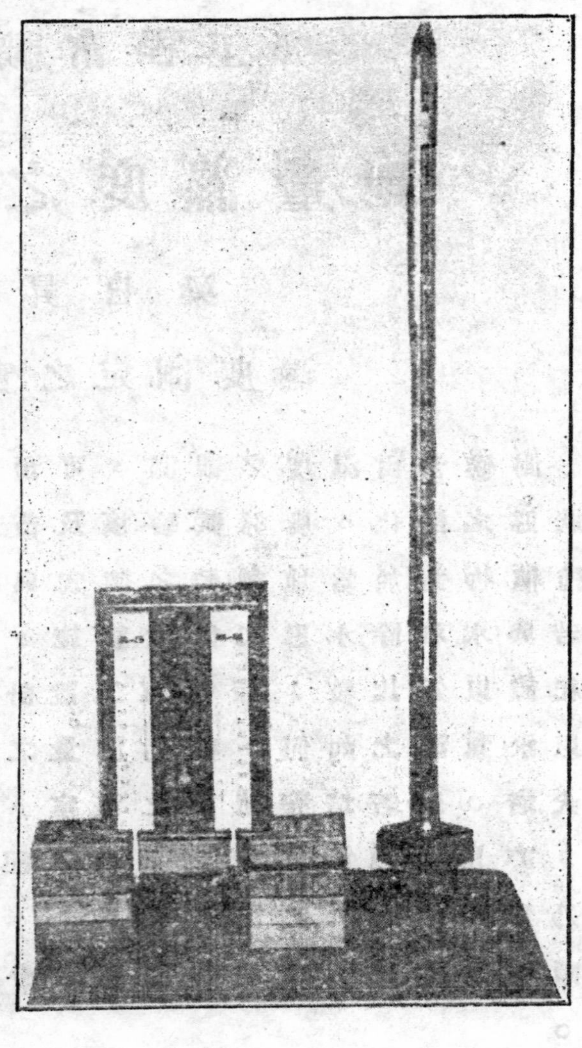

乾濕球濕度計圖

合而成。其一爲乾球，其他之一爲濕球。此濕球之外，包以易於導水之濕布或棉紗等，並以布之一端，浸入滿貯清水之小杯內，使球常濕。如空氣未達飽和程度。則濕球之面部，必蒸發不已。故濕球計所示之溫度，常較乾球者爲低。此兩溫度計所示之差，由蒸發之遲速而定。蒸發之遲速，又由大氣之相對濕度而定。若大氣已達飽和，則濕球表面並無蒸發，此時兩計當呈同一之溫度矣。

氣壓計又名風雨表

氣壓計分三種，一爲水銀氣壓計，一爲無液氣壓計，一爲沸點氣壓計。測量高低之差，用無液者爲便。觀測氣候，則用水銀者爲宜。但用氣壓計測量，極難得其精確，只可作踏勘畧測之用。然高低測量與本文無關不贅述。

今僅將水銀氣壓計畧說明之。水銀氣壓計，其構造稍繁，但亦不過利用大氣壓力原理而構成之。氣壓計雖不可以直接預報天氣，然壓力極低，或水銀柱驟降，風雨恒隨至。預報雖不極確，然於數小時前，得藉此逆料天氣之變遷。若使各地測候台互相於數小時電報氣壓之昇降，各得而比較之，便可定氣潮之方向及風雨進行狀況，卽一二日後之氣候，亦可得而預報也。

氣壓計爲測定濕度不可缺之器械，宜視水銀柱之高低，細察其所示度數而紀錄之。

氣壓計之示度分二種，一用英吋表示，一用公尺制之粍數表示，（粍等於一公尺千份之一）。今將二種示度之變換法列下：

1公尺等於英尺39.37吋。

若將英尺改作十進法時 1公尺等於英尺 3.2 80 呎 8 吋。例如氣壓計之水銀柱頂昇或降至適合于氣壓計上所刻之度數。

爲29.375吋問合於公尺之粍若干？

「解」 $\frac{29.375}{.07393}=746$ 粍

例如氣壓計之水銀柱昇或降至760粍問等於英吋若干？

「解」 $760\times.03937=29.922$ 吋

溫度計

溫度計分三種，一爲攝氏溫度計，在西曆一千七百四十二年，爲攝脩(*Celaius*)氏所創製，數學上符號，簡記爲C。一爲華氏溫度計，在一千七百十四年華倫海(*Fahrenheit*)氏所創製，數學上符號爲F。一爲烈暗馬(*Reaumer*)溫度計，此計除流行於德意志與西班牙兩國外，極少用之，數學上之符號爲R。三氏所製之度數，比較$80°R=100°C=212°F$。此外自記溫度計有測氣候之必要者，皆用之。

今將C與F之變換法列下

$0°C=32F$即$32°$　　　$100°C=212°F$

因是 $100°C=212°-32°F$

又 $100°C=180°+32°F$

今 $100°C:180°F=5:9$

故 $5°C=9°F$

由C化F之式

$$\frac{C}{F-32}=\frac{5}{9}$$

即 $C:F-32=5:9$

$$F=32+\frac{C\times 9}{5}$$

例如$20°C$求等於F若干？

依上F式$=32+\dfrac{20\times 9}{5}$

故 $F=68°$

由F化C之式

$$\frac{F-32}{C}=\frac{9}{5}$$

即 $F-32:C=9:5$

故 $C=\dfrac{F-32\times 5}{9}$

例如$77°F$問等於C若干？

依上式 $C=\frac{77^{\circ}-32^{\circ}\times 5}{9}$

故 $C=25^{\circ}$

觀測溫度計求現在氣張力法

濕球未結冰時之公式

$l=E\{1-0{,}0159(T-t)\}-B(T-t)\{0{,}000776-0{,}000028(T-t)\}$

冰點以下之公式

$l=E\{1-0{,}059(T-t)\}-B(T-t)\{0{,}000682-0{,}000028(T-t)\}$

公式內各字母之表示

l＝現在氣張力

E＝t 之最大氣張力（可由最大氣張力表檢出）

T＝乾球溫度計上所示C之度數

t＝濕球溫度計上所示C之度數

B＝氣壓計所示之耗數

例如未結冰時 $B=755, T=30^{\circ}6, t=26^{\circ}7$ 求現在氣張力若干？

依上公式

$l=26{,}01\{1-0{,}0159(30{,}6-26{,}7)\}-755(30{,}6-26{,}7)\{0{,}000776-{,}000028(30{,}6-26{,}7)\}$

$=26{,}01\{1-0{,}0159(3.9)\}-755(3.9)\{0.000776-0.000028(3.9)\}$

$=26{,}01\{1-0{,}06201\}-2944{,}5\{0{,}000776-0{,}00001092\}$

$=26{,}01\{0{,}93799\}-2944{,}5\{0{,}0006668\}$

$=24{,}397-1{,}963$

$=22{,}444$ 耗即現在之氣張力

若以英吋表示

則　$22{,}444\times{,}0328=0{,}74$ 吋

相對濕度

將求得之現在氣張力與乾度計所示度數之最大氣張力相比即得

例如乾度計之示度 $=29^{\circ}C$ 求得 l（即現在氣張力）$=17,36$

由最大氣張力表檢得 $29^{\circ}C$ 之最大氣張力為 $29,74$.

故 $17.36/29.74=.58=.58/100$

即現在大氣一百份中所含有之濕度也

工程近訊

工務局積極測量道路系統

（成立四隊分區工作） （將再測量花地芳村）

本市新市區道路系統圖，經於去年十一月由市府公布，但是否適合地形，則非測量後不能審定，故市工務局特組織特別測量隊，從事測量，業經成立幹線組，內分四隊，專責測量郊外者兩隊，測河南區一隊，測河北東區一隊，測河北西區東區一隊，已由聖三一學校起而至黃埔全段，均已測妥定線，唯中間所經者，省府合署因有地形，曾函請建設廳派員會測，其預備測量者，由梅花村南出經寺貝底，至東堤尾直至二沙頭，該線為東區南北交通幹線之一，關係殊為重要，西區之一隊，已將勷勤大學路及逢源北直至美華學校之兩線，則完全測妥，現在測量中者，亦有兩線，一由德宣西經牛皮寮廣雅村至坭城，一由西門經陳家祠直至南岸江邊，河南區之工程，均以劉王殿為中心，由劉王殿至太平橋由劉王殿至嶺南及劉王殿至白蜆殼之三線，亦均已測妥，現劉王殿至黃埔之一線，則在進行中，又查工務局不日再組一隊，為專測芳村花地一帶云。

（會務報告）

廣東土木工程師會四次會員大會議案報告

日　　期：民國廿二年六月十八日下午二時

地　　點：廣東歐美同學會

到會會員

林聖端　梁綽餘　朱志龢　陳良士　梁泳熙

鄺偉光　李　卓　梁啓壽　余瑞朝　袁夢鴻

陳榮枝　黄伯琴　劉耀錮

主　　席：李　卓

紀　　錄：陳榮枝

主席李卓：宣佈開會理由依照本會章程第廿六條之規定開全體會員大會預選執監委員候選人現因到會人數未足應如何辦理案

朱志龢提議：照本會章程第廿八條之規定每年於選舉職員大會前一個月如得會員十人以上之介紹仍可舉一人爲執監委員候選人函知執行委員會以便載入候選人名單內照章辦理案

袁夢鴻和議：（議决通過）

廣東土木工程師會啓　　廿二・六・十九・

廣東土木工程師會二屆選舉委員選票之數目

候選執行委員

陳良士……39
李檔亨……5
李兆球……25
李　卓……39
林克明……12
麥蘊瑜……29
鄺偉光……5
桂銘敬……14
陳榮枝……31
李炳垣……21
周君實……6
梁仍楷……24
梁綽餘……24
梁啓壽……32
羅清濱……6
余瑞朝……14
黃伯琴……1
胡棟朝……29
朱志龢……29

候選監察委員

林逸民……37
袁夢鴻……48
胡棟朝……30
伍希呂……10
卓康成……14
劉鞠可……37
黃森光……28
李權亨……5
梁仍楷……14
容祺勳……12
黃謙益……37

現任監察委員

劉鞠可
袁夢鴻
林逸民
卓康成
黃謙益

（附　錄）

國民政府西南政務委員會
審查技師登記人名錄

我國現受經濟壓迫，已達民窮財盡之秋，苟非切實發展農工鑛業，無以資救濟，欲謀農工鑛業之發展，則必唯各科專門人材之是賴，故農鑛技師，實爲建設新中國之中堅份子，西南政務委員會爲博攬人材，學期有用，以期促進國家經濟地位起見；乃有技師登記之舉行，現登記之期截止，茲將已領技師証書者，刋爲一覽焉。

再延

西南政務委員會准領技師証書姓名一覽

謝慎修	劉廷揚	周君實	陳良士	胡棟朝	曹朝敬
楊錫宗	梁日升	王脅榮	李　濬	黃東儀	朱鼎寰
關以舟	鄭校之	莫若燦	黎永昌	鄭成祐	王紹瀛
區光杰	黃殿芳	羅清濱	韓性善	周耀年	黃子焜
朱闕聲	梁泳熙	巴士度	鄭超南	趙　煜	郭紹賢
賀宗琮	唐錫疇	余瑞朝	林聖端	郭秉琦	

廣告要錄一覽

（登載本刊廣告之特點）

格益灰砂磚
建築
基礎
批發處廣州海關右側十号
製造廠佛山茉莉沙
電話一三七三六
完全國貨
機器製造
尺度整齊
耐潮不變
質堅色美
价格相宜

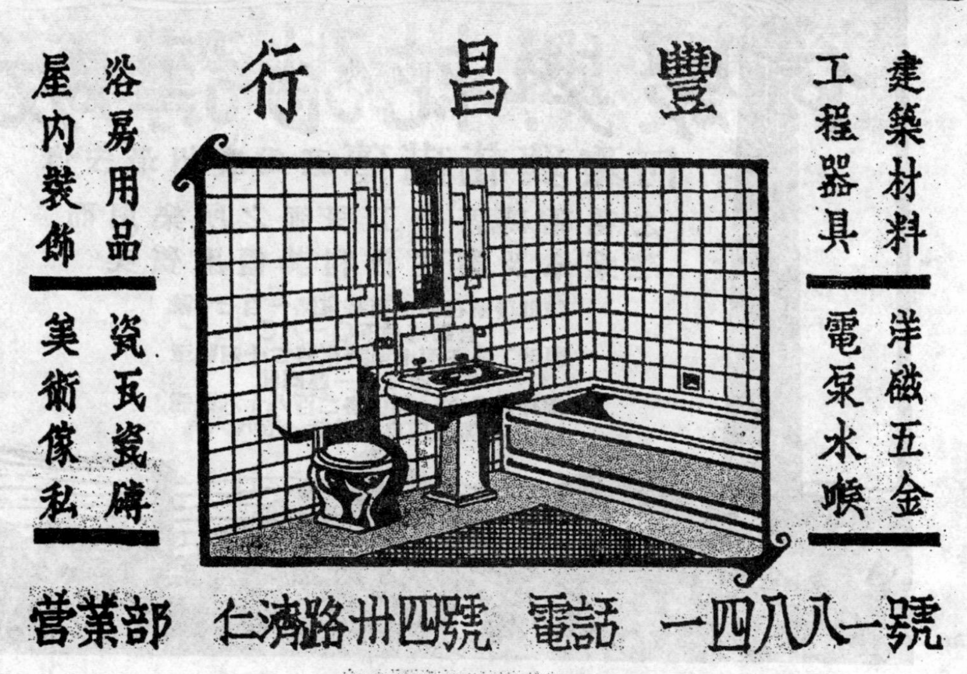
豐昌行
建築材料
工程器具
洋磁五金
電泵水喉
浴房用品
屋內裝飾
瓷瓦瓷磚
美術傢私
營業部 仁濟路卅四號 電話 一四八八一號

請聲明由(工程季刊)介紹

請聲明由(工程季刊)介紹

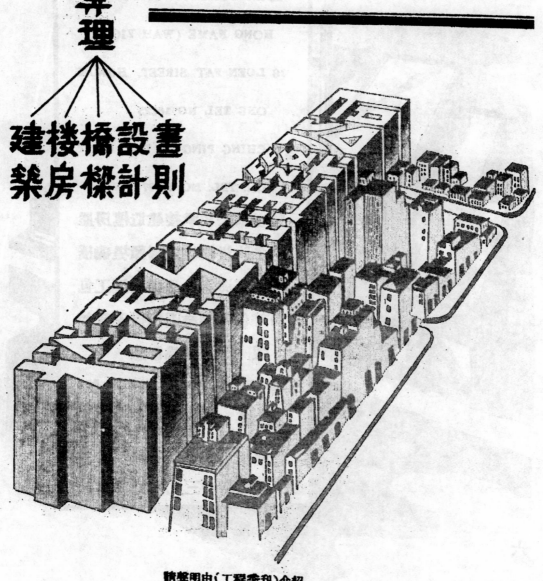

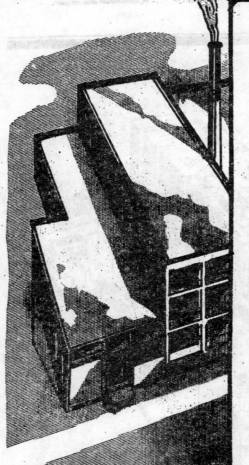

總公司：香港文咸東街五十三號

駐省辦事處：長堤新填地

電話一三五七六

Andersen, Meyer & Company, Ltd.

CANTON

CABLE ADDRESS
"DANICA"
ALL STANDARD
CODES

HEAD OFFICE
4-6 YUEN MING YUEN
ROAD,
SHANGHAI, CHINA.

TELEPHONE
NO. 10928

OFFICES AT HANKOW, HONGKONG. MUKDEN, PEKING, TIENTSIN, TSINAN,
LONDON, AND NEW YORK

美商慎昌洋行

電報掛号"DANICA" 廣州沙面英界 電話一〇九二八号

本行專辦各種機器電器銅鐵機車客卡貨卡鋼軌一切鐵路用品長途汽車開荒機農具織造機各種發動機大小發電機磨打風扇電鏢各種電氣材料機廠工具車床鑽床刨床鑼床等輪船用品大小水泵氣泵士點爐水鏢建築材料鋼根鋼窓白英坭瓦面油毡潔具銅鎖等堅固新式夾萬庫門測繪儀器化學用具磅路機洗衣機粉磨雪機雪櫃冷氣機罐頭機 X 光鏡印擦機西藥書籍裝釘機開礦機本行兼承辦各項工程如東山水塔中山先生紀念堂鋼架及珠江大鐵橋

總行 上海圓明圓路四至六號

支行 天津 濟南 倫敦 紐約 漢口 香港 奉天 北平

請聲明由(工程季刊)介紹

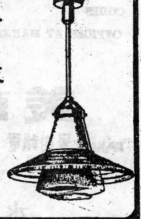

工程季刊

THE JOURNAL

No. 2 Vol. 2.

OF

The Canton Civil Engineers Association

FOUNDED—MARCH 1933—PUBLISH QUARTERLY

OFFICE—RETURNED STUDENTS CLUB,

MAN TAK ROAD, CANTON.

本刊價目表

全年四冊零售每冊四角

Price per copy..................$0.40

冊數	書價連郵費		
	本市	國內	國外
2	八角	一元	二元
4	一元四角	一元六角	二元六角

中華民國二十二年六月出版

工程季刊第二期第二卷

發行者　廣東土木工程師會　廣州市文德路卅九號歐美同學會

總編輯　陳良士

印刷者　烱輝印刷廣告社　廣州市大南路卅一號二樓

分售處　各大書局　靖海路西三巷一號裕泰建築公司